U0337683

中国煤矿建井技术与管理

立井钻井法与其他特殊凿井技术

宋朝阳 刘志强 编著

中国矿业大学出版社
· 徐州 ·

内容提要

本书是国家出版基金项目"中国煤矿建井技术与管理"丛书之一。全书共分为6篇17章，主要介绍了矿山与地下工程领域中立井钻井法与其他特殊凿井工艺技术及装备，包括竖井钻机钻井法、反井钻机钻井法、竖井掘进机钻井法、机械沉井法等机械破岩钻井及其他特殊凿井技术方面的大量科研成果，具有较强的理论与实用价值。

本书可供煤矿、金属矿山、交通隧道、水力水电、市政等地下工程领域中立井建设设计人员、现场施工技术人员、装备研发人员，以及高校和科研院所从事相关专业的教师、科研人员和研究生参考与使用。

图书在版编目(CIP)数据

立井钻井法与其他特殊凿井技术 / 宋朝阳，刘志强编著. —徐州：中国矿业大学出版社，2023.11

ISBN 978-7-5646-6061-1

Ⅰ. ①立… Ⅱ. ①宋… ②刘… Ⅲ. ①竖井井筒—竖井掘进 Ⅳ. ①TD262.1

中国国家版本馆CIP数据核字(2023)第217999号

书　　名　立井钻井法与其他特殊凿井技术
编　　著　宋朝阳　刘志强
责任编辑　马晓彦　李　敬　何晓明
出版发行　中国矿业大学出版社有限责任公司
（江苏省徐州市解放南路　邮编221008）
营销热线　(0516)83885370　83884103
出版服务　(0516)83995789　83884920
网　　址　http://www.cumtp.com　**E-mail**:cumtpvip@cumtp.com
印　　刷　江苏苏中印刷有限公司
开　　本　787 mm×1092 mm　1/16　**印张** 21.75　**字数** 543千字
版次印次　2023年11月第1版　2023年11月第1次印刷
定　　价　200.00元

前　言

近年来，矿山工程建设领域新技术、新设备不断涌现，施工技术标准和规范化水平不断提高，原有的一些技术、设备逐步被更新与淘汰；另外，我国深井建设一直处于世界领先水平，取得了一大批具有自主知识产权的重大成果。为了适应这种变化，并推广近年来在矿井建设实践中形成、积累和完善的经验，向施工人员提供实用、可靠、先进的技术资料，中国矿业大学出版社组织相关高校和大型矿山施工企业，对建井技术与管理经验进行了全面的总结与梳理，编纂了包括《立井钻井法与其他特殊凿井技术》分册在内的“中国煤矿建井技术与管理”丛书。

随着人类社会进步与经济的高速发展，“向地下要资源、要空间”成为改善人类生存环境、支撑人类可持续发展的有效途径。世界各国已相继制定了地下能源资源与地下空间开发利用领域的工业化、数字化、智能化的发展战略。我国在能源矿业以及水电、交通、城市建设等领域快速发展，工程建设规模不断扩大，工程技术创新进入高度活跃期。当前，我国经济和社会发展以“实现发展质量、结构、规模、速度、效益、安全相统一”为目标，高质量发展是首要任务。因此，新的经济形势下，地下矿物资源开采、地下空间开发等领域的工程建设，已由以解决供需矛盾为主转变为以提升安全质量为主，国家“十四五”及中长期内将致力于向安全、低碳、智能化转型与变革。

立井是从地面向下垂直挖掘延伸而构筑的细长筒形通道，是进入地层深部的“咽喉”，立井施工也称为凿井或井筒掘进。立井作为井工矿井开采与地下工程建设及开发的核心构筑物，具有担负矿物、人员、材料、设备等的运输，以及地下通风、供电、排水和信息交换等功能，从服务于传统的井工矿产资源开采，现已拓展应用到铁路/公路隧道、城市地下空间、水力发电站、海上风电、大科学试验和国防等领域的功能型井筒建设。因此，立井凿井技术与装备研究不仅是国家高端装备制造战略新兴产业发展的重点研究方向，更是能源资源安全、地下空间开发利用、深地探索等国家重大战略任务的重要支撑。

根据国家能源战略对洁净、绿色和低碳能源的需求不断调整，以及国家能源局、应急管理部、发展和改革委员会等部委对矿业和其他地下工程安全、高效、绿色、智能建设的总体要求，以传统的钻孔爆破破岩为主的立井钻爆法凿井技术受到较大的冲击和挑战。一方面，钻爆法凿井工序包括爆破孔钻凿、炸药雷管装填、爆炸破岩、岩渣装运、井壁砌筑等工序，存在作业工序多、作业不连续、井下作业人员多、劳动强度大、装备集成化和协同性差，以及与信息化、数字化技术结合程度较低等问题；另一方面，随着井筒建设深度的不断增加，面临高地温、高地压、高水压等复杂地质环境，钻爆法凿井作业人员作业风险高、职业伤害大等问题愈加突出，粗放式的钻爆法凿井难以适应智能化凿井的主流发展要求。相对于钻爆法凿井而言，目前非爆破机械破岩凿井技术实现了将作业人员从高强度、高危险的劳动环境中解放出来，并向本质安全转变，从一定程度上来讲实现了凿井技术的再次变革。

随着机械破岩大直径钻井技术水平的发展、装备制造能力的提高，以及依据井筒地质和工程条件，大直径机械破岩凿井形成了4类主要的施工工艺，即从地面向下正向钻进的竖井钻机钻井法、掘进机钻井法、机械沉井法和反向钻进的反井钻机钻井法。以上4类主要施工工艺根据钻进破岩方式分为冲击钻进和旋转钻进方式，目前在大直径钻井中主要采用旋转钻进方式；根据钻进方向划分为正向钻进和反向钻进方式；根据钻头旋转驱动方式划分为转盘方钻杆驱动、动力头驱动和井下动力驱动等方式。整体来讲，目前我国在机械破岩钻井技术与装备方面处于起步发展阶段，尽管我国在大型竖井钻机、反井钻机、竖井掘进机、沉井掘进机等机械破岩凿井研究方面取得了一定的进展，但是大型钻机装备和技术工艺基础薄弱，与国外发达国家仍存在一定差距，亟须通过地质、设计、岩土、力学、机械、材料、安全、控制、信息等多学科的交叉融合、科学谋划、统筹推进，重点发展新型大体积高效破岩技术、克服重力排渣技术、围岩控制与支护技术、整机装备制造技术、环境感知与集中控制技术，以及凿井风险防控等智能化钻井技术装备的创新与应用。因此，提升井筒建设质量与速度，提高井筒建设装备智能化程度，降低井筒建设资源消耗量，完善智能化井筒建设标准，保障井筒安全服役，实现“少人则安、无人则安”的精细化、标准化、绿色化、信息化和智能化井筒建设，全面提升深大直径井筒钻井技术与装备的创新能力和国际竞争力，已成为我国井工开采矿山与地下工程领域高质量发展的本质需求和必然趋势。

立井作为在地层中开凿的筒形构筑物，穿越的复杂地质条件、水文地质条件和作业环境，造成其建设难度巨大。随着凿井技术的发展，针对立井穿越不同地质和水文地质条件特征，已逐渐形成在低涌水、较稳定地层条件下主要采用钻孔爆破破岩的普通法凿井技术，而对于不稳定的富水地层条件下则采用特殊凿井方法。按以往习惯将钻井法、冻结法、注浆法凿井、沉井法定义为特殊凿井方法。然而，随着技术进步及认知的改变，对凿井方法界定也同步发生一些变化。例如以往由于破岩刀具和设备能力的限制，竖井钻机钻井法凿井只应用于富水软弱冲积地层，然而随着大型钻机装备性能提升、硬岩刀具的寿命提高和成本降低，竖井钻机钻井法在西部厚基岩地层煤矿立井和海上风电桩基工程中逐步应用，已逐渐发展成为一种通用凿井方法。目前，竖井钻机钻井法、反井钻机钻井法、掘进机钻井法、机械沉井法等共同形成机械破岩凿井技术体系。本书在此背景下编著出版，得到了国家出版基金项目、国家自然科学基金项目(52004125)、天地科技创新创业资金专项重点项目(2023-TD-ZD010-003)的资助，对此表示感谢。

本书共分为6篇，共17章，主要介绍了矿山与地下工程领域中立井钻井法与其他特殊凿井工艺技术及装备，包括竖井钻机钻井法、反向钻井法、竖井掘进机钻井法、机械沉井法等机械破岩钻井及其他特殊凿井方面的技术与应用。其中，第一篇为竖井钻机钻井法凿井技术；第二篇为反井钻机钻井法凿井技术；第三篇为竖井掘进机钻井法凿井技术；第四篇为机械沉井法凿井技术；第五篇为注浆法及其他特殊凿井技术；第六篇为智能化凿井技术发展方向。

本书的出版得到了矿山深井建设技术国家工程研究中心、北京中煤矿山工程有限公司、天地科技股份有限公司、北京科技大学、安徽理工大学、中国矿业大学、山东科技大学、国家能源投资集团有限责任公司、中煤特殊凿井有限责任公司、平煤特殊凿井工程有限公司、宁夏天地奔牛集团有限公司、陕西延长石油矿业有限责任公司、中铁工程装备集团有限公司、德国海瑞克公司等单位的大力支持和帮助，洪伯潜院士、蔡美峰院士、陈湘生院士、袁亮院士、张铁岗院士、王国法院士、李术才院士、杨仁树教授、纪洪广教授、程桦教授、程守业教授级高工、高岗荣研究员、荆国业研究员、刘书杰研究员、谭杰研究员等专家学者在写作过程中给予指导帮助，在此一并表示衷心感谢！

由于时间仓促、作者水平所限及对技术发展过程了解的局限性，书中难免存在不足之处，恳请读者批评指正。

作　者

2023年6月于北京

目　录

第一篇　竖井钻机钻井法凿井技术

第二篇　反井钻机钻井法凿井技术

第四篇　机械沉井法凿井技术

第五篇　注浆法及其他特殊凿井技术

第六篇　智能化凿井技术发展方向

第一篇　竖井钻机钻井法凿井技术

竖井钻机也称为盲井钻机，是在井筒内充满泥浆等洗井介质条件下，采用钻杆驱动，由上向下正向钻进井筒的一类钻机。竖井钻机钻井法是采用竖井钻机作为主要装备的机械化凿井方法，首先利用钻头刀具破碎地层，同时采用洗井液进行洗井排渣和护壁，待井筒钻进至设计直径和设计深度以后，通过悬浮下沉预制井壁，并进行壁后充填固井，最后形成满足工程要求的井筒构筑物。

为加快开发我国中东部矿区，从解决深厚冲积层建井难题发展起来的竖井钻井法凿井技术，经过60多年几代建井人不懈的努力，从学习引进到自主创新，从钻机施工小型井筒发展出采用矿用大型钻机施工深大立井。我国竖井钻机研发经历了改进石油钻机和引进国外钻机，到自主研发出国际上设计能力最大、自动化程度最高、性能可靠的液压竖井钻机等不同阶段。国内外钻井装备的发展都是从借鉴石油钻机钻井方法开始，逐渐研制出专用的矿山钻井装备，形成以刀具旋转破岩钻进为核心的钻井方法。从钻头结构方式的改变上看，出现了星轮式、行星式、潜孔式等不同类型的竖井钻机；从旋转驱动和提吊方式的发展上看，先后研制了转盘驱动和大钩提升，以及液压动力头驱动和液压油缸提吊，其中我国研制的安全气动抱钩技术处于领先水平；从钻杆的连接方式上看，先后使用了螺纹连接、螺栓法兰盘连接和花键牙嵌连接等钻杆连接方式，其中我国独创的花键牙嵌连接方式，连接速度快、运行可靠。目前，我国实现了大型钻机及配套装备的全部国产化以及全部钻井工序的机械化和自动化，综合技术达到国际领先水平。

近几十年来，竖井钻机钻井法凿井技术取得了迅速发展，形成了一级超前多级扩孔钻进、泥浆护壁、压缩空气（简称压气）反循环排渣、钻进偏斜控制、地面预制井壁、井壁稳定悬浮下沉、连续壁后充填、充填质量检测等一套成熟的竖井钻机钻井工艺。随着钻井法钻进技术及装备的进一步发展，形成了煤矿深大直径井筒“一扩成井”、小直径井筒“一钻成井”的技术工艺与装备，加快了钻井成井速度。在井筒直径较大时，采用一次超前、一次扩孔钻进，实现了钻井直径达10.8 m；井筒直径较小时，采用全断面一次钻井，直径达8.5 m。创造了东部富水冲积地层钻井深度为660 m、西部弱胶结基岩地层钻井深度为511 m的纪录。竖井钻机钻井法服务于我国两淮、河北、河南、山东等地富水深厚冲积地层重点工程煤矿建设，并为西部蒙、陕等大型煤矿建设竖井钻井法凿井提供了技术工艺和装备保障。

第一章　竖井钻机钻井法凿井技术发展概述

第一节　竖井钻机钻井法工艺及特点

一、竖井钻机钻井法施工工艺

竖井钻机钻井法是一种作业人员不下井完成井筒施工的技术方法，其施工过程可分为破岩钻进、洗井和护壁、永久支护三个基本工艺过程。

1. 破岩钻进

破岩钻进是指利用竖井钻机钻头刮刀、滚刀等刀具在井底工作面连续破碎岩石，由地面向下不断钻进形成井筒空间的过程。竖井钻机破岩钻进示意图如图 1-1 所示。根据地层特征、井筒直径大小和装备能力等条件，可采用一次全断面钻进达到井筒设计荒径和深度；或者先钻进一个直径比较小的超前钻孔，达到设计深度后，再利用钻头由小到大进行多级扩孔钻进，直至达到井筒设计荒径。

图 1-1　竖井钻机破岩钻进示意图

2. 洗井和护壁

(1) 洗井是指将钻头破碎下来的岩石碎渣清除并排至地面的工艺过程。洗井液始终充满井筒。压缩空气通过压风管送至井下，与钻杆内的洗井液混合，造成钻杆内外的压力差。在此压力差的作用下，洗井液冲洗井底工作面并携带岩石碎渣，经钻头底部的吸渣口进入钻杆，并沿钻杆向上流动，最后经过三通和排浆管排至地面。洗井液在地面经过沉淀，清除岩石碎渣后，又重新流回井筒。以上构成了洗井液循环洗井排渣系统，如图 1-2 所示。

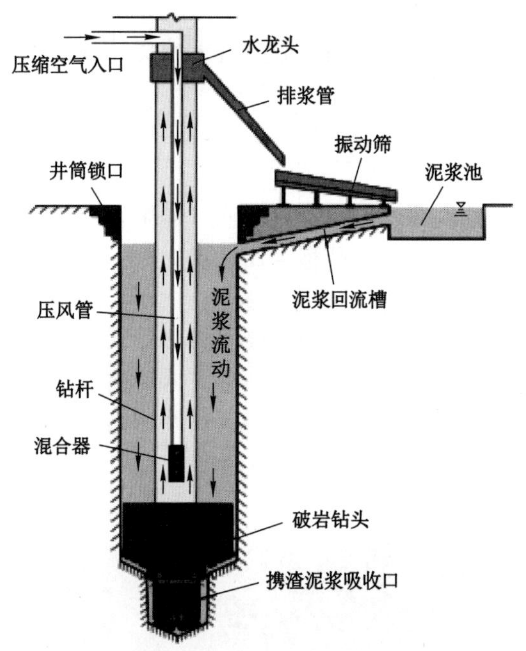

图 1-2 竖井钻机钻井洗井和护壁示意图

(2) 护壁是指钻井施工过程中，井筒始终充满着洗井液，它所形成的液柱压力可以抵抗井帮的水土压力；另外，当井筒钻进松散的表土层或软弱岩石地层时，采用泥浆作为洗井液时，所形成的泥皮起到稳定井帮的作用，可以有效防止井帮坍塌，起到临时支护的作用。

3. 永久支护

永久支护是井壁预制、井壁节连接、悬浮下沉和壁后充填固井等工序的总成，是机械破岩钻进达到井筒设计深度和设计荒径后，利用洗井液产生的浮力进行井壁安装作业的过程。一般是在井壁钻进的过程中，同步进行井壁底和井壁节的浇筑和养护；待破岩钻进工作结束后，在井口将预制的钢筋混凝土井壁节竖向连接，同步向已连接好的井筒内注入适量的配重水，使得井壁稳定垂直下沉，如图 1-3 所示；井壁下沉到底后，再进行壁后充填固井。

二、竖井钻机钻井法特点

竖井钻机钻井法是从解决我国东部富水冲积地层建井难题发展起来的凿井工艺。目

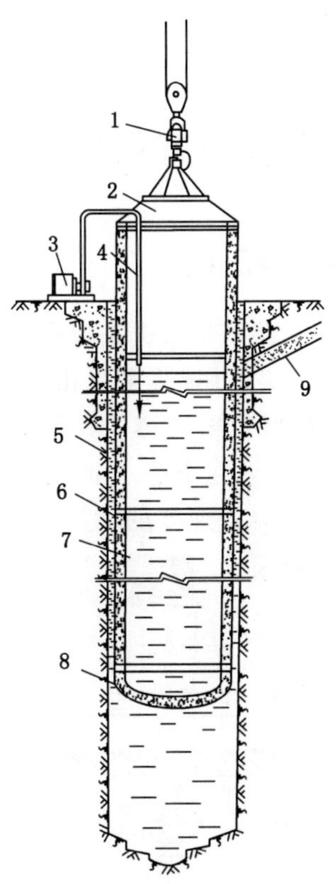

1—大钩；2—吊具；3—水泵；4—水管；5—井壁；6—法兰盘；7—配重水；8—井壁底；9—排浆槽。

图 1-3　竖井钻机钻井永久支护工艺示意图

前，在深厚含水或不稳定地层中最可靠的特殊凿井方法主要有竖井钻机钻井法和人工冻结法，且竖井钻机钻井法与人工冻结法比较具有以下特点：

（1）具有“打井不下井”的优势。竖井钻机钻井法彻底改变了人工冻结法凿井打眼爆破的井下作业方式，从根本上改善了凿井工人的劳动条件和安全条件，杜绝了凿井职业伤害，实现了绿色、安全凿井。

（2）机械化、自动化程度高。竖井钻机钻井法通过地面作业或远距离控制操作，利用钻头刀具破岩、减压钻进、钻杆自动化连接等实现了凿井工艺综合机械化和自动化，使凿井工人从繁重的体力劳动中解放出来。

（3）井壁地面预制，成井井壁质量好。竖井钻机钻井法井壁结构采用地面井壁预制和养护工艺，井壁强度高、质量好，减少了井筒的维护和排水费用，延缓了井筒淋水对井壁的腐蚀作用。同时可在地面井壁预制过程中埋设井壁结构质量监测传感器，相比井内安装方法，操作性强、效果好、安全性高，为井筒后期安全服役监测与风险评估提供了重要保障。

（4）更加节能和绿色环保。竖井钻机钻井法的优点为：“零”炸药消耗，无有害气体排放；凿井井壁薄，节省建材；施工井筒比冻结法用电量节约 40%左右；采用泥浆固化新技术处理废弃泥浆，既环保又减少用地。

（5）地层适应性强。竖井钻机钻井法从最初的适用我国中东部富水深厚冲积地层中钻井，拓展应用到桥梁桩基岩石地层中钻井，近年来又走向西部，实现了在西部弱胶结厚基岩地中安全钻井，支撑了我国西部煤炭资源的开发与产能接续。

第二节 钻井法凿井技术发展历程简述

一、国外竖井钻机钻井法发展历程

1848 年，德国人肯德采用冲击破岩竖井钻机钻成世界第一口井，钻井直径为 4.25 m、深度为 98 m，首次实现井下无人的凿井，并逐步采用和完善了压气排渣、泥浆循环洗井和护壁的施工技术；同时期比利时人索德罗发明了铸铁井筒支护结构来支护含水层，代替了最初的木质桶形支护结构，成功解决了含水层井帮支护问题。因此，又称之为"肯德-索德罗"冲击破岩钻井法(图 1-4)。但是，随着钻进深度的增加，该种凿井方法在冲积破岩过程中钻杆受弯曲力、冲击力等作用，断裂风险高。

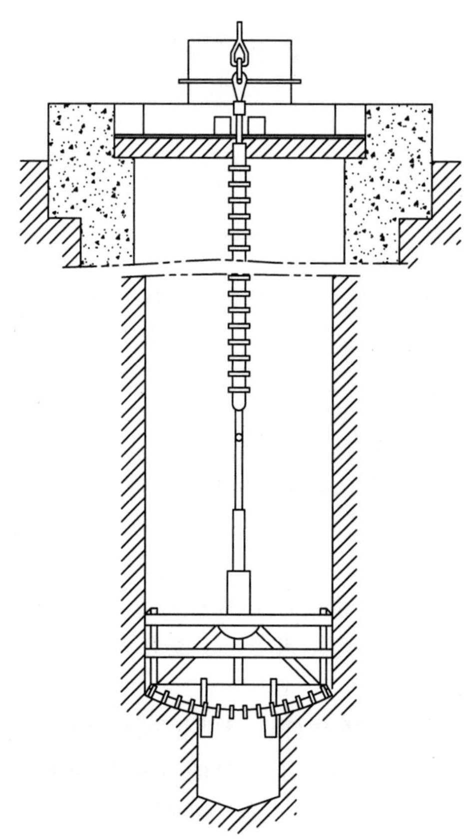

图 1-4 "肯德-索德罗"冲击破岩钻井法示意图

1871 年德国工程师霍尼格曼(Honigmann)研制了旋转式破岩的竖井钻机(图 1-5)。霍尼格曼竖井钻机钻进表土层和岩层时，分别采用了刮刀钻头和牙轮钻头旋转破岩。

由于这种竖井钻机旋转破岩相较于冲积破岩效率高、钻井速度快而得到进一步的发

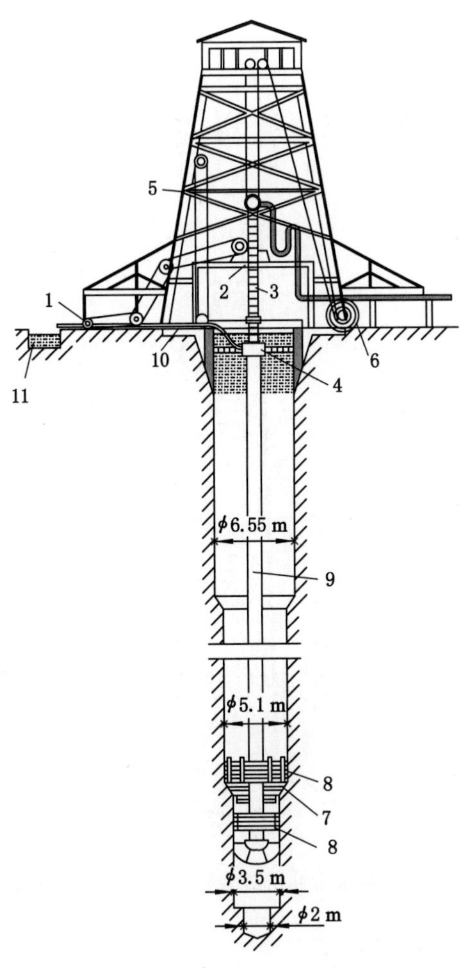

1—电动机；2—钻杆驱动装置；3—方钻杆；4—出浆装置；5—进气装置；6—绞车(30 t)；7—钻头(扩孔器)；8—导向器；9—风管；10—出浆软管；11—沉淀池。

图 1-5　霍尼格曼旋转式破岩竖井钻机钻井法示意图

展，采用了一次或分次(最多 10 次)扩孔减压钻进、压气反循环泥浆洗井和临时护壁、井壁悬浮下沉安装等工艺。这也是现代竖井钻机钻井法凿井工艺的雏形。此后，竖井钻机钻井法便在欧洲的德国、英国、法国和比利时等国发展起来，至 20 世纪中期，采用霍尼格曼旋转破岩竖井钻机施工了 40 余条井筒，其超前钻进直径为 2 m，经多次扩孔达到 7.65 m，钻进深度达到 512 m。

20 世纪初，波兰人沃尔斯克还发明了一种旋转水力冲击破岩竖井钻机(图 1-6)。该种竖井钻机的钻头由许多小水力冲击头组成，它们随钻杆一起慢慢旋转的同时，在水力冲击作用下不断破碎岩石，破碎岩渣通过悬吊系统排除，从而钻进形成井筒空间。由于当时液压制造技术水平的限制，该种竖井钻机钻井法未能得到进一步发展。

旋转式破岩竖井钻机钻井法施工立井井筒，有些与石油钻井相似，但又不同于石油钻井。20 世纪中期，美国、德国在大直径钻井装备方面处于领先地位，发展初期西方国家主要用于施工直径较小并以岩石为主的井筒，采用钢板井壁支护。由于小直径钻井更具有钻速

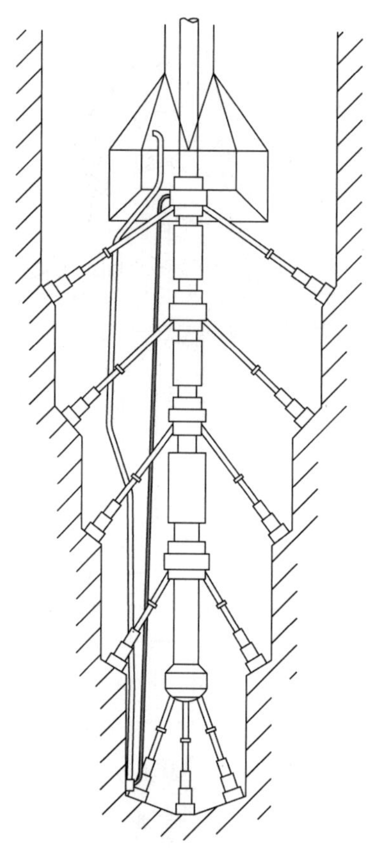

图 1-6　旋转水力冲击破岩竖井钻机钻井法示意图

快、工期短的优点，因而被广泛应用。

美国于 1910 年开始研究大直径井筒钻井，但进展甚微，直至 20 世纪中期，由于内华达州地下核试验场及其他地下工程凿井的需求，大直径钻井技术装备得到较快发展，钻凿了直径为 0.91～5.00 m 的井筒 360 余个，深度一般在 500 m 左右。其中：150 多个直径小于 1.53 m 的井筒用于地下核试验，深度达 1 913～1 446 m，最深的是 1970 年在阿留申群岛钻凿的 1 828.8 m 的井筒；约 60 个直径为 1.80～3.66 m 的煤矿竖井，多为通风竖井；天然气工业井筒约 60 个，也是直径较小；钾矿、盐矿、铀矿、铅矿等井筒约 90 个。由于钻井直径比较小，大多采取一次成井，只有少数采用多次扩孔钻进，小直径井筒的平均成井速度可达 200～285 m/月。随后，美国休斯公司研制了 CSD-820 型和 CSD-300 型强力钻井机（图 1-7），以适应开发大型矿井的需要。

20 世纪 60 年代以后，大直径钻井技术也得到了较大发展，如苏联在 1950 年研制的 УЗТМ-6.2 型竖井钻机的基础上，于 1964 年又研制了 УЗТМ-8.75 型竖井钻机，并进入了专用竖井钻井研发的新阶段，陆续又研制出 УКБ 型取芯钻机、РТБ 型涡轮钻机（图 1-8），以及 ТМ 型、ПД 型和 КБУ 型潜入式钻机等 35 种以上不同类型的竖井钻机。利用这些钻机及其技术，钻成了近 200 个井筒，其中煤矿井筒 77 个左右，总深度超过 7 000 m。

图 1-7　美国 CSD-300 型竖井钻机及施工现场

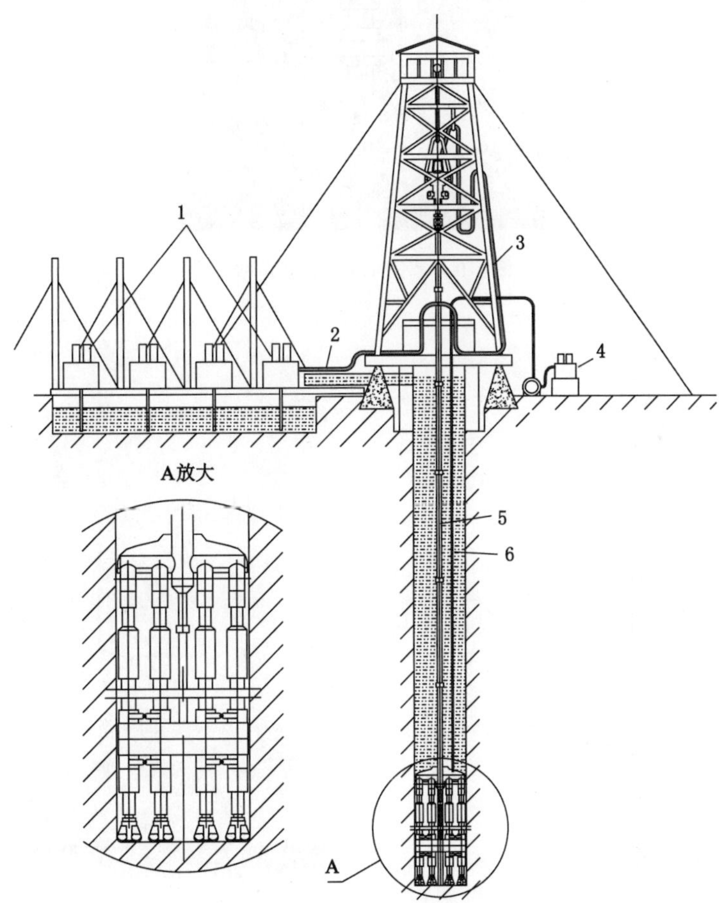

1—泥浆泵；2—出浆槽；3—钻架；4—空压机；5—压风管；6—钻杆；A—涡轮钻头。

图 1-8　PTБ 型涡轮钻机钻井示意图

德国作为采用钻井法最早且应用最多的国家之一，在当时大量应用钻井法钻凿小直径的煤矿风井和疏干井，如莱茵褐煤公司钻凿的疏干井达 2 000 多个，总进尺为 365 000 m。20 世纪中期之后，德国维尔特公司研制出 L2 型、L3 型、L4 型、L10 型、L-15 型以及 L-40 型（图 1-9）等系列 L 型大直径竖井钻机，以及 SC-500 型、WB160/400 型（图 1-10）、GSB450 型等移动式轻型竖井钻机，以适应快速钻凿小直径井筒的需要。

图 1-9　德国 L-40 型竖井钻机

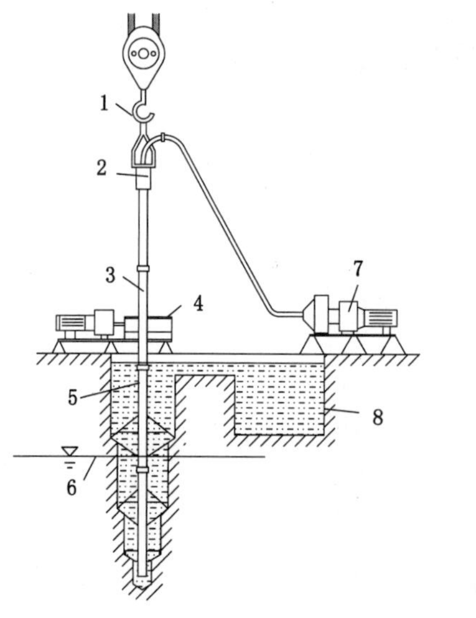

1—吊钩；2—冲洗头；3—方钻杆；4—旋转装置；5—钻杆；6—水位线；7—吸取泵（真空泵）；8—沉淀池。

图 1-10　WB160/400 型移动式竖井钻机钻井示意图及现场

荷兰也是采用钻井法凿井较早的国家之一。早在 19 世纪 90 年代，荷兰就采用霍尼格曼钻井法钻成了荒径为 4.5 m、深度为 108 m 的煤矿井筒。1955—1960 年在别阿特利克斯矿钻成了 2 个井筒，钻井直径为 7.65 m，深度分别为 512 m、505 m。除上述国家外，英国、法国、加拿大、匈牙利、波兰、罗马尼亚、比利时、捷克、奥地利、南非、澳大利亚和日本等 20 多个国家和地区，均已不同程度地采用了钻井法凿井技术。

国外研发的部分竖井钻机主要技术参数如表 1-1 所示。国外研制的专用竖井钻机以转盘式为主，少数为潜入式竖井钻机和其他形式的竖井钻机。其中转盘式竖井钻机装备的扭矩由最初的 19.6 kN・m 提高至 490 kN・m；提升能力由 294 kN 提高至 8 898.4 kN；钻井直径从最初的 2 m 左右，通过分级扩孔工艺可达到 8.75 m。据不完全统计，国外利用竖井钻机钻井法施工井筒数千条。但由于采矿工业的变化，国外多数国家此项技术研发处于暂时停滞状态，或转行到隧道掘进机等领域。

二、我国竖井钻机钻井法发展历程

（一）竖井钻机钻井法凿井技术初期阶段

我国研究的竖井钻机钻井法凿井技术是适用于东部富水深厚表土不稳定地层的井筒施工，因而在技术上与国外有一定的差别。我国于 1958 年开始，由北京建井研究所率先开展竖井钻机钻井法凿井技术研究，搜集和分析国内外相关文献资料，并进行系列的单项和小型综合试验，研究构思了符合我国国情的设备配套和施工工艺，为开发竖井钻机钻井法凿井新技术做了大量的思想和技术准备工作。

根据我国煤矿井筒工程特点以及当时机械装备加工技术水平，为缩短竖井钻机装备研发时间，我国最初采用了利用石油钻机进行改造的研发路线，在 ZJ-3 型石油钻机的基础上进行设备配套，成功研制出我国第一台工业型试验的 ZZS-1 型试验竖井钻机。并于 1969 年 1 月开始，首次在淮北朔里煤矿南风井开展钻井法凿井试验，采用 ZZS-1 型竖井钻机成功钻成了我国第一口钻井直径为 4.3 m、深度为 90 m 的立井井筒，从开始到建成用了 6 个月的时间。首次工业性试验的成功，标志着我国可成功使用竖井钻机钻井法凿井工艺。在此之后，又相继研制了 MZ-Ⅰ型、MZ-Ⅱ型等多台试验钻机，但总体来讲试验钻机能力较小，仅能满足小直径浅井的施工需求。

20 世纪 70 年代作为竖井钻机钻井技术发展的初期，主要有“技术基础准备”和“钻井工艺现场试验应用”两个阶段，走出了一条以钻井工艺为引领，以小型钻井试验为基础，技术装备由易到难、由小到大、由简单到复杂的发展之路。该时期内煤炭工业部开始组织开展深井钻井法凿井技术的研究，根据煤矿立井的特点、钻机钻井工艺的要求，基于从石油钻机改造而成的试验钻机，研制了转盘式竖井钻机、潜入式竖井钻机等多种煤矿立井专用钻机。这一时期研制了 ND-Ⅰ型煤矿竖井钻机（图 1-11），并在大屯煤田成功应用；北京建井研究所牵头研制了 BZ-Ⅰ型竖井钻机（图 1-12），在淮北临涣完成钻井试验；此外针对工程需求，还研发了红阳-Ⅰ型、Z-Ⅰ型、QZ-3.5 型、SZ-9/700 型（图 1-13）等多种型号的竖井钻机。这些钻机大多采用地面转盘旋转、绞车和复滑轮组提升、直流电机拖动方式，并逐步形成了一套以“转盘拖动、减压钻进、一次超前、多次扩孔、泥浆护壁、压气循环排渣、地面井壁预制、井壁悬浮下沉、壁后充填固井”为基本内容的比较完整的竖井钻机钻井工艺体系，在两淮地区的煤矿建设中发挥了重要作用，填补了我国在竖井钻机钻井法凿井技术方面的空白。我国在 20 世纪 70 年代研制的竖井钻机主要技术参数如表 1-2 所示。

表 1-1　国外研发的部分竖井钻机主要技术参数

国名	美国			德国			苏联		
钻机型号	石油配套钻机	CSD-820 型	CSD-300 型	霍尼格曼	L-15 型	L-40 型	УЗТМ-6.2 型	УЗТМ-8.75 型	УКБ-3.6 型
钻井直径/m	3.05	4.6	6.1～7.3	2～7.65	2～4	4～8	6.2	8.75	3.6
钻井深度/m	1 680	500	610	80～512	300～600	600～1 000	400	800	500
转盘扭矩/(kN·m)	539	215.6	678.2	19.6～137.2	117.6	401.8	196	490	196
转盘功率/kW	640	—	—	75	—	200	440	320	350
钻进方式	全断面	全断面或分级钻进	全断面或分级钻进	分级钻进（2～11 次）	全断面	分级扩孔	分级扩孔	分级扩孔	取岩芯 ϕ3.04 m/高 5.3 m
钻头直径/m	3.05	4.6	6.1～7.3	0.86～7.65	2～4	4/8	1.2/3.6/6.2	3/5.75/7.5/8.75	—
钻塔高度/m	43.3	9.8	20.75	24.34	18.78	22	42.1	43.3	38
绞车功率/kW	640	—	—	4×180	—	—	175	540	350
复滑轮组	6×6	—	—	4×4	5×6	7×8	6×7	12×14	6×7
大钩提升力/kN	7 350	2 312.8	8 898.4	294～1 274	1 568	3 920	2 450	4 900	2 450
钻机功率/kW	5 960	224	783	—	184	1 020	3 620	3 230	1 050
钻机质量/t	—	368	1 032	—	250	507	1 300	2 370	672

图 1-11　ND-Ⅰ型煤矿竖井钻机

图 1-12　BZ-Ⅰ型竖井钻机

图 1-13　SZ-9/700 型煤矿竖井钻机

表 1-2　我国在 20 世纪 70 年代研制的竖井钻机主要技术参数

主要技术参数	竖井钻机类型					
	ZZS-Ⅰ型	ND-Ⅰ型	SZ-9/700 型	BZ-Ⅰ型	QZ-3.5 型	红阳-Ⅰ型
设计钻井深度/m	150～200	500	700	250	250	120
设计钻井直径/m	4.3～5.5	7.4	9.0	6.5	6.2	6.2
钻井方式	分级钻进	分级钻进	分级钻进	分级钻进	全断面	全断面
驱动方式	转盘式	转盘式	转盘式	转盘式	潜入式	转盘式
洗井方式	压气反循环	压气反循环	压气反循环	压气反循环	压气反循环	压气反循环
钻塔高度/m	30.3	36.9	39.93	19.5	27	26.6
钻塔底部跨度/m	14×14	17×17	16×22	15×10	9×9	12×12
绞车快绳拉力/kN	101/145	282.6	265	2×56.9	167	160
复滑轮组	5×6	7×8	7×8	6×6(2)	5×6	3×4
大钩提升能力/kN	900(1 300)	3 200(3 900)	3 000(3 800)	1 150(1 400)	1 300	750
转盘扭矩/(kN·m)	40	200(260)	288(300)	120	36.6(58.4)	40
转盘功率/kW	100	320	400	2×75	100	115
可钻岩石抗压强度/MPa	40～60	<120	<120	<80	<80	表土
钻头直径/m	1.3/2.5/3.5/4.3/4.64/5.0/5.5	2.5/3.0/5.7/6.3/7.4	2.5/4.0～4.6/5.2～5.8/6.3～6.9/7.3～7.9/8.2～8.8/9.0	2.5/4.4～6.5	3.2/5.0/6.2	6.2
钻机总功率/kW	1 200	1 800	1 800	1 000	1 450	960
钻机总质量/t	510	1 000	1 000	500	400	400

该时期内研制的竖井钻机大钩提升能力达到 3 200 kN，转盘扭矩达 300 kN · m，攻克了 300 m 深钻井法的关键技术，经工程实践成功完成了临涣西风井、张双楼东风井和童亭副井等一批深 300 m 以上井筒的施工，采用竖井钻机钻井法共钻成煤矿井筒 19 条，最大钻井深度为 308.6 m，最大钻井直径为 7.9 m，最大成井直径为 6 m。从使用情况看，国产竖井钻机性能虽然相对可靠，但是钻机能力较小，钻进效率依然较低，且设备庞大，机动性较差。

除了竖井钻机外，为钻井法施工服务的起重运输设备、泥浆制备与泥浆净化设备、泥浆洗井压风设备、井壁预制与壁厚充填固井设备，以及供电、供水、测量仪表等辅助设备也同步得到发展。

“七五”期间，我国通过改进泥浆处理配方和工艺流程，降低泥浆中的固体含量，达到减少地层造浆量的 20%。同时，研究废浆处理的新技术，先后研制成功了 GP-1 型造粒机和 GT1800/TX 型固液分离机，结合泥浆的具体特点，优选絮凝剂与配方，采用一级快速、二级慢速分级絮凝等废浆大规模处理的工艺体系，提高了泥浆的调控性能，在废浆处理方法上形成了一套比较完整的解决方法。在辅助钻进设备上，研发并采用了气动抱钩、气动卡瓦、单滚筒液压盘形闸绞车、直流电动机驱动、可控硅励磁或供电、恒钻压自动进给等新技术，初步形成了我国竖井钻机钻井法凿井完整的技术与装备体系，满足了我国大型矿井建设的需求。

（二）竖井钻机钻井法凿井技术发展阶段

20 世纪 80 至 90 年代，国家经济委员会和煤炭工业部先后下达国家“六五”重点科技攻关项目“深井(500～600 m)钻井法凿井技术的研究”和“七五”期间的“深井钻井法凿井”科技攻关项目，又研制出了 AS-9/500 型竖井钻机(图 1-14)，与当时从西德引进的 L40/800 型竖井钻机(图 1-15)，成为钻井法凿井的主要钻机类型。其中，L40/800 型竖井钻机技术在当时较为先进，已采用液压驱动，结构紧凑，钻进效率较高，但由于结构问题，可靠性稍差，影响了使用效果。

图 1-14　AS-9/500 型竖井钻机

图 1-15　L40/800 型竖井钻机

经国家“六五”科技攻关项目研究，于 1984 年研制成功了包括 XZ 型岩石滚刀和 XC 型表土滚刀在内的 BSI 系列产品。XZ 型岩石滚刀平均寿命达 44.2 m；XC 型表土滚刀平均寿命达 191 m，是当时国际最高水平，而且每立方米岩石的破岩刀具费用仅为进口刀具的 1/6，解决了钻井法凿井向前发展的主要问题。

又经过国家“七五”科技攻关，研制了镶嵌硬质合金钻齿、高强度耐磨合金空冷铸钢刀壳的新型刀具，将刀具的破岩能力提高为 80～170 MPa 的中硬岩和硬岩，使用寿命达 70 m 以上，国产刀具形成系列化，基本满足了钻井法在各种地层中施工井筒的需要。针对大直径钻井法凿井井筒穿越深厚不稳定地层时（如潘三西风井表土层厚度超过 440 m，其中含水流砂和膨胀性黏土等复杂地层就占 80%以上），极易发生掉块、塌帮或吸水膨胀而使钻孔面临缩径等风险，先后研究采用三聚磷酸钠等多种新型泥浆处理剂的配方和工艺，形成了深井钻进的泥浆护壁和废弃泥浆处理技术，保证了大直径深井的钻进安全。

这段时间里，深井钻井法凿井技术取得了飞速的发展，采用竖井钻机钻井 50 余条，最大钻井深度为 508 m，最大钻井直径为 9.0 m，最大成井直径为 6 m；成为我国唯一能通过 400 m 以上表土深厚不稳定含水地层，且独具优势的大直径井筒特殊施工方法，综合技术达到国际先进水平。该项技术不仅是我国东部地区深厚表土不稳定地层大直径井筒的主要施工方法之一，而且实现了成套设备国产化和全工序机械化，使钻井法凿井的优越性得到更进一步的发挥。

（三）竖井钻机钻井法凿井技术成熟阶段

进入 21 世纪后，通过国家“十五”科技攻关计划“600 m 深厚冲积层钻井法凿井技术研究”项目的实施，解决了深井井壁强度与悬浮下沉安装对自重限制的矛盾，开发出了悬浮下沉安装过程井壁竖向稳定性控制等关键技术，完成了龙固主井(双井筒，深度为 582.75 m，成井直径为 5.7 m)的工程施工(图 1-16)。

图 1-16　龙固矿三个井筒钻井法凿井施工现场

针对钻井法凿井受钻机及刀具能力限制的问题，需要采用一次超前多次扩孔钻进工艺。完成一个钻井直径为 9 m 的井筒，通常需要 2～5 次扩孔，面临占用时间较长、工效低、成井速度慢等问题，不能满足我国快速建井的需要。随后，通过“十一五”国家科技支撑计划项目“‘一扩成井’快速钻井法凿井关键技术及装备研究”，解决了减少扩孔次数的钻头结构布置、滚刀耐磨和寿命低、深井钻井井壁结构优化、悬浮下沉井壁稳定控制、壁厚高效充填等技术难题，显著提高了整个钻井段的成井速度，形成了直径为 7 m 左右井筒“一钻成井”和直径为 9 m 左右井筒“一扩成井”的快速钻井工艺。在后续的钻井法凿井施工过程中，采用竖井钻机钻成了 7 条 600 m 以深的井筒，其中最大钻井深度达 660 m，最大钻井直径为 10.8 m，最大成井直径为 7.3 m。

随着液压、电气、控制技术的进步和发展，钻机的钻进能力不断提高。由于钻机输出的旋转扭矩和推力增加，竖井钻机的驱动旋转和推进的工作方式也在发生相应变化，从参考传统石油钻机采用的转盘驱动旋转、绞车提升和给进的工作方式，逐渐发展到动力头驱动旋转、液压油缸提升和给进的工作方式。为了适应深厚冲积层覆盖的煤炭资源开发，对德国进口的 L40/800 型竖井钻机进行了技术改造和能力升级，研制了 L40/1000 型竖井钻机(图 1-17)，以及 AS12/800 型(图 1-18)、AS12/1000 型等竖井钻机装备。至此，转盘式竖井钻机的研制已基本成熟，同时开始研发全液压动力头式竖井钻机。

2004 年成功研制了 AD60/400 型动力头式的竖井钻机(图 1-19)。与传统的转盘式钻机相比：AD60/400 型竖井钻机采用的动力头为行星及圆柱齿轮多点啮合传动，由 4 台液压马达联合驱动；提升系统由 2 个主油缸和滑架组成，滑架由 2 个主油缸悬持并沿门形钻架的滑道上下运动，滑架又悬持动力头，从而实现动力头的提升和下放。AD60/400 型动力头式的竖井钻机为后来的大型动力头式竖井钻机的研制奠定了基础。

2007 年研制成功了 AD120/900 型(图 1-20)、AD130/1000 型(图 1-21)全液压竖井钻机，它们与 AD60/400 型竖井钻机相比：动力头由液压马达驱动，且由 4 台提高到 8 台，井架的安装采用了专用起架油缸顶起方式；当吊运钻头和井壁时，钻台车可自行离开井口，节省

图 1-17　L40/1000 型竖井钻机

图 1-18　AS12/800 型竖井钻机

图 1-19　AD60/400 型动力头式的竖井钻机

了作业辅助时间；新型动力头式竖井钻机实现了液压马达动力头驱动、液压油缸推进的传动推进方式。AD120/900 型竖井钻机于 2007—2008 年在安徽袁店二矿钻成主井、风井各一口，钻井直径均为 7.5 m，钻井深度均为 303 m。AD130/1000 型竖井钻机也于 2007 年投入使用，并于 2008 年钻成安徽袁店一矿南风井，钻井直径为 7.1 m，深度为 301 m；以及钻成朱集煤矿矸石井，钻井直径为 7.7 m，深度为 522 m。

图 1-20　AD120/900 型竖井钻机

图 1-21　AD130/1000 型竖井钻机

至此，竖井钻机钻井装备的扭矩由 1969 年的 40 kN・m 不断提高至 120 kN・m、300 kN・m、420 kN・m、600 kN・m，直至 2007 年的 600 kN・m（钻机型号为 AD130/1000）；提升能力由 1969 年的 1 300 kN 提高至 1 400 kN、3 000 kN、5 500 kN、7 000 kN，直至 2007 年的8 000 kN（钻机型号为 AD130/1000）。我国在 21 世纪研制的竖井钻机主要技术参数对比如表 1-3 所示。当时自主研制的 AD130/1000 型竖井钻机钻井直径可达 13 m、钻井深度可达 1 000 m，这标志着我国竖井钻机钻井技术发展达到了一个新的高度，使我国钻井法凿井技术继续处于国际领先地位。

表 1-3　我国在 21 世纪研制的竖井钻机主要技术参数对比

主要技术参数	竖井钻机类型					
	L40/1000 型	AS-9/500G 型	AS12/800 型	AD60/400 型	AD120/900 型	AD130/1000 型
设计钻井深度/m	800	800	800	300	900	1 000
设计钻井直径/m	10	11	12	6	12	13
洗井方式	压气反循环	压气反循环	压气反循环	压气反循环	压气反循环	压气反循环
驱动装置	转盘	转盘	转盘	动力头	动力头	动力头
驱动形式	液压马达	电机	液压马达	液压马达	液压马达	液压马达
提升力/kN	4 000	3 850	5 500	3 000	7 000	8 000
扭矩/(kN·m)	400	400	500	300	600	600
转速/(r/min)	0～12	0～12	0～12	0～16	0～9～20	0～9～18
钻头直径/m	4/8/10	4/6.1/9/11	4.5/8.5/12	3.5/5/6	5/9/12	6/10/13
设备总功率/kW	400	400	640	220	644	1 050
主机质量/t	300	500	500	89	500	450

针对钻井泥浆的环境污染问题，通过国家“十一五”科技支撑项目“钻-注平行作业关键技术研究及示范工程”的研究和实践，研发了泥浆无害化处理和泥浆复用为注浆材料等新技术，形成钻-注平行作业工艺(图 1-22)，首次实现了以钻井废弃泥浆作为注浆材料，钻井泥浆零排放，减少了环境污染。钻-注平行作业凿井新工艺，大幅提高了竖井钻机钻井速度，可缩短建井工期 20%～30%。在国内 4 个井筒的注浆工程中应用，共注入钻井废弃泥浆浆液 46 812 m^3，注浆段累计达 1 248.9 m，其中地面注浆最深(1 078.2 m)的朱集西煤矿矸石井节省工期 12 个月，井筒剩余涌水量仅为 0.4 m^3/h，应用效果良好。

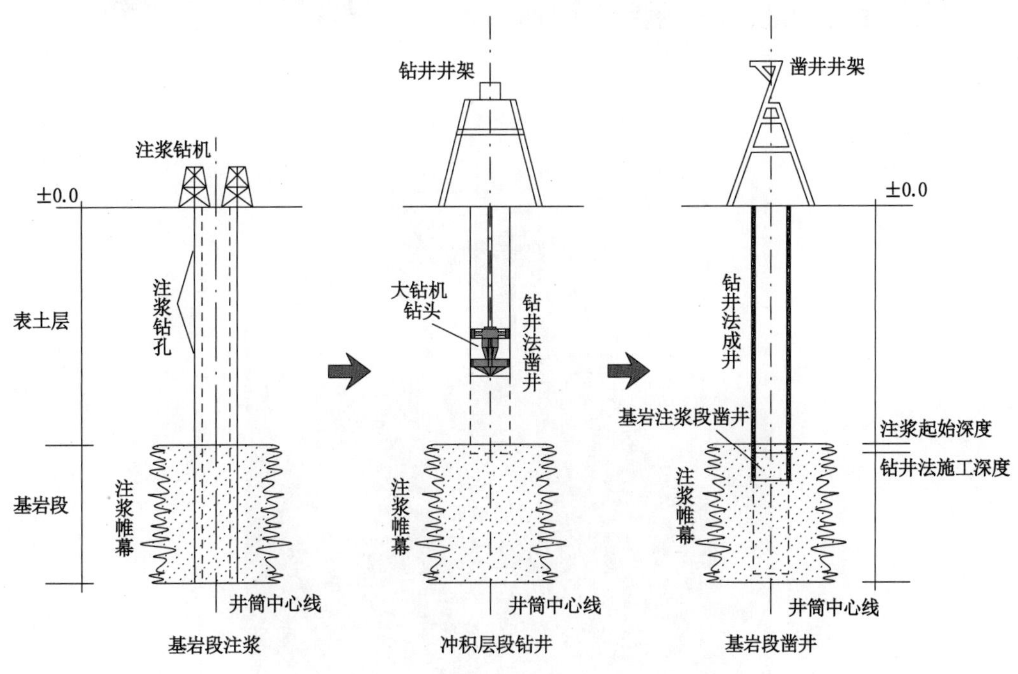

图 1-22　钻-注平行作业工艺

（四）竖井钻机钻井法凿井技术近期发展

随着国家中东部煤炭开发由浅入深和煤炭资源开发向西部转移的变化，以及行业政策的影响，21 世纪初，竖井钻机钻井法凿井技术在矿山领域应用减少。但是该阶段将竖井钻机钻井技术工艺拓展应用于桥梁桩基建设，以及随着清洁能源的发展需求应用于海上风电桩基的建设，同时竖井钻机装备得到了同步发展。例如研发了 40 型、45 型和 50 型桥梁桩基钻机(图 1-23)，以及适用于海上风电桩基建设的 QYZJ8000/110 型、ZDZD-100 型(图 1-24)和 HT-4000 型竖井钻机(图 1-25)。

以 ZDZD-100 型竖井钻机为例，依然采用减压钻进及压气升液反循环排渣原理，钻机工作时，液压缸举升，动力头旋转破岩。同时针对提升、下放钻头，以及接、卸钻杆耗时长的问题，研发了钻架可倾斜技术(图 1-26)，实现了钻杆的快速吊运与连接。2017 年在福建近海海上风电单桩基础施工，实现了在岩石强度为 80～160 MPa 的全岩地层中一次钻进直径达 6.3 m。

近几年来，煤炭作为国家能源“压舱石”和“稳定器”，其“兜底作用”进一步强化，西部新

(a) 40型和45型钻机

(b) 50型钻机

图 1-23　桥梁桩基钻机

图 1-24　ZDZD-100 型竖井钻机

图 1-25　HT-4000 型竖井钻机

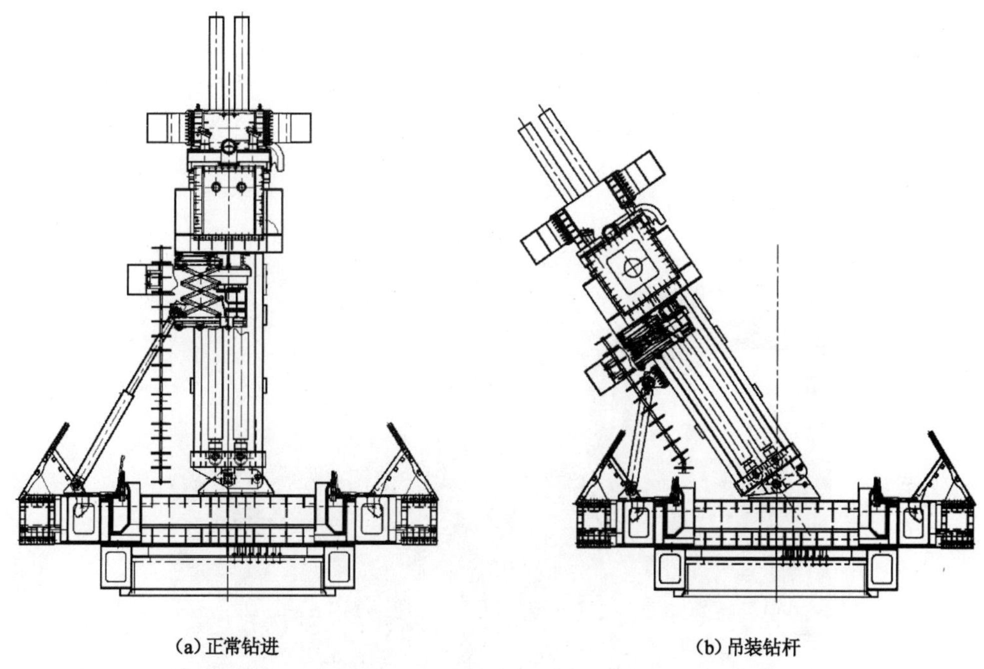

图 1-26　ZDZD-100 型竖井钻机直立与倾斜状态示意图

开工煤矿规模占全国的 80%以上，同时随着煤矿智能化发展的推进，竖井钻机钻井法凿井技术凭借无人下井作业、机械化程度高、成井质量好等优势，在煤矿建井行业重新焕发生机。2021 年陕西可可盖煤矿首次在西部富水厚基岩地层采用竖井钻机"一钻成井"和"一扩成井"钻井工艺，分别施工中央进、回风立井井筒(图 1-27)。中央进风立井采用 ZDZD-100 型竖井钻机施工，实现了一次钻进直径为 8.5 m、钻井深度为 491 m；中央回风立井采用 AD130/1000 型竖井钻机施工，实现了一次超前钻进直径为 4.2 m、一次扩孔钻进直径为 8.5 m、钻井深度达到 511 m。

图 1-27　可可盖煤矿竖井钻机钻井法施工现场

为了加快西部矿井建设速度，针对西部富水弱胶结厚基岩地层条件，结合竖井钻机钻井法凿井工艺特征，2022 年我国又研发了 ZMD120/1200 型竖井钻机，其最大钻井直径为 12 m、最大钻井深度为 800 m，动力头最大扭矩可达 1 200 kN·m，具有结构件单件重量大、动力系统采用变频电驱技术驱动、电控系统复杂的特点。目前，正在淮北矿业集团陶忽图煤矿北风井进行工业性试验（图 1-28）。我国最新研制的竖井钻机主要技术参数对比如表 1-4 所示。

图 1-28　陶忽图煤矿竖井钻机钻井法施工现场

表 1-4　我国最新研制的竖井钻机主要技术参数对比

主要技术参数	竖井钻机类型		
	ZDZD-100 型	HT-4000 型	ZMD120/1200 型
设计钻井深度/m	650	—	800
设计钻井直径/m	4～12	4.6～7.6	12
洗井方式	压气反循环	压气反循环	压气反循环
驱动装置	动力头	动力头	动力头
驱动形式	液压马达	变频电驱	变频电驱
提升力/kN	9 000	9 000	12 000
扭矩/(kN·m)	1 000	3 965	1 200
转速/(r/min)	0～12	0～5～9	0～7～16
钻头直径/m	最大 8.5	最大 7.6	最大 12
设备总功率/kW	960	1 730	2 060
主机质量/t	340	550	—

三、竖井钻机钻井法凿井典型工程

（一）我国竖井钻机钻井法凿井施工总体情况

截至目前，据统计，我国采用竖井钻机钻井法凿井数量统计结果如图 1-29 所示。自 1969 年完成首个竖井钻机钻井法凿井至今，全国矿山领域共完成为 121 个井筒的竖井钻机钻井法施工，累计进尺 28 376 m，其中钻井直径≥8.0 m 的井筒 27 个，成井直径≥6 m 的井筒 25 个，钻井深度≥400 m 的井筒 25 个。我国竖井钻机钻井深度>400 m 的井筒直径统计结果如图 1-30 所示。

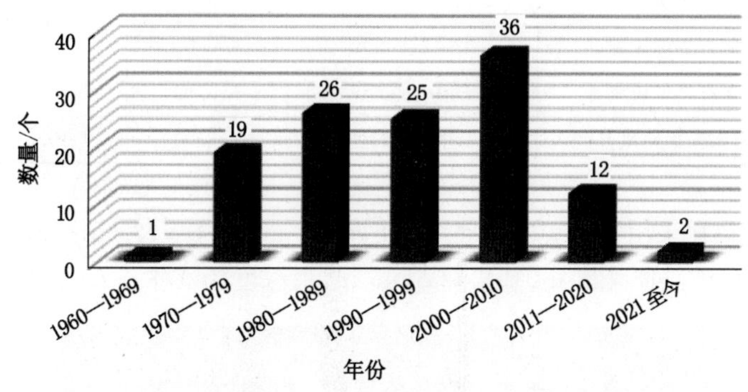

图 1-29　我国竖井钻机钻井法凿井数量统计结果

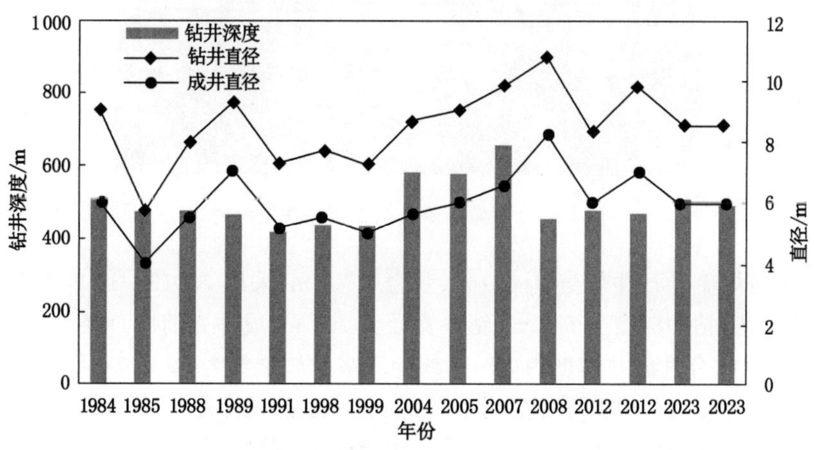

图 1-30　我国竖井钻机钻井深度大于 400 m 的井筒直径统计结果

（二）中东部富水冲积地层钻井法凿井实例

我国中东部钻井法凿井穿越地层呈“厚冲积层，薄基岩”，无论多级钻进还是“一钻成井”“一扩成井”的钻井工程中，主要以施工深厚表土层为主，钻井施工基岩段一般不超过 20 m，最大不超过 80 m，所占全部地层厚度的比例最大不超过 20%。我国中东部竖井钻机钻井部分典型工程如表 1-5 所示。

表 1-5　我国中东部竖井钻机钻井部分典型工程

时间	井筒工程	钻机类型	深度/m	直径/m	净径/m
1969 年	淮北朔里南风井	ZZS-1 型	92.30	4.3	3.5
1979 年	淮北临涣西风井	SZ-9/700 型	308.60	7.9	6.0
1984 年	淮南潘三西风井	AS-9/500 型	508.00	9.0	6.0
1989 年	淮南谢桥西风井	AS-9/500 型	464.50	9.5	7.0
2004 年	巨野龙固主井	AS-9/500G 型	582.75	8.7	5.7
2004 年	巨野龙固风井	SZ-9/700 型	580.00	9.0	6.0
2007 年	新集板集煤矿主井	L40/1000 型	660.00	9.5	6.2
2007 年	新集板集煤矿副井	AS-12/800 型	640.00	10.8	7.3
2007 年	新集板集煤矿风井	L40/1000 型	656.00	9.9	6.5
2007 年	淮南张集回风井	AS-9/500G 型	458.00	10.8	8.3

安徽涡阳信湖煤矿采用钻井法施工主井表土厚 425 m、基岩厚 52.5 m，总深度为 477.5 m，钻进直径为 9 m；风井表土厚 425 m、基岩厚 52.5 m，总深度为 477.5 m，钻进直径为 9.85 m。

图 1-31　安徽涡阳信湖煤矿钻井法凿井

安徽朱集西煤矿矸石井表土厚 470 m、基岩厚 75 m，采用 AD130/1000 型竖井钻机“一钻成井”钻井工艺，钻井深度为 545 m，钻井直径为 7.7 m，成井井筒净直径为 5.2 m，成井偏斜率为 0.159‰，综合月成井速度为 39 m，减少泥浆排放量约为 30 000 m^3。

安徽袁二店矿主、副、风井采用钻井法施工，其中主井表土厚 260 m、基岩厚 43 m，总深度为 303 m，钻进直径为 7.1 m；副井表土厚 240.3 m、基岩厚 67.5 m，总深度为 307.8 m，采用 ASG-9/800 型竖井钻机“一扩成井”钻井工艺，钻进直径为 9.3 m，成井井筒净直径为 6.8 m，成井偏斜率为 0.234‰，综合月成井速度为 31 m，减少泥浆排放量约为 13 000 m^3；风井表土厚 260 m、基岩厚 43 m，总深度为 303 m，钻进直径为 7.1 m。

淮南板集煤矿主副风井钻井法施工，其中主井表土厚 584.1 m、基岩厚 75.9 m，总深度为 660 m，钻进直径为 9.5 m；副井表土厚 580.9 m、基岩厚 59.07 m，总深度为 640 m，钻进直径为 10.8 m；风井表土厚 583.8 m、基岩厚 72.2 m，总深度为 656 m，钻进直径为 9.8 m。

（三）西部厚基岩地层钻井法凿井实例

我国西部竖井钻机钻井法凿井主要在基岩地层中钻进。例如，2023 年完成的可可盖煤

图 1-32　安徽朱集西煤矿钻井法凿井

图 1-33　安徽袁二店矿钻井法凿井

图 1-34　淮南板集煤矿钻井法凿井

矿回风井钻井法凿井工程，其钻进基岩总厚度为 419 m，钻进地层基岩占比约为 82%；目前正在组织施工的陶忽图煤矿北回风井钻井法凿井工程，其基岩厚度为 741 m，占比为 98.8%；而台格庙矿区一井东部风井钻进基岩厚度将达到 870 m，占比为 99.3%，属于典型的西部全岩地层钻井法凿井。我国东西部钻井地层基岩厚度及占比对比图如图 1-35 所示；西部厚基岩地层钻井法凿井工艺对比如表 1-6 所示。

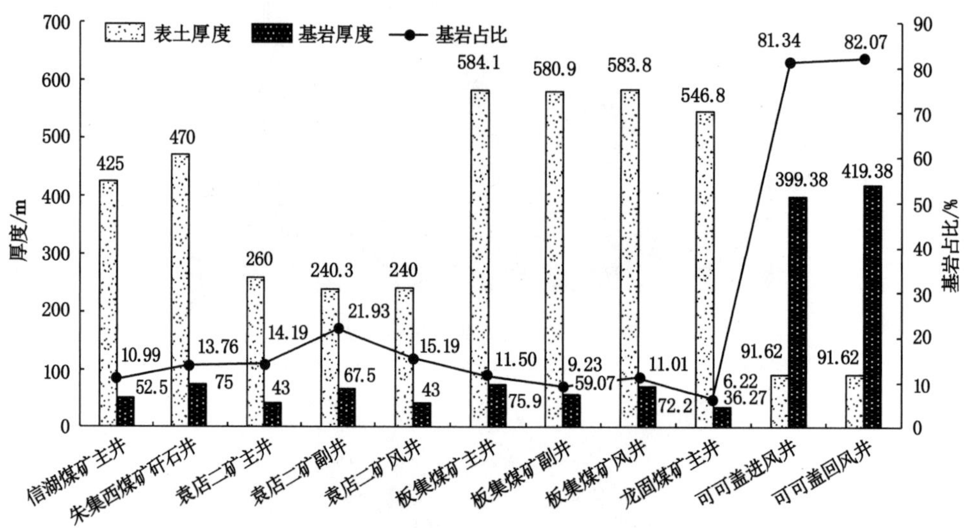

图 1-35　东西部钻井地层基岩厚度及占比对比图

表 1-6　西部厚基岩地层钻井法凿井工艺对比

技术参数	钻井法凿井工程		
	可可盖煤矿中央回风井	可可盖煤矿中央进风井	陶忽图煤矿北回风井
钻井深度/m	511	491	751
钻井直径/m	4.2、8.5	8.5	9.4/5.4、9.4
净直径/m	6.0	6.0	6.5
基岩占比/%	82.07	81.34	98.60
井壁厚度/mm	600	600	700
钻井方式	一扩成井	一钻成井	400 m 以浅一钻成井， 400 m 以深一扩成井

目前，陶忽图煤矿北回风井钻井法凿井工程正在施工，调研了可可盖煤矿已完成的进、回风井钻井法施工效率。通过调研可可盖煤矿中央回风竖井“一扩成井”钻井效率(图 1-36)可知：ϕ4.2 m 钻头超前钻进 8 个月，累计进尺 511.5 m，最高月进尺 110.4 m(2021 年 8 月)，月均进尺 62.67 m；ϕ8.5 m 钻头超前钻进 11 个月，钻井深度为 511.47 m，最高月进尺 193 m(2022 年 3 月)，月均进尺 44.74 m；综合月进尺 26.9 m，纯钻进时间占比 53.9%。

调研可可盖煤矿中央进风竖井“一钻成井”钻井效率(图 1-37)可知：全断面 ϕ8.5 m 钻头钻进 19 个月，钻井深度为 491 m，最高月进尺 62.3 m(2021 年 8 月)，综合月进尺 25.8 m，纯钻进时间占比 47.5%。

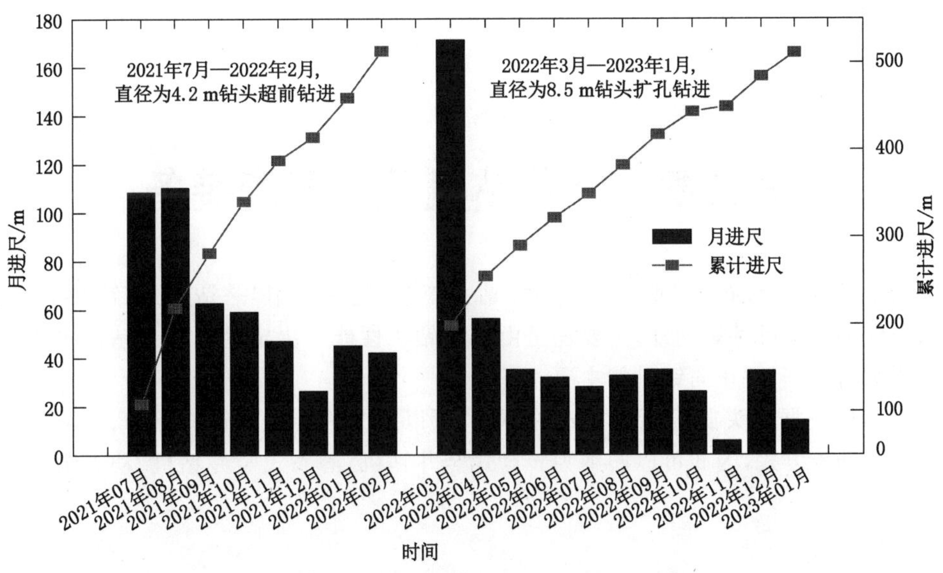

图 1-36　可可盖煤矿厚基岩“一扩成井”钻井效率分析

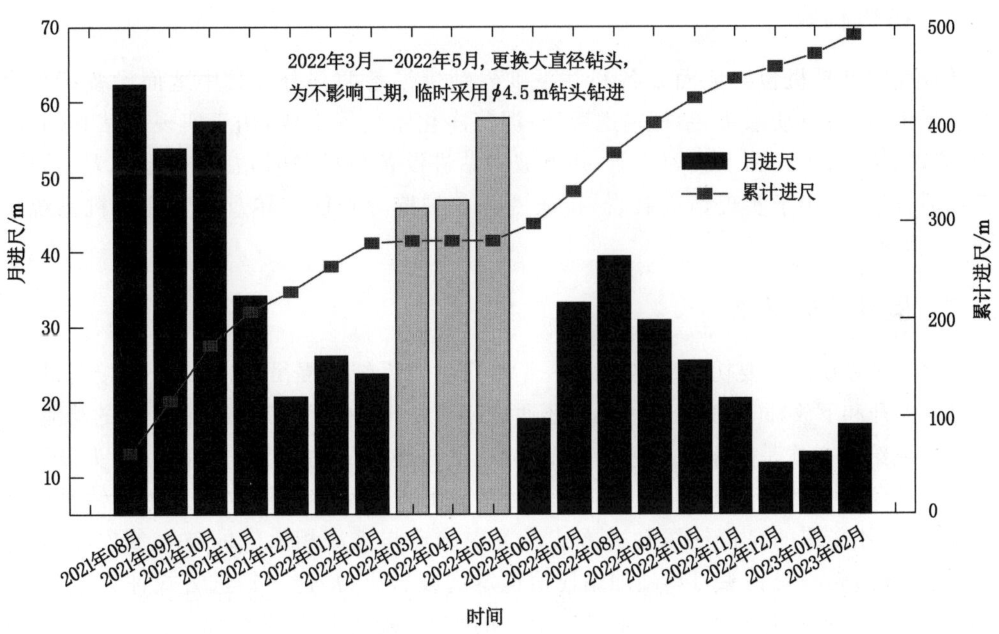

图 1-37　可可盖煤矿厚基岩“一钻成井”钻井效率分析

第二章 竖井钻机及其配套装备

不论是采用“多级扩孔”或“一扩成井”钻井工艺，还是采用“一钻成井”钻井工艺，除了受地层条件和工程条件影响外，主要还是由竖井钻机性能所决定的。竖井钻机主要适用于盲竖井的钻凿，是竖井正向钻进的主要装备。

竖井钻机根据钻头旋转驱动方式的不同，可以划分为转盘方钻杆驱动、井下动力驱动和动力头驱动等方式，因此可以归纳为转盘式竖井钻机、潜入式竖井钻机、动力头式竖井钻机三大类。

第一节 转盘式竖井钻机

一、钻机构成

转盘式竖井钻机包括地面设备和井下破岩钻进设备两部分。其中地面设备部分由提升给进系统、旋转驱动系统、钻杆输送系统、泥浆净化系统等组成，用于实现对钻具的连接、卡固、旋转、推进、提升和下放等功能；井下破岩钻进设备包括破岩钻头、破岩滚刀、钻杆、压风管和混合器等，用于实现钻进破岩、排渣洗井与护壁等功能。转盘式竖井钻机系统构成如图 2-1 所示。

二、提升给进系统

提升给进系统的主要功能是实现钻头、钻杆等钻具系统的提吊，满足钻杆连接与拆卸，实现钻具的提升和下放，同时提升悬吊系统还通过调节提升力保障精确钻进或给进的功能。

钻进或给进方式是由钻进工艺或技术参数、钻进地层的物理力学性质和钻头破岩刀具布置等因素所决定的。钻进或给进主要采用恒钻压和恒钻速两种方式来驱动钻具向下运动。其中，采用较多的是恒钻压钻进方式。首先确定与排渣相适应的破岩参数，然后提升给进系统，通过钻杆对钻头刀具施加钻压值恒定的破岩压力，这一钻进方式称为恒压给进；恒钻速给进是指钻进过程为了保证钻进精度的控制，通过提升系统保证钻具下放速度恒定，这种方式多用于钻进纠偏，或者是不稳定地层井筒发生缩径后的扫孔钻进。

提升给进系统主要由钻机钻架、提升绞车、提升钢丝绳、悬吊天轮、滑轮组、钩头(气动抱钩)等设备组成(图 2-1)。转盘式竖井钻机钻井法凿井钻架结构形式有桁架式、四柱钢架式、行走龙门钻架和“A”型钻架。如 ND-1 型、ZZS-1 型竖井钻机采用了桁架式钻架，SZ-9/700 型、AS9/500 型、AS12/1000 型等转盘式竖井钻机均采用了四柱钢架式钻架。四柱钢架式钻架整体性强、承载能力大，便于组立和拆装，其承载力作用在钻架基础上。相比较而言，桁架式钻架不如四柱钢架式钻架性能优越。BZ-1 型竖井钻机采用了行走龙门钻架，大

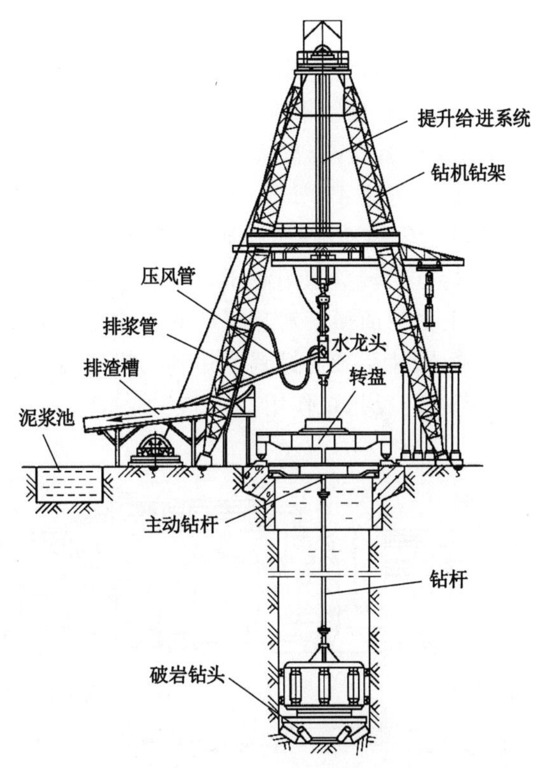

图 2-1　转盘式竖井钻机系统构成

梁与斜腿均为箱形结构，带 16 个轮子可行走，钻进时用固定装置定位，在两根主梁之间有一吊挂水龙头和吊运钻杆的副梁。L40/800 型钻井机采用了“A”型钻架。两根钢管做成井架主腿，用钢管和液压缸做副腿(斜撑)，液压缸收缩可使主腿后仰、顶架及安装其上的天车等离开井中心，以便吊运钻头或井壁。

提升绞车上的钢丝绳通过井架上的多槽天轮及滑轮组，形成 6×5、6×6、8×7 或 10×9 的钢丝绳组，最大提升力可达 5 000 kN，以满足提放钻头和钻杆的需求。钢丝绳末端和气动抱钩相连，气动抱钩和水龙头相连，水龙头通过连接主动钻杆实现钻头的推进；气动抱钩也可以直接和钻杆相连，实现钻具的提升和下放。竖井钻机钻井法破岩钻进主要采用“提吊减压钻进”的方式，钢丝绳的死绳端和钻架固定在一起，并安装有拉力传感器，由此判断悬吊系统的提升重量、钻进过程中施加给钻头的钻压等参数。

三、旋转驱动系统

旋转破岩钻进的系统设备包括转盘及其驱动系统，主要功能是通过电动机或液压马达驱动转盘产生旋转扭矩，并通过方钻杆传递给普通钻杆和钻头，从而使得钻头旋转破岩。

转盘是产生扭矩作用以驱动钻具旋转的核心设备。转盘上安装方补芯才能实现钻杆和转盘配合，将转盘输出的扭矩传递到主动钻杆上，主动钻杆再驱动钻具旋转钻进。转盘根据不同钻进直径对输出的转速和扭矩进行调节，通常钻井直径大时需要高扭矩、低转速，相反则需要低扭矩和较高的转速。拆掉方补芯后，钻杆包括钻杆接头部分才可以从转盘内通过。

最初的转盘是采用石油钻机的转盘，扭矩比较小（约 40 kN · m），后来为满足大直径钻井的需要设计了专用转盘。如 BZ-Ⅰ型竖井钻机的转盘扭矩为 120 kN · m；SZ-9/700 型竖井钻机的转盘由 400 kW 直流电机驱动，转盘扭矩为 300 kN · m；L40/800 型竖井钻机当 4 台液压马达同时驱动时，转盘扭矩可达 420 kN · m；AS12/800 型竖井钻机的转盘采用 4 点 8 个液压马达驱动，三级平行轴齿轮转动，扭矩达到 500 kN · m，具有结构紧凑、体积小、重量轻、受载均匀和工作平稳的特点。转盘采用液压马达和直流电动机驱动均可满足钻井的要求，而液压马达驱动在控制上更为简便。转盘驱动系统结构如图 2-2 所示，其中驱动电机单元主要作用是提供旋转动力，减速系统通过减速达到钻机所需的转速、扭矩等技术参数，齿轮箱传递扭矩并承受钻进产生的反扭矩作用。

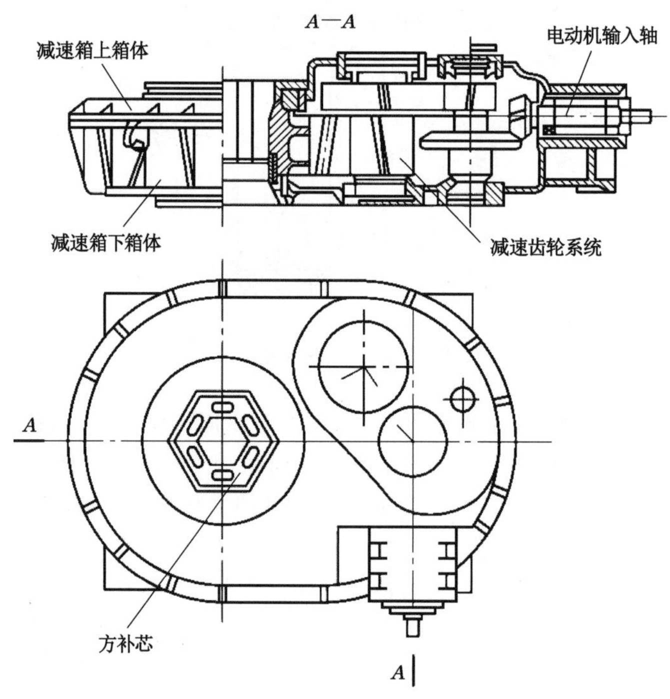

图 2-2　竖井钻机驱动系统结构

四、钻具系统

钻具系统设备由钻杆和钻头组成，主要是通过钻杆传力使钻头旋转破碎工作面的岩土体，实现破岩钻进的功能。

（一）钻杆

竖井钻机钻杆是由两端带接头的无缝钢管组成，钻杆不仅是传递扭矩驱动钻头旋转和传递拉力垂直提升钻头的结构，其中心孔还需承受高速流动泥浆的压力。竖井钻机作为钻进大直径井筒的钻井设备，钻杆所受拉力为泥浆中钻头与钻杆重量的 40%～60%，钻杆传递的扭矩和提升力参数均较大且受力复杂，需采用抗扭能力、抗拉能力较强的大直径钻杆。因此，钻杆均用强度很高的合金钢铸造或锻造，如 AS-9/500 型与 ND-1 型竖井钻机的钻杆均采用 35 铬或 40 铬钼钢、外径为 ϕ406 mm、壁厚为 20 mm 的无缝钢管制作。

转盘式竖井钻机的钻杆最上一根为外形截面为四方形或六方形的主动钻杆，所以又称为方钻杆(图 2-3)。方钻杆上部与水龙头连接，下部与普通钻杆连接，一般比普通钻杆长 1 m 左右，且方钻杆上涂有明显标尺，可以快速了解钻进进尺。方钻杆套在转盘的方补芯里随转盘转动，并将转盘输出的扭矩传递给普通钻杆，以保证钻进。

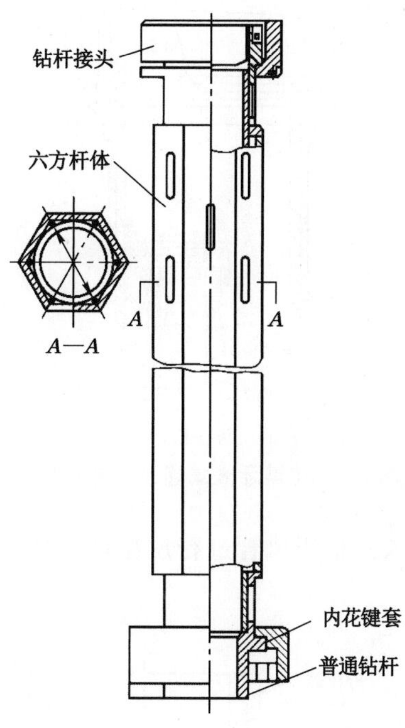

图 2-3　六方形传扭钻杆结构示意图

方钻杆下部与普通钻杆连接，钻进过程中需要根据设计钻井深度配置相应数量结构相同的普通钻杆。为减少起下钻具时接头连接、钻杆拆卸的辅助时间，普通钻杆的长度应尽可能长一些，一般长度为 10 m 左右，钻杆过长则会增加钻塔或钻架的高度。钻杆接头是钻杆彼此连接的关键部件，其结构应具有装卸简便、牢固可靠、不易松脱的特点；钻杆连接接头部分和钻杆杆体采用摩擦焊接的方式加工成型。钻杆连接接头有花键牙嵌式接头、六方牙嵌式接头以及法兰盘螺栓式接头三种。

(1) 花键牙嵌式接头。在钻杆上接头的内侧和下接头的外侧均带有矩形(或梯形)花键，装合后用于传递扭矩。上接头还有一个可以转动的接头套，其内侧有牙嵌，装合时与下接头外部的牙嵌对正卡紧，并插入防松销，起承受拉力的作用。花键牙嵌式连接钻杆示意图可见图 2-4。

(2) 六方牙嵌式接头。这种接头是将第一种花键连接改为六方连接，即将上接头的外侧和下接头的内侧做成配合严密的六方体，用于传递扭矩；传递拉力仍采用第一种牙嵌的方式。六方牙嵌连接式钻杆的加工和钻杆装卸的操作较第一种更为方便，且连接牢固不易

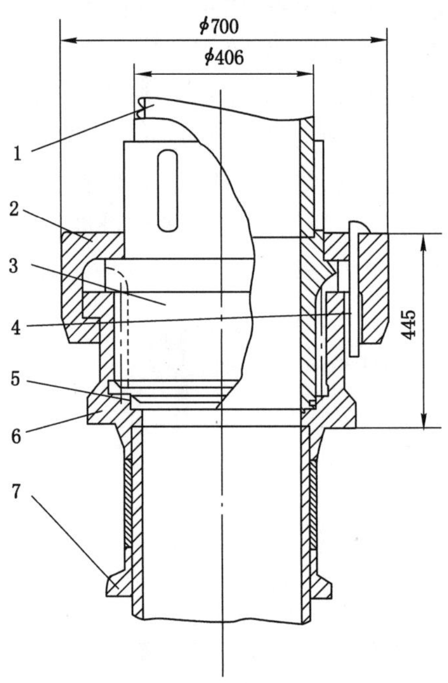

1—无缝钢管;2—接头套;3—外齿接头;4—防松板;5—“O”形密封圈;6—内齿接头;7—台座。

图 2-4 花键牙嵌式连接钻杆示意图

松动,但是需要在钻杆中心下入一根压风管进行反循环洗井。六方牙嵌式连接钻杆示意图可见图 2-5。

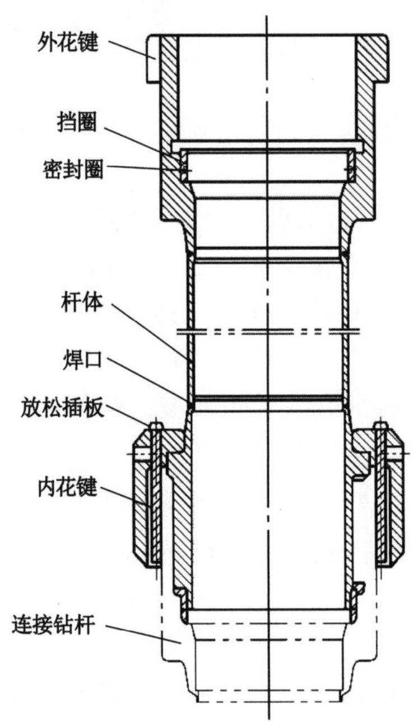

图 2-5 六方牙嵌式连接钻杆示意图

(3) 法兰盘螺栓式接头。这种接头传递扭矩和拉力均由螺栓承担,因而螺栓需用优质合金钢制作。法兰盘螺栓式接头采用双壁结构或外挂压风管路结构,安装起来比较方便,但是连接螺栓在大扭矩和拉压力作用下,容易出现螺栓松动,造成钻具失稳或脱落等问题,逐渐被其他连接方式所替代。引进的 L40/800 型竖井钻机主要采用这种接头。法兰盘螺栓式连接钻杆示意图可见图 2-6。

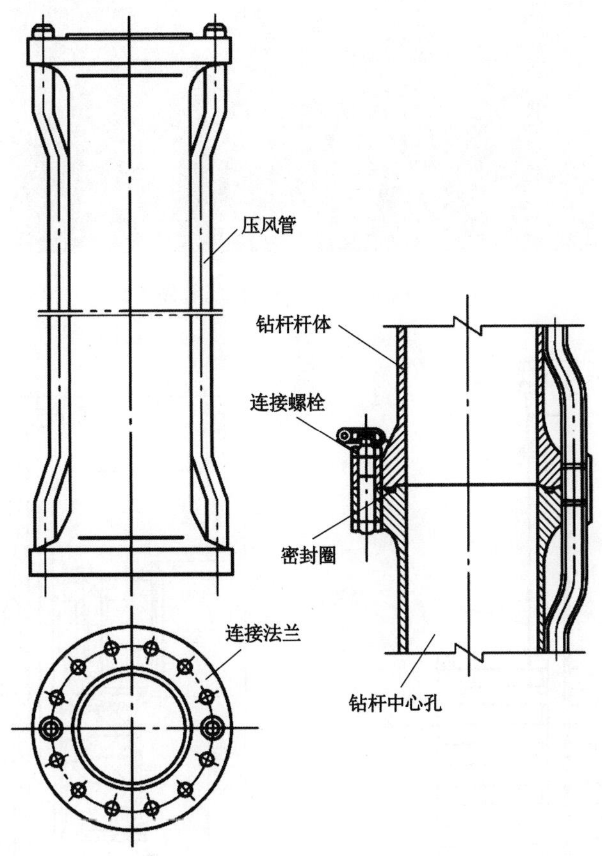

图 2-6　法兰盘螺栓连接钻杆示意图

大直径钻井系统的排渣方式通常采用压气反循环洗井排渣,钻杆中心孔需要有下放压缩空气的管路(图 2-7),打破钻杆中心、井帮和钻杆外壁形成的 U 形管泥浆浆液平衡,泥浆在钻杆中心孔高速向上运动,泥浆、压缩空气和岩渣形成的三相流将岩渣排到地面,因此,还需要钻杆中心孔有足够大的空间作为排渣的通道。

(二) 钻头

钻头由破岩刀具、刀盘(或钻头体)、中心管、加重块、稳定器、中心管等部分组成。通常,钻进方式不同,钻头结构也不尽相同。转盘式竖井钻机在大直径井筒钻进施工中,一般采用多级扩孔钻进的方式,因此,其钻头结构形式分为超前钻头和扩孔钻头。

超前钻头为竖井钻进的首级钻头,是指竖井钻机第一级钻进所采用的钻头,其破岩断面为圆形。超前钻头一般采用平底滚刀布置结构,主要是为了降低一级钻进井筒偏斜。超前钻头结构示意图可见图 2-8。

图 2-7　连接钻杆中心的压气管路连接

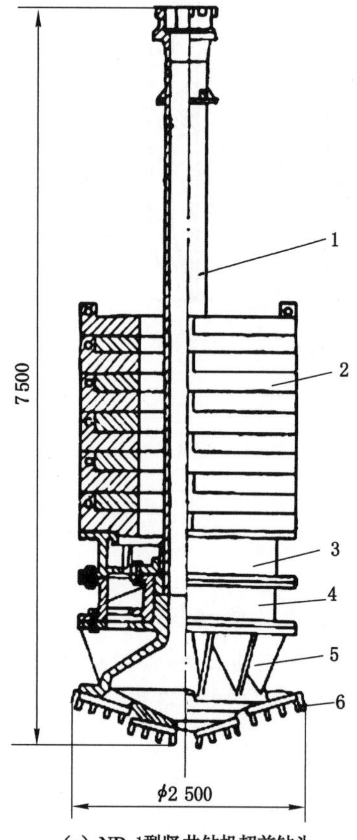

(a) ND-1型竖井钻机超前钻头

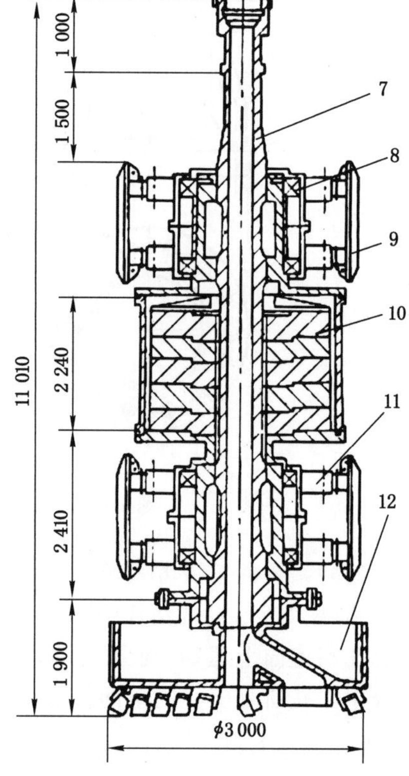

(b) AS-9/500型、SZ-9/700型竖井钻机超前钻头

1,7—中心管；2,10—配重块；3—配重架；4—内六方体；5—钻头体；6—刮刀及刮刀架；8—稳定器轴承；9—上稳定器；11—下稳定器；12—刀盘。

图 2-8　超前钻头结构示意图

以往转盘式竖井钻机钻进大直径井筒，多采用分级扩孔的方式。例如钻进直径为 9.0 m 的井筒时，需要经过第一级直径为 2.5 m 的超前钻孔，然后进行一级扩孔(直径为 4～4.6 m)，二级扩孔(直径为 5.2～5.8 m)，三级扩孔(直径为 6.3～6.9 m)，四级扩孔(直径为 7.3～7.9 m)，五级扩孔[直径为 8.2～8.8 m(9.0 m)]。扩孔钻头结构示意如图 2-9 所示。ND-1 型、AS-9/500 型竖井钻机都采用了这种扩孔钻头结构。由于扩孔级数多，钻头等设备需要量大，钻进效率偏低；但是，多次扩孔可以对上一级钻孔的偏斜进行纠偏找正。随着钻机能力的提高和钻井工艺技术的发展，研发出了适用"一扩成井"钻进工艺的"大井角锥形"超前钻头和扩孔钻头，将在后续章节进行介绍。

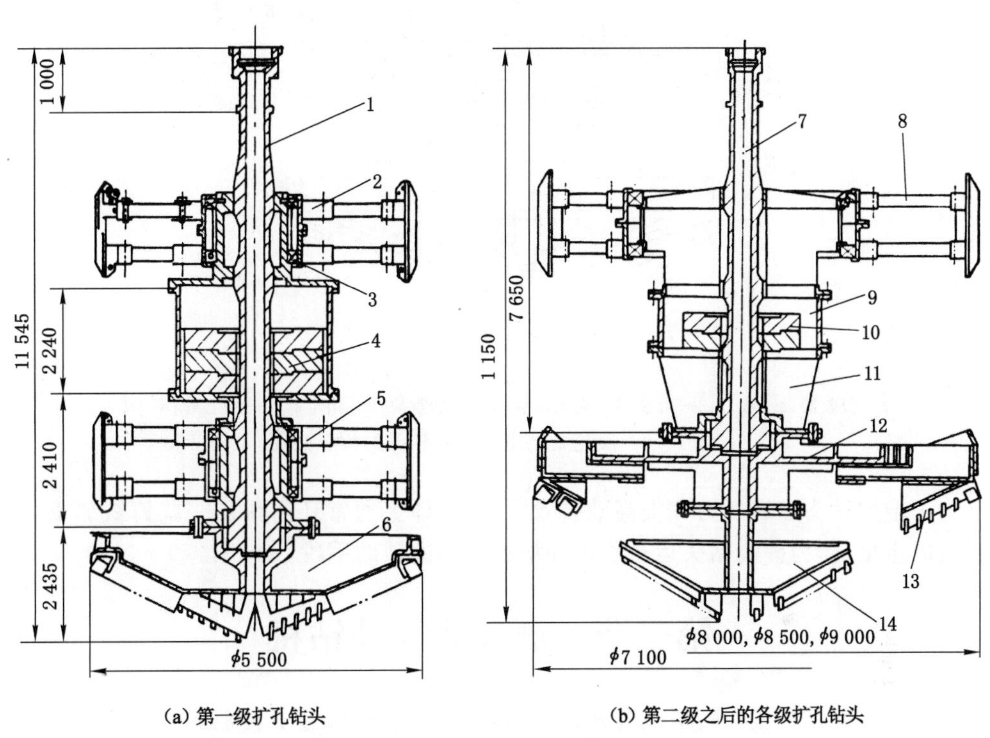

1,7—中心管；2,8—上稳定器；3—稳定器轴承；4,10—加重块；5—下稳定器；6—刀盘；9—过渡盘；11—连接盘；12—基体刀盘；13—刀架；14—掏孔刀盘。

图 2-9　滑靴式稳定器扩孔钻头结构示意图

转盘式竖井钻机采用的一次全断面钻进的钻头结构和超前钻进钻头相似，仅钻头高度、直径大小有所不同。随着钻机能力的提高和钻井工艺技术的发展，研发出了适用"一钻成井"钻进工艺的全封闭"T"形阶梯式钻头结构，利用一个钻头即可实现超前钻孔和扩孔，将在后续章节进行介绍。

旋转钻进过程中钻头受到较大的扭转力矩、压力共同作用，运转很难保持平稳，需在钻头体上设置不同类型的稳定器。稳定器的外径和井帮直径基本相同，其作用主要是减少钻头旋转对中心管产生的弯矩，减少中心管的疲劳破坏，并降低钻头掉落事故发生概率。转盘式竖井钻机最初主要采用的是滑靴式稳定器(图 2-9)，后续又研发出大锥角扩孔钻头适用的滚轮式稳定器(图 2-10)。滑靴式稳定器和井帮之间只是上下滑移运动，没有相对旋转;而滚轮式稳定器在钻头带动下,围绕井筒中心旋转,同时在井帮围岩的摩擦作用下可进行自转,降低了钻头与井帮之间的摩擦力。

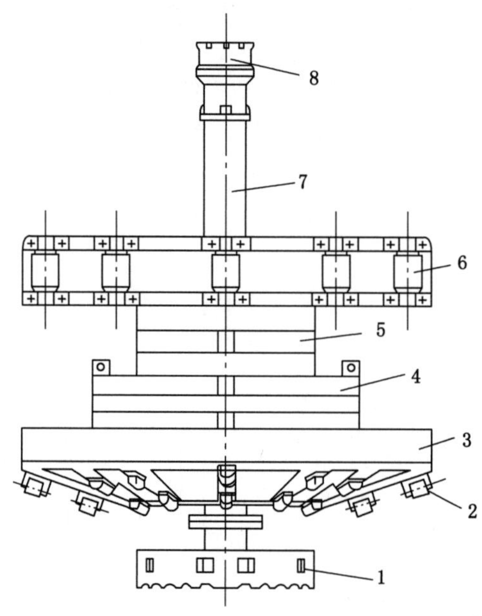

1—吸收器;2—滚刀;3—刀盘;4—大加重块;5—小加重块;6—稳定器;7—中心管;8—接头。

图 2-10　滚轮式稳定器扩孔钻头结构示意图

为了增加钻头破岩压力和提高破岩效率,钻头体上通常还需添加一些铸铁加重块以增加钻头的重量,作为提高钻头运行稳定和增加钻压的辅助手段。

第二节　潜入式竖井钻机

潜入式竖井钻机是在转盘式竖井钻机基础上研制的,借鉴了转盘式竖井钻机成熟的钻架结构、提吊给进方式、洗井排渣等技术。但是,与转盘式竖井钻机通过驱动转盘并带动钻杆驱动钻头旋转的方式不同,潜入式竖井钻机的钻头旋转驱动动力不是通过钻杆带动钻头旋转的,而是将动力系统安装在钻头上直接驱动钻头旋转,并与钻头一起向下移动。

相较于转盘式竖井钻机,潜入式竖井钻机的优点在于动力直接作用在钻头上,钻机效率高、钻杆受到的反扭矩小,钻杆以提升和悬吊为主,不再发生旋转,减少了疲劳破坏等钻杆断裂事故。但是随着钻井深度的增加,在泥浆压力下驱动电机及减速系统的密封技术成为制约高效钻进的关键问题。

一、钻机构成

潜入式竖井钻机是根据一次全断面钻进需求研制的一种新型钻机,其刀盘动力及传动装置均设置在钻头上,潜入泥浆中直接驱动刀盘旋转破岩。这种作业方式与后期研发的机械沉井法的竖井钻机有类似之处。本节以我国最初研制的 QZ-3.5 型潜入式竖井钻机为主要代表进行介绍。

潜入式竖井钻机系统构成如图 2-11 所示。潜入式竖井钻机钻井法凿井包括地面设备和井下破岩钻进设备两部分。其中地面设备部分由提升系统、钻杆输送系统、泥浆净化系统等组成，井下设备由破岩钻头及刀具、旋转驱动系统、钻杆、压风管和混合器等组成。由于采用了井下动力直接驱动钻头旋转破岩作业，除了地面无转盘驱动设备外，其他地面钻机井架、绞车、滑轮组等与转盘式竖井钻机类似，主要起到钻杆提升与下放的作用。

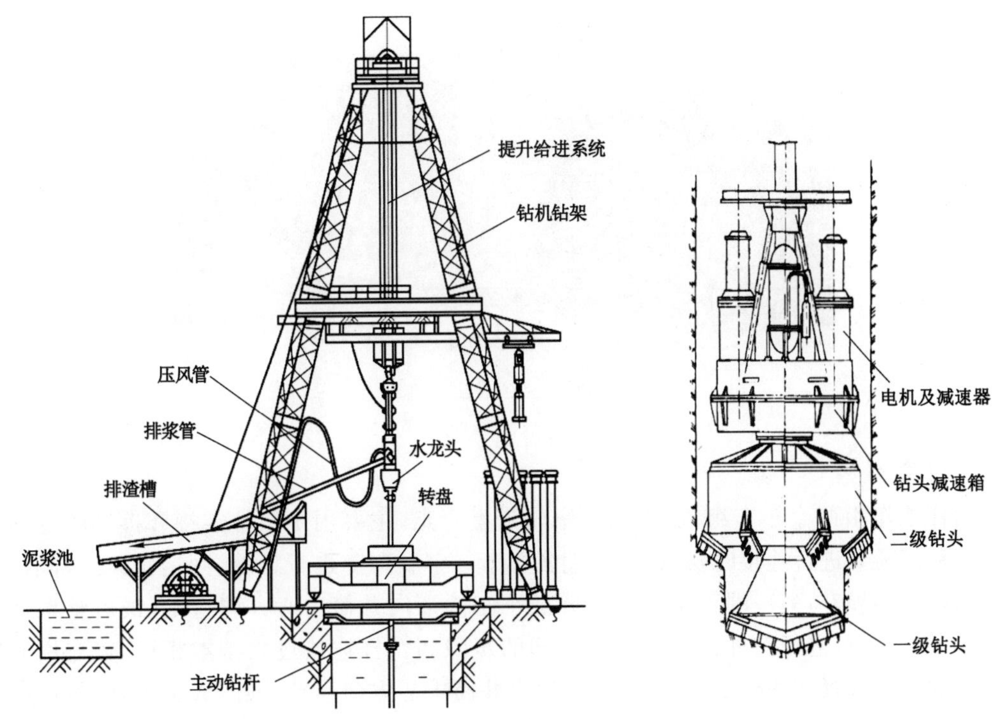

图 2-11　潜入式竖井钻机系统构成

（一）钻井井架

QZ-3.5 型潜入式竖井钻机在兖州南屯煤矿完成了工业性试验。钻井井架采用了钢管桁架结构，钢管之间采用管式法兰连接。根据工程设计与计算，钻架底跨宽度设计为 9 m，天车平台宽 2.5 m，布置主提升天轮，钻架总的高度为 27 m，钻架质量约为 43 000 kg。为了满足钻头、钻杆的提吊以及钻进的需要，钻井井架的负载能力为 1 500 kN。

（二）钻井绞车

QZ-3.5 型潜入式竖井钻机使用的提升和给进绞车由石油钻井用绞车改装而成，其钢丝绳滚筒直径为 65 mm，滚筒宽度为 860 mm；采用 D6×37×150×28.5 钢丝绳作为提升绳，采用 JR143/29-20 型电机驱动，功率为 250 kW，输出转速为 294 r/min；选用 ZL150-20 型减速机，传动比为 1∶20。提升钢丝绳通过井架的天轮进入井架内，由 5×6 的滑轮组和钻机提升钩头连接，达到 1 300 kN 的提升能力，可满足钻杆与钻头的起吊要求。

（三）封口平车

因潜入式竖井钻机钻具本身不旋转，使得封口平车可兼作钻台使用。封口平车由两台单独的台车构成。AS12/800 型钻井机动力平车如图 2-12 所示。台车的主体结构钢梁为组合结构，采用钢板将平车上平面封闭，两个台车对齐达到封闭井口的目的。台车能够承载钻具的重量，其设计承受静载荷能力为 1 500 kN，台车可以在轨距 6.6 m 的轨道上行走，运载能为 1 000 kN。

图 2-12　AS12/800 型钻井机动力平车

（四）钻杆拖车

钻杆拖车由两个小车组成，可以在窄轨道上行走，主要用于钻杆连接和拆卸时的钻杆运输。钻杆需要进行连接时，钻杆的两端各置于一个平车上进行运输，到达钻架下部后，提吊大钩将一端提升，另一端置于平车上并随平车逐渐向井筒中心方向行走，最后整根钻杆吊离平车，至井口进行钻杆连接。钻杆拆卸的步骤和钻杆连接过程基本相反，首先用大钩将钻杆的一端放置在一台小车上，小车向远离井筒中心方向移动，同时大钩下降，然后将钻杆的另一端放置在另一台小车上，两个小车同时移动将钻杆送回钻杆贮存仓。

二、提升给进系统

潜入式钻机将旋转驱动系统安装在钻头上，直接驱动钻头旋转破岩钻进。机械破岩钻进的另一条件是对钻头施加一定的钻压，钻压是由钻具的自重力产生的。因此，QZ-3.5 型潜入式竖井钻机的地面设备主要设计对钻具提吊、钻具快速提升和下放、钻进恒压或恒速给进等功能，同时，利用钻头正、反转平衡内外刀盘扭矩，减少了破岩对钻杆产生的反扭矩。

（一）快速提升和下放控制

竖井钻机钻进过程中钻杆的连接、拆卸和提放钻具等过程，均由提升钩头的快速提升和下放来配合完成，通过提升绞车实现钻具的安全、快速提升。根据设计研发的 QZ-3.5 型潜入式竖井钻机，其钻机绞车由当时较为先进的石油 3 000 m 钻机绞车改装而成，绞车滚筒与驱动装置采用气囊离合器连接。

QZ-3.5 型潜入式竖井钻机提升绞车最大提升能力为 1 500 kN，最大提升速度为 3.86 m/min，选用 250 kW 的电动机驱动。控制系统控制提升电动机工作，经减速器带动钢丝绳滚筒旋转，钢丝绳活动绳（快绳）和钢丝绳固定端（死绳）共同与滑轮组形成快速提升系统。滑轮组下的钩头连接钻具，当提升钻具时，首先空载启动拖动电动机，然后控制操纵装置使离合器气囊内充满压缩空气，滚筒在电机驱动下旋转而起升；当下放钻具时，将气囊放气，滚筒在起升重物的自重作用下下放。如此利用压缩空气控制制动刹车带，对滚筒施加摩擦力，控制下放速度或使其停止运转。为保证工作安全，钻具快速提升和下放控制系统与自动给进系统间应设有必要的机械和电气闭锁机构。

（二）钻进给进系统

QZ-3.5 型潜入式竖井钻机在厚冲积地层中钻进时，采用恒钻压自动进给方式。钻进过程中，随着钻进井底面向下推进，通过提吊钻具的部分重量使得作用在岩石表面的钻具重力分力基本不变，对钻头施加的压力基本恒定，钻头不断地向下运动，形成可控的钻进给进状态。根据表土钻头地层条件，钻压的可调范围为小于钻头重量的 40%，钻进速度变化范围为小于设计钻进速度的 1.5%；钻机慢速提升和下放速度为 0～3.14 m/h。

设计的钻具提升与下放自动控制系统原理如图 2-13 所示。当给进电动机工作时，经两级行星摆线减速器减速（减速比 $i=17\times17=289$），由牙嵌离合器与提升绞车主减速器相连，并拖动绞车旋转，减速器带动钢丝绳滚筒旋转，滑轮组下的钩头实现钻具的慢速提升下放。给进驱动电动机采用 4.5 kW 的直流电动机。

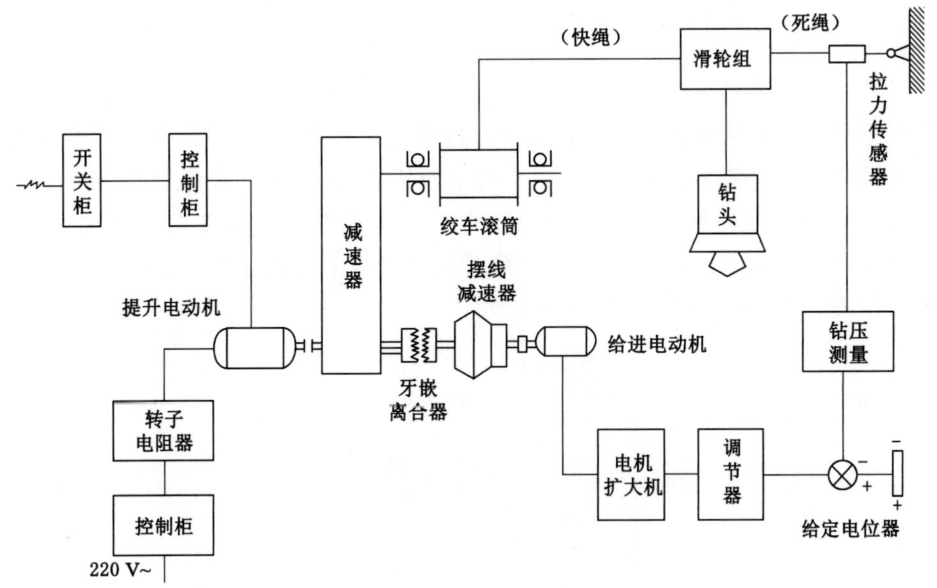

图 2-13　钻具提升与下放控制系统原理图

恒钻压自动给进控制系统原理如图 2-14 所示。控制系统实现钻压负反馈的闭环调节，它是利用调节电动机端电压的大小来改变钻机的钻进速度，以实现恒钻压自动给进的。

自动给进系统的工作原理是：在稳定钻进状态下，给定的钻压信号与实际测量得到的钻压信号相同，经钻压调节环节运算后反馈出电压值，电机扩大机产生电压 U_p 值，驱使拖动电机以相应的转速旋转，钻机将以给定的钻压正常钻进。当岩石变硬导致钻速降低，实际测量的钻压信号会大于给定钻压信号，这样就产生一个负偏差信号，此信号经调节环节运算后将使输出电压值变小，并控制电机扩大机端电压 U_p 降低，从而使给进电机转速降低，钻速也随之降低，作用于井底的实际钻压减小，并逐渐恢复到原给定值范围。相反，当

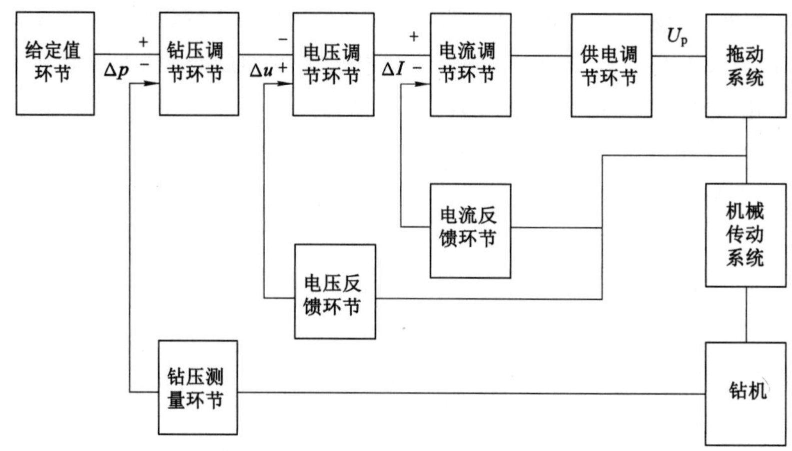

图 2-14　恒钻压自动给进控制系统原理图

受外界影响、实际测量钻压降低时，形成的正偏差信号经调节环节运算而产生与上述相反的调节作用，使钻速提高，钻压升高并逐渐恢复到原给定值范围。这样就实现了钻机按给定的恒钻压进行自动钻进的目的。

（三）洗井排渣系统

潜入式竖井钻机与转盘式竖井钻机洗井排渣工艺类似，也采用压气反循环方式，利用泥浆作为循环介质。根据潜入式钻机钻头的结构构造，钻头除了吸渣口外，还具有水龙头功能，从而实现钻头旋转部分和不旋转部分的结合，这样的优势是在泥浆中水龙头密封简单，钻杆不再旋转，地面也不需要水龙头，只是从钻杆最上端将排浆软管刚性连接在一起。潜入式竖井钻机洗井排渣原理如图 2-15 所示。

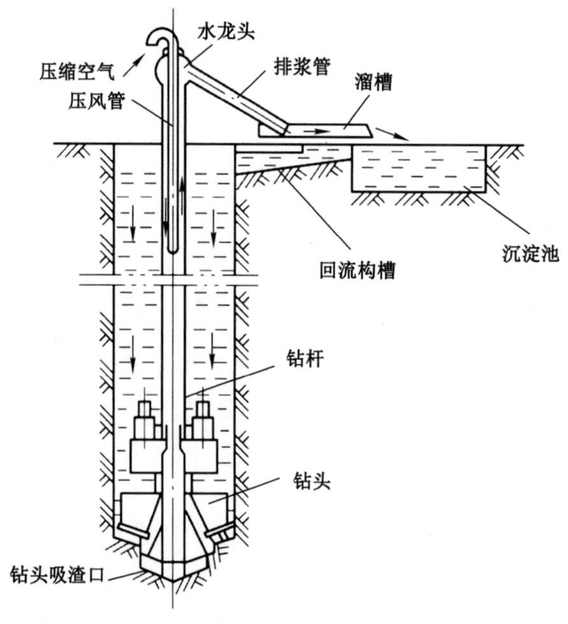

图 2-15　潜入式竖井钻机洗井排渣原理图

钻头吸渣口将破碎的岩屑和泥浆吸入，通过钻头水龙头和钻头中心进入钻杆中心孔，上升到地表，通过地面排浆软管排放到溜槽，然后进入沉淀池中，实现泥浆和岩土的分离，分离后的泥浆由流浆槽返回到井筒中。QZ-3.5 型潜入式竖井钻机钻井时，采用两台 20 m^3/min 空气压缩机提供压缩空气，并通过安装在钻杆内的风管下部的混合器将泥浆和压缩空气混合，三相混合后从钻杆中运动到地表，实现压气反循环排渣。

三、钻具系统

（一）钻杆

潜入式竖井钻机驱动钻头旋转的动力不是来自钻杆，而是来自钻头本身。因此，地面不再设有转盘和主动钻杆，钻杆只是起到提吊和承载反扭矩作用，不再为钻头旋转输送驱动动力。钻杆虽不再旋转，但是可以通过钻杆，随钻延伸钻头驱动电机工作的电力电缆、控制电缆和作为密封供气管路等，以及作为泥浆洗井的压气管路和排渣通道等。QZ-3.5 型潜入式竖井钻机使用的钻杆设计外径为 355.6 mm、壁厚为 14 mm，单根钻杆长度为 10.3 m。

（二）钻头结构

我国最初研制的 BZ-1 型、红阳型竖井钻机的钻头和传动装置连在一起，在表土层钻进时，采用了行星式钻头结构，如图 2-16 所示。

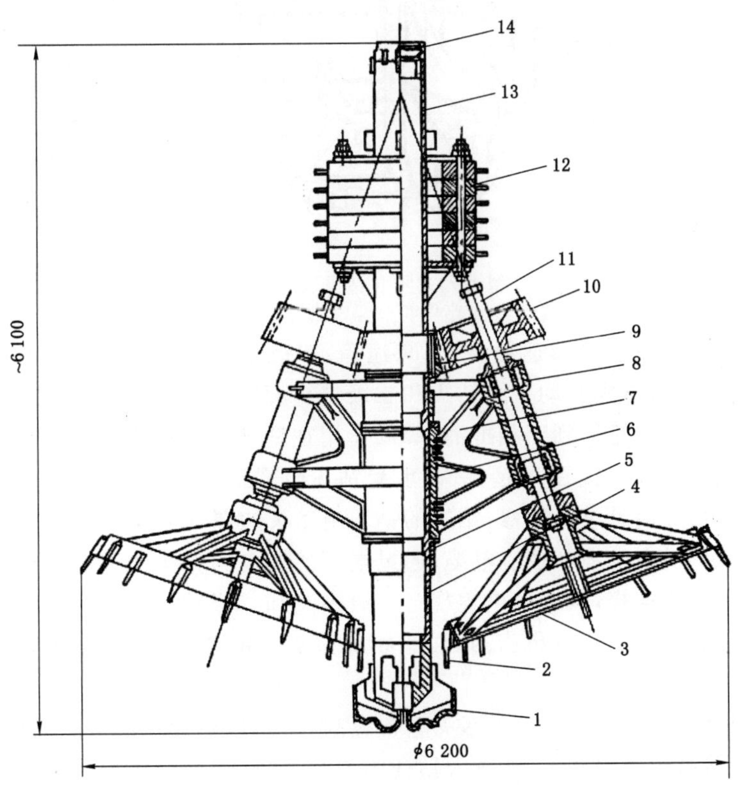

1—中心超前刮刀；2—刮刀；3—截盘；4—下空心轴；5—轴承；6—轴套；7—支架；8—轴承；9—中心伞齿轮；10—伞齿轮；11—分轴；12—加重块；13—上空心轴；14—接头。

图 2-16　行星式钻头结构示意图

QZ-3.5 型潜入式竖井钻机的钻头，由于当时技术水平和加工制造能力等条件的限制，只适用于表土层钻进。表土钻头由破岩系统、吸收排渣系统、旋转驱动系统、密封系统、稳定系统、提吊系统、电控电测系统等组成。QZ-3.5 型潜入式竖井钻机表土钻头整体结构如图 2-17 所示。

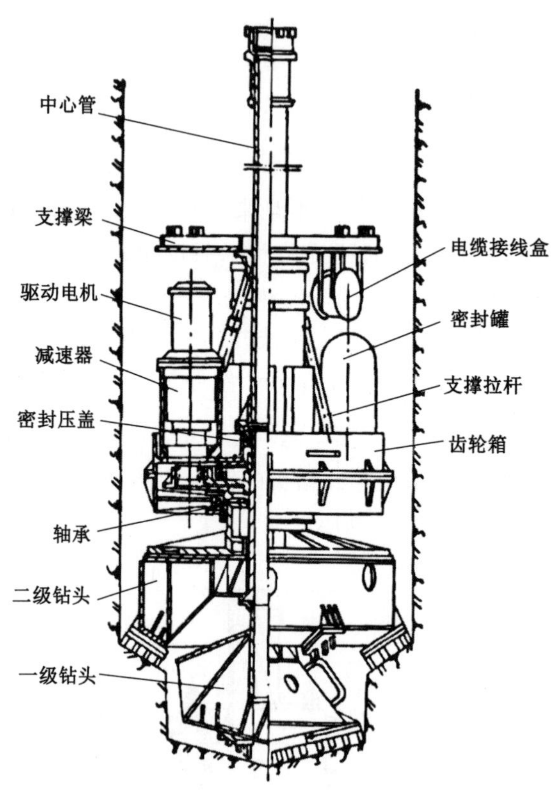

图 2-17　QZ-3.5 型潜入式竖井钻机表土钻头整体结构示意图

破岩系统由电机及一级减速箱、钻头减速箱、二级钻头和一级钻头组成。钻头上的两台电机，通过减速装置分别驱动一级钻头和二级钻头旋转，两级钻头旋转方向相反，这样在破岩过程中产生的阻力矩得到互相抵消，降低作用在钻杆上的反扭矩。钻头的中心管通过花键牙嵌式接头与钻杆连接在一起，钻杆承受钻头破岩钻进的反扭矩，实现钻进给进。钻杆可以将钻头提出井筒外进行检修，钻进的钻压由钻头的部分重量提供。

随钻杆下放的供电电缆与控制电缆，通过电缆接线盒与钻头驱动电机连接。电机通过行星减速器和齿轮箱连接，两套电机实现对一级钻头和二级钻头的分别驱动。钻头上的密封罐实现钻头齿轮箱密封和电机密封，以平衡泥浆液柱的压力，防止电机和齿轮箱因侵入泥浆而失效。

QZ-3.5 型潜入式竖井钻机表土钻头上布置刮刀，实现对冲积层和软岩的破碎，钻头上还设有吸渣口，将破碎的岩渣吸入，进入钻杆中心孔，实现岩渣的排出和井底净化。一级和二级钻头(内、外刀盘)的切割带按等扭矩原则分配，彼此回转方向相反，以平衡破岩反扭矩，消除或减少钻杆上承受的扭转力矩，达到保护钻杆的目的。QZ-3.5 型潜入式竖井钻机的一级钻头或超前钻头设计直径为 3.2 m，二级钻头设计直径为 5.0 m 和 6.2 m。所布设的刀具有两种:钻进表土层时,采用镶嵌硬质合金片的刮刀;钻进软岩层(如红色砂岩层)时,则采用楔齿滚刀。每级钻头上均布着 6 排刮刀,每个刀座上装 3 把刮刀,后改为单刀沿螺旋线布置,这一改进显著减少了泥包钻头现象。根据刮刀破岩方式计算可得:在一级钻头直径为 3.2 m 和二级钻头直径为 5.0 m 时,一级钻头的旋转速度为 12 r/min,二级钻头的旋转速度为 8 r/min;在一级钻头直径为 3.2 m 和二级钻头直径为 6.2 m 时,一级钻头的旋转速度为 8 r/min,二级钻头的旋转速度为 5 r/min。

(三) 钻头驱动

QZ-3.5 型潜入式竖井钻机表土钻头电机驱动原理如图 2-18 所示。一级钻头驱动电机经过一台行星减速器变速,输出轴进入钻头传动系统变速箱,由小齿轮驱动中心齿轮的外齿圈,通过钻头中心输出轴,带动一级钻头沿逆时针方向旋转。二级驱动电机经另一台行星减速器变速,输出轴小齿轮进入钻头传动系统变速箱,驱动外圈大齿轮旋转,带动二级钻头沿顺时针方向旋转。由此实现两级钻头转向不同,输出的旋转速度不同,满足不同直径钻头不同破岩钻进参数的输出需要。

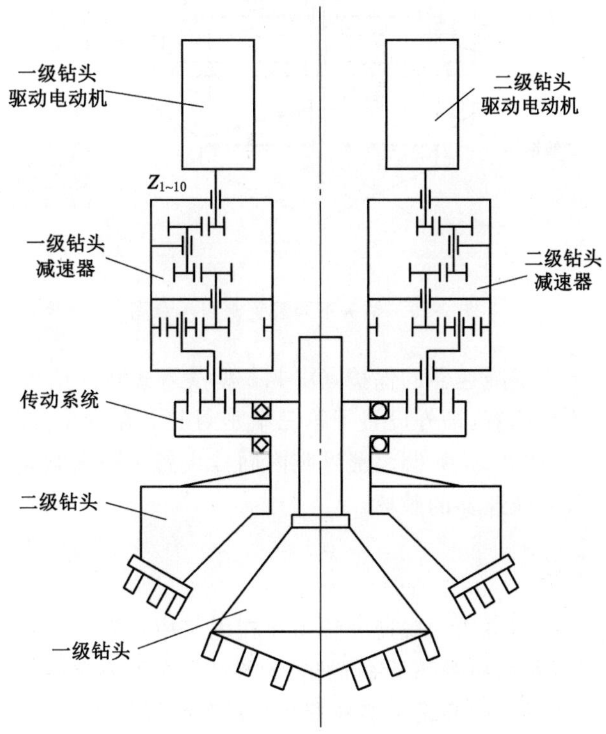

图 2-18　QZ-3.5 型潜入式竖井钻机表土钻头驱动原理图

(四) 钻头密封

转盘式竖井钻机的钻头在泥浆中运转,除了破岩滚刀外基本没有需要密封的结构,但是潜入式竖井钻机驱动电机和减速系统在钻头体上,这些旋转部件和不旋转部件之间,电机的转子和定子之间都需要良好的密封。

QZ-3.5 型潜入式竖井钻机设计钻井深度为 110 m,工况下泥浆密度约为 1.2 g/cm^3,则钻具系统受到的泥浆压力约为 1.32 MPa。在此泥浆压力情况下，如果密封失效会造成电气设备内进泥浆，出现电气短路等问题。如果齿轮箱内进泥浆，齿轮将失去润滑，泥浆及泥浆中所含的固体物质会造成齿轮损坏，最终导致钻头整体失效。因此，潜入式竖井钻机钻头的不同结构位置及不同的结构形式，均需采用有效密封。钻头不同装置密封示意图如图 2-19 所示。

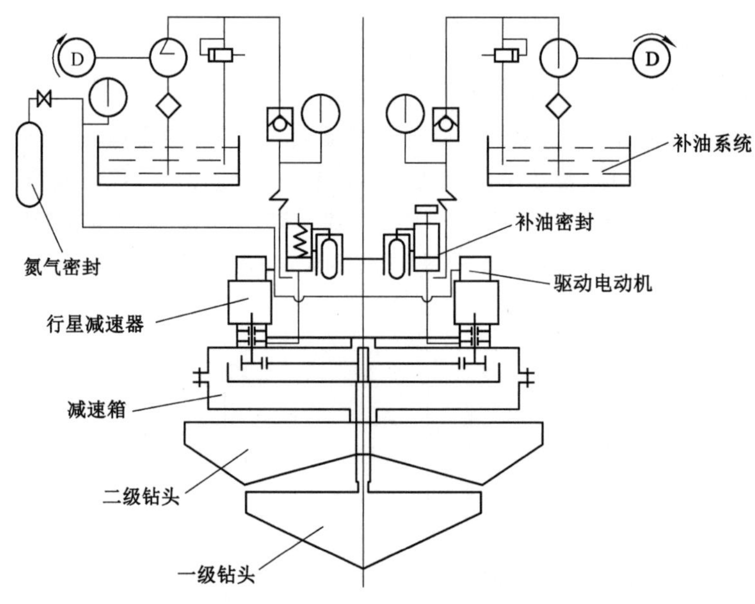

图 2-19　钻头不同装置密封示意图

为加强对电动机与行星减速器的保护，QZ-3.5 型潜入式竖井钻机研发时在两台行星减速器输出轴与传动箱连接位置，额外设置了第三个密封腔。在这个腔体上下位置布置两套金属密封，其详细构造如图 2-20 所示。密封腔内同样设置了一套自动压差补油密封，防止传动箱密封失效后泥浆对减速器的破坏。

四、运行监控系统

潜入式竖井钻机的驱动电机和减速系统需要在泥浆中运转，操作人员无法直接监视其工作状态，因此潜入式竖井钻机井下设备的运行监控系统尤为重要，成为判断钻井效率的必要手段。为此，在整个系统中装设了多种参数测量和监视装置。

QZ-3.5 型潜入式竖井钻机受当时研发条件限制，主要针对井下驱动电机、减速箱油位、自动压差密封和井下供电系统的绝缘性进行必要的监测。对于电机的运行状态，采用了测量电机温度方法，利用 WZG-410 型铜热电阻作为传感元件，插入两台电动机的外壳中，测量电机的温升。测量信号经导线传至地面后，利用 ELZ-110 型测温比率计来测量电机温度。为防止钻机减速箱中油位过高，润滑油进入电机机体内，利用铜皮制作了浮子来监视油位，当油面达到规定高度时，浮子就接通信号电路而发出声光报警。

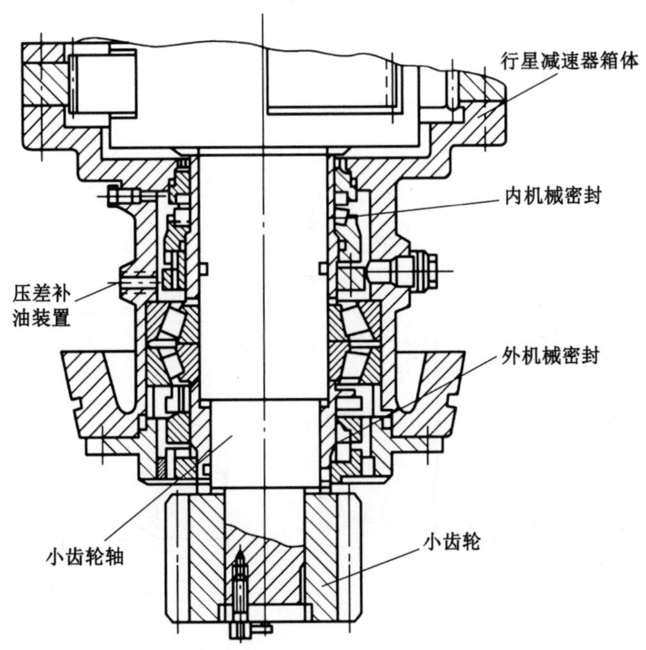

图 2-20　电机行星减速器输出轴密封示意图

QZ-3.5 型潜入式竖井钻机配备的井下电机采用 660 V 电压供电，系统中电机和电缆的绝缘状态会对工作人员和设备安全造成较大影响。故此本机在供电系统中装有 TY-83 型检漏继电器，当整个供电系统或电机、电器的绝缘下降到规定值时，继电器触发切断供电电源。

为保证电机和传动系统不被泥浆侵入，压差密封系统需要良好地工作，以保证减速箱密封腔内油压永远大于外界泥浆压力。为此，在潜入式钻头上部设置的带有活塞的差压油缸，油缸的下部一方面与密封腔相通，可按需要向其补油，另一方面又与地面的补油泵用油管相连，当差压油缸活塞因向密封腔补油后而位于下限时，活塞杆上的触头将使行程开关接触，控制地面补油泵工作以向差压油缸补油，同时发出声、光信号作为提示。差压油缸缸筒内满油后，活塞移动到最上部位置，当活塞杆触头使上部行程开关脱离接触时，补油泵停止运转。这样就能使差压油缸内永远保持有油状态，保证整个差压密封系统具有设定的压力值(图 2-21)。

QZ-3.5 型潜入式竖井钻机于 1979 年 5 月开始试机，1982 年 6 月施工完成了净直径 5 m、深度 110 m 的井筒。但 QZ-3.5 型潜入式竖井钻机钻井试验钻头仅穿过了上部部分风化基岩，未进行岩石地层的钻进试验。由于岩石地层钻进需要对钻头结构、旋转速度、驱动扭矩等进行攻关，尤其是随钻井深度增加，竖井钻机驱动电机和减速系统的密封技术尤为关键，导致了潜入式竖井钻机发展缓慢。但不可否认，全井筒一次钻进是钻井法的发展方向，QZ-3.5 型潜入式竖井钻机钻井的尝试，为钻井法凿井技术、工艺和装备研究设计提供了新思路。

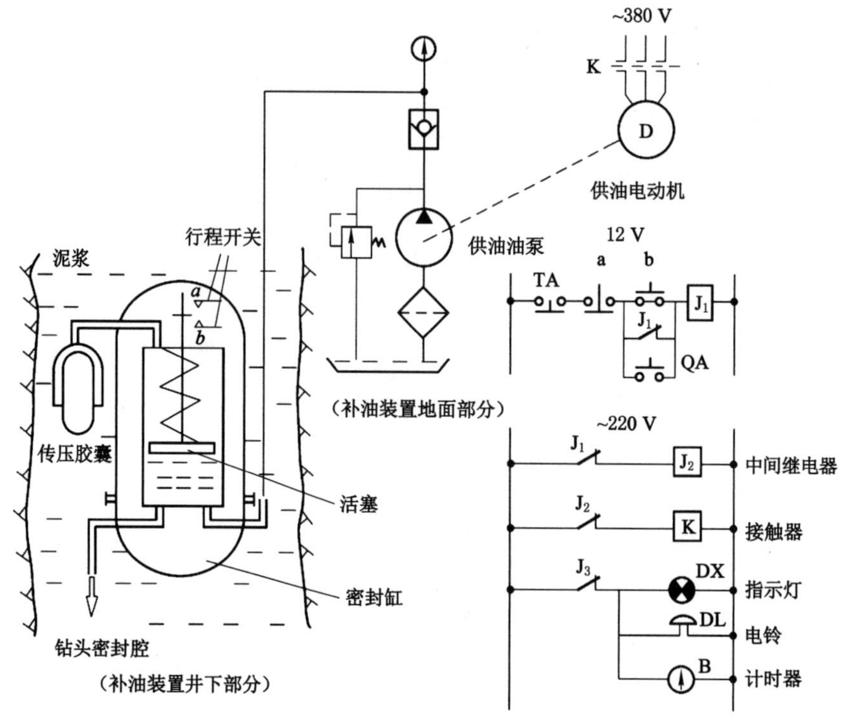

图 2-21　潜入式钻机电气控制系统

第三节　动力头式竖井钻机

针对井筒工程建设需求，竖井钻机钻井法需要满足直径更大、更深的井筒施工要求。随着技术不断突破和加工制造能力的进步，竖井钻机性能得到进一步提高，研发出了动力头式竖井钻机装备，形成了动力头驱动旋转、液压油缸提升和给进的工作形式。相较于转盘驱动方式，动力头式竖井钻机不再采用转盘、主动钻杆驱动钻头旋转破岩，而是采用钻杆直接和动力头连接的方式，如此动力头的传动效率更高，更利于实现定向控制钻进；同时，在处理孔内事故时，能够保证循环泵的运转，减少二次事故的发生。但是，钻头旋转破岩产生的反扭矩通过钻杆传递到钻架和钻机基础上，因此钻杆之间、钻杆与动力头之间等关键部位的连接方式需要更加可靠。

一、钻机构成

动力头式竖井钻机和转盘式竖井钻机的钻井工艺没有太多变化。以 AD130/1000 型动力头式竖井钻机为例，其钻机结构如图 2-22 所示。AD130/1000 型动力头式竖井钻机由门形钻机钻架、提升系统、旋转驱动系统、钻杆输送系统、破岩系统、泥浆净化系统等组成。从钻机构成来讲，动力头式竖井钻机与转盘式竖井钻机相比，不再采用提升绞车、钢丝绳、悬吊天轮、滑轮组等装置，钻架采用门形框架式结构，提升系统由主油缸和滑架组成，滑架又悬持动力头，并沿门形钻架的滑道上下运动，从而实现动力头的提升和下放。动力头驱动旋转竖井钻机具有安装拆卸方便快捷、结构紧凑和机械传动环节少等优点，且钻机和普通钻杆直接连接，不需要主动钻杆，钻杆连接和拆卸工序简化。近年来研制的一些用于桩基和井筒工程的液压驱动竖井钻机，都采用了动力头驱动方式，如 AD60/400 型、AD120/900 型、AD130/1000 型、ZDZD-100 型等竖井钻机。

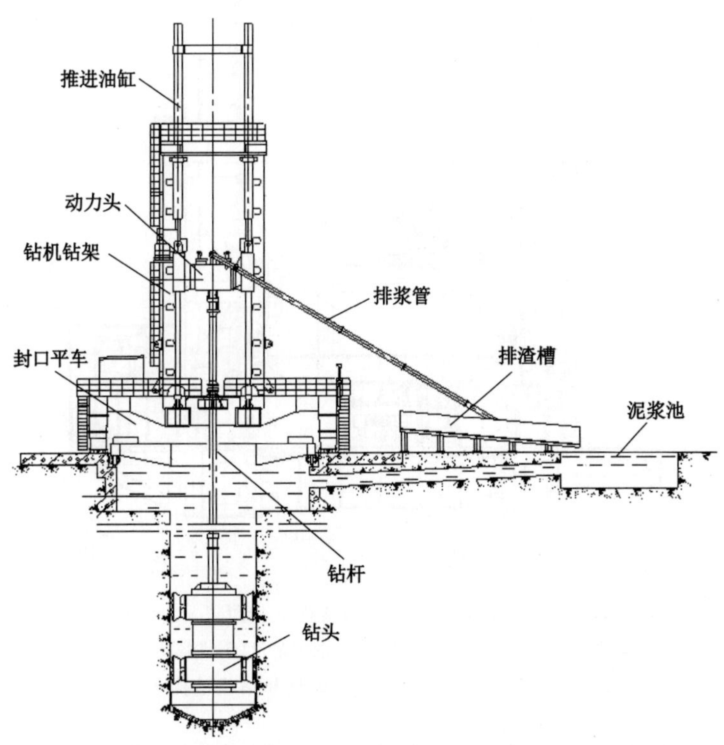

图 2-22 AD130/1000 型动力头式竖井钻机结构示意图

ZDZD-100 型竖井钻机主要由动力头、滑动横梁、钻架、底盘、封口装置、液压站、伸缩臂式起重机、动力头浮动机构、钻杆拆卸机构以及各种液压缸等组成，总体结构如图 2-23 所示。区别于其他工程钻机普遍采用的悬挂动力头方案，该钻机采用空间布置最为紧凑的横梁内置动力头方案(动力头在水平面内可小范围浮动以便于钻杆对中)。此外，ZDZD-100 型竖井钻机钻架可向后倾斜让出孔位(图 1-26)，实现钻杆的孔位吊装，因此，比 AD130/1000 型竖井钻机的钻架高度要低。

二、提升与驱动系统

动力头式竖井钻机的动力头在工作时，需要承载来自钻头破岩产生的反扭矩，同时也要承载钻杆和钻头在内的所有钻具的重力，除此之外，动力头还作为水龙头，实现压缩空气的下输和循环泥浆的上返，起到转盘式竖井钻机中的转盘和水龙头的双重作用。按照钻井工艺要求，动力头具备两种输出方式：低转速恒扭矩输出方式、高转速恒功率输出方式，以适应钻进不同地层条件。这要求动力输入原动力(液压马达或电机)的速度和功率可调，液压驱动钻机采用液压马达作为动力输入以满足这一要求。

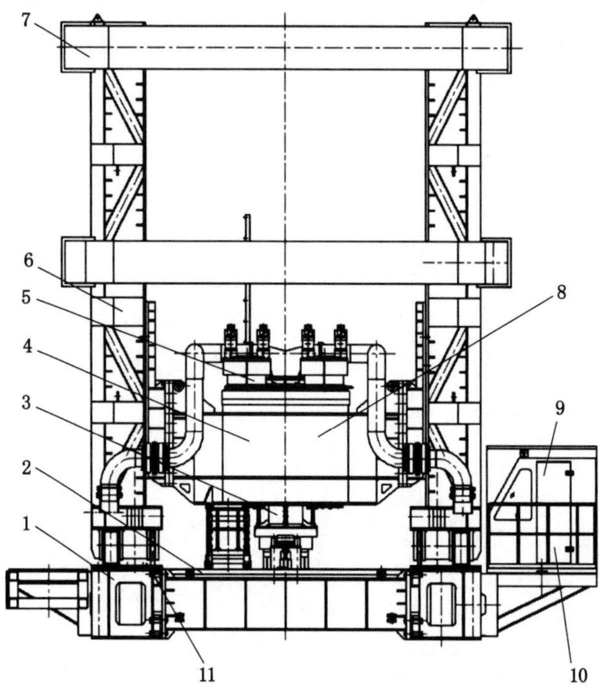

1—底盘;2—封口装置;3—钻杆拆卸机构;4—滑动横梁;5—动力头;6—钻架;7—空中作业平台;
8—动力头浮动机构;9—司机室;10—液压站;11—伸缩臂式起重机。

图 2-23　ZDZD-100 型动力头式竖井钻机结构示意图

AD120/900 型竖井钻机采用 8 根小型油缸(分两层,每层 4 根油缸)叠加技术取代两根巨型提升主油缸,破岩能力大为提升,同时具有结构简单、安装方便的优点,且因钻进时仅需使用下层 4 根油缸工作,整机稳定性更好,提吊钻具能力达到 7 000 kN。随后研发的竖井钻机为满足深大竖井钻井需求,进一步提高提升能力,如 AD130/1000 型竖井钻机提升主油缸增加到 10 台,提升力增加到 8 000 kN;ZDZD-100 型竖井钻机提升力增加到 9 000 kN;陶忽图煤矿北风井钻井法施工用的 ZMD120/1200 型竖井钻机,提升力增加到 12 000 kN,可满足更深井筒钻井法施工中的安全提吊。

AD120/900 型竖井钻机采用变量液压马达作为动力输出,由于变量马达输出扭矩能力的局限性,因此,动力头采用了多马达输出结构。根据模拟计算,在设计上应用每 2 台变量马达为一组,共计 8 台变量马达进行输入,其驱动原理图如图 2-24 所示。近年来研发的部分动力头式竖井钻机输出扭矩,如 AD120/900 型竖井钻机动力头输出扭矩为 600 kN·m,ZDZD-100 型竖井钻机动力头输出扭矩为 1 000 kN·m,ZMD120/1200 型竖井钻机动力头输出扭矩为 1 200 kN·m,HT-4000 型竖井钻机动力头输出扭矩达到 3 965 kN·m。

AD120/900 型竖井钻机 2 台液压马达共同驱动一级减速齿轮,实现统一轴输出,驱动二级行星减速;8 台马达组成的 4 组行星减速输出齿轮轴,共同驱动大齿轮实现三级减速,总的减速比为 85.256 3。大齿轮轴和钻杆接头连接,通过钻杆接头连接竖井钻机钻具驱动

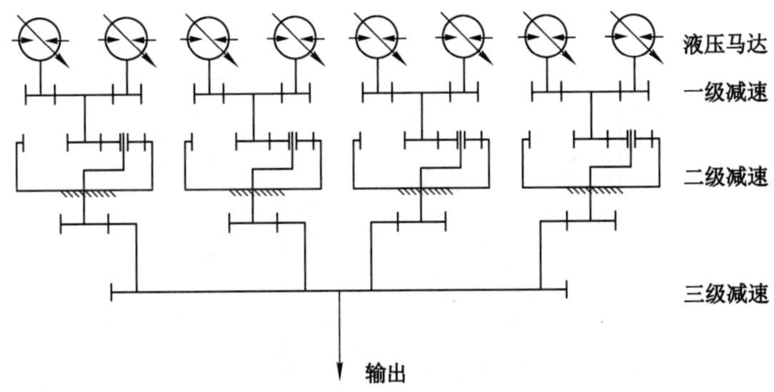

图 2-24　AD120/900 型竖井钻机动力头驱动原理图

钻头旋转。AD120/900 型竖井钻机动力头的剖面图和上视图分别如图 2-25 和图 2-26 所示。大齿轮轴也是中空结构，用于实现压缩空气的输入和循环泥浆的上返。

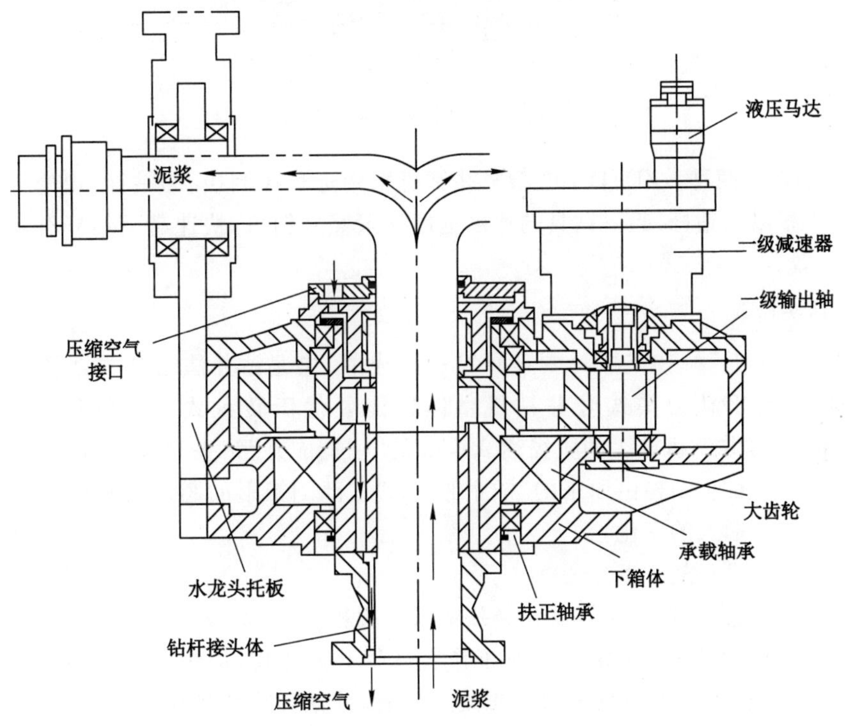

图 2-25　AD120/900 型竖井钻机动力头剖面图

三、钻具系统

（一）钻杆及连接方式

AD130/1000 型竖井钻机的钻杆，采用牙嵌式和法兰式连接的两种钻杆，管材为 ϕ500 mm×20 mm 的合金（35CrMoA）无缝钢管，不仅保证了钻杆连接的高可靠性，而且实现了钻杆连接的全机械化；钻杆连接时只需操作手柄即可完成，专用机械手垂直接、卸钻杆

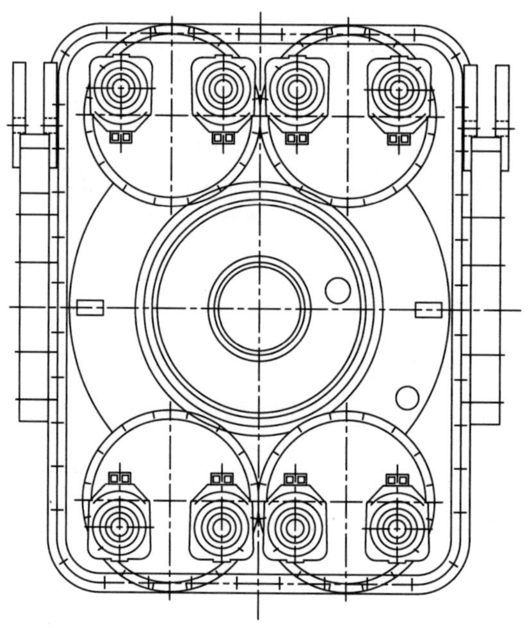

图 2-26　AD120/900 型竖井钻机动力头上视图

长度为 5 m、10 m 两种。ZDZD-100 型竖井钻机采用远程控制接、卸钻杆，理论上可实现每小时起下 15 根以上钻杆，起下钻具的速度远超一般竖井钻机，快速起下钻杆有利于提高钻机的整体工效。

（二）钻头结构

在国家"十一五"科技支撑计划项目"'一扩成井'快速钻井法凿井关键技术及装备研究"的资助下，鉴于动力头式竖井钻机整体性能要优于转盘式竖井钻机，研发了适用 AD130/1000 型竖井钻机施工的直径达 9.3 m 的"一扩成井"钻头和直径为 7.1 m 的"一钻成井"钻头结构。钻头结构由原来的"放射形"至"上部倒锥形的圆筒式整体结构"再到"大井角锥形"等结构形式的变化。

1. "一扩成井"大直径钻头结构

"一扩成井"大直径钻头与转盘式竖井钻机钻头相比，截割带长、破岩面积大，钻头相应布置更多的滚刀。但是，众多滚刀同时工作会产生共振作用，加快钻头结构及滚刀本身的损坏。因此，首先，采用了多数滚刀按螺旋线布置，使滚刀形成螺旋切割岩体，泥浆顺着螺旋线汇集到吸渣口位置，加速流动，起到导流作用；其次，增加边刀布置数量，解决边刀的线速度过快、冲击力大、滚刀损坏严重的问题，所有互补且在相对方向的滚刀，均按一定的角度错位摆放，以防共振；再次，中心位置滚刀较多且线速度较小，为防止包钻现象产生，加快泥浆冲洗速度，取消每组靠近中心位置互补滚刀的其中一个，中心刀布置 2 把滚刀，主要是减小中心刀损坏概率，在切割岩石时起到关键作用。ϕ9.3 m 钻头刀具布置示意图如图 2-27 所示。

采用螺旋式布刀方式，让泥浆流动方向相对钻头旋转方向相反，可以提高泥浆流速，加快冲刷滚刀，防止包钻。另外在钻头体离中心 2 m 位置增加一个侧吸渣口，防止在大断面、

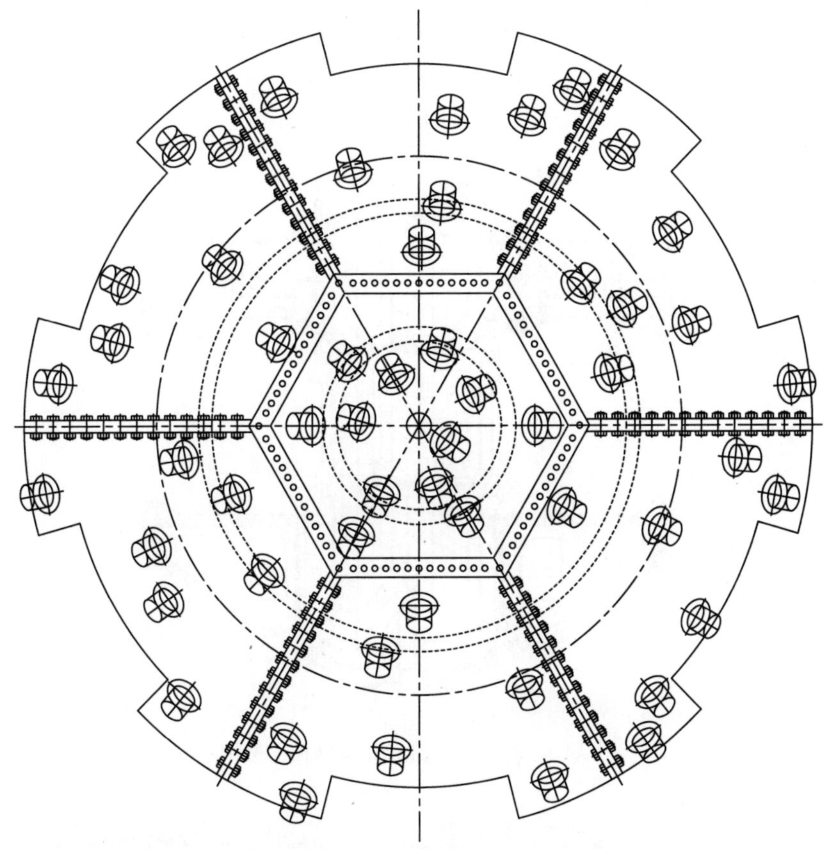

图 2-27　ϕ9.3 m 钻头刀具布置示意图

快速钻进时，岩屑随泥浆快速积聚到中心吸渣口而不能及时排出，造成包钻现象。

大直径钻头由中心管、导向器、配重、钻头体等构成(图 2-28)，钻头组装质量控制在 200 t 左右，并配置 1 个导向器。钻头体上根据布刀位置安装罐式刀座，可以使布刀面与井底距离减小，以提高洗井效果；整个钻头组件为法兰、工字卡连接，大销轴传扭，可有效防止掉钻事故的发生。

大直径钻头的中心管是钻头受力最复杂的部分，中心管结构不合理将会造成钻头掉落的重大事故，特别是受扭矩、拉力、压力较大的“一扩成井”钻头中心管结构必须进行合理设计与计算。大直径钻头中心管的上接头和钻杆接头均采用了牙嵌式的连接方式(图 2-29)，内外六方体传导扭矩，减小钻头上传应力和振动。中心管的下接头采用法兰、工字卡连接。大直径钻头配重一般设计成装配式，单体结构为圆柱体，材料为铸铁，单体质量约为 3.1 t；在钻头、导向和连接筒中心体均设有 6 个安装位置，可根据钻进的实际需要进行配置。大直径钻头稳定器设计为滑靴式稳定器，主要由中心体滚动轴承、靴板、支撑臂和拉杆等组成，靴板、支撑臂和拉杆可根据钻头直径大小进行调整。

2008 年，在袁店二矿副井进行了深厚表土地层钻进工业性试验，钻井直径为 9.3 m、深度为 307.8 m。钻进过程中泥包钻事故率明显降低，且未出现钻头因共振导致大面积损坏的现象，钻头整体运行平稳，实现了“一扩成井”的快速钻进目的。

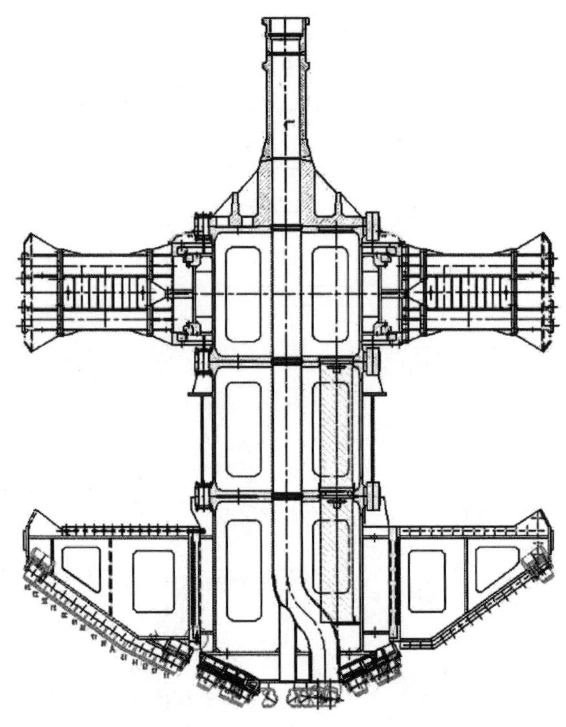

图 2-28 ϕ9.3m 大直径钻头结构示意图

图 2-29 牙嵌钻杆及接头

2021 年，首次在西部富水厚基岩地层采用“一扩成井”工艺，陕西可可盖煤矿中央回风竖井应用 AD130/1000 型竖井钻机，超前钻头钻井直径为 4.2 m，采用平底钻头钻进(图 2-30)，装刀量为 26 把，钻头重量为 3 800 kN，钻压为 1 120～1 200 kN，单刀破岩能力达 46 kN，不仅有效提高了单刀钻压，且在大钻压快速破岩基础上还能保证钻孔垂直度。在超前钻孔成形的基础上，直径 8.5 m 扩孔钻进主要通过采用大锥度、台阶式组合形式的扩孔钻头结构(图 2-31)发挥钻机能力，扩孔钻头装刀量为 36 把，并加大钻头组装重量，达到 3 800 kN，钻压为 1 120～1 440 kN，单刀破岩能力达 40 kN，钻压控制在钻头配重量的 40%以内，转速控制在 4～10 r/min。

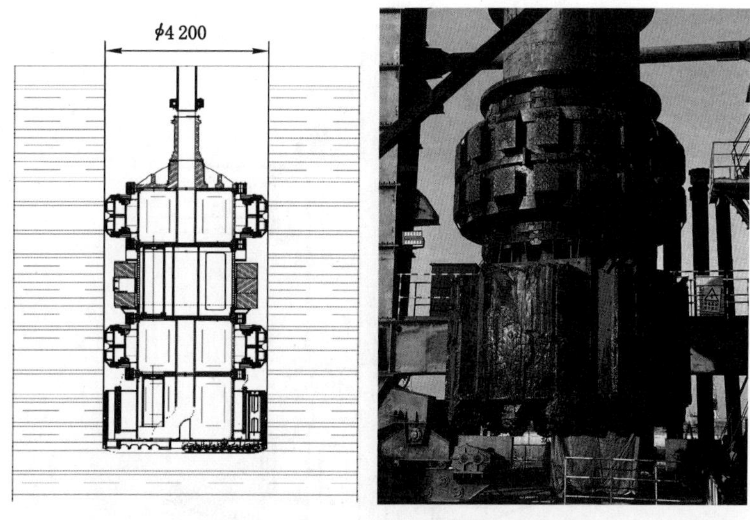

图 2-30 ϕ4.2 m 超前钻头结构及实物图

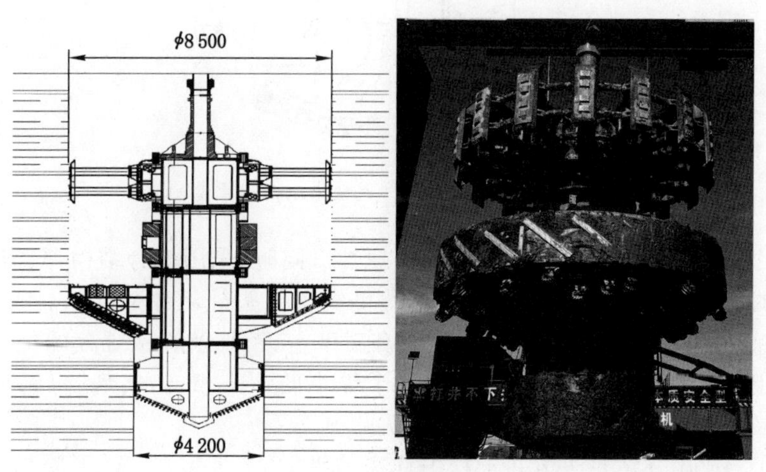

图 2-31 ϕ8.5 m 扩孔钻头结构及实物图

2. “一钻成井”大直径钻头结构

适用竖井钻机“一钻成井”工艺的“T”形阶梯式钻头结构如图 2-32 所示。“T”形阶梯式钻头由一个前置的 ϕ4.5 m 钻头和一个后置的 ϕ7.1 m 扩孔钻头两部分组成，整体构成了一个“T”形钻头。钻头体采用 130°大锥角锥台箱体结构，以增加破岩时的钻头稳定性，比普通钻头钻进效率要高；ϕ7.1 m 钻头下的小钻头超前预钻，起到导向和增加冲洗空间的作用，从而提高排渣效果。另外“T”形阶梯式钻头便于不同钻头间的灵活组合，以提高钻头对各种孔径的通用性。

钻头体采用六瓣把合结构，即六个钻头外箱体分别把合在钻头中心体的六个径向法兰面上，同时此六个钻头外箱体再两两把合，成一锥台箱体。此种结构当需扩大或缩小 7.1 m 钻头时，只需更换六个钻头外箱体，使其外径与钻头直径相一致，而钻头中心体不需更换，从

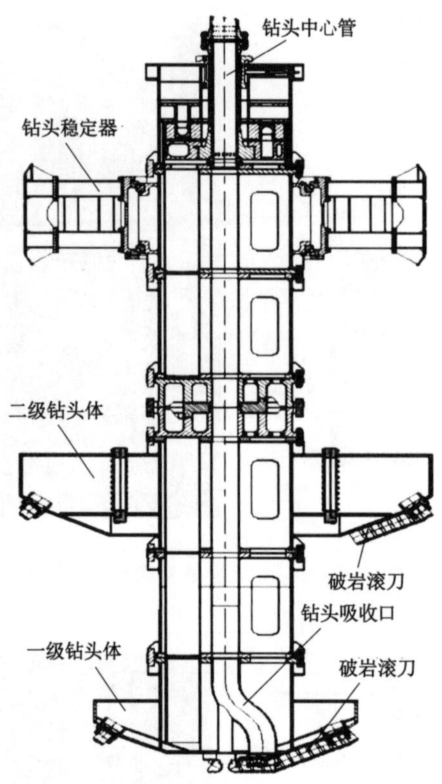

图 2-32 "T"形阶梯式钻头结构示意图

而减少材料的浪费,增加更改钻头的方便、快捷性。同时,采用把合结构,只需在加工法兰把接螺栓孔时稍加注意,如采用钻模钻孔,就可实现钻头外箱体的互换性及钻头中心体的通用性。钻头体上、下两个法兰面上布置有工字卡、销轴及连接螺栓的把合结构,这样可方便地使上法兰和钻杆相连,下法兰和一个更小的钻头相连,实现"一钻成井"的钻井工艺。

淮北袁店二矿副井钻井法凿井工程中首次采用了 ϕ7.1 m 的"T"形阶梯式钻头结构。ϕ7.1 m 的"T"形阶梯式钻头每对连接法兰于圈径 80 mm 范围内布置 M42 弹性螺栓与 80 mm 开口销组合单元共计 32 处。以单个 M42 高强度螺栓的破断力 835 kN、均载系数 0.75 计,则每个法兰盘 32 条螺栓组合可承受 20 000 kN 的拉力,巨大的抗拉设计主要用于承受复杂的钻头附加弯矩。在淮北袁店二矿副井工程应用中完成直径为 7.1 m、深度为 305 m 的两条竖井施工。2010 年,在朱集西矸石井采用了大直径"T"形阶梯式钻头结构形式,应用 AD130/1000 型竖井钻机"一钻成井"工艺,钻井直径达到 7.7 m,钻井深度达 521.8 m。

2021 年首次在西部富水厚基岩地层采用"一钻成井"工艺,陕西可可盖煤矿中央进风竖井应用 ZDZD-100 型竖井钻机,采用"T"形阶梯式钻头结构,其由前置一级 ϕ4.5 m 超前钻头、后置二级 ϕ8.5 m 扩孔钻头组成。"T"形阶梯式钻头刀具布置及实物如图 2-33 所示。"T"形阶梯式钻头结构满足了在西部厚基岩地层钻进的需求,完成钻井直径为 8.5 m、深度为 491 m 的竖井钻井法施工。

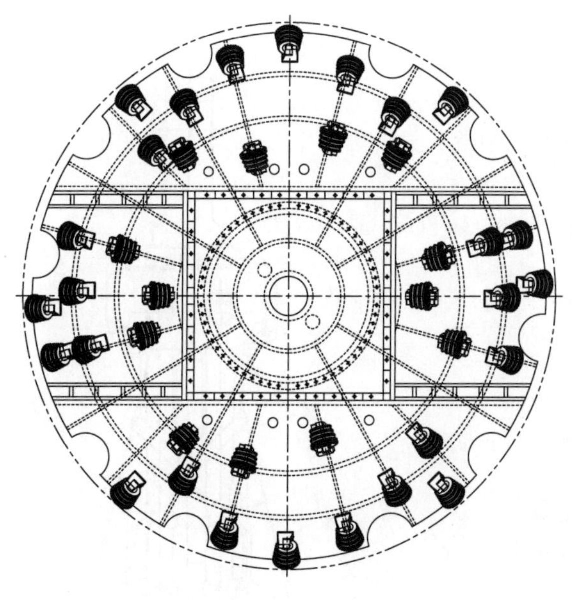

(a) 钻头刀具布置

(b) "T"形阶梯式钻头

图 2-33　"T"形阶梯式钻头刀具布置及实物图

第四节　辅助装备

一、提吊系统设备

提吊系统主要用于提升和下放钻具，主要包括钻架、绞车及其传动装置(简称绞车)、复滑轮组(天车、游车、钢丝绳等)、大钩。竖井钻机钻井过程中，提吊钻具、控制钻压并调节给进速度；井壁安装作业时，用于提吊和下放井壁。转盘式、动力头式竖井钻机的塔形钻架与绞车、复滑轮组，以及动力头式竖井钻机的门形钻架等提吊设备，已在上文介绍不同类型竖井钻机系统构成时进行了相应的介绍，此处不再赘述。

大钩是转盘式竖井钻机提吊系统中的直接承载部件，用于提吊钻具、井壁等起重作业。动力头式竖井钻机不再采用大钩，而是以动力头取代大钩的功能。AS-9/500 型等竖井钻机研发了气动抱钩代替大钩。尽管现在动力头式竖井钻机不再采用这种提吊方式，但是竖井钻机钻井法发展历程中，我国研制的安全气动抱钩技术处于领先水平。气动抱钩结构如图 2-34 所示。钩座上装有两个气缸，通气后活塞杆向下伸出，通过弯板拉动钩杆向中间靠拢，钩环闭合，卡住水龙头的提环头或钻杆接头；反向通气，气缸向上收回，钩环打开。大钩还设有闭锁装置，在钩环闭合并提吊重物时，主轴带动联杆向上压缩弹簧，提起下座，使闭锁横梁卡落在下座的挡板里，使钩环闭锁。钩环卸载时，主轴在弹簧作用下和下座一起下落，闭锁打开，此时通压缩空气，气缸工作钩环方可自由打开。气动抱钩的设计避免了因操作失误带来的作业风险，保证了提吊作业安全。大钩的气缸供气开关设在钻机操作室内，实现远程操控。气动抱钩既起到大钩提吊的作用，又使操作简便、动作灵活且安全可靠。

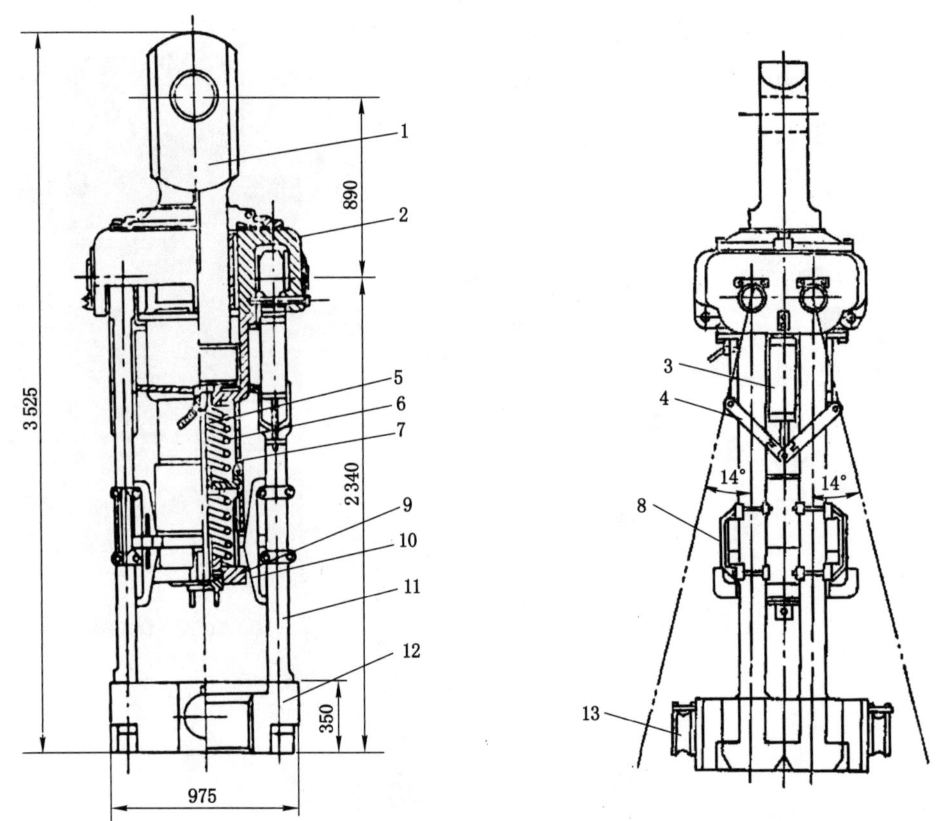

1—钩杆；2—钩座；3—气缸；4—弯板；5—联杆；6—弹簧；7—外壳；8—托架；9—下座；
10—横梁；11—钩环杆；12—钩环；13—辅助吊钩。

图 2-34　气动抱钩结构示意图

二、洗井系统设备

洗井系统设备主要有水龙头、压风管和混合器、排浆管和排浆槽，在地面还有空气压缩机、沉淀池、振动除砂器、离心机、压滤机等辅助设备。洗井系统的井下设备主要功能是提供洗井泥浆循环的动力，使得洗井泥浆高效循环；洗井泥浆循环过程中可及时清除钻头破碎的岩渣，避免刀具重复破碎岩渣，并对刀具进行冲洗和冷却，提高钻进速度和效率；同时洗井泥浆还可提供护壁功能。洗井系统的地面设备一是在正常钻进阶段进行泥、水分离，大部分泥浆实现循环利用，多余泥浆经固化处理达标排放；二是在井壁下沉和壁后充填阶段处理泥浆且量较大，通过泥浆固化处理，达标排放或资源化利用。

（一）水龙头

在转盘式竖井钻机凿井过程中，水龙头（又称缓转器）是提吊系统不旋转部分与旋转部分的中间连接部件，即为上部不旋转与下部旋转部分的过渡部件，因而又称缓转器，是洗井泥浆循环的出口和供压风管的入口。动力头式竖井钻机的动力头代替了水龙头，但是基本功能一致。

例如 AS-9/500 型转盘式竖井钻机采用专用水龙头。竖井钻机的水龙头结构如图 2-35

所示。水龙头上部装有固定的双鹅颈管作为排浆管出口，与排浆管相连接。风管弯头与压风胶管相连接。悬挂在中心管及钻杆中的压风管，它的上端固定在双鹅颈管上。提环梁上的提环头是为适用于气动抱钩提吊而设置的。

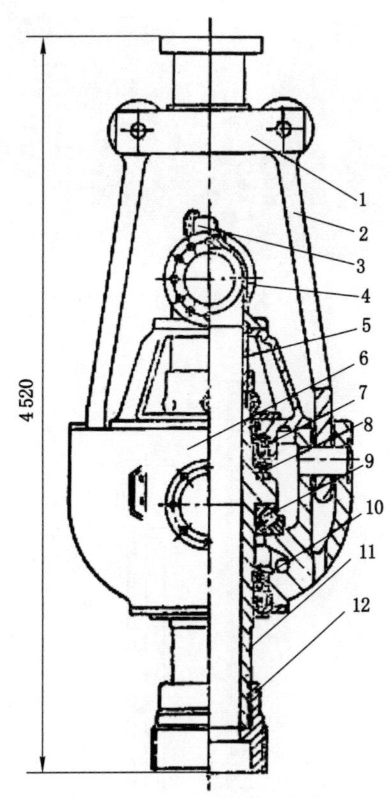

1—提环头；2—提环；3—风管弯头；4—排浆弯头；5—过渡套；6—外壳；7—上扶正轴承；8—防跳轴承；9—主轴承；10—下扶正轴承；11—中心管；12—过渡接头。

图 2-35　竖井钻机的水龙头结构示意图

（二）压风管和混合器

压风管是向井下输送压风的管路。压风管一般采用无缝钢管加工制造，各节压风管之间采用螺纹连接，并采用橡胶圈进行密封。引进的 L40/800 型竖井钻机的压风管布置在钻杆的外侧，成为“外风管”（图 2-36）；而我国研制的竖井钻机的压风管都装在钻杆的内部，统称为“内风管”。因此，每节压风管的长度应与钻杆的长度相适应，以便在接长钻杆时一并接长压风管。压风管插入洗井液中的总长度应根据风压、风管直径等来决定。

混合器（又称压气排液器）是洗井泥浆循环动力出口，位于压风管的最下端，是压风的喷出口。常用混合器结构如图 2-37 所示。混合器是由底端封闭的一段钢管做成的，管壁上钻有许多小风孔，压风由小孔喷出后，均匀地散布在钻杆中的洗井泥浆里，有利于携渣泥浆的提升。

（三）排浆管与排浆槽

地面的排浆管是两条带有弯臂的钢管，上端与水龙头连接，下端相互并拢，固定在排浆

图 2-36 外风管采用法兰盘连接

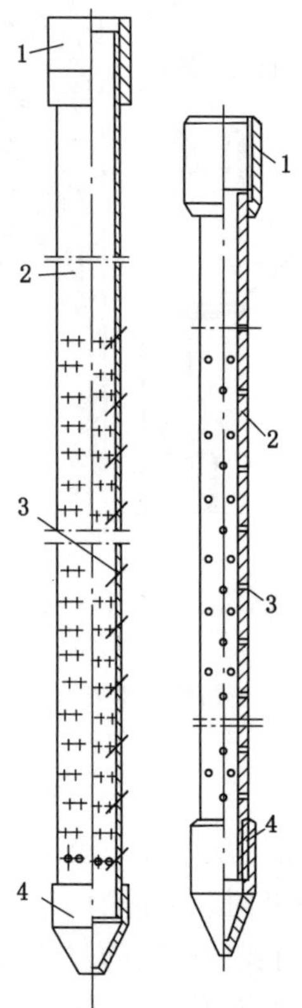

1—上接头;2—混合器体;3—出风孔;4—锥形头。

图 2-37 常用混合器结构示意

槽里的小车上,可沿它的轨道前后移动,但下端管口始终处在排浆槽里。排浆槽是用薄钢板制成的开口式溜槽(图 2-38),现场一般按 25‰的坡度安装在专用的型钢架上,通向沉淀池。排浆槽的直线长度应与排浆管小车的行程相适应。

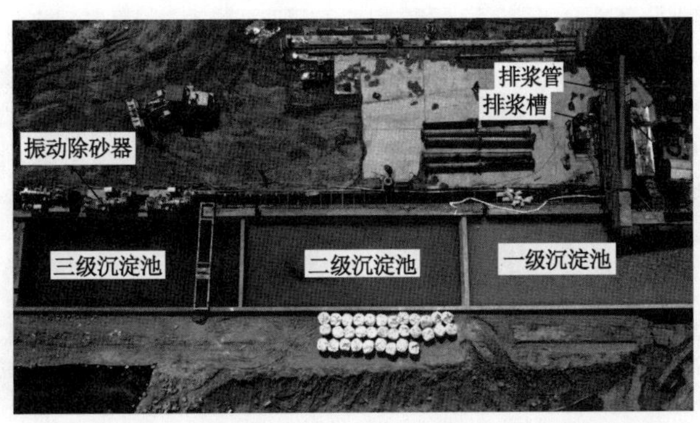

图 2-38　竖井钻机钻井法凿井现场的三级沉淀池

（四）沉淀池

沉淀池的作用主要是循环泥浆沉淀与储存泥浆。为更好地使泥浆中的岩屑在泥浆池中沉淀，在泥浆池间设置二道拦截坝，形成三级沉淀（图 2-38），从而阻止岩屑在沉淀池中的流动，以达到更好的岩屑沉淀效果。在冬天温度较低，为保证在寒冷天气泥浆循环不受影响，需要对沉淀池采取加温措施，其办法是在泥浆池和回浆沟槽两侧布置蒸汽管道。

泥浆初步净化利用泥浆三级沉淀池将大颗粒岩屑（以大于 1 mm 的岩渣为主）沉淀并清捞外运；初步净化过的泥浆通过泥浆泵泵送至泥浆池末端布置的振动除砂器（图 2-38）和离心机进行除砂，实现二次净化处理，力求实现泥浆性能参数达到设计值；采用压滤机进行废弃泥浆的固液分离，降低泥浆黏度，处理后的物体呈固态块状，满足外排条件或重复利用条件。

三、龙门吊车

龙门吊车是竖井钻机钻井法凿井地面场内的重要起重运输设备。龙门吊车多为箱形钢架结构，结构像门形框架，所以又称门式起重机。门式起重机承载主梁下安装两条支脚，可以直接在地面的轨道上行走。

门式起重机主要用于钻头的拆装、检修和吊运，井壁悬浮下沉作业时吊运井壁、泥浆配制和清渣设备（如泥浆搅拌机、旋流器、泥浆泵等设备），以及井壁地面预制、摆放和充填固井设备（如混凝土搅拌机、砂石清洗机、带式运输机等）。此外，还可用于供电、供水、打捞工具和测井仪等设备的吊运。

我国竖井钻机钻井法凿井应用的部分门式起重机如图 2-39 所示。根据门式起重机功能需要，一般设有主钩和副钩。门式起重机主要技术参数为提吊能力、提升高度等，如：ND-1 型竖井钻机配套门式起重机提吊能力仅为 150 t、提升高度为 17 m；SZ-9/700 型、AS-9/500 型竖井钻机配套门式起重机提吊能力为 200 t、提升高度为 15 m；QZ-3.5 型竖井钻机配套门式起重机主钩的提吊能力为 100 t，副钩的提吊能力为 20 t，提升高度为 16 m；随着钻井直径、钻井深度的不断增加，钻具、井壁节的重量不断增加，竖井钻机配套门式起重机提吊能力从 200 t 不断提高至 300 t、400 t，如 MG400/30-18A4 和 WMQH80/10-18A5 型门式起重机的提吊能力达到 400 t；直至 2021 年研制的 LM-800 型门式起重机的提吊能力达到 800 t（钻机型号为 ZDZD-100）。800 t 门式起重机主要技术参数如表 2-1 所示。

(a) 200 t门式起重机

(b) 300 t门式起重机

(c) 400 t门式起重机

(d) 800 t门式起重机

图 2-39　我国竖井钻机钻井法凿井应用的部分门式起重机

表 2-1　800 t 门式起重机主要技术参数

项目	参数	项目	参数
额定起重量/t	800	跨度/m	24
整机工作级别	A4	起升高度/m	主起升:20;副起升:22;小钩起升:22
大车基距/m	15	小车轨距/m	5.5
最大轮压/kN	400	主钩左右极限位置/m	左:4.7;右:6.55
整机质量/t	926	整机功率/kW	1 012
主体结构形式	箱体	吊具形式	吊钩

第三章　竖井钻机破岩钻进技术

第一节　钻井工艺设计

一、总体流程

为了加快竖井钻机钻井施工速度，提高钻机作业安全性，应对竖井钻机钻井的总体流程以及各个工序的工艺流程进行设计，达到钻井快速、安全、高效的目的。工业广场的总体设计主要包括以下几方面的内容：

(1) 待钻进井筒的井口四个方向上的布置，包括钻头的摆放和维修、龙门吊车行走路线，泥浆池、固液分离设备、压风机房的位置，井壁制作的场地及为其服务的龙门吊车行走路线等。总的要求是既要紧凑，又要方便施工。

(2) 钻机基础稳定分析，钻机基础承载能力分析、加固处理方案与锁口结构设计，避免钻机基础失稳导致钻机倾覆、围岩坍塌导致埋钻等风险。

(3) 钻杆的堆放、吊运方法、起下钻头和连接钻杆的工艺。

(4) 内风管或外风管供风应方便连接，并应具有良好的密封，同时混合器的结构与位置布置合理。

(5) 井口梁结构，钻台的移动方式，以及起下钻头的工艺。

(6) 井内打捞的工艺，包括打捞钻头、滚刀、物件和大块岩石。

(7) 井壁悬浮下沉工序，尤其是前几节井壁在井口的倒换工艺。

(8) 井壁壁后充填固井及充填质量检查工艺。

二、钻进设计

为保障竖井钻机钻井质量与施工安全，需对破岩参数、旋转给进、钻井垂直度、泥浆参数、钻具监控与测井方法等进行设计，简要内容及要求如下：

(1) 破岩参数：钻进各级及井孔的参数设计，包括钻压、转数、冲洗量和钻速以及随钻变化范围，特别是对粉砂层、厚黏土层、软硬地层变换带、风化带以及硬岩层的破岩参数。

(2) 旋转给进：主要包括钻机操作上的掌控、钻压控制、转盘电流或液压压力的调控。如果是液压缸提升，动力头旋转则要制订相应的操作工艺，及压缩空气压力、泥浆流量、含矸量测控等。

(3) 钻井垂直度：钻进时主要对钻头在泥浆中重量的百分比进行调整，按40%～60%范围控制，对砂岩盘、火成岩侵入层以及软硬地层变化区段，卵石层要严格按设计进行操作。

(4) 泥浆参数：钻进时应对泥浆参数随时测控，并根据钻进地层的变化及时调节泥浆参数。由于泥浆量大，需要采用物理（自重沉淀、旋流器除砂等）和化学（添加各种处理剂）的方法，提前调整泥浆参数；下沉井壁前更应调整好，并循环到位，使泥浆的稳定性达到设计要求。

（5）钻具监控：对破岩刀具（包括滚刀和刮刀）的使用和损坏情况要随时分析，每盘刀的质量应相同，要维修而且要有一定的备用量；钻杆在使用前应进行探伤，在钻井过程中若出现跳钻、憋钻等现象，应在随后提钻时再次扫孔。

（6）测井方法：按设计要求按时进行测井，准备好超声测井仪，对测井的数据、曲线进行及时分析，要坚持不超过 7 d 提一次钻并进行测井的设计规定，以便指导施工。

第二节　钻进技术参数的确定

竖井钻机的主要衡量指标为其技术参数，主要包括提升力、钻进压力、旋转扭矩和旋转速度，这些参数决定了竖井钻机的钻井直径、钻井深度和适用地层条件。在一定的岩石条件下，旋转扭矩和旋转速度决定了竖井钻机一次钻进破岩面积的能力，即一次钻井直径的大小。通常钻进大直径井筒时，大多数钻机需要采用超前孔钻进和逐级扩孔钻进方式。提升力的大小决定了钻机能够提升的钻具的重量和处理事故的能力。此外在钻头的重量固定、提升力不变的情况下，钻杆的重量也就决定了钻井深度。部分钻具的重量可转化为钻头破岩的钻压，钻压、扭矩和旋转速度等指标最终决定了钻机对钻头施加的破岩能量。在此基础上，通过对竖井钻机的功率等参数进行计算，才能进行竖井钻机设计及其钻井技术参数的确定。

一、钻井深度与直径的确定

（一）钻井深度

钻井深度的确定主要依据井筒的设计、井筒类型和要求。根据井筒的深度与井筒所穿过的表土段、岩石段的工程地质和水文地质，尤其要充分考虑钻机能力的大小。钻井深度可分为钻全深和只钻表土段两种方案。当所采用的钻机能力比较大的情况下，应当钻完井筒全深。我国竖井钻机钻井法在东部深厚冲积地层应用时，若采用的是专用表土钻机或钻机能力较小，而井筒较深、岩石段较大的情况下，通常可只钻完表土段，并通过风化带、深入 5～10 m 稳定岩石后，所余岩石段采用普通钻爆法施工。近年来随着钻机能力的提高，竖井钻机钻井法在西部厚基岩地层应用时，亦可以完成钻完井筒全深。

井筒深度指钻井有效深度加附加深度，附加深度指钻头结构上需要而增加的深度，而有效深度往往是供井壁下沉的深度。钻井深度应按超前孔的钻深计算，超前孔的深度要比钻井的终孔深度再深约 3～5 m。扩孔深度是过渡性深度，如果没有扩孔而是一次成孔，或者就一次扩孔即为终孔，则钻井深度就是终孔深度。在一般情况下，如果是多次扩孔，则钻井深度按终孔（即最后一级钻井，也是设计钻井直径的井孔）的刀盘上沿计算即可。

成井深度是指井壁固定后，井壁内净空的深度，如果下沉井壁没有上浮或者没有下沉不到底的情况，则终孔（按刀盘上沿计算）深度减去井壁底的厚度就是成井深度。

井筒钻进深度的计算公式如下：

$$H_z = H_c + H_1 \tag{3-1}$$

式中　H_z——井筒的钻进深度，m；

H_c——井筒的设计深度（不含井窝深度），m；

H_1——附加深度，m。

其中：

$$H_1 = h_1 + h_2 + h_3 \tag{3-2}$$

式中　h_1——井壁底结构上的附加厚度，m，由于井壁内径不同而不同，在设计时 h_1 可取 2 m；

h_2——钻头结构上的附加厚度，m，由于钻头直径不同而不同，钻头直径为 5 m 左右时，h_2 可取 2.5 m，钻头直径为 9 m 左右时，h_2 可取 3.5 m；

h_3——下沉井壁后或充填后，可能上升的高度或不到底的高度，m，有的井壁下沉后，充填时上升 1.52 m，后来采取措施后，很少有此现象，一般取 h_3＝0.5 m。

钻井深度及附加深度示意图如图 3-1 所示。图中符号含义说明分别如下：

h_4——超前孔的深度，m，比其他扩孔直径要深 3～5 m；

h_5——扩孔钻进的深度，m；

h_6——终孔（最大钻井直径的孔）深度，m；

h_7——成井深度，m。

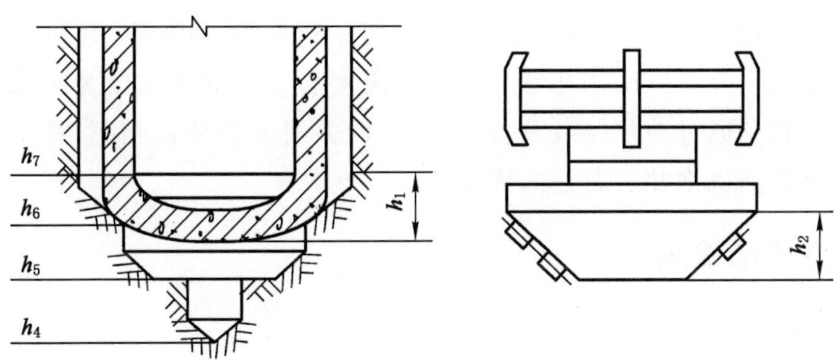

图 3-1　钻井深度及附加深度示意图

通常所讲的钻井深度是指 h_6 的深度，而成井深度就是有效的成井可利用的深度 h_7。我国所钻的主副井筒，大部分为冲积层钻井，下部采用普通法掘进，如大屯副井和龙固 1 号、2 号立井等；我国的风井钻进，绝大部分是全深钻井，如临涣矿西风井、张双楼矿东风井、潘三矿西风井、陈四楼矿南风井、可可盖煤矿中央进回风井等。

（二）钻井直径

钻井直径的确定依据，一是除了要保证井筒成井后的净直径及有效断面，以满足通风或提升的要求，同钻井深度的确定类似，要重点考虑地层条件及钻机能力大小；二是考虑根据地层压力设计的钻井井壁类型及结构，以及井壁厚度、壁后间隙等参数；三是要考虑井筒穿过的冲积层和岩层厚度、岩性变化等地质条件，导致钻井及成井时可能产生偏斜，以及根据钻机能力在保持一定成井速度的基础上，确定是一次全断面钻进还是多次扩孔全断面钻进。此外，钻井直径设计需要考虑泥浆对冲积层的护壁要求能否得到满足。综上，经过经济、技术比较，找出比较合理的井筒直径方案。

钻井直径确定时，考虑井壁厚度不变的情况，即井壁的内径与外径是一致的，钻井直径可按下式计算：

$$D_z = D + 2(E + e) + H_z\alpha \tag{3-3}$$

式中 D_z——钻井终径(最后的钻井直径),m;

D——井筒净直径,m;

H_z——钻井深度,m;

E——井壁设计最大厚度,m;

e——壁后充填间隙,一般取 0.2~0.3 m,最大为 0.35 m;

α——钻井允许偏斜率,可按 0.8‰计算。

但是由于井筒钻进深度不同和地层条件差异,导致地层压力不同,因此,井壁结构、厚度、混凝土强度均不一样。此时,如按式(3-3)计算,其中的 E 应按最厚处的厚度计算。也可按井壁的外径进行计算:

$$D_z = D_y + 2e + H_z\alpha \tag{3-4}$$

式中 D_y——井壁外径,m。

如龙固主井井壁壁厚有 550 mm、650 mm、850 mm 和 700 mm 四种,井壁外径为 7.4 m,相应的井壁内径为 6.3 m、6.1 m、5.7 m 和 6.0 m 四种,这样不但扩大了井壁有效直径的利用率,而且节约了材料,是合理的方案。

在以往的竖井钻机钻井工程中还出现了不同钻进断面的情况,但是随着钻机能力提高,全深钻井、等断面、分级依次扩孔钻进到设计深度和直径的方式成为首选。这种钻井方式工艺简单,能够顺利通过冲积层以及含水岩层,使井筒完整地钻到底,井壁下沉到设计深度,可充分发挥竖井钻机钻井法凿井的优越性。

二、钻进方式的确定

(一)钻进级数确定

如何合理地确定超前钻孔直径和扩孔钻进直径,对更好地发挥钻机的能力、保证工程质量、提高钻井速度有着十分重要的意义。钻进方式分为全断面一次钻进和分级扩孔钻进两种。当钻机能力足够大时,可以采用全断面一次钻进方式;当钻井直径较大或破岩面积较大而钻机能力较小时,应当采用分级扩孔,逐渐加大到钻井直径的钻进方式,即分级扩孔钻进。多级扩孔钻进示意图如图 3-2 所示。

钻进方式采用分级扩孔钻进方案时,应进一步确定钻进级数,以及每级钻进的直径及钻进深度。确定钻进级数时,应在钻机能力的前提下,尽可能增加每级的破岩面积,减少钻进级数,以减少辅助时间。同时,还应结合现有钻头直径的大小,使每级的破岩面积相等或者相近,以使钻机钻进时负荷均衡、运转平稳。最后一级钻头的钻进深度,应为钻井的成井深度与井壁底厚度的总和。超前钻孔的深度一般要大于扩孔的钻进深度 1~3 m,主要用于集蓄部分沉淀物,此外,一些落物掉在中间部位的超前孔中时也方便打捞。

我国使用石油钻井设备配套的钻机期间,由于钻机能力小也是多次扩孔。如朔里矿南风井钻井直径仅为 4.3 m,钻井深度为 92.5 m,却分 4 级钻进,即 ϕ1.0 m、ϕ2.6 m、ϕ3.5 m 和 ϕ4.3 m。扩孔分级最多的是卜弋桥煤矿主井,钻井直径为 5.5 m、钻井深度为 118.2 m,共分 6 级钻进。总之,这一阶段是一次超前多次扩孔,分级较多。在采用专用钻机钻井阶段,由于钻机能力的提高,分级次数减少,一般情况下是 1 次超前孔分 3~4 次扩孔。如潘三矿西风井,钻

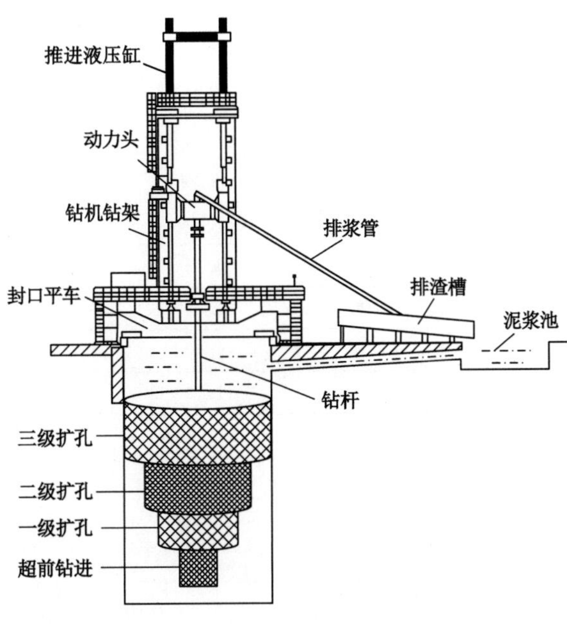

图 3-2　多级扩孔钻进示意图

井直径为 9.0 m、钻井深度为 508 m，一次超前孔 ϕ3.0 m，3 级扩孔 ϕ5.5 m、ϕ8.0 m 和 ϕ9.0 m。随后采用更大能力的钻机（提升能力为 5 000～6 000 kN，转矩为600 kN·m），钻井直径加大但钻井级数没有增多，仍为 1 次超前 2～3 次扩孔。如龙固矿 1 号主井钻井直径为 8.7 m、钻井深度为 582.75 m，共分 3 级钻进，即 ϕ4.0 m、ϕ7.1 m 和 ϕ8.7 m；板集矿煤副井，钻井直径为 10.8 m、钻井深度为 638 m，共分 3 级钻进，即 ϕ5.0 m、ϕ8.2 m 和 ϕ10.8 m。

在国家"十一五"科技支撑计划项目"'一扩成井'快速钻井法凿井关键技术及装备研究"的支撑下，形成了"一扩成井""一钻成井"的钻进方法。例如某矿井设计钻井直径为 10.2 m，经综合考虑，根据钻孔最大直径进行钻进分级，分别计算了超前钻孔直径为 4.5 m、5 m、5.5 m、6 m、6.5 m、7 m、7.5 m、8 m 条件下的切割带宽度、切割带面积和破岩体积。不同分级钻进方案对比分析见表 3-1；不同扩孔钻进方案破岩面积对比图如图 3-3 所示。

表 3-1　不同分级钻进方案对比分析

方案	分级	钻头直径/m	钻井深度/m	切割带宽度/m	切割带面积/m^2	破岩体积/m^3
方案 1	超前钻孔	4.5	877	2.25	15.90	13 948.08
	一级扩孔	10.2	875	2.85	65.81	57 582.45
方案 2	超前钻孔	5.0	878	2.50	19.63	17 219.85
	一级扩孔	10.2	876	2.60	62.08	54 318.14
方案 3	超前钻孔	5.5	878	2.75	23.76	20 836.02
	一级扩孔	10.2	876	2.35	57.95	50 710.21
方案 4	超前钻孔	6.0	878	3.00	28.27	24 796.59
	一级扩孔	10.2	876	2.10	53.44	46 758.68

表 3-1(续)

方案	分级	钻头直径/m	钻井深度/m	切割带宽度/m	切割带面积/m^2	破岩体积/m^3
方案 5	超前钻孔	6.5	878	3.25	33.18	29 101.55
	一级扩孔	10.2	876	1.85	48.53	42 463.53
方案 6	超前钻孔	7.0	878	3.50	38.48	33 750.91
	一级扩孔	10.2	876	1.60	43.23	37 824.77
方案 7	超前钻孔	7.5	878	3.75	44.18	38 744.67
	一级扩孔	10.2	876	1.35	37.53	32 842.41
方案 8	超前钻孔	8.0	878	4.00	50.27	44 082.83
	一级扩孔	10.2	876	1.10	31.45	27 516.42

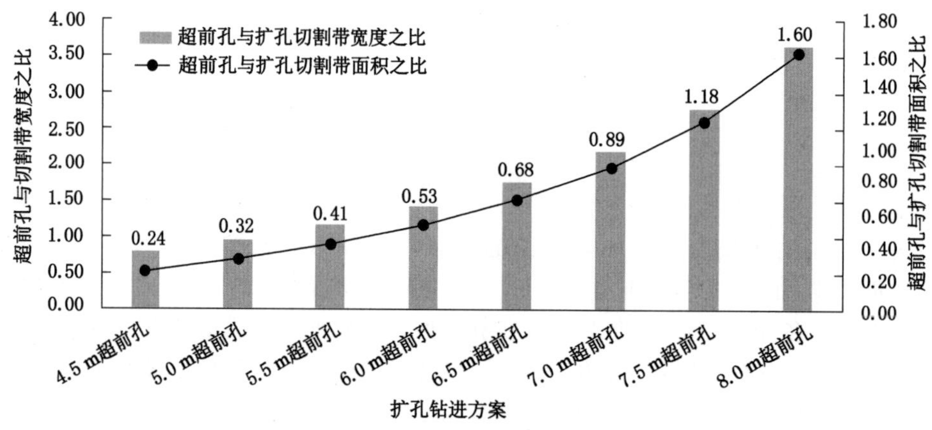

图 3-3　不同扩孔钻进方案破岩面积对比图

根据切割带宽度、切割带面积和破岩体积的对比分析结果以及钻机性能等因素影响，建议采用超前钻孔直径范围为 6.5～7 m、扩孔钻头直径为 10.2 m，钻井方式为“一扩成井”。钻头超前钻孔主要承担导向孔的作用，在提升设备允许的范围内加大钻头重量，提高铅垂作用和超前钻孔的垂直度。ϕ10.2 m 钻头扩孔主要起到提高钻进效率的作用，根据超前钻孔探明的地层情况、已验证的泥浆性能参数，利用超前钻孔的导向作用，优化扩孔钻头结构，充分发挥钻机性能，进而提升钻进效率。

（二）钻进顺序

钻进顺序是指采用扩孔钻进方式时，各级钻头钻进表土和基岩的先后顺序。钻进顺序的合理安排，应当根据井筒所穿过地层的工程地质和水文地质条件，考虑减少表土钻头和岩石钻头的更换改装时间，并有利于表土层的泥浆护壁和泥浆处理。一般情况下，超前钻孔一次钻全深，即钻完表土后更换刀具或钻头，继续钻进岩石，直到设计深度。超前钻孔起着重要作用，通过超前钻孔的钻进，可进一步探明井筒所穿过各地层的实际情况，可验证和修订所采用的钻进参数、泥浆性能参数和有关钻进的技术措施，并为扩孔钻进提供可靠的技术依据。同时，超前钻孔可为下一级钻孔起导向作用，因而超前钻孔应有较好的垂直度。钻进施工顺序方案有以下三种：

(1) 交叉扩孔钻进。超前钻孔钻完表土和基岩，以后每级扩孔钻头钻完表土后，立即更换岩石钻头钻进基岩，并达到设计深度。按表土、基岩交叉钻进的顺序，直至达到钻井直径和深度，最后进行井壁悬浮下沉和固井的永久支护。

(2) 分段扩孔钻进。超前钻孔钻完表土和基岩，以后每级扩孔钻头均把表土钻完达到钻井直径后，更换岩石钻头，再把基岩依次钻到设计深度和钻井直径。按钻完表土再钻基岩的分段钻进顺序，进行井壁悬浮下沉和固井的永久支护。

(3) 分段钻进支护。当井筒在表土和基岩中的深度都很大，特别是在基岩部分所占比例较大时，此时的钻进顺序可由超前钻及各级扩孔钻依次钻完表土，达到钻井直径，并进行第一次井壁永久支护，此后再对基岩依次进行超前钻进和各级扩孔钻进，并达到钻井深度和钻井直径后，再进行最后永久支护。但是这种钻进方式基岩段井筒净直径小于表土段井筒净直径，属于非等断面钻井。

三、破岩钻进参数

为达到确保成井偏斜率的前提下高效破岩钻进的目的，需要根据地层条件和岩土的物理力学性质确定钻进参数，并在钻进过程中根据地层变化进行动态调整。竖井钻机钻井法凿井依靠钻头破碎岩(土)，压气反循环排渣。钻头由中心管、稳定器、配重、钻头体、吸渣口和布置在钻头上的破岩刀具构成，应根据地层条件选择适合的破岩刀具。钻井法已由采用刮刀破岩钻进黏土和砂层，逐渐过渡到采用不同类型的滚刀破岩钻进基岩地层。钻头破岩时必须对刀具施加一定的钻压，使刀具压入岩(土)内一定深度，再通过旋转将其破碎下来，同时旋转需要一定的旋转速度和驱动刀具运行的扭转力矩。因此，破岩钻进参数主要是指钻井钻压、转速与冲洗量的关系，钻压、转速与扭矩间的关系，以及钻井速度与泥浆质量的关系等。

(一) 钻压

钻井时为使刀具压入岩石，钻头所施加给刀具的力称为钻压。钻压主要根据布置在钻头上的滚刀数量及岩石条件确定。单把滚刀破岩所需要的压力由岩石的可钻性决定。这个参数通常通过室内试验确定，首先确定刀齿压入岩石一定深度，所达到体积破碎所需的压力最小值，然后按照钻头上滚刀布置数量和布置角度，确定总的钻压值。综合考虑钻头自身重力转换的钻压，一般钻压值的设定不超过钻头在泥浆中重力的60%；在软硬交接地层带钻进时，钻压应再下调50%～60%，以保持井孔的垂直度。

钻压有两种表示方法：一种是单位面积上的接触压力(p_s)，以 MPa 表示，一般情况下，钻压要达到(1.2～1.5)σ_s 才能有体积破岩效果。一种是以单位齿长上的压力即比压值(p_L)表示，单位是 N/cm。各国推荐值不一样，它们都是针对比较硬的脆性岩石提出的单位齿长上的压力值(p_L)。美国曾采用 p_L=7 000 N/cm(球齿)，对塑脆性岩采用 p_L=1 800～3 900 N/cm。美国对单向抗压强度 σ_s 为 210 MPa 破岩时，曾采用 p_L=7 200 N/cm，一般岩石 p_L=1 800～3 900 N/cm。德国维尔特公司对楔齿滚刀推荐的比压值 p_L 为 4 700～7 200 N/cm。我国竖井钻机钻井主要针对土层和沉积岩地层，主要是塑性和脆性岩，因而对比压值 p_L 取值较低(表 3-2)，对砂层单向抗压强度 σ_s 为 3 MPa 时，推荐的常用比压值 p_L=100 N/cm，而对 σ_s=80 MPa 的砂岩，推荐的常用比压值 p_L=3 000 N/cm。

表 3-2　对塑性和塑脆性岩石采用的钻压值表

岩性	单向抗压强度 σ_s/MPa	实际采用比压值 p_L/(N/cm)	推荐的常用比压值 p_L/(N/cm)
砂层	3	100～200	100
砂土层	5	150～250	200
亚黏土	8	200～350	300
黏土	10	300～450	400
固结黏土	15	400～550	500
严重风化砂页岩	20	500～600	600
一般风化岩	30	600～800	1 000
砂页岩	40	800～1 000	1 600
泥岩	60	1 000～1 500	2 500
砂岩	80	1 500～2 000	3 000

在实际钻井工程中，钻压小于岩石抗压强度时，刀刃未切入岩石，只靠表面摩擦，这时刀具旋转主要是克服刀具与岩石之间的摩擦力，处于研磨破碎岩石的状态；钻压与岩石抗压强度大致相同时，是由研磨破碎向体积破碎的过渡阶段，刀刃没有完全切入岩石，仅处于表面破碎阶段；钻压超过岩石的极限抗压强度时，才达到体积破碎阶段，压入岩石的深度增大，钻进速度明显上升，刀具类型(楔齿、球齿)不一样，其破岩的状态有差异，同样破岩效果也不尽相同。在实际钻井中，钻压往往达不到推荐值，所以大多数岩石地层钻井中，破岩处于研磨状态，钻进速度较低。

在实际钻井中，按 p_L 计算钻压时，可按下式计算：

$$p=\frac{Kp_L(R-r)}{\cos\alpha} \tag{3-5}$$

式中　p——计算钻压值，kN。

K——刀刃破岩的重复系数，可按实际取值，参考值：超前钻孔时 $K=1.5$；扩孔时 $K=2.0$。

p_L——常用比压值，N/cm，见表 3-2。

R——扩孔钻头半径，cm。

r——超前钻孔钻头半径，cm。

α——钻头井底角，(°)，目前有 4 种：超前钻头平底时，$\alpha=0°$，$\cos\alpha=1$；超前钻头 $\alpha=30°$，$\cos\alpha=0.866\ 0$；扩孔钻头 $\alpha=25°$，$\cos\alpha=0.906\ 3$；扩孔钻头 $\alpha=35°$，$\cos\alpha=0.819\ 1$。

例如板集煤矿副井钻井工程中，由超前钻井直径为 5.0 m 到扩孔直径为 8.2 m，在钻进砂岩地层时，井底角为 25°，代入式(3-5)可计算钻压 p 为：

$$p=\frac{2\times 3\ 000\times(410-250)}{0.906\ 3}=1\ 059\ 251.9(\text{N})=1\ 059(\text{kN})$$

在实际钻进过程中 p 是个变值，p 经常在 600～800 kN 之间，将其折合为单位齿长上的比压值 p_L 为 1 811～2 415 N/cm，仍达不到推荐的常用比压值 3 000 N/cm，所以进尺慢 100～200 mm/h。为了达到所需钻压值，充分发挥摆锤效应，钻压取值只是钻头重量的一部分，在竖井钻机钻头钻进过程中是施行减压钻进，以保证钻孔的垂直度，为此，根据所需要的钻压值(p)反算出钻头在泥浆中的重量(Q_n)和钻头在空气中(组装时)的重量(Q_k)，p 值按式(3-5)计算，则：

$$Q_n = \frac{p}{0.6} \tag{3-6}$$

$$Q_k = Q_n \frac{d_T}{d_T - d_1} \tag{3-7}$$

式中　p——计算钻压值，kN；

K——刀刃破岩的重复系数，超前钻孔 $K=1.5$，扩孔 $K=2.0$；

p_L——单位齿长上的钻压值，按表 3-2 中的推荐值；

0.6——钻压取钻头在泥浆中重量的 60%，为了保障钻孔垂直度的最大值；

d_T——钻头材料比重，$d_T=7.8$；

d_1——泥浆比重，$d_1=1.2$。

此外，钻压值的选择还要考虑各种因素的制约，主要包括钻压值过大时的“泥包钻头”、钻进垂直度、刀具承受能力等因素。具体如下：

(1) 钻压太小达不到体积破碎的目的，但钻压也不宜太大，钻压大钻进岩石深度大，扭矩加大，冲洗液循环不到位，不但影响钻进速度，而且容易在黏土中形成“泥包钻头”，在塑脆性岩层中形成“砂包钻头”。

(2) 为了保证钻井的垂直度，根据地层条件还要适当控制钻压，尤其是在软硬地层交界处，不论钻头是由软到硬还是由硬到软，由于工作面阻力不均匀，此时容易发生偏斜，往往偏斜的程度与钻压大小呈比例关系，所以此时要减小钻压，并缓慢钻进一定深度，待已有导向作用的孔径形成后，再进行正常钻井施工。

(3) 钻进方式对钻压选择的影响。其一是恒压钻进，根据地层条件选择好适当的钻压，但是多变的地层往往难以采用恒压钻进方式；其二是恒速钻进，要随时对不同地层给予不同钻压，以保持速度一致，这种情况也是靠司钻人员来掌握，要选择有经验的司机操作，现在这种钻进方式采用得不多；其三是手控系统钻进，针对不同的地层条件随时选择不同的钻压，钻进速度可快可慢，可保证转盘正常运转情况下不超负荷，目前液压转盘或动力头式竖井钻机采用通过控制油压来控制扭矩的方式，达到合理参数后钻进。

(4) 选取钻压值，还要考虑刀具的承受能力。如每把楔齿滚刀一般可承受 25～50 kN，球齿滚刀可承受 70 kN 以上；由于钻头直径不一，钻头结构也不一样，无论是扩孔钻头还是超前钻头，是平底钻头还是带有锥角的钻头，必须根据具体条件而定。在实际钻井施工中，要根据刀具的种类和所承受的压力来选取钻压值。如西部厚基岩地层中直径为 4.2 m 超前钻头采用平底滚刀钻头钻进，装刀量为 26 把，钻头重量为 3 800 kN，钻压为 1 120～1 200 kN，单刀破岩能力达 46 kN，不仅有效提高了单刀钻压，且大钻压快速破岩基础上还能保证钻孔垂直度；在超前钻孔成形的基础上，直径 8.5 m 扩孔钻进采用大锥度滚刀扩孔钻头结构，扩孔钻头装刀量为 36 把，并加大钻头组装重量达到 3 800 kN，钻压为 1 120～1 440 kN，单刀破岩能力达 40 kN，钻压控制在钻头配重量的 40%以内。总之，实际钻井过程中，既要考虑钻头所能施加的钻压，又要考虑滚刀所能承受的压力，两者要结合起来。否则，滚刀数量多，总钻压一定时，每把刀的钻压则达不到要求；或者滚刀数量少，钻压大，而滚刀的承载能力不够，滚刀则损坏得快。目前，刀具的承载能力增加，可根据钻机的能力，对钻压作适当调整。

（二）转速

转速是钻头每分钟旋转的圈数，以 r/min 表示。转速与钻头直径、滚刀直径及岩石条件有关。通常钻头直径增大则转速降低，滚刀直径增大则转速可适当提高，这样才能使滚刀刀齿接触岩（土）的时间不小于一定值，以保证高效破岩钻进。钻压在合适范围，洗井也很充分的条件下，提高转速可以提高钻井速度。但是转速受许多因素的影响，应当根据泥浆护壁要求、吸浆排渣的要求、刀具寿命、钻机设备能力合理地选定。因此，转速的提高受到一定限制，具体如下：

(1) 泥浆护壁的要求。钻头旋转也将带动洗井液旋转，虽然它们的速度不同，但是对井帮将产生冲刷作用，过高的转速可能造成井帮坍塌。在岩层中没有护壁方面的要求，而在表土冲积层的流砂层钻进时，钻头旋转对中砂、细砂、粉砂层有一定的冲刷作用，按实践经验，钻头外缘的切线速度不得超过 0.7 m/s，从而对砂层有一定的保护作用，避免钻进直径刷得更大。

(2) 吸浆排渣的要求。为了及时排出岩渣，吸渣口处有岩屑的泥浆流的速度是泥浆旋转和向心流与切线流速合成的一个速度，这个合成速度应与吸渣口吸收的速度相近才便于吸收，所以转速受到一定的限制，不是越高越好，而是要合理。

(3) 刀具要求。刀具寿命的长短除与本身的材质有很大关系外，再就是使用条件。在线速度比较高的情况下，刮刀在土层的刮削中将迅速磨损；楔齿滚刀在钻进岩石时，轴承和密封材料也将加剧磨损，易于发生腔内磨损严重，轴承被破坏，刀具磨钝、磨光、断轴等。因此，对楔齿滚刀线速度一般控制在 1.6 m/s 左右。

钻头转速是由钻头外缘或边刀允许的最大切线速度确定的，可按下式进行计算：

$$n \leqslant 60v/\pi D \tag{3-8}$$

式中 n——为钻头转速，r/min；

v——钻头外缘或边刀允许的最大切线速度，m/s；

D——钻头直径，m。

对钻进基岩而言，按理论计算结果，接触岩石的延续时间在 0.02 s 以上时，在直径为 4.0 m 时，钻头转速可以达到 12 r/min；当直径为 6.0 m 时，钻头转速≤10 r/min；当直径为 9.0 m 时，钻头转速≤6 r/min；当直径为 12.0 m 时，钻头转速≤4 r/min。对脆性岩石、塑脆性岩石和塑性土层而言还有所差异，现场的具体决策还要考虑其他条件，由综合因素而定。

此外，钻头转速还受到钻杆强度的限制，包括钻杆受拉、受扭及转动惯量综合应力的作用。在钻头旋转破岩过程中钻杆受力复杂，常见的如钻头和钻具旋转时，受破岩阻力易发生应力集中导致憋钻，而憋钻后突然的压力释放，当钻杆承受不住时，则会发生断钻杆事故，导致钻具掉落。因此，转速的提高是有限定的且存在最优转速，并不是转速越高越好，必然存在一个合理的范围，转速超过合理的范围，会出现跳钻、卡钻或憋钻等现象。根据国内实践，一般情况下，钻头外缘的切线速度控制在≤1.5 m/s，个别情况最高达到 1.88 m/s。不同钻进直径和地层条件下钻压和转速参考值，如表 3-3 所示。

表 3-3　不同钻进直径和地层条件下钻压和转速参考值

钻头直径/m		4.0	6.1	7.5	8.5
钻头重量/kN		1 600	1 400	1 500	1 500
砂土层	钻压/kN	100～300	150～350	150～350	150～300
	转速/(r/min)	4～10	4～8	1～4	1～4
黏土层	钻压/kN	200～400	250～400	250～400	250～350
	转速/(r/min)	7～11	5～9	1～5	4～5
砂岩盘	钻压/kN	200～500	250～600	250～600	300～600
	转速/(r/min)	6～9	5～9	2～5	3～4
泥岩	钻压/kN	250～350	350～400	300～400	300～400
	转速/(r/min)	7～9	4～8	2～5	2～5
砂岩	钻压/kN	350～600	400～700	400～700	400～700
	转速/(r/min)	7～9	4～8	3～5	3～6

（三）提升力

竖井钻机钻井所需提升力可按下式进行计算：

$$Q = Q_1 + Q_2 + Q_3 \tag{3-9}$$

式中　Q——要求的提升力，kN；

Q_1——钻头在空气中的重量，kN；

Q_2——钻杆系统重量，kN；

Q_3——水龙头与排浆管等重量，kN。

Q、Q_1、Q_2、Q_3 等参数的确定原则与计算方法，具体如下：

(1) 钻头在空气中的重量 Q_1 的确定。

要求的 Q_1 的确定原则，既要保障有足够的钻压（钻压仅是钻头在泥浆中重量的一部分），又要保障钻具系统有一定的铅垂作用以利于钻井的垂直度，一般取钻头重量的 40%～60%，整个钻具系统处于悬吊状态。为保障钻压，要按钻进地层岩石的单向抗压强计算，以便达到体积破碎岩石的目的。

工作面上的总钻压 Q_4：

$$Q_4 = \sigma F K_1 \tag{3-10}$$

式中　σ——岩石的单轴抗压强度，MPa；

F——工作面上同时切削岩石，刀刃接触岩石的总面积，cm^2；

K_1——刀具的重复系数，$K_1 = 1.2 \sim 1.3$。

按减压钻进方式，以保证钻具系统的垂直度，根据工程经验，该值取钻头在钻井液中重量的 40%～60%。在正常钻进时，取 60%左右，在变层段取 40%左右。为达到上述钻压值，钻头在泥浆中的重量应为 Q_5。

$$Q_5 = Q_4 / (0.4 \sim 0.6) \tag{3-11}$$

钻头在空气中的重量 Q_1：

$$Q_1 = Q_5 \gamma_T (\gamma_T - \gamma) \tag{3-12}$$

式中 γ_T——钻头材料的容重，kN/m³；

γ——泥浆的容重或者水的容重，kN/m³。

实际上，钻头施压时总是在泥浆中（或者水中），因此，对悬吊系统承受的重量为在钻井液中的重量，但是为保证钻压，在组装钻头时（空气中）必须有足够的重量。

（2）钻杆系统重量 Q_2 的确定。

$$Q_2 = Q_5 + Q_6 + Q_7 \tag{3-13}$$

式中 Q_5——方钻杆重量，kN；

Q_6——钻杆重量，kN；

Q_7——混合器重量，kN。

（3）水龙头与排浆管等重量 Q_3 的确定。

$$Q_3 = Q_8 + Q_9 \tag{3-14}$$

式中 Q_8——水龙头重量，kN；

Q_9——排浆管重量，kN，排浆管的重量在正常钻进中，悬吊系统仅承担部分重量，为安全起见，还是按总重计算。

除上述直接重量外，还要考虑其他因素，如必须计算一节井壁的重量，原来起重井壁用的龙门吊车起重能力为 2 000 kN，现在新制造的龙门吊车起重能力已达到 8 000 kN，因此，钻机的提升力不能小于此数。此外，黏土地层钻进时易发生缩径现象，造成提钻时增重，发生掉钻事故后，打捞钻头时提升力接近满负荷或超负荷，所以提升力设计时应在安全系数上充分加以考虑。

（四）扭矩

扭矩主要为用于直接破碎岩石所消耗的扭矩，其次是空转所需的扭矩、在泥浆中旋转所受到的阻力、钻头导向装置在旋转时碰帮所消耗的扭矩，以及旋转时的机械阻力和各种扭矩损失等。因此，钻进所需扭矩可按下式进行计算：

$$M = K_0 M_p \tag{3-15}$$

式中 M——钻进所需扭矩，kN·m；

M_p——破岩扭矩，kN·m；

K_0——系数，取 $K_0 = 1.2 \sim 1.3$（主要是考虑空转等的扭矩损失）。

关于破岩扭矩 M_p 的计算，各国均有不同的计算方法。我国在竖井钻机钻井发展过程中，逐步形成了两种主要的计算方法。

第一种计算方法：

$$M_p = A M_0 F \tag{3-16}$$

式中 A——系数，考虑到传递扭矩过程中的各种损失，$A = 1.4 \sim 1.7$；

M_0——单位面积上破岩所需扭矩，超前钻 $M_0 = 4 \sim 5$ kN·m/m²；

F——钻头的破岩面积，m²。

第二种计算方法：

$$M_p = KpR \tag{3-17}$$

式中 K——系数，钻头旋转阻力系数，与刀具形状、岩性等有关，$K=0.1\sim0.3$，为试验统计数值。

p——有效的总钻压，kN；

R——扭矩换算半径，m，超前钻 $R=2R_1/3$，扩孔钻 $R=2/3[(R_1+R_2)2-R_1R_2]/(R_1+R_2)$；

R_1——钻头破岩带外半径，m；

R_2——钻头破岩带内半径，m。

(五) 洗井液冲洗量

钻井法凿井一般以泥浆作为循环介质排出滚刀破碎的岩(土)屑。相对于石油和地质孔钻进来说，通常钻井法钻进直径更大，正循环洗井无法实现高效排渣。因此，钻井法钻进中普遍采用压气提升反循环洗井方法(图 3-4)，即在钻杆中心孔内布置压风管或采用双层钻杆的方式，向钻杆内一定深度通入一定量的压缩空气，压缩空气与钻杆中心的泥浆混合形成比重较轻的含气浆液混合体，使钻杆内外泥浆产生压力差。

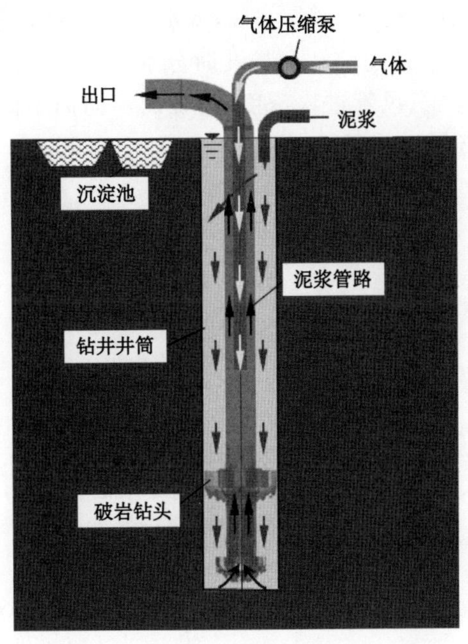

图 3-4 压气提升反循环洗井原理示意图

根据 U 型管连通器的原理，钻杆外部泥浆和钻杆内部泥浆若存在一定的压差，会使得钻杆内泥浆高速向上运动。钻头底部的吸收器将滚刀破碎的岩石碎屑吸入钻杆内，碎屑在泥浆的带动下通过钻杆、水龙头等被排到地面。泥浆在地面经过沉淀池重力净化和旋流器机械净化，清除岩屑后继续流回井筒内被循环使用。钻杆内泥浆上升速度决定钻进效果，其上升速度与泥浆密度、压缩空气流量、压力和携岩量等多个参数有关，只有钻杆中心泥浆上升速度超过岩屑在泥浆中自由下沉速度(表 3-4)时，泥浆才能将岩屑排到地面。

表 3-4　排出不同粒径岩屑钻杆中心泥浆临界速度参考值

岩屑粒径/mm	10	20	40	60	80	100	150	200	400
泥浆上升速度/(m/s)	0.500	0.707	1.00	1.225	1.414	1.581	1.936	2.236	3.162

冲洗量的确定直接影响钻进效果：其一，能迅速将岩屑吸收到吸收口内，防止重复破碎减少能耗；其二，使钻杆内带有气泡的浆屑柱与钻杆外的泥浆柱形成压差，从而使泥浆能形成正常的流动；其三，冲洗量是要保证在钻杆中的回流速度，使其岩屑能克服重力随泥浆排至地面。

泥浆循环量 Q 可按下式计算：

$$Q = Fv_1/f \tag{3-18}$$

式中　Q——泥浆循环量，m^3/h；

F——破岩面积，m^2；

v_1——钻进速度，m/h，可取 $v_1=3$ m/h；

f——泥浆的平均含矸率，$f=3\%\sim6\%$，清水含矸率为 1%～3%。

当计算泥浆循环量时，应按超前孔和扩孔时分别计算，计算出的循环量按其平均值选取。因为循环量随进尺、风压、风管进入深度、扬程的不同而不同，实际上是个变量。计算得出循环量后，再根据循环量计算所需供风量：

$$V = QV_0/60 \tag{3-19}$$

$$V_0 = K\rho h/[23\lg(H_0\rho + 10)/10] \tag{3-20}$$

式中　V——需风量，m^3/min；

V_0——提升每立方米泥浆所需风量，也称风浆比，m^3/m^3；

K——系数，$K=2.17+0.016\ 4h$（h 的单位取 m）；

h——扬程，m；

ρ——泥浆密度，一般情况下，$\gamma=1.2\ g/cm^3$；

H_0——压风管埋入深度，取决于风压（p_1）和泥浆的密度 ρ，其关系如下：

$$H_0 = 10[(p_1 - \Delta p)/\rho] \tag{3-21}$$

式中　Δp——供风管的压头损失，$\Delta p=0.5\sim1.0\ kg/cm^2$。

从式(3-21)中可以明显地看出，风浆比与埋入深度呈反比关系，埋入深度越深，在同样的扬程情况下，风浆比越小，即提升 1 m^3 所需风量越小。

根据所需供风量，选择所需压风机台数：

$$n = (V/V_2) + 1 \tag{3-22}$$

式中　n——所需压风机台数；

V_2——每台空压机的额定生产能力，m^3/min。

根据所需风量选择压风机及其台数，要考虑每次开孔初期的需风量、设备维修，以及轮换的备用量等因素。国内 SZ-9/700 型钻机设计的压风量为 82.5 m^3/min，风压为 0.78 MPa；AS-9/500 型钻机设计的压风量为 80 m^3/min，风压为 1.47 MPa；L-40/800 型钻机设计的压风量为 46 m^3/min，风压为 2.15 MPa。

中心刀和部分正刀主要借助泥浆径向流的流动速度来冲洗刀具和工作面，环向（或称切向)流速由钻头的转速所决定，在钻头半径的各点上是不同的。径向流和环向流都可以产生涡流，这两种流在一定的范围内组成合成流速和流向，所以必须有个过流通道，并在通道上冲洗刀齿；同时，每个滚刀本身又产生局部涡流。改善洗井条件就是要改善刀具的布置，增大冲洗量，增加环流和径向流的速度，径向流的影响主要是来自吸渣口的流速、流量。为尽可能地避免吸渣口堵塞，吸渣口的位置应偏心布置，且通常采用径向长方形的吸渣口。

预防和治理“泥包钻头”问题，需增大泥浆循环量，提高风压值及合理增加混合器深度。如在同样多压风机的情况下，在埋入深度较浅时，钻井深度不超过 300 m，可以采用低压，从而使风量增大、冲洗量增加；在钻井深度大于 300 m 时，要采用高压，增加混合器的埋入深度(达到 160～180 m)，风压可达到 2.1 MPa，可增加 40％的循环量。同时，降低扬程和风浆比，提高冲洗量，每次加尺时，先接短钻杆，过渡之后再换长钻杆，这样扬程降低一半，而泥浆排量可增加近 1 倍以上。

第三节　破岩刀具及其破岩方式

一、破岩刀具及其刀-岩相互作用

(一) 破岩刀具

破岩刀具有刮刀(割刀)、楔齿滚刀、球齿滚刀和盘形滚刀等类型，既有冲击钻具，也有旋转钻具。刀具不同，破岩机理也不尽相同。目前立井钻进主要应用的是长、短齿楔齿滚刀和各类不同形状的球齿滚刀，部分软弱地层也应用刮刀。我国钻井法凿井应用的楔齿滚刀如图 3-5 所示。楔齿滚刀的结构有刀座、刀齿和刀轴等，刀轴上有滚柱和滚珠轴承，两端有密封(密封圈和端面密封环)，还有平衡内外压力的活塞。

图 3-5　楔齿滚刀

楔齿一排排纵向间隔布置，在破岩时两楔齿中将会残留岩柱。为了破碎这部分岩柱，在同一环形破岩带内布置同样类型的楔齿滚刀，但这把滚刀上的楔齿相对于另一把滚刀对应的楔齿是错开布置的，这样另一把楔齿滚刀就将残留岩柱破碎，从而整盘滚刀就协同把工作面的岩石破碎。

在基岩地层中竖井钻机钻井也采用了球齿、扁齿、锥齿等镶齿滚刀和盘形滚刀。球齿滚刀结构如图 3-6 所示。该结构与楔齿滚刀基本相同,有刀座,刀体在刀轴上旋转。所不同的是齿形不同,刀轴受力也较大,是钻凿硬岩所需的滚刀。一般情况下,采用镶碳化钨合金做切割岩石的滚刀齿。合金球齿采用粉末冶金的方法制成,经渗碳、压型和烧结等工序制成各种形状。破岩时,应根据所钻岩性选择滚刀齿的形状。

图 3-6 球齿滚刀结构

刀具密封对防止外来物的侵入、保证轴承正常工作十分重要。刀具密封有轴密封和端面密封两种。轴密封采用弹性密封,由一个或两个胶皮曲面密封圈组成。胶皮曲面密封圈具有浮动能力,可以补偿装配端间隙或防止偏斜。端面密封采用金属端面密封环,这种密封由两个金属端面啮合而成。

(二) 刀-岩相互作用方式

镶齿滚刀和盘形滚刀在反井钻机竖井掘进机中应用较多,在竖井钻机钻井中主要以楔齿滚刀为主,故本节以楔齿滚刀为例说明机械破岩机理。齿尖切入岩石的力学分析如图 3-7 所示。楔齿滚刀齿尖切入岩石的力为 p_C,需要克服两种力:一种是破岩阻力 p,另一种是摩擦力 F。

$$p_C = p + F \tag{3-23}$$

$$p = 2N\sin(\alpha/2) \tag{3-24}$$

$$F = 2Nf\cos(\alpha/2) \tag{3-25}$$

式中 N——齿面上垂直方向的压力;

α——滚刀齿刃角;

f——齿面与岩石间的摩擦系数。

联合式(3-23)~式(3-25)可得:

$$p_C = 2N[\sin(\alpha/2) + f\cos(\alpha/2)] \tag{3-26}$$

$$N = p_C/2[\sin(\alpha/2) + f\cos(\alpha/2)] \tag{3-27}$$

当滚刀齿尖切入岩石时,亦产生剪切力,其剪切力是作用于齿尖上合力的水平分力。除上述静力外,滚刀作用在工作面上还有动力。由于同时作用在岩石上的滚刀数目不同、齿不等,实际作用在刀齿上的压力也是不同的。对钻头上总的钻压的计算要考虑总齿数和滚刀的母线总长度等各种因素,计算结果才能接近实际。刀具布置正确时,钻头每转一周所破碎的工作面上的岩石带应是全覆盖的,达到这个要求才基本上符合设计。

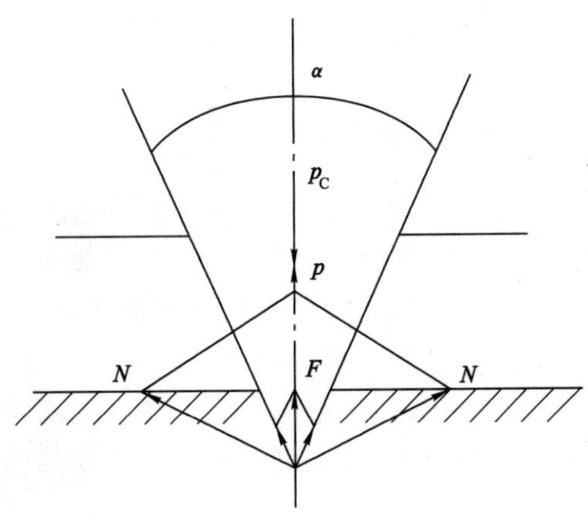

图 3-7　齿尖切入岩石的力学分析

楔齿滚刀破岩机理是研究岩石在刀齿作用下，外力的分布规律和内应力状态的变化。由于楔齿滚刀结构各异，岩石性质结构不同，岩石晶粒间的弹性模量不同，岩石的强度、弹性、硬度、组织（孔隙率、层理、节理、裂缝）不同，钻压、转速也不尽相同，从而岩石破碎状态的变化也是多样的。一般开始是体积破碎，随着时间的延长、刀具的磨损，破碎状态变成疲劳破碎，最后进入钻进效率较低的表面破碎，这是一个很复杂的变化过程。

楔齿滚刀破岩时，每个刀齿在钻压的作用下，像楔子一样切入岩石，随着滚刀的转动，周期性地切入岩石，同时又有冲击作用，出现孔底剪切扇形体，这不仅是由滚刀的滚动所造成的，也是钻头转动时滚刀本身滚动齿尖沿工作面滑动所造成的，起到剪切岩石、切削破碎岩石的作用，所以楔齿滚刀钻进是以回转作用为主、冲击作用为辅的钻进方法。但岩性不同破碎状态也不同，对塑性岩石、塑脆性岩石和脆性岩石的作用程度是不一样的。

破碎深度和宽度随着钻压的增加而增大，但是比率不是直线变化的，压力继续增大，破碎深度增加，而宽度则减小。当然，齿尖节距大，破碎深度和宽度会增加；齿尖节距小，破碎体积却增大，其原因是齿尖节距越小，破碎沟之间残留的岩石越容易剥落。

（三）滚刀破岩过程状态分析

根据滚刀形制特点和刀具与岩石相互作用机理的分析，机械破碎岩石有三种典型状态：

第一种状态是表面研磨的破碎状态，钻压小，达不到破碎岩石的程度，只作用于岩石表面，又称表面破碎。表面研磨时，钻进速度很低。我国旧钻机由于提升能力小，大多处于这种状态；新钻机提升能力加大，改善了这种状态。

第二种状态是钻压未达到岩石的极限抗压强度，但经滚刀刀齿的反复作用，岩石发生了破碎，此时钻进速度虽有提高，但仍然不快，这种状态属于疲劳性破碎阶段。

第三种状态就是体积破碎状态，这是希望达到的理想破岩效果。在破碎冲积层地层时，往往能达到体积破碎状态。我国铜矿的钻井也达到过体积破碎状态。反井钻井一般均能达到体积破碎状态。

钻井法凿井机械破岩状态经常是变化的，开始达到体积破碎，但由于刀具的刀齿磨钝后就可能转为表面研磨状态。就总体而言，滚刀在工作面破岩时，一部分功消耗在破岩上，另一部分功则消耗在刀具与岩石的摩擦中。刀具磨损就是刀具与岩石间产生摩擦的结果。钻压越大，刀具磨损越厉害，所以必须改进刀具的耐磨性，以提高钻进效率。

二、钻井法凿井机械破岩影响因素分析

竖井钻机钻头机械破岩钻进是一个复杂岩-机相互作用的力学过程，不仅涉及钻井地质条件和工程条件，同时涉及钻头上滚刀形制、布置方式、滚刀数量、滚刀轨迹等相关因素，同时要考虑钻头结构、钻头配重、钻进参数、泥浆性能等影响因素。因此，通过实践调研与理论分析，影响竖井钻机机械破岩的因素，可将其归为钻井深度和直径工程条件、钻井岩石和岩体特征、破岩刀具及刀-岩相互作用、钻头结构与滚刀布置方式、钻压与转速参数、泥浆循环排渣特性 6 个主要方面，各主要影响因素之间相互关联和制约。竖井钻机机械破岩的主要影响因素，如图 3-8 所示。

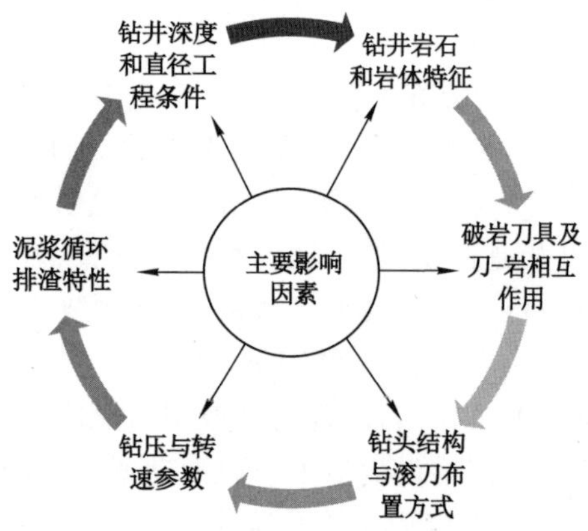

图 3-8　竖井钻机机械破岩的主要影响因素

（一）钻井深度和直径工程条件影响

钻井深度的确定主要依据井筒设计、功能要求、地层特性及钻机性能等，钻井深度可分为钻全深和只钻表土段两种方案。我国所钻的主、副井筒，大部分为冲积地层钻井。在井筒较深、基岩段较大的情况下，由于钻机能力较小仅能钻进表土层，通常只钻完表土段并通过风化带，深入 5～10 m 稳定基岩后，所余基岩段采用普通钻爆法施工。我国的风井钻井绝大部分采用了全深钻井。随着西部厚基岩地层钻进深度的增加，机械破岩钻进压力、转速、扭矩及排渣效率等也会受到影响，必须提高破岩刀具的耐磨性，以及钻杆的可靠性和稳定性。

钻井直径的大小对机械破岩的影响，在于考虑钻机一次钻进破岩面积的能力、刀盘吸渣速度、循环洗井压风量等因素，确定是一次全断面钻进还是多次扩孔全断面钻进，且在考虑钻机能力的前提下，尽可能增加每级的破岩面积，减少钻进级数，以减少辅助时间；同时，使每级的破岩面积相等或者相近，以便竖井钻机机械破岩钻进时负荷均衡，保障其运转平稳。

（二）钻井岩石和岩体特征影响

西部弱胶结厚基岩地层主要以砂岩为主，兼有少量的泥岩及砂质泥岩，由多种矿物颗

粒、孔隙和裂隙、胶结矿物组成的非均质压实混合体。西部白垩系、侏罗系地层岩石矿物成分、颗粒胶结形成的细观结构不同，如粗粒砂岩中石英的含量接近40%，对破岩刀具磨蚀性较高；此外，岩石的组织(孔隙率、层理、节理、裂缝)、晶粒间的弹性模量亦不同。由于不同粒度的砂岩其抗压、抗拉、抗剪强度及各向异性导致机械破岩贯入度、钻压、转速也不尽相同，从而岩石破岩裂纹扩展与贯通、破碎状态的变化也是多样的。机械破岩是一个很复杂的变化过程，一般开始是体积破碎，岩渣粒度较大，而随着时间的延长、刀具的磨损，破碎状态变成疲劳破碎，最后进入钻进效率较低的表面破碎，岩渣粒度较小，易增加泥浆黏度。

岩体的层理是影响机械破岩钻进精度的关键因素，当岩体存在层理结构时，能量会在层间传播，使得岩体更易于沿着层面破裂，从而提高破岩效率；如果岩体没有层理结构，则需要更大的能量来破碎地层，破岩效率会降低。此外，钻井穿过的岩层厚度、岩性等地质条件，地层节理与钻进轴线的位置关系变化，以及钻进压力和钻速较高时，易造成钻井偏斜。

（三）破岩刀具及刀-岩相互作用影响

竖井钻机钻头通常布置楔齿滚刀、球齿或扁齿滚刀，破岩刀具的选择主要依赖于地层岩石的强度和特性。以常用的楔齿滚刀为例，滚刀通过挤压、拉伸、剪切等作用破碎岩石。同时受齿间距、刀距的影响，破碎岩体可划分为岩粉区、裂纹密集区和裂纹扩展延伸区，此外滚刀破岩过程的荷载曲线也并非是圆滑的螺旋曲线，岩体的各向异性和非连续性会导致岩体破碎的不均匀性，从而使得滚刀荷载出现较大峰值，通常能达到平均值的2倍。如果基岩地层稳定、刀具质量可靠且排渣流畅，则能取得较好的钻进效果；西部复杂地层钻进时多存在软硬多变地层，随之钻进参数不断变化，导致破碎下来的硬岩块进入软弱地层中，碾不碎、冲不走，严重损坏刀具或包裹刀具，又会对钻头产生较大阻力。因此，从刀具形制、材料和加工制造等工艺方面进行突破，这也是西部基岩地层钻进要解决的重要问题之一。

现有的滚刀破岩钻进试验，重点是通过研究滚刀的破岩机理来探究如何提高破岩效率和降低刀具破损。针对西部弱胶结厚基岩地层岩石强度低、胶结性能差、泥质胶结等特性，在钻头公转并带动滚刀自转的过程中，刀具更易发生失效和损坏，如滚刀齿折断、刀齿磨损过度、刀壳破裂、滚刀轴承滚柱破裂、滚刀密封失效、滚刀连接螺栓松动脱落等。然而对于滚刀破岩的力学分析，更多地采用滚刀法向正压力来校核滚刀额定压力，从而推算钻头压力或刀盘推进力，并采用滚刀切向力与侧向力分析刀具磨损情况，从一定程度上说这是可行的。但往往忽视了滚刀滚动速度产生的影响，即钻头转动速度与滚刀滚动速度之间的关系，然而滚刀滚动速度与钻头结构、钻头上滚刀距中心的位置、滚刀尺寸等因素直接相关。

（四）钻头结构与滚刀布置方式影响

竖井钻机钻头结构的性能直接影响工程钻进效率和施工安全性，合理的钻头选型是保障竖井钻机机械破岩钻进的首要前提。现有的“一扩成井”钻井工艺采用的超前钻头一般为平底滚刀布置结构，主要是为了降低钻进井筒偏斜；扩孔钻头多采用大锥角钻头结构；“一钻成井”钻井工艺采用的钻头结构为T型结构。钻头结构的设计在保证钻头破岩钻进能力的前提下，更要便于岩渣的收集，尽可能避免钻头外围导流围板与钻头体夹角形成的死角，达到预期泥浆通过导流板底部进入孔底的效果。

竖井钻机钻头上齿形滚刀要按破岩轨迹与合理的覆盖系数布置在钻头特定的位置，安装在钻头的表面或嵌在钻头内，以避免在高荷载作用下发生摆动或晃动，同时确保其方便更换。目前，主要依据岩石的类型和岩石破碎的难易程度来确定滚刀布置间距、选择滚刀类型和滚刀尺寸，滚刀破碎出的岩渣特征也是由这 3 个指标共同决定的。齿形滚刀在钻头上的合理布置，必须满足钻头旋转一圈后，所有滚刀形成的同心圆破岩轨迹覆盖整个工作面，同时考虑钻头底泥浆径向和切向流动空间，在满足基岩地层破岩钻进能力的基础上，尽可能减少装刀数量，减小泥浆流动阻力，提高洗井和排渣效果。

钻头旋转时，处在钻头不同直径上的滚刀旋转速度不同。通常来讲，边刀旋转速度最高，中心刀旋转速度最低，即边刀刀齿接触岩石的时间最短，而中心刀一直处于研磨岩石状态；滚刀处于非滚动状态，不仅破岩效率较低，且刀具磨损量大。因此，在西部厚基岩地层钻进时，为降低钻头结构与滚刀布置方式对机械破岩的影响，需要基于滚刀破岩机理与破碎范围大小，研究钻头结构选型、滚刀布置方式等，并根据边刀接触时间来确定钻头的旋转速度，优化布置中心刀的布刀方式；同时分析滚刀破岩下岩渣分布规律，优化滚刀布置和滚刀覆盖系数，实现高效破岩和排渣协同。

（五）钻压与转速参数影响

竖井钻机滚刀破岩过程中所需的能量来自钻头压力和旋转扭矩的共同做功。钻头上布置的多把破岩滚刀，只有处于钻头不同位置上的滚刀都达到破碎岩石所需的最小压力时，在动力头驱动钻头转动时才能达到低能耗破岩。西部厚基岩地层机械破岩钻进时，钻压小于岩石抗压强度，则刀具处于研磨岩石状态，破岩效率低；钻压与岩石抗压强度接近，则岩石仅处于表面破碎状态；只有钻压大于岩石抗压强度时，才能达到体积破碎状态。相对于黏土层破岩的比压值 300～500 N/cm，砂岩、泥岩等基岩地层常用的比压值范围为 2 000～3 000 N/cm。在西部厚基岩地层钻进泥岩地层时，钻压造成的压力差将岩屑包裹在钻头表面，易形成泥包钻头问题，可在钻头上布设安装滚刀清理刮片，并采用中低钻压、中高钻速钻进，同时增加风管埋深，使风压控制在 1.3～1.6 MPa，提高泥浆的携渣能力。此外，在计算竖井钻机钻压时，除了考虑施加在钻头滚刀上的综合压力，同时还要考虑泥浆对钻头的浮力，从而综合确定钻头重力以及钻杆、钻头的提吊力。钻头自身重力转换的钻压，一般钻压值的设定不超过钻头在泥浆中重力的 60%；在基岩软硬交替地层钻进时，钻压应再下调 50%～60%。钻压不仅影响机械破岩效率，同时对钻进垂直度也造成影响。

钻头转速是竖井钻机输出轴带动钻头旋转的速度范围，扭矩和钻速这两个钻进技术参数体现功率或输出能量，从而反映施加给钻头破岩能量的能力。竖井钻机最大破岩扭矩除了与钻头每旋转一周的破岩深度（或钻井进尺）有关，还与钻头直径、滚刀轴承的摩擦因数有关。滚刀在钻压的作用下将岩石从岩体上分离出来，这一分离过程需要一定能量，滚刀轴承以及钻头和岩体之间摩擦也消耗一定能量，这些都需要由竖井钻机向钻头输入扭矩。因此，需要定量分析钻压、扭矩和转速等钻进参数与竖井钻机钻头旋转一周所消耗能量之间的关系，从而保证竖井钻机高效、低能耗破岩钻进。

（六）泥浆循环排渣特性影响

钻井泥浆是冲洗井底工作面、携带钻渣、冷却钻头、提供井壁下沉浮力的介质，也是平衡地压、临时稳定井帮的重要介质。钻头钻进过程中泥浆循环洗井排渣效率将直接影响机械破岩效果：一方面是合理确定钻头吸渣口位置、形制及泥浆流动参数等，以保证洗井排渣速率需要和破岩速率相匹配，西部厚基岩地层机械破岩钻进应适当增加风管埋深，使风压控制在 1.5～1.8 MPa，以提高泥浆的携渣能力，实现破碎的岩渣及时排掉并高效钻进，尽量避免重复破碎并减小刀具磨耗；另一方面是井内泥浆在钻进过程中形成的泥皮对井帮稳定起到控制作用，可以防止缩径、坍塌、卡钻或埋钻等风险的发生。

西部矿区多变厚基岩地层钻井过程中，泥浆参数的控制有个认识与演变过程，钻井泥浆参数必须随地层变化及时调整，以具备应有的性能，才能起到它应起的作用。西部厚基岩白垩系下统洛河组泥浆中含砂量大，将影响泥浆密度的稳定，且容易造成钻具磨损并缩短寿命，同时要求泥浆有较高的黏度以封堵渗漏，以及较低的固相含量以防发生假缩径；侏罗系中统安定组地层要求泥浆做到彻底堵住上层洛河组和破碎带的渗漏，安定组地层泥岩极易泥化导致泥浆黏度突变，流动性降低导致洗井排渣效果变差；侏罗系中统直罗组要求泥浆有绝对小的失水量以保证井帮的长期稳定；侏罗系中下统延安组要求保持泥浆在直罗组时的优良性能。

三、西部弱胶结岩石机械破岩试验方法

西部侏罗系和白垩系地层成岩环境、成岩年代以及沉积过程具有一定特殊性，主要是以颗粒物质和胶结物质经过溶蚀、蚀变、压实和胶结作用而成的沉积砂岩，具有强度低、胶结性能差、易风化、扰动敏感等特点，特别是遇水后发生软化、泥化、崩解等现象，导致其力学性质劣化和强度大幅度降低。因此，要分析钻井法凿井过程中的刀具破岩效率，建立一套针对钻井法凿井的滚刀破碎弱胶结岩石的一系列破岩效率试验研究体系，从而实现对破岩刀具和破岩参数的设计优化。

（一）弱胶结岩石试验重塑大体积岩样的制备方法

弱胶结岩石颗粒的胶结程度低、扰动敏感等特性导致岩石易破碎。采用弱胶结岩石进行室内普通力学试验时，加工标准圆柱体（50 mm×100 mm）试样的成件率非常低，而用于室内全尺寸机械破岩试验的大体积（1 500 mm×500 mm×300 mm）原状岩块更不可能加工而成，无法满足滚刀破岩试验的需要，严重制约了滚刀破碎弱胶结岩石机理与效率的研究。因此，迫切需要对现有的大体积弱胶结岩石试样的加工工艺进行改进，使得加工成的岩样试件能够满足全尺寸滚刀破岩试验的要求。

为解决钻井法凿井滚刀破岩试验过程中大体积弱胶结岩石试样制备的难题，提供了一种操作简便、易于加工、能确保弱胶结岩石重塑后满足滚刀破岩试验的岩样制备方法。具体试验步骤如下：

（1）在工程现场取来的岩样为破裂的块度大小不一的岩块或颗粒，将取来的岩样机械粉碎成颗粒状，颗粒粒度范围为 0～10 mm，并掺入一定比例的水后搅拌均匀，形成弱胶结岩石颗粒的黏体。

（2）岩样压实试验原理示意图如图 3-9 所示。安装反力架装置，包括立柱、反力架盖板、压力控制表；将重塑弱胶结岩石钢桶内涂抹凡士林后放置在底座排水板上，并在重塑弱胶结岩石桶内腔底部先后均匀放置下多孔透水钢垫、下纤维过滤网。

（3）将弱胶结岩石颗粒的黏体分步倒入重塑弱胶结岩石钢桶的内腔，钢桶内腔直径为 50 mm、高度为 200 mm；同步采用击实锤进行分层捣实，待黏体充填满钢桶体内腔后，在黏

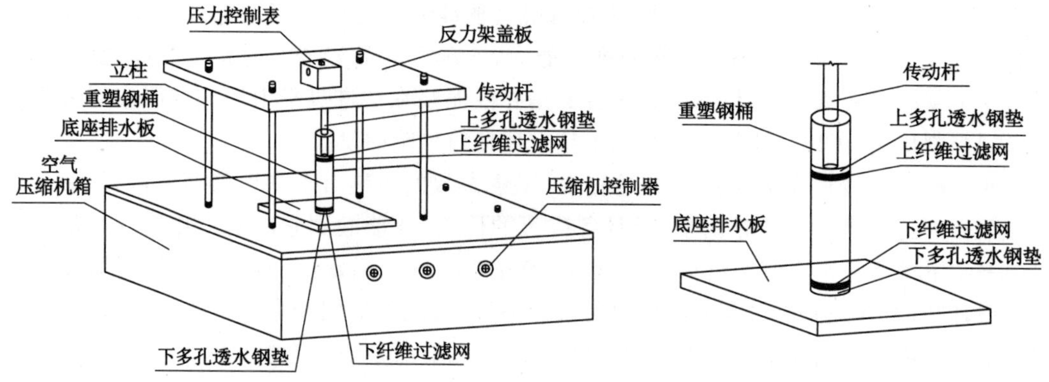

图 3-9　岩样压实试验原理示意图

体顶部依此均匀放置上纤维滤网和上多孔透水钢垫。

(4) 通过空气压缩机对试样进行分级加压，反力架盖板向下移动，带动传动杆向下移动，同时可根据压力控制表读数控制压力大小，每级压力加载时间持续 12 h，直到压实模块中加压板低于上多孔透水钢垫顶部或压力表读数显示加载压力不小于 12 MPa。

(5) 将重塑弱胶结岩石的圆柱形试样进行脱模，并采用切割机将圆柱形试样切割成直径为 50 mm、高度为 100 mm 的标准圆柱体试样，并确保圆柱体试样两端的平整度。

(6) 将加工成的直径为 50 mm、高度为 100 mm 的标准圆柱体试样放置在岩石单轴伺服压力机上，并按照《岩石物理力学性质试验规程 第 1 部分：总则及一般规定》(DZ/T 0276.1—2015)进行单轴压缩试验测试，获得重塑试样的单轴抗压强度值。重塑弱胶结岩石单轴压缩试验示意图如图 3-10 所示。

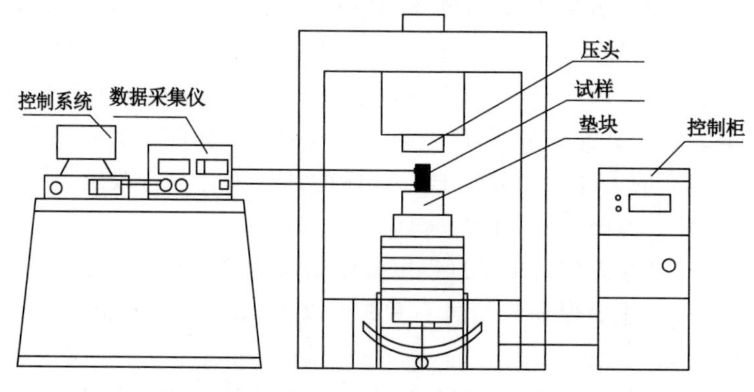

图 3-10　重塑弱胶结岩石单轴压缩试验示意图

(7) 重复以上步骤，获得重塑弱胶结岩石试样制备的最优固结压力和掺水比例参数，并能够使得重塑弱胶结岩石抗压强度值达到原状弱胶结岩石抗压强度平均值。

(8) 参照图 3-11，加工制造大体积弱胶结岩石重塑的钢模具，钢模具内腔长 1 500 mm、宽 500 mm、高 400 mm，钢模具竖直的前、后、左、右四块钢板采用螺栓两两连接，钢板厚度为 80 mm；钢模具四个立面插入钢模具下底板的凹槽内，凹槽深度为 30 mm，钢模具底板设置 3 个排水口，厚度为 100 mm。

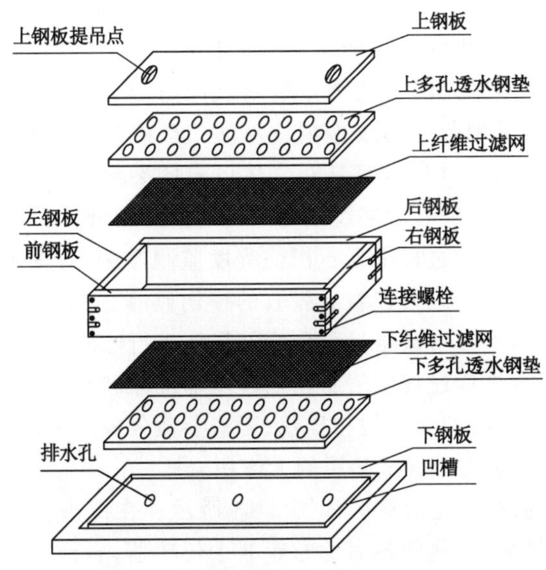

图 3-11　大体积岩样钢模具布置示意图

(9) 大体积岩样钢模具布置剖面图如图 3-12 所示。将自制作钢模具放置在多功能试验台上，并在下钢板自下而上依次布设下多孔透水钢垫、下纤维过滤网，将钢模板内壁涂抹凡士林后，再按一定掺水比例的弱胶结砂岩颗粒的黏体分层装入钢板模具中，每层分别采用击实锤进行初步的振捣压实，同时埋入微型压力传感器，用于监测弱胶结岩石的黏体压实过程中的压力数据，以及后续滚刀破岩试验过程中的压力数据。待弱胶结砂岩颗粒黏体充填满模具后，在重塑弱胶结岩石的黏体顶部自下而上依次放置上纤维过滤网、上多孔透水钢垫和上钢板。

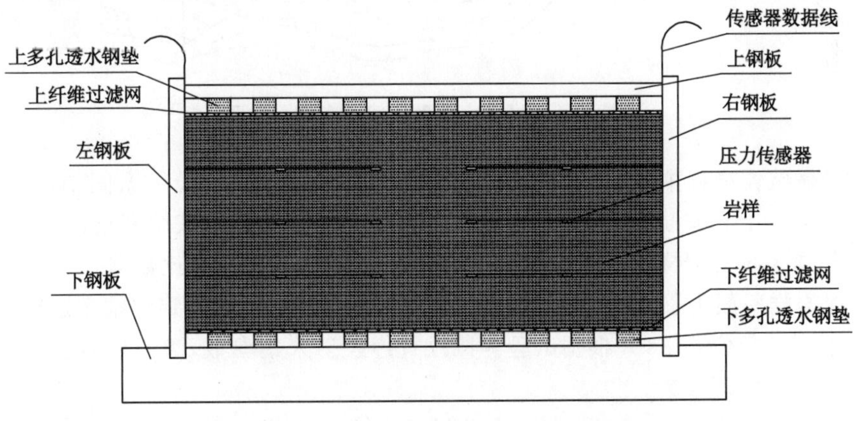

图 3-12　大体积岩样钢模具布置剖面图

(二) 滚刀破岩试验过程中岩石损伤监测方法

齿形滚刀破岩是非爆破破岩技术领域破碎岩石效率较高的机械破岩技术，如何确定全尺寸齿形滚刀破岩试验过程中岩石损伤程度及其演化规律是揭示齿形滚刀破岩机理的重要研究内容，是实现刀齿形制、滚刀布置、钻头布置的前提和基础。

室内齿形刀具滚压试验机可以记录破岩过程中滚刀压力随时间的变化，但是由于试验所需岩石尺寸大，目前通常采用简单的测量岩石破碎后岩石质量、块度和分形等参数与破岩参数相关性；已有学者采用荧光裂纹检测法对滚刀破碎岩石剖面裂纹分布进行分析，但此种方法需要对岩石进行二次切割，容易对岩体已有的裂纹造成进一步人为的二次损伤，且对裂纹结果进行测试分析，缺乏对裂纹演化过程的监测和分析。

全尺寸齿形滚刀破岩试验过程中岩石损伤程度监测方法，对揭示齿形滚刀破岩模式与机理至关重要。然而针对齿形滚刀破岩后岩石的损伤监测存在技术和理论方面的困难，少有从无损监测的角度对齿形滚刀破岩过程中岩石损伤进行监测和定量评价。

全尺寸齿形滚刀破岩试验过程中岩石损伤程度监测系统包括滚刀破岩试验、多通道全数字声发射监测装置、高精度断面形貌扫描仪、岩渣参数分析。具体试验步骤如下：

(1) 制备全尺寸齿形滚刀破岩试验用的大体积岩样。

(2) 岩样声发射传感器布置示意图如图 3-13 所示。在待进行齿形滚刀破碎的岩样上布置声发射传感器，岩样前后、侧面各对称布置 2 个传感器，岩样左右两侧各对称布置 6 个传感器，共计 16 个通道；传感器与岩样接触位置涂抹耦合剂，并采用声发射传感器固定装置，将传感器固定在岩样表面。

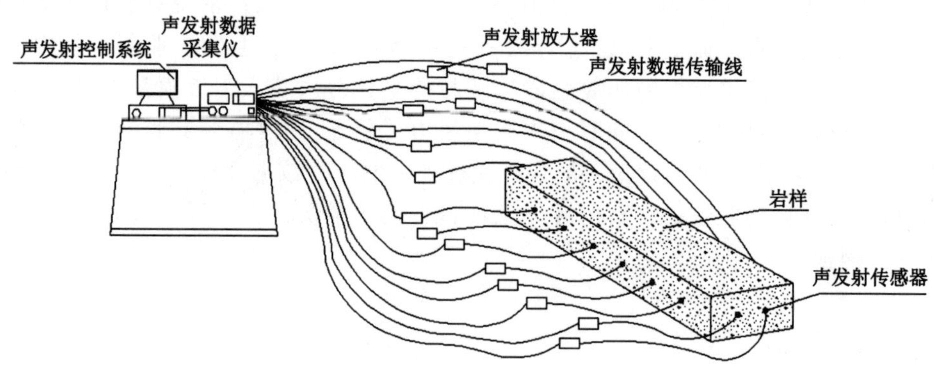

图 3-13　岩样声发射传感器布置示意图

(3) 机械破岩过程中岩样内部损伤与破坏断面扫描监测试验示意图如图 3-14 所示。在待破碎的岩样上方安装断面形貌扫描仪的扫描探头，并在破岩试验开展前采用高速断面形貌激光扫描系统对岩样表面进行连续 3D 测量，并作为初始的对比数据。

(4) 以岩样底面中心为坐标原点，并采用断铅法对声发射震源定位精度进行校核，使之满足声发射震源定位要求，并根据试验测试设置声发射采集参数，滚刀破岩过程中监测、记录和储存声发射特征参数。

(5) 齿形滚刀进行 1 次破岩试验，在此过程中机械破岩试验机可同步记录破岩压力、滚刀滚动速度等参数；刀具破碎岩石后及时对破碎下来的岩渣进行清理，并分析岩渣特征参数。

(6) 对机械破岩断面上的岩渣进行清理，然后采用高速断面形貌激光扫描系统行连续 3D 测量，测量频率可达 64 kHz，提取并储存破岩断面形貌特征参数。

(7) 齿形滚刀进行下一次破岩试验，重复步骤(5)和步骤(6)，直至岩样完全破裂。

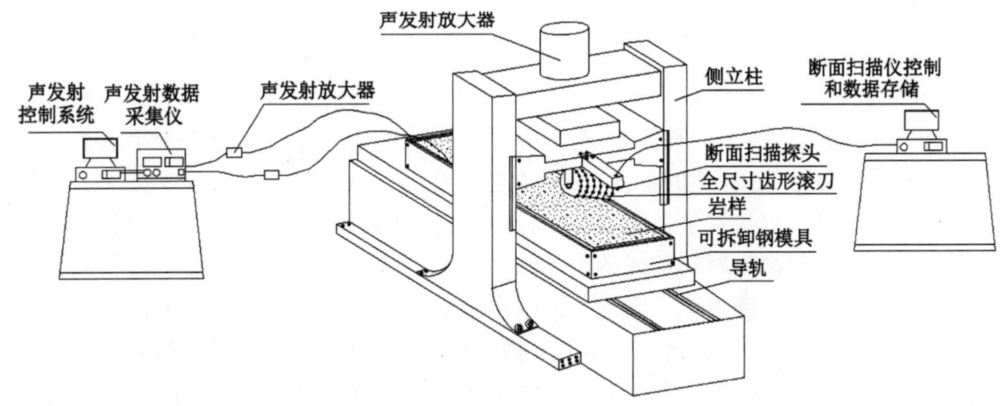

图 3-14　机械破岩过程中岩样内部损伤与破坏断面扫描监测试验示意图

(8) 首先，根据齿形滚刀破岩全过程采集到的声发射数据，将机械破岩试验机设备噪声导致的声发射信息从监测到的所有声发射信息中滤除，得到滚刀破岩不同阶段的声发射“更高频—高频—低频—更低频”等多频段信息，并通过聚类分析判断岩样是否发生损伤；其次，声发射震源空间坐标的计算与存储由多通道全数字声发射信号分析系统完成，汇总处理得到不同破岩次数下声发射定位信息，从而确定不同破岩次数下岩样损伤位置；依据处理后所得声发射震源位置、能量和对应时间，从而得到齿形滚刀破岩全过程中不同声发射事件时空分布与震源能量演化规律，进一步判识机械破岩过程中岩样的损伤机制。

(9) 对每次破岩试验后的岩渣分别进行岩渣粒径、岩渣重量、颗粒磨圆度、岩渣粒径分形等参数的分析，从而获得不同破岩次数对应的岩渣参数特征变化规律。

(10) 根据滚刀破岩断面形貌特征数据，定量分析齿形滚刀每次破岩后破坏断面的粗糙度、起伏度、断面表面积、破碎坑体积等参数，从而获得不同破岩次数对应的破坏断面形貌参数特征变化规律。

综合监测与分析数据，建立起齿形滚刀破岩试验过程中岩样声发射事件时空分布与震源能量演化规律、破岩断面形貌特征参数、机械破岩岩渣参数三者之间的对应关系，再进一步形成以上三者与岩样损伤程度、损伤演化过程的相关性分析结果，从而实现全尺寸齿形滚刀破岩过程中岩石损伤准确监测和定量评价。全尺寸齿形滚刀破岩试验过程中岩石损伤程度及其演化规律的测试和分析评价方法，可实现对全尺寸齿形滚刀破岩过程中岩石损伤的判识。

四、刀具技术要求及其适应性

(一) 刀具技术要求分析

破岩滚刀的刀齿是在冲击、挤压和剪切的复杂应力状态下承受磨损，其使用寿命对于钻进效率有很大影响。楔齿滚刀刀壳形式分为采用钢基优质合金钢锻造成型和在楔齿滚刀齿表面堆焊耐磨材料成型两种。由于钻井过程中齿顶在小能量冲击载荷作用下，既需要具有一定的强度，又要耐磨以抵抗磨粒磨损，而齿根和心部则要求韧性、强度等综合性能满足要求，才能抵抗剪切岩石的弯曲和冲击。如果刀体材料不能适应交变应力状态下的磨料磨损，即便在齿面堆焊耐磨材料，由于没有高强度的基体支持，也会产生脆性剥离，使得磨损加速。分析现有滚刀的主要问题，认为滚刀材料的选择是影响滚刀磨损寿命的关键问题之一。

现有滚刀壳成型技术为整体铸造，然后对刀体部分进行机加工。该技术的主要问题是加工性能和硬度难以同时保证，同时由于刀体形状复杂、重量大、硬度高，全部采用高耐磨材料将使刀体材料与机加工成本加大，全部采用易切削的低合金钢则会降低耐磨性。刀体部分是安装刀轴、轴承、密封件的主体，要求结构紧凑、加工精度高、材料刚性好、易于加工；刀齿部分为破岩主体，直接接触岩石，要求材料具有较高的硬度、耐磨性。通常有两种处理方法：一是采用硬度较高的材料整体铸造，满足破岩需要；二是采用硬度较低的材料整体铸造后，在刀齿部分堆焊耐磨材料。方法一的缺点是加工困难，加工成本高；方法二的缺点是堆焊时精度不易控制、加工效率低、成本高。国内外大多采用优质的结构钢，经锻造后加工成型，表面渗碳、热处理后进行精加工。但由于刀齿齿顶不耐磨，使滚刀在较短时间内损坏，造成钻井过程中频繁提钻更换，既浪费工期、增加劳动强度，又提高了钻井成本。

滚刀的外工作面要求有足够的强度，能抵抗压入岩石的压力；有足够的硬度，能抵抗岩石中硬质点；有良好的韧性，能抵抗钻头钻进时的振动和短时的超载；其内部要求密封良好，精度高，工艺性能优良，可加工性好，并降低滚刀成本。单一金属很难同时满足以上所有条件，而将两种不同成分、性能的铸造合金分别熔化后，按特定的浇注方式或浇注系统，先后浇入同一铸型内凝固成型的双金属复合铸造工艺，显著减少机加工步骤及加工量，减少金属用量尤其是外层耐磨材料的用量，从而降低产品成本。

因此，设计采用由高耐磨性复合材料为基体的楔齿破岩滚刀，建立高强度耐磨铸钢与低碳合金钢冶金结合的方法，试制外部刀体为高强度耐磨铸钢而内部刀体为低碳合金钢的试件。通过对现有楔齿滚刀刀体材料耐磨性进行分析，提出采用高强度耐磨铸钢与低碳合金钢复合成型的材料作为刀体材料的设计方案，并研究耐磨复合材料冶金结合方法，确定其成分、铸造及热处理工艺，通过对以复合材料为基体的破岩滚刀力学性能与耐磨性的分析，确定高强度耐磨铸钢的合理选型。

（二）基岩地层破岩钻进刀具类型

从前述刀具破岩机理的分析中可以看出，不同的地层应有不同的刀具来对待才能取得较为理想的破岩效果。东部地层钻进第四、第三系冲积层时，一般采用刮刀，经济效益较好，只是钻进时不太好控制，对操作技术要求较高；后又变为土层岩层，均采用正向手工焊铣齿滚刀或传统球齿滚刀破岩，在冲洗条件较好时，可以取得更高的钻进效率，反之易形成泥包钻头，但在基岩中钻进时刀具磨损严重。

在钻进基岩地层时，对于不同硬度的岩石采用相应的破岩刀具，目前国产刀具基本满足要求。对软岩采用铸造楔齿、表面喷焊碳化钨，对中硬岩采用钢化合金镶焊齿，对硬岩采用硬质合金球齿，如果岩层稳定，刀具质量合格，均能收到一定效果，只是在复杂地层中尤其是在软硬不均，砂岩盘、卵石层中钻进，当那些硬块被压入较软地层中后，碾不碎、冲不走，严重损坏刀具，又对钻头产生较大阻力，是当前尚未解决的难题。

针对西部弱胶结厚基岩地层岩石强度低、胶结性能差、泥质胶结的特性，在可可盖煤矿中央进回风竖井钻井法试验中，采用了适用浅部松散层钻进的斜向铣齿滚刀，以及适用侏罗系、白垩系基岩地层钻进的浅沟槽盘形滚刀、盘形斜向合金滚刀、深沟槽盘形滚刀、环形球齿滚刀等系列刀具(图 3-15)，以满足基岩地层高效钻进的需求。

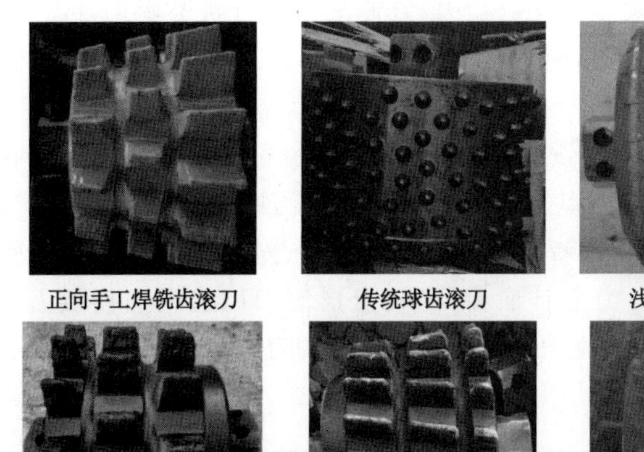

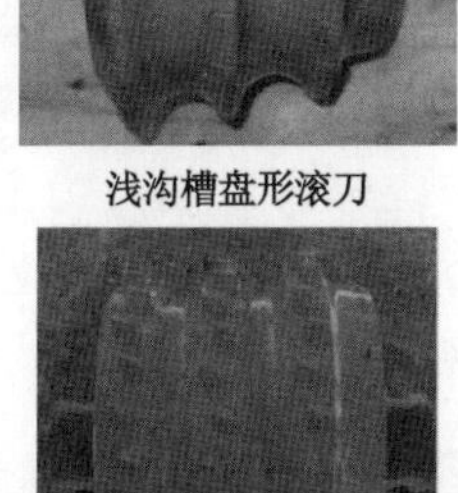

图 3-15　西部弱胶结厚基岩破岩刀具的类型

（三）滚刀失效特征分析

竖井钻机采用的破岩滚刀一般以楔齿滚刀为主，楔齿滚刀又分为铣齿滚刀和焊齿滚刀。滚刀由刀壳、刀齿、密封、轴承、润滑、连接等部分组成。滚刀工作时，钻头公转带动其自转。

竖井钻机滚刀工作环境恶劣，容易造成损坏，滚刀不同部位的损坏都会造成其失效。滚刀失效的主要原因有：

(1) 滚刀齿折断。滚刀运转时在受到钻头施加的钻压、扭矩的作用下，受到地层岩石冲击和弯曲应力等作用力，造成刀齿疲劳折断。有时单一刀齿折断还会使其他位置刀齿受力条件恶化，从而造成其他刀齿折断，以至造成滚刀失效。此外，刀齿折断的原因还可能是设计和加工制造缺陷等引起的。

(2) 刀齿磨损过度。刀齿将岩石从岩体上切割下来时，岩石对刀齿直接产生磨损，破碎的岩屑在井底运动对刀齿产生磨粒磨损。刀齿磨损到一定程度后不再具备破岩能力，即在钻压的作用下，刀齿不能有效压入岩石，不能形成体积破碎，滚刀整体也将失效。

(3) 刀壳破裂。滚刀存在铸造缺陷，长时间工作或出现事故时，如钻头高处坠落，或井底存在金属落物时，造成刀壳受冲击作用开裂、掉块，从而造成密封失效或滚刀解体。

(4) 滚刀轴承滚柱破裂。滚刀由径向和轴向轴承构成，滚刀轴承滚柱受力复杂，受到冲击荷载造成轴承滚珠破裂，轴承点蚀破坏、滚动体磨损严重、滚珠跑道损坏都会影响滚刀旋转或卡死，造成刀齿偏磨，甚至滚刀失效。

(5) 滚刀密封失效。随着钻井深度增加，滚刀密封压力的要求同步提高，同时井底地热和滚刀工作时的摩擦热等使密封温度升高、高压循环液工作时的泥浆压力波动使密封件的接触状态和接触位置不断发生变化，工作环境中存在的大量磨砺性介质，井底具有腐蚀性的硫化氢气体和各种有害物质的侵蚀都会造成密封元件的降解，加剧密封件的磨损与失效。上述情况都可能造成滚刀密封接触面的黏着磨损和磨料磨损，是轴承密封失效的重要原因。密封不严、密封早期失效，导致润滑油流失、岩粉进入刀体内腔，从而引起轴承损伤。

(6) 滚刀连接螺栓松动脱落。造成滚刀单支点受力,致使滚刀运行轨迹变化,或造成滚刀从刀座掉落,不但掉落滚刀失效,而且会造成许多滚刀受到破坏;刀座断裂或磨损失效后造成滚刀掉落失效。

基岩地层不同形制滚刀的磨损或失效情况如图 3-16 所示。通过对西部基岩地层可可盖煤矿钻井法凿井工业性试验的调研分析,基岩地层不同形制滚刀的磨损或失效情况包括:在大钻压钻进过程中,钻头以底部刀盘底板开裂为主,刀座以连接耳部开裂为主;铣齿滚刀损坏以齿磨损为主;传统焊齿以崩齿为主且崩齿严重;盘形滚刀以齿根磨损及刀具脱壳为主;满天星球齿滚刀应用泥包钻头现象突出;盘形斜向合金滚刀以齿间磨损为主,个别滚刀出现了断齿、脱壳等现象。

图 3-16　基岩地层不同形制滚刀的磨损或失效情况

五、钻头破岩刀具布置原则与要求

（一）刀具布置类型

竖井钻机钻头上的刀具根据位置划分，可分为边刀、正刀和中心刀，这与反井钻机、全断面竖井钻机的钻头或刀盘上的刀具布置类似。

（1）边刀：安装在刀盘的最外边，起钻进和维持钻孔最大直径的作用。边刀将一定宽度（如 0.3 m）的一圈岩石破碎，要有一定偏角，以保证刀座外侧有足够的间隙。边刀表面一定要经过硬化处理或者镶碳化钨合金，提高较高转速下的边刀耐磨性能并保持钻井直径。

（2）正刀：是钻进工作面上的主要破岩滚刀，布置在边刀和中心刀之间。正刀与边刀一样，一般采用截锥形，以便两端固定并承受较大的径向力和推力。为了减少磨损，正刀也要在表面镶嵌合金片。

（3）中心刀：安装在钻头或刀盘的中央，竖井钻机大直径钻头一般采用三牙轮钻头或单支点锥形滚刀，一般情况下比正刀稍超前布置，主要起掏孔和保证钻进垂直度的作用。

（二）刀具布置原则及要求

现在国内外生产的楔齿滚刀往往是两把滚刀为一对，它们的刀齿是错开布置的。因此，在同一破岩圈（带）内，要成对的配置，不是正好 180°的对称布置，而是要错开 180°±(3°～5°)。对于镶齿或铸齿滚刀不是成对搭配，即只有一种规格时（图 3-17 和图 3-18），则需要将切割岩石的齿在同一个滚刀上错开布置。以上两种布置方式均要实现错开破岩带，以便使钻进工作面能较均匀地被破碎。刀具布置原则及要求具体如下：

图 3-17　全铣齿滚刀布置钻头

（1）边刀与正刀不能混用，边刀布置根据直径大小适当增加，以保证钻井直径和减少磨损。位置应按螺旋线规则布置。如果钻头既可正钻又可反钻时，按象限错开布置，位置不要对称，要错开一定的角度（5°以上或更多）。

（2）关于覆盖系数，同一对滚刀本身的覆盖系数制造时已经确定，楔齿滚刀覆盖系数为

图 3-18　全球齿滚刀布置钻头

1～1.2，各组间的覆盖系数可取 0.9。

(3) 滚刀的滚动状态应根据所钻岩性、钻头刀盘的井底角和滚刀的顶角等因素确定。如果刀盘井底角为 25°时，顶角为 10°的滚刀按纯滚动考虑，只适宜布置在钻头钻半径为 1.0～2.5 m 的范围内；而顶角为 6°时，适宜布置在钻头钻半径为 1.1～5.4 m 的范围内。对顶角为 6°的滚刀，大端直径为 340 mm 时，则布置在锥半径为 3 248.24 mm 的位置上；对顶角为 10°的滚刀，大端直径为 340 mm 时，则布置在锥半径为 1 950.53 mm 的位置上。对于倾角为 3°时，可放宽布置。

(4) 对于塑性地层(黏土、泥岩、页岩)破岩时，应使滚刀布置具有显著的滑动作用状态，因为滚刀在这种岩石中处于纯滚动时，刀具只能在工作面上产生许多洞穴，即被破碎的岩石单体只等于刀齿切入岩石内的体积，此时钻速很低。当采用具有显著滑动作用的滚刀布置方式时，滚刀滚动使刀具切入岩石，而在滚刀滑动时，却能使刀具切削出大颗粒岩屑，成为破岩的主体。又滚动又滑动的状态靠作用在钻头上的钻压和动力，进行压入和剪切破岩。

(5) 对脆性岩石，为了减少刀齿的磨损，刀具的截锥锥顶与钻头中心线相交，滚刀转动只产生纯滚动，无滑动。只有滚动作用的岩石，依靠作用在刀具上的静载荷和滚刀在工作面的滚动时，所产生的动载荷来破碎岩石，使井底产生一个比切入岩石内的刀齿体积大得多的洞穴，如此不断破碎岩石。

(6) 基岩地层钻进时要加大破碎的岩石块度，根据钻井的经验，岩屑的尺寸增大一倍，便可使破碎岩石所需的能量减少 30%，减少工作面覆盖面，可提高刀具的破岩效率，并延长刀具的寿命，也可减少刀具的使用量和反复更换钻头的次数，从而降低钻井费用。

(7) 要降低重复破碎的概率，需要在允许的范围内减少齿数，破岩工作面形成系列阶梯状的小块凸出部，形成一个可以破碎的自由面，当刀具接触到岩石时，就会使呈凸出部的岩石成块地剥落，可减少对岩屑的重复碾磨，提高钻井速度，但是这也对刀具的性能提出了更高的要求。

第四节 泥浆护壁及排渣性能

泥浆是冲洗井底工作面、携带钻渣、冷却钻头、提供井壁下沉浮力的介质，也是平衡地压、临时稳定井帮的重要介质。在竖井钻机钻头刀具破岩钻进过程中，洗井排渣速率需要和破岩速率相匹配，以保证破碎的岩渣及时排掉实现高效钻进，尽量避免重复破碎并减小刀具磨耗；同时井内泥浆在钻进过程中形成的泥皮对井帮稳定性具有重要作用。因此，排渣技术与泥浆材料性能是决定钻井成败的关键技术之一。

一、泥浆性能参数

泥浆性能参数与地质因素、测井、井壁下沉、充填等施工工艺均密切相关，而且泥浆各项性能参数间互相关联、制约。在长期工程应用实践中，已研发形成了适应不同地层和井深的新型低固相泥浆谱，确保了护壁、钻进、井壁安全下沉、壁后充填置换的质量；泥浆资源化再利用也已有成功示范。

（一）泥浆组分

泥浆如同钻井中的“血液”维护着钻井的施工安全。在钻井过程中泥浆不停地流动，将钻屑从井下工作面排到地面，并维护井帮的稳定，使钻进得以进行。但是钻井所遇地层条件的复杂性、多变性和不确定性等，对钻井泥浆性能的维护造成很大影响，因此，对泥浆参数的控制有一个认识与演变的过程，钻井泥浆参数必须随地层变化及时调整，以具备应有的性能，才能起到它应起的作用。

以常用的水基泥浆为例，主要由水相、活性固相、惰性固相和化学相四部分组成。按各种相之间配比和相互作用，形成了具有不同性能的水基泥浆，调整泥浆性能，就是调整各相组分和它们之间的相互作用。

(1) 水相。水基泥浆的连续相是水，水采用的是地下淡水。水的主要作用是形成初始黏度，淡水的黏度为 1.1 mPa·s，如果用野外漏斗黏度计测量为 15 s，这是水的第一个作用；第二个作用是悬浮胶体固相颗粒；第三个作用是起溶剂的作用，溶解在钻井泥浆中添加的各种化学药品；第四个作用起冷却剂的作用，如冷却钻具等。

(2) 活性固相。活性固相就是黏土，黏土矿物的组成主要是蒙脱石、伊利石、高岭石及伊蒙混层土，颗粒粒度<0.002 mm。活性固相的第一个作用是悬浮在水中，使钻井液的比重保持在 1.10～1.20 之间，这种由普通黏土组成的水悬浮液的液柱可以抗衡地压；第二个作用是在压差作用下水有渗透性，而留在井帮上的黏土颗粒形成一层泥皮，即造壁性，而泥皮可以阻止自由水的继续渗透；第三个作用是黏土细微颗粒悬浮在钻井液中，使钻井液具有需要的性能，并起到相应的作用。钻井实践证明，黏土的选取很重要，钻井最初阶段主要采用的是高岭土，经纯碱和羧甲基纤维素处理后的基浆比重可达到 1.15～1.18，胶体率达到 98%～99%，稳定性好。

(3) 惰性固相。在水基泥浆中，钻屑（包括砂子）是惰性固相，它可以引起泥浆比重的增加，含砂量增大，对钻井不利。特别必要时加入另一种惰性固相重晶石粉（硫酸钡，比重为 4.0～4.6）。惰性固相一般情况下不用，钻井法凿井历史上只在姚桥新风井处理塌方时采用过。

(4) 化学相。化学相主要是指化学药剂,其已成为水基泥浆的构成部分之一。化学药剂用于调整泥浆黏度、失水量等,使得水基泥浆的配方更加多样化,更加复杂。化学药剂主要分为无机物、有机物两类。其中,无机物有氢氧化钠(NaOH)、氢氧化钙[$Ca(OH)_2$]、碳酸钠(Na_2CO_3)等;有机物有煤碱剂(NaC)、单宁碱液(NaT)、羧甲基纤维素(CMC)、聚丙烯酰胺(PAM)等。

由于泥浆的性能各异,处理剂种类繁多,所以对泥浆性能的调整机理也是比较复杂的,如黏土在水中的分散机理、pH值、降失水机理、絮凝作用机理、增黏度和切力的机理、泥浆稳定性机理等。

(二) 泥浆的发展与应用

大直径井筒竖井钻机钻井法所用的泥浆,其应用和化学处理初期是从石油钻井系统引进的,随后在我国深厚冲积地层的地质特点加以调控并逐步发展成熟。1947年采用了丹宁酸钠作为稀释剂;到20世纪60年代中期采用了钠基为基础的细分散钻井泥浆,如在淮北初期钻井中曾应用腐殖酸泥浆,泥浆含盐量低(≤1%),黏土含量较高,含钙量小于1.2×10^{-4},不含抑制性高聚物,但是遇到复杂地层时,这种泥浆对地层的抑制性不强,使黏度、切力急剧上升,失水量增大。随后又发展了采用石灰、氯化钙为絮凝剂的钙处理钻井泥浆,用无机处理剂,使黏土适度絮凝变粗,再加入保护剂,这就形成了粗分散泥浆,对孔帮黏土的分散有抑制作用,性能稳定,流动性能好。1962年我国研制成羟甲基纤维素(CMC)后,又研制成铁铬木质素磺酸盐等泥浆处理剂。20世纪70年代初期,我国高分子有机处理剂和各种表面活性剂的品种增多,促进了钻井泥浆的发展。以百善东风井钻井为例,钻井深度为173 m,钻井直径为4.4 m,成井直径为3.5 m,其中冲积层厚度为138.8 m。百善东风井泥浆参数实际值如表3-5所示。

表3-5 百善东风井泥浆参数实际值

钻井直径/m	泥浆参数				
	密度/(g/cm^3)	黏度/s	失水量/(mL/30 min)	泥皮厚度/mm	含砂量/%
1.5	1.139~1.159	18.9~19.9	9.6~10.3	0.9	0.1~0.8
2.6	1.168~1.20	19.4~19.5	8.1~10.3	1.0	1.6
3.5	1.160	20.5	8.2	1.0	1.4

20世纪80年代推广应用聚丙烯酰胺不分散低固相泥浆。不分散泥浆主要是指黏土颗粒因高聚物存在而变得较粗,对进入泥浆中的钻屑起絮凝作用,不使其分散利于除渣、净化,对井帮不起分散作用,而起抑制保护使用。以潘三西风井钻井法施工为例,钻井深度为508.2 m,净径为6 m,终孔钻径为9.0 m,第四系冲积层厚度为440.04 m,其中黏土厚度为168.59 m(占38.3%),黏质砂土及砂砾层厚度为56.14 m(占12.8%),砂土层厚度为215.31 m(占48.9%)。潘三西风井泥浆参数实际控制值如表3-6所示;消耗处理药剂量如表3-7所示。在计划经济时期,当投入上述药量后,达到了护壁效果,未发生严重的缩径、片帮、漏失等情况,但各级钻头通过风化岩层时,在导向器、刀盘上均有大块岩石带出,其中最大块达到1.33 m×0.7 m×0.5 m。

表 3-6 潘三西风井泥浆参数实际控制值

钻井直径/m	参数				
	密度/(g/cm³)	黏度/s	失水量/(mL/30 min)	泥皮厚度/mm	含砂量/%
3.0	1.120～1.160	18.0～24.7	<13.6	<1.5	<2.8
5.5	1.120～1.180	20.0～23.8	<16.5	<1.5	<1.2
8.0	1.180～1.200	23.0～27.3	<17.0	<2.0	<2.0
9.0	1.200～1.214	23.0～28.0	<13.0	<1.5	<1.0
下沉井壁	1.200～1.214	24.0～28.0	<13.0	<1.5	<1.0

表 3-7 潘三西风井消耗处理药剂量

品名	质量/t	品名	质量/t
羧甲基纤维素	86.600	烧碱	28.276
聚丙烯酰胺	4.225	六偏磷酸钠	4.950
三聚磷酸钠	162.700	烤胶	16.200
硝基腐殖酸铵	83.600	造浆黏土	1 383.000
纯碱	47.500		

到 20 世纪 90 年代及以后逐渐发展了水基泥浆各种聚合物的钻井泥浆，主要类型有水解聚丙烯酰胺体系、氯化钾聚合物体系、醋酸钾(KAC)水解聚丙烯酰胺体系、磷酸氢铵[$(NH_4)_2HPO_4$]水解聚丙烯酰胺体系，磷酸钾盐非离子型聚合物体系、聚丙烯聚乙二醇共聚物(COP/PPG)体系以及聚阳离子体系。

进入 21 世纪后，钻井液及各种处理剂的研发与发展，实现了低固相泥浆，起到稳定井帮、抑制钻屑黏土颗粒水化膨胀的作用，促进了钻井速度的不断提高。以 2001 年许疃副井钻井法凿井为例，钻井深度为 378 m，净径为 6.8 m，终孔钻径为 9.2 m。冲积层厚 343.0 m，其中黏土层厚 212.42 m(占 61.9%)；砂性土层厚 128.08 m(占 37.4%)。许疃副井泥浆参数实际控制值如表 3-8 所示。该钻井工程共加入以下化学药剂：羧甲基纤维素 48.26 t，三聚磷酸钠 145.5 t，纯碱 26 t，碳酸钠 26 t。施钻过程中未发生严重缩径、塌方、漏失现象，提前 180 d 完成全部钻进任务，创造了当时全国钻井工程的最好成绩。

2003 年山东巨野矿区龙固矿井钻井法凿井穿越第三、四系冲积层厚度达 546.48 m，第四系厚 158.45 m，第三系厚 388.03 m，第三、四系厚度占钻井总深度的 93.78%，是国内外大型钻机通过的最厚又松散的地层。地层主要由黏土及黏土质砂组成，其中黏土 55 层，累计厚度为 278.23 m(占 47.8%)，黏土质砂 38 层，厚 127.79 m(占 21.9%)。岩层厚 36.27 m，由砂岩、泥岩组成，占钻井深度的 6.22%。龙固矿井钻井泥浆的实际控制值如表 3-9 所示。钻井过程中井帮完整，未出现较为严重的缩径、塌方、漏失现象。

表 3-8　许疃副井泥浆参数实际控制值

钻井直径/m	参数				
	密度/(g/cm³)	黏度/s	失水量/(mL/30 min)	泥皮厚度/mm	含砂量/%
4.0	1.180～1.275	18.4～25.5	＜17.5	＜2.0	＜5.6
6.1	1.180～1.258	20.0～30.0	＜18.0	＜3.0	＜5.4
7.8	1.180～1.275	20.0～28.3	＜15.6	＜2.3	＜3.5
9.2	1.180～1.298	20.0～31.3	＜13.0	＜2.3	＜3.5
下沉井壁	1.180～1.19	20.0～21.5	＜12.0	0.8	＜2.0

表 3-9　龙固矿井钻井泥浆的实际控制值

钻井井筒	泥浆参数					
	密度/(g/cm³)	黏度/s	失水量/(mL/30 min)	泥皮厚度/mm	pH 值	含砂量/%
1号主井	1.10～1.37	20.4～33.3	16.0～26.5	1.5～3.5	7～8	2.0～4.6

二、泥浆护壁作用

泥浆护壁是指在钻进过程中，利用泥浆等材料的特殊性能及液柱的压力，维持机械破岩形成的井孔、井帮的相对稳定，保障竖井钻机钻头的正常钻进。

（一）泥浆柱的平衡作用

在滚刀破岩钻进形成井筒的过程中，地层初始岩体的受力状态发生变化，地层的垂直力、侧压力和静水压力（作用在地层孔隙空间内流体上的压力）等受力平衡被打破，这也是地层应力的第一次释放，有利于钻井的永久支护，但对临时支护是有负作用的，如深厚冲积层的流砂、膨胀黏土等地层极易逐渐发生失稳。随着钻进深度增加，地应力往往相应增大，这种受力平衡一旦被打破，井帮附近地层结构易膨胀造成缩径、掉块、塌帮等问题，井筒围岩处于失稳状态。

竖井钻机破岩钻进后泥浆充满井内，泥浆提供井帮围岩支撑反力，这个反力就是泥浆柱的压力，即发挥泥浆柱的平衡作用。由于泥浆柱压力大于地层压力，在泥浆接触新钻出的井帮表面之初，泥浆中的部分水分会分离出来渗入地层，微细的黏土粒（或其他胶体细粒）沿着孔、裂隙流入地层，粗粒的黏土先被阻于井帮上，待较大的孔、裂隙变小后，较细的黏土粒也逐渐被阻住，如此循环，裂隙和孔隙越来越小，最后形成附着在井帮上的泥皮，泥皮相对隔绝了地层水向井筒中的渗透，泥浆压力平衡了地层压力，泥浆起着防止井帮失稳坍塌的临时支护稳定作用，故此时用于循环排渣的泥浆可起到临时支护或护壁作用。

不同的地层条件和工程条件，地层压力亦有所差异。根据多年的测定，地压力为地下静水压力的 90%～110%。但是，如果按理论计算，相对比较复杂，各个学派观点不同，计算公式多达十几种，到目前为止，尚未完全研究清楚，有待进一步深入研究。为了方便实用，各国竖井钻机钻井过程中往往根据经验进行取值计算，如德国取 1.3～1.8 倍静水压力，苏联取 1.2～1.6 倍静水压力，波兰取 1.3 倍静水压力，日本取 1.1～1.2 倍静水压力，美国取 1.4 倍静水压力。国外静水压力取值较高，主要原因是钻进小直径深井，地下岩层里有高压气层、高压水层等。

我国目前钻井深度均在 1 000 m 以内，而且主要是冲积层中钻井，所以根据经验，我国一般取 1.2～1.3 倍的静水压力作为计算值。为了平衡地压力，取泥浆比重为 1.2 是适合我国当前情况的，虽然这个压力无法阻止黏土膨胀造成的缩径，但是井帮基本上是规整的。为了保持泥浆柱压力以平衡地压，钻井泥浆循环过程中要保持泥浆的比重和泥浆的液面高度。如泥浆的液面要保持在锁口以内，距平车轨面以下 1.0 m 左右为宜；泥浆的比重增大有利于阻止井帮坍塌、片帮，但是泥浆比重加大导致与地压之差也增大，渗入地层中的水分增多，对抑制黏土的膨胀不利。我国部分钻井工程（任楼矿风井、谢桥西风井）在井浅、压力低、地下水位低等情况下，在开钻之初采用清水加药剂，利用地层自然造浆，比重较低，比重在 1.1 以内；钻进深度为 10～20 m 时，随着浆量的增加，不断调整浆池内的浆位及地面循环量，将比重调整为 1.18 左右，并形成正常泥浆循环，以保持泥浆柱的正常压力。清水开钻以形成泥浆护壁和循环量要求的泥浆参数变化，如表 3-10 所示。

表 3-10 清水开钻的泥浆参数变化

井深/m	黏度/(mPa·s)	比重	失水量/(mL/30 min)	泥皮厚度/mm	pH 值
10	4.05	1.056	5.8	0.5	7
12	4.05	1.091	5.1	0.4	7
14	6.94	1.150	6.2	0.4	7
16	5.39	1.160	8.3	0.5	7
22	5.23	1.180	12.2	1.0	7
26	4.57	1.185	14.3	1.0	7

（二）泥浆的造壁性能

泥浆护壁或钻井临时支护的条件，一是泥浆柱的压力平衡地层压力，二是泥浆的造壁性能。通常泥浆柱的压力大于地层压力约 20%，由于压力差的作用，泥浆中的自由水通过井帮的孔隙或裂隙向地层中渗透，导致泥浆失水，在失水过程中泥浆中的固相颗粒便附着在井帮上形成泥皮，这种现象称为泥浆造壁。泥浆在井帮上形成泥皮过程示意图如图 3-19 所示。

泥浆造壁的条件就是有液体压力差，泥浆中有自由水，地层里有孔隙或裂隙，有过水的通道。地层的土的性质决定了泥皮的厚度、强度和密集情况。在砾石层、卵石层等地层中孔隙较大，泥浆与自由水均可渗入地层；但对于黏土地层，由于孔隙、裂隙均较小，只允许泥浆中的自由水通过，而黏土颗粒周围的吸附水随着黏土颗粒及其他固相颗粒附着在井帮上形成泥皮，吸附水较难渗入地层。泥皮形成后渗透性减小，而泥浆中的自由水会继续渗透，但速度会减慢。当泥浆中的细颗粒较多且水化效果好时，形成的泥皮致密、薄而韧、泥浆失水率小。如果泥浆中的颗粒较多且水化效果不好，则形成的泥皮疏松、厚而不韧、泥浆失水率高，泥皮的厚度随失水增多而增厚。泥皮的组成是黏土的颗粒和处理剂的颗粒，黏土的颗粒通常是片状的，且随着时间的延长泥皮的厚度也在不断增加。在破井壁底开凿马头门

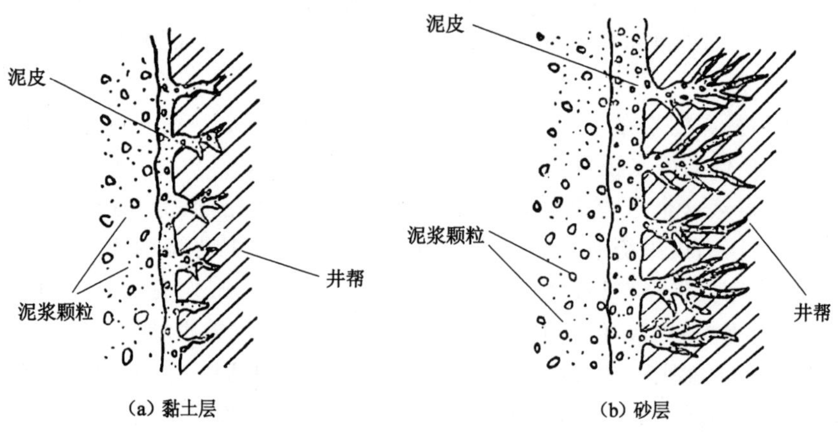

图 3-19　泥浆在井帮上形成泥皮过程示意图

时，干涸在井帮上和井壁上的泥皮厚度可达到 10 mm 以上。

泥皮形成有个过程，钻头刚钻进过的地层，在暴露的井帮上，由于压差关系，泥浆开始失水，泥皮逐渐形成。许多研究者把这种失水叫作初失水。随着继续钻进，泥浆反循环同步进行，泥浆失水致使泥皮厚度增加，在这种状态下的失水叫作动失水；当钻进停止，泥浆停止循环，只有泥浆柱的静止压力，这时也会继续失水，称之为静失水。根据钻井工程经验，静失水量占渗入地层总失水量的 10%～30%，而动失水则占 70%～90%。动失水有流动压力，同时泥浆循环也会冲刷泥皮，而当泥皮增厚的速率不变时，泥皮厚度保持动态稳定。

泥浆失水造成黏土类矿物的水化膨胀易导致井帮失稳，采用有机处理剂以降低黏土矿物的遇水水化能力和降低渗入地层中的自由水。一方面，黏土颗粒吸附有机的高分子化合物，如羧甲基纤维素、聚丙烯酰胺后，其表面包裹较厚的可塑性大的水化膜，使黏土颗粒在压差作用下，堆积时形成致密的渗透性小的薄而韧泥皮，从而使失水量降低；另一方面，高聚物具有众多亲水性很强的亲水基，它可以束缚住大量的自由水，也使失水量降低。

研究表明，黏土颗粒在电场中存在向某一极移动的现象，所以黏土颗粒是表面带负电的晶胞结构。既然黏土颗粒带电，那么在它周围必然分布着电荷相等的反离子才能保持整个分散体系的电中性，于是在固液界面形成双电层。由于阳离子一方面受黏土表面的负电吸引，在黏土表面上紧密地联结着一部分水分子和部分阳离子(带有溶剂化水)，构成吸附溶剂化层；另一方面其余的阳离子有热运动，带着它们的溶剂化水扩散地分布在液相中形成扩散层(图 3-20)。当黏土颗粒移动时，随着黏土颗粒一起运动的仅是吸附层上的反离子，这种黏土颗粒就具有表示负电荷多少的电位，显然电位越高，黏土颗粒之间静电斥力越大，越难以聚结合并。

因此，降低黏土颗粒与泥浆自由水之间的阳离子交换是降低黏土地层水化的途径，向泥浆中加入阳离子表面活性剂，使黏土吸附的有机阳离子部分遮盖黏土表面，从而起到抑制黏土水化的作用。此外，泥浆的触变性质，增加了渗透自由水的阻力，也起到一定抑制黏土膨胀的作用，对维护井帮有利。

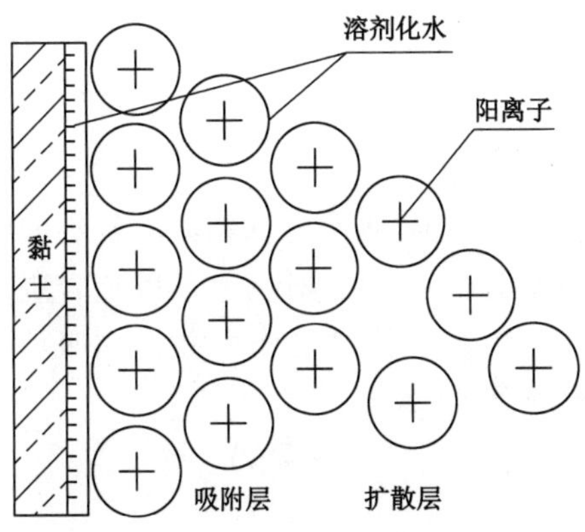

图 3-20　黏土表面的双电层示意图

三、泥浆循环洗井与净化

竖井钻机钻井法使用连续流动的介质将钻头破碎的岩渣，从工作面钻头底面引流至吸渣口，并经过钻杆带出井筒的过程称为洗井。在大直径钻井中使用的洗井介质为泥浆和清水，因而把洗井介质称为洗井液。我国竖井钻机钻井所用的洗井液为泥浆，因而洗井和净化均指泥浆。洗井与净化构成了洗井介质的循环。

（一）泥浆洗井作用

洗井主要包括工作面冲洗和钻杆提升排渣两个环节，而钻井工作面的冲洗更为重要，又包括了钻头吸渣口吸渣和钻头刀具清洗。由于钻头的旋转作用，冲洗井底工作面是液流、固相流及交差混合的复杂运动过程。根据泥浆流动方向可分为切向流动、径向流动以及由此形成的合成流动。井底工作面洗井泥浆流动状况示意图如图 3-21 所示。

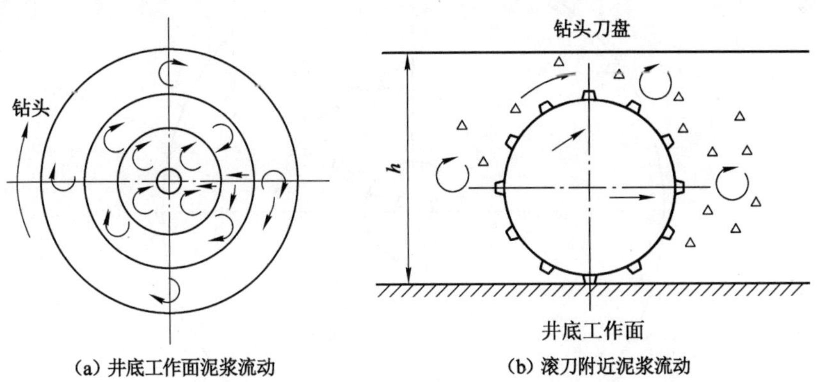

图 3-21　井底工作面洗井泥浆流动状况示意图

地层岩性差异导致钻头转速是变化的，所以切向流速也是在不断变化的，为计算方便，将钻头转速视为切向流的速度，一般情况下钻井直径越大，转速越低，流速越小，从而影响颗粒的流动。泥浆在不同半径上的切向流动速度是不同的，在任意半径(r)上的切向流动速度(v_1')为：

$$v_1' = 2\pi rn \tag{3-28}$$

式中 v_1'——切向流动速度，m/min；

n——钻头旋转速度，r/min；

r——任意半径，m。

过流断面的径向流动是冲洗井底、冲洗刀具和冲洗钻头的关键因素，是提高排渣效率的流动力。因此，径向流动必须具备一定的速度，才可以把岩渣送到吸渣口后排出工作面。径向流速是在井底工作面上呈螺旋状扫过工作面并流向吸渣口的流动速度。径向流速（v_2'）的变化是井底横断面积的反函数，为：

$$v_2' = Q/A \tag{3-29}$$

式中 v_2'——径向流速，m/min；

Q——泥浆的循环流量，m^3/h；

A——环向流横断面积，m^2。

任意半径上（r）的横断面积（A）等于该半径的圆周长乘以井底和钻头刀具之间的高度（h），见图 3-21 中的 h，A 等于：

$$A = 2\pi rh \tag{3-30}$$

半径（r）是从吸渣口到所研究点的距离。径向流体的流速越接近吸渣口越大，循环流量亦增大。

合成流速（v_3'）是环向流速与径向流速合并而成的，其流动状态是抛物线形的螺旋线（图 3-22），是更接近实际的一种速度。合成流速（v_3'）等于：

$$v_3' = K\sqrt{v_1'^2 + v_2'^2} \tag{3-31}$$

式中 K——折减系数，K=0.9～0.95。

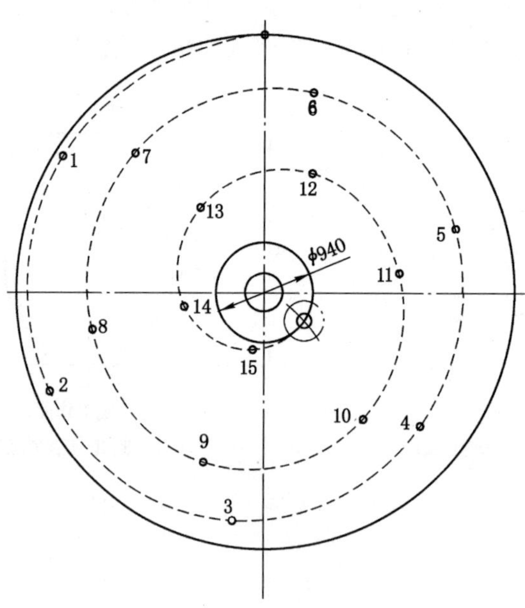

图 3-22 合成流速的流动状态

如何使刀具破碎岩渣尽快流向吸渣口，将工作面清理干净，减少刀具重复破岩是研究井底工作面冲洗的主要内容，对此研究者和工程技术人员开展了大量的研发与试验工作。

(1) 采用排渣引流辅助机构。研究表明，由于钻头旋转和泥浆的流动作用，破碎下来的岩渣不是散布在整个井底，而是由于刀具的滚动作用所产生的涡流把钻屑集中起来，并在钻头旋转中被输送到一个环流的流路内，这是必然现象，也是自然现象，针对此现象研发并应用了折流或倒流装置把岩渣引向吸渣口，但是应注意有挡板的结构可以避免泥浆走短路，但不过流泥浆的地方容易被堵塞。从图 3-21 中可以看出，由于钻头旋转和滚刀自转的影响，井底泥浆流动不仅有层流，而且存在涡流现象。已有研究认为越过井底工作面的径向流动，在涡流状态下才能实现较好的洗井，因此采用加大钻头旋转速度的方法，扩大工作面上的涡流区域。同时，适当加大钻头的井底角，利用重力可使岩屑顺坡移动，以便岩渣流向吸渣口。此外，由于井底工作面上有层流区，直径越大，层流区也增大，岩渣会汇集在井底面上，采用叶片式折流板、扫帚式折流板或采用喷流(气流、水流、浆流)办法，将这部分岩渣引向吸渣口。

(2) 改进吸渣口的数量、位置与形状。在吸渣口数量的试验研究上，曾在 3.0 m 直径的钻头上布置 3 个吸渣口，2 个布置在周边位置，1 个靠近钻头中心位置，由于各吸渣口阻力不一样，阻力相对小些的吸渣口流量大；3 个吸渣口布置泥浆的压头损失较大，其中 2 个吸渣口经常堵塞，洗井效果未达到预期；而改为 1 个吸渣口，效果有所改观，1 个吸渣口的速度比 3 个吸渣口要快 1～2 倍，提升能力也增加了。我国初期竖井钻机钻头曾采用 1 个吸渣口的布置方式，在潘集三矿西风井的施工中，在直径 5.5 m 扩孔钻进时采用中心式吸收，结果大部分岩渣掉入直径为 3.0 m 的超前钻孔中，后又采用了掏孔的办法加以解决。在淮北童亭主井施工中，在钻进直径为 8.0 m 的扩孔中，曾采用了接渣盘的方法，就是在扩孔钻头下面连接一个专用接渣装置(接渣盘)，再从接渣盘吸收泥浆和岩渣混合液并排到地面，取得了满意的效果。随着钻井技术发展，又研发出采用一个偏心布置的吸渣口和中心布置的吸渣口，洗井效果明显提升。根据工程经验，吸收口的位置应在刀具半径 700～900 mm 之间较好，在条件允许时，尽可能采用大流量、高转速钻进技术参数，使洗井泥浆合成流速变化，促进吸渣口吸渣；刀盘直径 6.0～8.0 m 范围内，吸收口的位置应在 1～1.10 cm 之间；刀盘直径 4.0～5.0 m 范围内，吸收口的位置应在 0.9～1.0 m 之间。试验结果表明，径向吸渣口比环向吸渣口的布置效果更好。

(二) 泥浆循环方式

流体排渣常用的循环介质为泥浆，泥浆除了满足循环排渣功能外，还具有临时护壁作用，保持破岩钻进形成的井孔围岩稳定。泥浆洗井循环排渣方式主要有流体正循环洗井、压气反循环洗井和正反混合循环洗井三种方式。根据钻进井孔直径的不同，采用的流体排渣方法亦不相同，如小直径钻孔通常采用流体正循环排渣，而对于大直径钻井法钻井则通常采用压气反循环排渣。

1. 流体正循环排渣方式

正循环洗井由安装在地面的泥浆循环泵对钻进循环泥浆介质施加压力，泥浆通过钻杆中心孔压入钻头位置，将钻头破碎的岩石碎屑和泥浆混合，携渣泥浆混合物经钻杆外壁和井孔之间的环形空间上返至地面，再进行沉淀和固液分离，分离出的清洁泥浆重新进入泥浆循环泵的吸渣口循环使用。小直径钻孔钻进正循环排渣原理示意图如图 3-23 所示。

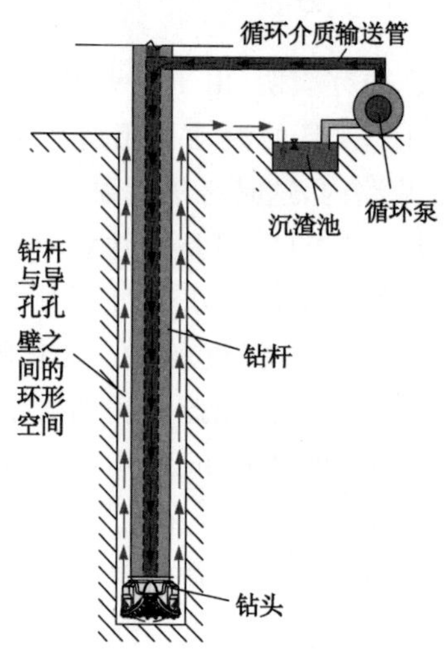

图 3-23　小直径钻孔钻进正循环排渣原理示意图

流体正循环排渣方式由于洗井液的流速高、压力大、冲洗能力强，对刀具、井底均有较好的冲洗效果，可减少钻屑被重复破碎的机会，而且还可以兼作动力源，使钻具旋转。如国外 RTB 型钻机采用流体正循环排渣方式，钻凿煤矿的下料井、排水井、风井等一些直径约为 2 m 的井筒。目前，地质勘探孔、冻结孔和注浆孔等小直径钻孔亦采用流体正循环排渣方式。小直径钻孔采用三牙轮钻头或金刚石钻头，以冲击挤压或刮削方式破碎岩石，形成的岩石碎屑颗粒粒径一般小于 20 mm。小直径钻孔直径一般小于 200 mm，特殊情况下不超过 500 mm，钻杆与孔壁的环形空间较小，采用常用的柱塞式泥浆泵，可以使环形空间内的泥浆流动速度超过排渣临界值，从而能够高效排出钻头破岩形成的岩屑。

但是，随着钻孔直径继续增大，泥浆上返速度随着环形空间面积增加而降低，当上返速度小于岩屑在泥浆中的下沉速度时，将不能实现高效排渣，必须增加泥浆循环泵的排量，且这样大流量、大泵压的泵也不经济适用，所以流体正循环排渣方式对于大直径竖井钻机钻井并不适用。

2. 压气反循环排渣方式

对于大直径竖井钻机钻井法凿井通常采用滚刀挤压破岩或刮刀剪切破岩方式，产生岩石碎屑的粒径为 50 mm 左右，大块岩石颗粒粒径可超过 200 mm，且钻井直径最大已经达到了 10.8 m，钻杆外壁和井帮之间环形空间面积巨大，若采用正循环排渣方式，泥浆在环形空间内的流速很低，大粒径岩石碎屑由于重力较大，在低速流动的泥浆中下沉速度加快，将无法排到地面。为此，竖井钻机钻井法采用了压气反循环排渣方式。大直径钻井压气反循环排渣原理示意图如图 3-24 所示。

通过向钻杆内压入压缩空气，压缩空气与泥浆混合变成气泡泥浆，使得钻杆内的泥浆密度降低(气泡泥浆的比重为 0.5～0.7，而泥浆的比重为 1.2)，致使钻杆外壁和井帮之间的泥浆与钻杆内的泥浆柱产生一定的压差，进而导致 U 形连通管压力不平衡，压差就变成泥浆循环的动力；清洁泥浆沿环形空间下降到井底，清洗钻头破碎下来的岩渣，然后携岩渣泥

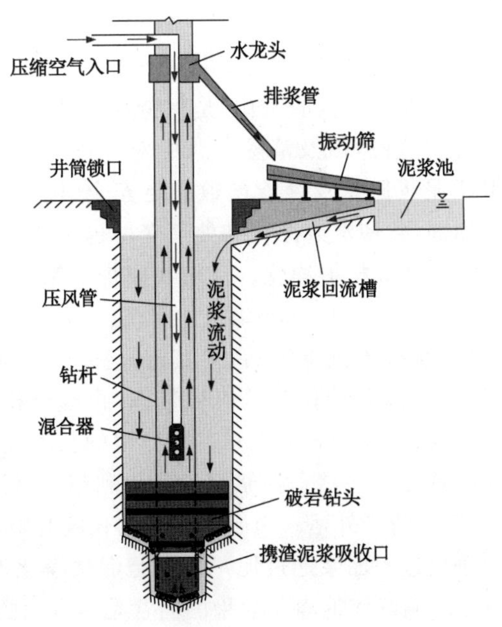

图 3-24　大直径钻井压气反循环排渣原理示意图

浆经钻头上的吸渣口进入钻杆中心，泥浆、压缩空气和岩渣混合成的三相流在不平衡压差的作用下，将沿钻杆中心高速向上运动至地面沉淀池，再进行固液分离。泥浆在地面经过沉淀池重力净化和旋流器机械净化，清除岩屑后，分离出的清洁泥浆经泥浆回流槽重新补充到钻井环形空间内，以保持环形空间泥浆液面位置稳定，并保证提供足够的循环排渣压力差。

反循环洗井会对井底工作面形成静压力，这个静压力使刀具破碎下来的岩渣碎片停留在原地不易排出，不能及时送到吸收口，造成重复破碎、研磨，形成一个缓冲层，降低了破岩的载荷和钻压发挥的能量，影响钻进速度。压气反循环洗井能量的利用率并不高，所以又出现了泵吸反循环洗井和真空泵反循环洗井等方式。

3. 混合循环排渣方式

在竖井钻机钻井法凿井技术发展过程中，曾采用在小直径超前钻井时采用流体正循环排渣，而后续大直径扩孔钻进时采用压力反循环排渣，这种工艺比较复杂，且仅仅是顺序差异而已，不能算作严格意义上的混合循环方式。国外 RTB 型钻机由于是涡轮钻进，高压泥浆作为动力，所以采用正循环洗井，但是钻井直径较大时，正循环泥浆上返速度太低，不能满足排渣需求，所以设置辅助循环系统，在井筒内下一趟或两趟管子，在管子中间下放风管，进行反循环排渣作业，辅助正循环排渣作业。YZTM 型钻机曾利用双层钻杆进行混合循环排渣作业，高压泥浆通过外层钻杆压入工作面冲洗刀具、井底，然后再通过中间钻杆上返，这是流体正循环排渣方式；钻杆内层放置风管进行压气反循环洗井，将泥浆排到地面，这是压气反循环排渣方式，但这种混合作业不甚理想，已不再应用。美国还利用过三层钻杆进行混合排浆作业，即内层钻杆作排浆用，中间一层钻杆供压风用，外层钻杆供高压泥浆冲洗刀具和工作面用，这种方式结构复杂，虽对工作面冲洗有利，但使用甚少。

（三）泥浆净化处理

为重复使用洗井泥浆，在地面使岩渣从泥浆中分离出来的过程称为泥浆净化。泥浆净化按其意义讲是将泥浆保持原设计参数的工作，是保持泥浆性能的重要工作。钻井工作日常的泥浆除砂，防止泥浆钙侵、盐侵，以及清除泥浆中对环境有污染的污染物等工作，都属于泥浆净化范围。为了保证泥浆质量及性能参数满足安全、快速钻井的需求，在泥浆调配过程中加入了各种化学添加剂，致使泥浆净化和处理变得越来越复杂。

净化的方法一般有重力净化和机械净化。目前我国煤矿钻井施工中，多以重力净化为主、机械净化为辅，将泥浆中粒径在 0.05 mm 以上的颗粒分离出去。重力净化是在地面建设多级沉淀池，含有岩渣的泥浆排入沉淀池后，使其流速减小，在重力的作用下，岩渣慢慢沉淀下来。沉淀下来的岩渣，可以采用抓斗等机械装车，再运至排矸场。沉淀池的宽度以清渣设备抓取岩渣方便为原则，一般为 8～12 m。沉淀池的长度要满足岩渣沉淀时间所流过的距离，一般为 30～40 m 或更长一些。泥浆初步净化利用三级沉淀池将大颗粒岩屑（以大于 1 mm 的岩渣为主）沉淀并清捞外运。由于沉淀池的长度有限，所以细小颗粒还需要通过机械净化来解决。初步净化过的泥浆通过泥浆泵送至泥浆净化设备进行二次净化（以大于 0.05 mm 的岩渣为主）。影响沉淀池净化效果的因素是多方面的，包括系统的结构设置、参数的选择、泥浆与岩渣的比重差、岩渣的大小和形状、泥浆的黏度和切力、泥浆在沉淀池中的流态、流层厚度、流动速度以及与机械净化的配合等。泥浆在沉淀池中的流态、流层厚度、流动速度与泥浆的循环量、沉淀池的大小和结构有关，需要合理选择。

沉淀池的长度计算公式如下：

$$L = K'W_1h'/W \tag{3-32}$$

式中 L——沉淀池的长度，m；

K'——工艺裕量系数，考虑出口失效性及堆积物的影响，一般情况下，取 $K=1.2\sim1.5$；

W_1——泥浆在沉淀池中的平均流速，m/s；

h'——沉淀池内流层厚度，m；

W——细小颗粒岩屑在泥浆中的沉降速度，处于斯托克斯定律区，m/s。

其中：

$$W_1 = Q/hB \tag{3-33}$$

$$W = 0.75\frac{d^2(d_1'-d_1)g}{18\eta} \tag{3-34}$$

式中 Q——泥浆冲洗量，m^3/s；

B——沉淀池的宽度，根据挖掘机的臂长而定，一般取 $B=10$ m；

d——颗粒直径，cm；

d_1'——岩渣比重；

d'——泥浆比重；

g——重力加速度，cm/s^2；

η——泥浆黏度，指塑性黏度，mPa·s。

沉淀池宽度应选择在挖掘机壁长的活动范围内，超出此范围，不仅会造成清渣死角，而且还会降低泥浆流速，增黏增切，对颗粒沉降不利。沉淀池的深度与泥浆冲洗量、流层厚度、流速和沉淀池宽度有关。

$$h' = Q/(W_1 B \cdot 3\ 600) \tag{3-35}$$

当 Q 和 B 一定时，h 和 W_1 便是决定沉淀池长度的主要参数，流层越厚，岩屑沉降的垂直距离越长，相对所需沉淀池深度越大。流层厚度与流速呈反比例关系，因此要合理选择。

清除岩渣后的泥浆，符合要求后方可流入井筒重复使用，否则还须调整它的性能，而分离出来的废弃泥浆必须进行无害化处理。随着竖井钻机钻井法凿井技术的发展，废弃泥浆处理方法很多，如直接排放法、造粒脱水法、泥浆浓缩法、旋流固液分离法、固化法、注浆材料法和生物处理法等。

（1）直接排放法。直接排放法也就是填埋法，但由于废弃泥浆含有各种化学添加剂，易对地表水、土壤等环境造成一定的危害，所以不满足绿色环保要求，不再允许采用直接排放方法。

（2）造粒脱水法。造粒脱水法是在泥浆中加入无机或有机絮凝剂后，破坏颗粒表面的网状结构和表面的电荷，减少颗粒间的静电引力，使固相颗粒聚结变大，达到固液分离的目的。泥浆化学絮凝后还必须进行机械造粒脱水，才能实现水土分离。原北京建井研究所研制了 GT-1 型造粒机，而后又研制了 2 台 GT1800/TX 型固液分离机，处理能力为 15～20 m^3/h。GT1800/TX 型固液分离机采用竖筒及螺旋混合代替机械搅拌，实现一级快速、二级慢速的絮凝分级、锥式结构接水装置，并增加一级，避免分离水夹带固相，同时提高了对传动系统的保护，相比 GT-1 型造粒机，节能、脱水效果更好，排水更方便。

（3）泥浆浓缩法。泥浆浓缩法是在废浆中加入浓缩剂，采用振动滤料及搅拌的方法，混合后发生物理、化学反应并配制成一定浓度的溶液，再由泵通过流量计打入压滤机，废浆在压滤机内靠泵压和压滤机的内部结构与浓缩剂发生作用，破坏泥浆的网状结构，破坏化学处理剂的保护作用，产生离析作用，颗粒聚集，尺寸变大，浓缩物密实并析出水分，废浆中的固相聚集形成泥饼，从而达到固液分离的目的。压滤机进行泥浆固液分离如图 3-25 所示。浓缩物浓缩到挖、装运的程度，运走或者留在排矸场内，析出的水可以直接排放或者返回井筒重复使用。

图 3-25　压滤机进行泥浆固液分离

（4）旋流固液分离法。机械净化常用的设备是水力旋流器，它分离粒径为 0.25 mm 以上的岩渣效果比较好，而分离粒径为 0.25 mm 以下的岩渣效果较差。它的作用原理是将含岩渣的泥浆用砂泵注入水力旋流器，使其在筒内高速旋转，在离心力的作用下，质量大的岩渣则向外边缘运动，而筒的中心则为泥浆。离心机进行泥浆固液分离如图 3-26 所示。净化的泥浆从中心管溢出口排出，岩渣则沿锥腔下滑至底口排出。

图 3-26　离心机进行泥浆固液分离

(5) 固化法。固化法是采用向废弃泥浆中加入固化剂,使其转化为有一定强度的固体或者土壤,就地填埋或作为建筑材料等的方法。这种方法能够消除废浆中的有机物和金属离子对水体、土壤和生态环境造成的危害。现被视为治理废弃泥浆、防止污染的好方法。

(6) 注浆材料法。黏土水泥浆是很好的注浆材料,在泥浆中加入黏土和部分水泥及一定比例的添加剂就是一种新型注浆材料,它成本低,可以达到充填裂隙的目的。此外,这种浆液材料可以作为壁后充填的材料,一方面可以就地取材节约成本,减少废浆排量;另一方面又解决了壁后充填所用的碎石材料。

(7) 生物处理法。生物处理废浆的方法有许多,其中微生物降解是利用微生物将有机长链或有机高分子降解,把它们变成低分子物质或气体,不再污染环境。使用这种方法的主要难点是选择何种微生物和用什么作载体。生物降解处理废弃浆液,就是采用微生物絮凝办法,在废弃泥浆中加入特殊的微生物,使一些高分子有机物絮凝而沉淀,也可用于废水的处理。微生物絮凝是无毒的,对人体无害,对环境无影响,当然生物降解是个复杂的过程,它与泥浆的成分、温度、环境中所含的营养元素、微生物的种群等有关。

第五节　钻井风险分析及保障技术

一、钻机基础加固

竖井钻机钻井法凿井在遇到浅部松散不稳定地层时,应采取钻机基础加固技术实现钻机基础的稳定性控制,避免基础失稳、钻机倾覆、围岩坍塌导致埋钻等风险。我国通过几十年的努力探索,目前形成多种应对浅部松散不稳定地层的加固技术:对于饱和松散层厚度较小且富水性小的井筒,目前多采用板桩法、超前预注浆法(带压保浆旋喷、置换注浆等)等进行加固处理;对于饱和松散层厚度较大且富水性较强的井筒,可采用冻结法、高压旋喷法等进行加固处理。

(1) 板桩法加固是指在松软含水土层中,预先用打桩机或人力将板桩打入欲开凿的井筒周边,形成一个四周封闭的圆筒,用于支承井壁,然后在板桩的保护下掘进,板桩贯入施工同开挖交替进行,从而保护井筒穿越松散层;板桩法多作为处理局部特殊地层的施工技术,木板桩适用于厚度为 3～6 m 的不稳定土层,钢板桩适用于厚度为 8～10 m 的不稳定土层。板桩法的优点是费用相对较少。缺点是:施工工艺复杂;深部离石组黄土地层密实度高,板桩置入较为困难,需要使用大型机械设备;工作面施工条件差;施工占用井筒的掘进工期。

(2) 超前预注浆法加固是指在井筒开凿以前,先在地面井筒周围进行钻孔施工,并深入含水层中,然后把浆液注入受注岩层裂隙中,形成注浆帷幕,实现堵水和加固目的后,再进行钻井施工。注浆法加固是对井筒围岩状态进行改性,可凝结的浆液在高压的驱使下进入地层,并最终凝固充填在岩层裂隙中形成注浆帷幕,永久性地改善了井筒的围岩性能。然而,西部矿井建设中由于地层条件不同,经常会遇到深厚砂层,砂层属于孔隙含水层,采用静压注浆效果非常不理想,因而超前静压预注浆方法并不适用,失败的案例较多。

(3) 冻结法加固是在井筒开凿之前,用人工制冷的方法,将待开挖地下空间周围岩土中的水冻结为冰并与岩土胶结在一起,形成一个预定设计轮廓的冻结壁或密闭的冻土体,用于抵抗水土压力、隔绝地下水,并在冻结壁的保护下进行钻井。工程实践证明:冻结法加固技术成熟,但工期长、费用高;冻结法施工存在冻融效应,易导致次生损害,对井壁的施工质量要求较高。

(4) 高压旋喷法加固是采用钻机钻至预定深度后,再用高压脉冲泵加压使浆液由钻杆底端的喷嘴旋转向四周喷射,同时旋转提升,用高压射流破坏土体结构并使破坏的土体与浆液搅拌混合,胶结硬化形成上、下直径大致相同,具有一定强度的圆柱状旋喷桩,当旋喷桩相互交接后,便以同心圆的形式形成封闭的旋喷帷幕体,从而起到较好的地基加固效果。高压旋喷法是一种微扰动、可控性强的地基加固方法。在西部陕北可可盖煤矿竖井钻机钻井法施工中采用了高压旋喷法加固第四系含水厚松散砂层,钻井直径为 8.5 m,设计在井筒中心 10.7 m 圈径上布置 34 根 MJS 高压旋喷桩,桩长设计深度为 30 m;施工采用引孔钻机+MJS 高压旋喷钻机进行旋喷桩成孔,最终形成止水加固帷幕。

二、锁口结构及设计

锁口是为钻井施工的临时构筑物,是为进行泥浆循环洗井必要的容积;为放置钻头、导向装置所用;也是为维护锁口的稳定,防止井口坍塌,为顺利钻井创造条件;也是钻台车、封口平车的基础;井壁下沉时,安放扶正装置所用;还为泥浆的回流口,预留通道。锁口结构一般为圆筒形或者上方下圆形,即井筒。锁口上部为锁口盘,锁口盘布置钻台车和封口平车,其轨道下盘面为承载面,要按总的承载量进行计算,也可以通过横梁将井架基础与锁口盘连接成一个整体,增大承载面积。

(一) 锁口直径

锁口直径要比最终孔钻井直径大 0.4~0.6 m,并要为终孔留出一定余地,以备万一扩孔时需要。

$$D_S = D_2 + (0.4 \sim 0.6) \tag{3-36}$$

式中 D_S——锁口直径,m;

D_2——最终(最大)钻井直径,m。

(二) 锁口深度

为了考虑到开始钻进时的泥浆循环,泥浆必须有一定的深度,以便风管有一定的埋入深度,开始时要接短钻杆,以降低扬程高度。

$$H_{S1} \geqslant (0.4 \sim 0.6) H_y \tag{3-37}$$

式中 H_{S1}——锁口深度，m；

H_y——扬程高度，m。

还可以用钻头的高度来确定锁口深度。这个高度包括钻头本身、加重块高度和导向装置的高度，一般情况下高 10 m 左右，如果地质条件不允许，地表以下就赋存很厚的砂层，则要采取措施。

在此情况下：

$$H_S \geqslant H_2 + (1 \sim 2) \tag{3-38}$$

式中 H_S——锁口深度，m；

H_2——钻头总体高度，m。

最后按 H_S 中最大值选取。

因此，锁口深度将根据本项目其他课题研究成果，待钻头总体高度、泥浆泵扬程高度等参数确定后，再计算锁口的最终深度。

（三）锁口井壁的厚度

锁口井壁的厚度可按经验取值，一般为 0.4 m 左右，其结构为钢筋混凝土。

（四）锁口的承载面积

锁口的承载面积为：

$$F = K_1(G_{max} + Q_s)/[\sigma] \tag{3-39}$$

式中 F——锁口承载面积，m^2；

K_1——安全系数，取 $K=1.2$；

G_{max}——锁口承受最大的垂直静荷载，kN；

Q_s——锁口井壁自重，kN；

$[\sigma]$——土层的许用抗压强度，kN/m^2。

锁口的施工可根据地层条件进行，取用汽车吊、人工开凿、钻进法或沉井方法等，但直径、深度应满足施工要求。

三、钻进过程风险及防控

（一）井帮失稳

竖井钻机钻井法凿井过程中由于地层条件、泥浆性能和钻进技术参数等影响，导致缩径、坍塌和扩径等井帮失稳风险。钻进泥岩地层时，由于泥岩遇水膨胀导致缩径，钻进过程中应严格控制泥浆性能。在通过粉质泥岩、泥质砂岩、泥岩地层时，应调制好钻井泥浆进行有效护壁，减少泥浆中的水分子渗入地层，从而控制其膨胀量；在粉质泥岩、泥质砂岩、泥岩地层钻进加尺前，把钻头提到上部进行扫孔，扫到底后再加尺；在钻进过程也应经常提钻扫孔，将井帮应力充分释放；超前钻头与扩孔钻头围裙板上部应反向布置一圈边刀，确保钻头提升时顺利通过缩径位置。

钻进泥岩地层时有缩径问题，同时在钻进松散软弱砂层时还有刷大井径、扩大断面现象，井帮呈"大肚子"拱形状态。这种扩径会对钻进偏斜控制造成一定影响，同时扩大断面会增加壁后充填量，不仅会影响钻进质量和固井质量，而且也是不经济的。钻头旋转破岩钻进时，钻头旋转过快将对井帮产生冲刷作用，过高的旋转速度可能造成井帮坍塌，因此要求在钻进砂层时钻头切线速度控制在 0.7 m/s 以内。在钻具组装上，要使钻头中心和钻头重心相重合，并采用封闭式钻头，提钻时应适当降低提升速度，避免造成“活塞”现象。

为避免缩径、坍塌和扩径等井帮失稳风险，影响施工安全，需采取专项措施，包括：严格按设计要求和地层变化条件调配泥浆参数，确保泥浆指标符合要求，从而达到护壁目的，在砂层钻进时，应及时除砂，泥浆含砂量不应超过 3%，确保泥浆护壁效果；保持井口泥浆面不低于临时锁口面 500 mm，确保足够的压差；合理控制钻头在软弱土层中的进尺速度。

（二）卡钻与掉钻

竖井钻机钻井过程中，有时会发生提、下钻困难，钻头不能正常旋转的情况，称为卡钻。缩径、围岩破碎、井帮掉块或者是钻井偏斜都可能会导致提钻阻力大、提不动、超过吊钩提升力等难题。当出现卡钻、提钻困难时，不可强行提升，而应采用上下窜动方法，或者旋转上提，多次重复，直至问题解决。当出现下钻困难时，即钻头下不到掘进工作面，而钻压逐渐增大时，应采用钻头旋转下放方法来解决。当钻头旋转困难，即钻头转不动、电流增大时，首先要加大循环洗井，上提再慢钻，边试边钻，如果问题严重，应提钻检查。

竖井钻机钻井过程中发生卡钻后，强行运行则易发生钻具断裂、钻头掉落等事故，因此需要采取防掉钻技术措施，包括：钻机钻杆主要以牙嵌钻杆为主，在施工前要对钻杆进行探伤检查，确保钻杆处于完好状态；起、下钻具时要认真检查各部件；钻杆和钻具连接螺栓应定期检查，及时更新；钻具连接螺栓采用扭矩扳手按设计预紧力拧紧；钻杆和钻具法兰盘端面在每次下钻时应用清水清洗干净。

（三）泥包钻头

在深厚冲积层或泥岩地层钻进中，泥包钻头现象尤为突出。为了避免泥包钻头现象，除了要优化改进滚刀和钻头结构外，更重要的是及时调配泥浆参数，控制泥浆的失水量，调控泥浆黏度和黏土分散剂的添加量；控制泥浆的流量及优化钻头上泥浆流动通道，可采用减少刀具布置密度、设置导流板等措施，使泥浆流向刀具，冲洗工作面，减少土屑的积存；同时，合理布置吸渣口位置，确保及时排出切削下来的土屑，均匀进尺，必要时采用上下窜动、扫孔等措施。泥包钻头现象严重时，需要及时提钻处理，避免憋钻或扭矩过大导致的钻杆断裂。牙嵌钻杆断裂如图 3-27 所示。

图 3-27　牙嵌钻杆断裂

（四）井内掉物

竖井钻机钻井过程中各种工具应妥善放置好，以防掉入井内，影响正常钻进。若滚刀或其他金属物掉入井下工作面上，将导致钻压增加，转盘电源增高，造成跳钻，无进尺，此时必须提钻，打捞物件。因此，钻头上的破岩刀具要焊接牢固，钻头起至地面后，应对刀具、导向系统及连接部位进行逐个检查，发现问题要及时处理；起下钻杆所用扳手、铁锤等工具要用麻绳系牢，钻杆连接螺栓要在安全的位置堆放整齐。

（五）钻井偏斜

钻井偏斜控制是竖井钻机钻井的关键技术之一。导致钻井产生偏斜的影响因素主要包括地质条件、装备能力和操作技术三个方面。如钻机基础不平、倾斜大，在不均匀地层、软硬交错地层、大倾角岩层，以及钻头重量轻、钻压过大等条件下，极易造成钻井偏斜。钻进过程中应严格制定防偏技术措施，如开钻前钻机平台基础尽量在同一水平面上，其偏差不大于 5 mm；采用减压钻进，总钻压控制在钻头组装重量的 40％以内；在不均匀地层、软硬交错地层和风化带钻进时，必须适当减小钻压。

（六）洗井异常

洗井异常大多数是因为钻头吸渣口堵塞导致的，当压风机工作正常、风压也正常，但洗井出水很少时，多半是因为刀盘上吸渣口被大块岩石堵塞，不能正常洗井，这时应采取及时提钻处理或憋风处理，若仍不奏效则应进行提钻检查。

四、测井与纠偏方法

（一）测井方法

竖井钻机钻井过程中应进行及时测井，并在出现钻进偏斜时及时进行纠偏。超前钻孔钻进至表土或松散砂层底层时应测井一次，基岩地层每隔 50～80 m 应测井一次；遇倾角大于 20°的岩层或软硬互层段，应每隔 10～20 m 测井一次，钻进至设计深度后，应进行终孔测井；各级扩孔测井次数应根据前一级钻孔的偏斜情况确定，不得少于一次，最后一级扩孔的测井次数不得少于 2 次。钻井测井主要采用超声波或陀螺仪，具体的测井仪器及方法有：

(1) KL4 型多幅陀螺测斜仪。这种仪器测斜的方法是通过导向装置将仪器放入钻杆内测斜，测斜时不需要提钻，但是，受钻头在井中的状况和钻杆连接垂直度的影响，每测一次都要将钻头旋转 180°。使用这种仪器测井时要进行多次测量，数据才可靠。

(2) 超声波测井法。通过冲积层的钻井井筒，大多数情况都采用此法测井，有 CJ-501 型和 SKD-1 型等仪器，主要由滑轮架、快速绞车、锤球、井下仪、井上仪、深度仪滑轮等部件组成。超声波测井仪自动采集、存储测量数据，测井结束后根据测量数据，每隔 10 m 绘制一个井筒形状图，并计算出井筒偏斜值及偏斜方位。超声波测井仪如图 3-28 所示。采用超声波测井法测井可以直接量测，直接读数或打印出偏斜值，但是需要将钻具提出井，比较费时，占用辅助时间较长。

(3) 陀螺测斜仪。陀螺测斜仪在冻结孔内的测斜应用是成熟的，也可用于钻井测井。陀螺测斜仪测井现场工作如图 3-29 所示。采用陀螺测斜仪测井，需拆除上部第一根钻杆，剩余钻具坐落在封口平车抱卡上固定，在钻杆上口拴十字线标出钻具中心位置，同时在锁

(a) 井下仪

(b) 井上仪

(c) 深度仪

图 3-28　超声波测井仪

口预留的十字线也对应拉起来，采用吊锤球的方式测量钻具与井筒中心的相对位置；陀螺测斜仪通过钻具中心下放进行测井，下放过程中每 5 m 采集一次测量数据，待陀螺测斜仪测井结束后，根据上述相对位置绘出井筒偏斜图。

图 3-29　陀螺测斜仪测井现场工作

(4) SUG-1 型大口径几何参数测量仪。这种仪器也是利用超声波原理进行测井的，采用高精度陀螺定向，采用计算机系统进行数据处理，效果良好。

工程实践表明，根据陀螺测斜仪与超声波测井仪优缺点，这两种方法配合测井是一种既节省时间又经济的测井方式，即平时用陀螺测斜仪利用加减钻杆时实现随钻随测，确保钻孔偏斜随钻随监控；到达一定深度后再用超声波测井仪进行复核孔型。

表 3-11　陀螺测斜仪与超声波测井仪优缺点比对表

仪器	优点	缺点
陀螺测斜仪	(1) 操作方便简单； (2) 适用范围广，可利用加减钻杆时随时进行测井，无须起钻，即实现不提钻测斜； (3) 对泥浆没有要求，使用成本低	(1) 受钻具结构限制，测量深度距钻具底≥10 m； (2) 每次测量定位不一样，测出数据需多点对比分析才能确定结果； (3) 测量结果只能显示孔的发展趋势，不能显示孔型
超声波测井仪	测量结果形象、直观，非专业人员从图形就可看出孔的形状	(1) 每次测量必须把整套钻具起出钻孔； (2) 对泥浆性能要求高，若泥浆性能不满足要求，需要先行添加药剂调制泥浆，成本高

（二）纠偏方法

经测井超过规定值时，要进行纠偏处理。钻井偏斜应符合以下规定：钻进深度不大于300 m时，偏斜值不得大于240 mm；钻进深度大于300 m时，偏斜率不得大于0.8‰；最后一级钻孔的有效断面应满足井壁下沉要求。

钻井纠偏的办法主要有扫孔纠偏、偏心钻具纠偏、扩孔纠偏。在冲积层或强风化岩层中，可采用扫孔钻进纠偏方法，纠偏时采用原级平底钻头，当钻头下放到开始偏斜点的上方0.5～1.5 m处，采用小钻压、低进给速度进行扫孔纠偏，反复多次直至符合要求为止。采用多级扩孔钻井工艺时，当前一级钻孔发生偏斜，应在该偏斜区段采用小钻压、低进给方式实施后一级扩孔钻进，以防后一级扩孔顺前孔偏斜；而最后一级扩孔钻进偏斜时，应采用加大钻头直径的方法进行纠偏，以满足后续悬浮井壁下沉的要求。

第四章　钻井井壁预制与井壁悬浮下沉技术

竖井钻机钻井法凿井井筒永久支护结构采用地面预制的方式，井筒钻进过程中，根据井壁设计同时开展钻井井壁预制工作，钻井井壁每节高度为 3～8 m（最下面一节为井壁底）。钻井法凿井永久支护井壁在破岩钻进结束并经过测井，认为钻进的井筒有效断面满足井壁下沉要求之后，即可进行井壁悬浮下沉和固井等工作。开始下沉井壁时，采用龙门吊车吊至井口，并在井口通过井壁节间法兰盘逐节连接好，连接好的井壁悬浮在充满泥浆的井筒内，同时在井壁内部注水加重，使其缓慢逐段下沉，这一过程为井壁悬浮下沉工艺。待下沉到预定设计深度后，再进行壁后注浆或抛石进行充填，使井壁与围岩固结起来，这一过程称为固井。钻井法永久支护井壁施工方法，采用井壁地面预制和养护，具有井壁质量好、不漏水，同时井壁支护速度也较高等优点。钻井法凿井井壁支护方式示意图如图 4-1 所示。

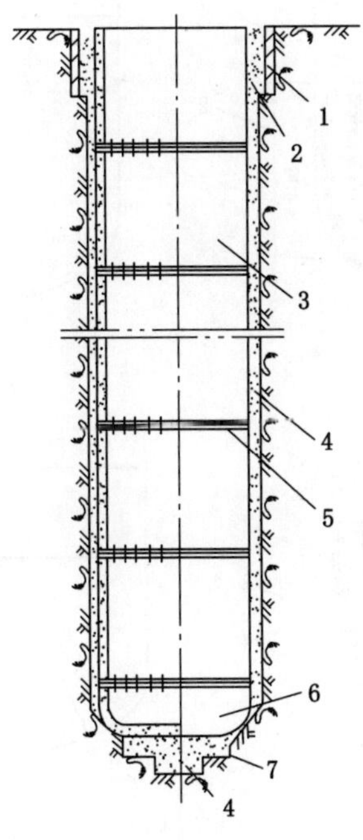

1—锁口；2—混凝土充填；3—井壁节；4—水泥浆充填；5—井壁接头；6—井壁底；7—超前孔孔底。

图 4-1　钻井法凿井井壁支护方式示意

第一节 钻井井壁

一、井壁结构设计

井筒作为矿山和地下工程的通道，其支护结构需要满足长期安全服役要求。钻井井壁结构设计的依据主要为钻井深度、钻井直径、岩石条件、地层压力和水压等，同时还要考虑井壁下沉时的泥浆压力等临时荷载作用。钻井法所用的井壁是由井壁底及井壁筒(井壁节连接而成)两部分组成。

(一) 井壁底结构

井壁底是为了悬浮下沉时产生浮力而制作的临时结构物，井壁底的强度(厚度)根据悬浮下沉时井壁底内外的压力差进行设计。同时，为防止井壁在深泥浆中悬浮下沉结构整体失稳，需要研究解决井筒竖向附加力的问题，并确定井壁底的结构形式。各国采用的井壁底结构形式不同，我国采用的井壁底结构形式主要有 4 种，分别是浅碟形、半椭圆回转壳体形、半球形和削球形，如图 4-2 所示。除我国采用的形式外，国外采用的井壁底结构形式还有倒拱形及平底结构。

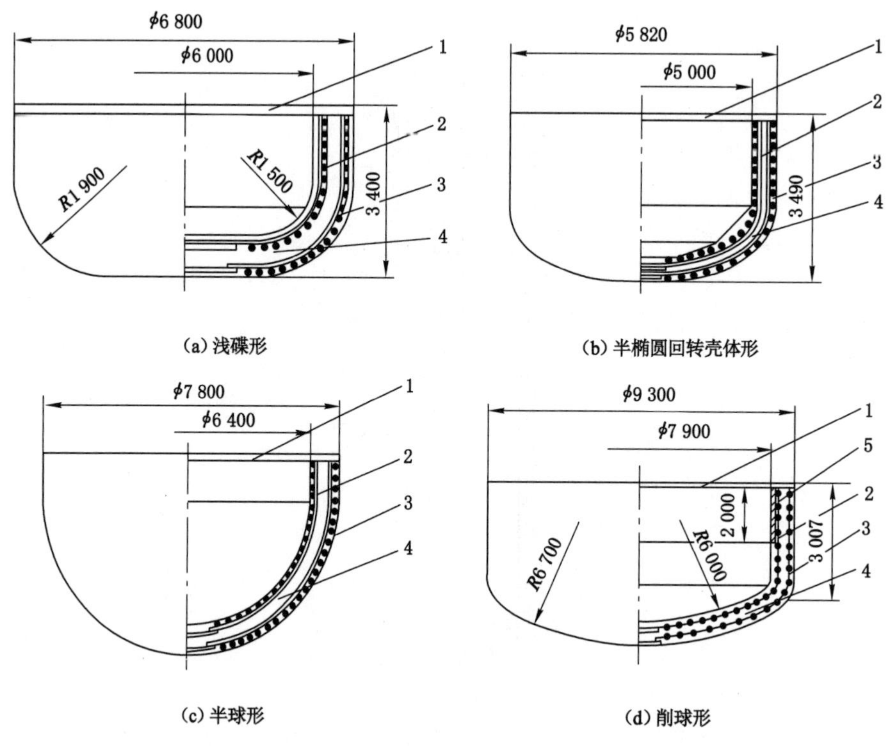

1—法兰盘；2—内层钢筋；3—外层钢筋；4—混凝土；5—钢板。

图 4-2 钻井井壁底结构示意

浅碟形井壁底在钻井初期采用得较多，因为钻井深度不大而且钻井直径也较小，这种井壁底受力性能较差，目前已基本上不再采用。从结构上来说，半椭圆回转壳体形的井壁底受力比浅碟形井壁底好。但这种结构包括部分柱形筒和半椭圆球体，其中球壳部分的外形受力较为合理，柱体和球壳部分有个内力协调问题和内应力组合问题。为了使井壁底受力合理，大多采用半球形或削球形的井壁底结构。半球形井壁底受力状况较好，但是随着井壁直径增大，半球形井壁底在制作上较复杂，且材料消耗较多，所以现在采用这种结构的也不多。目前采用比较多的是削球形井壁底结构。削球形井壁底结构可以减少筒体和壳体交界处变形不协调而产生的内力集中，改善了受力条件，提高了井壁底的承载能力；与半球形相比，其球体施工量可以减少近一半，既减少了工作量也方便施工；其结构计算可按现行有关规程进行，这样在设计和安全上均有一定的保证。这种结构在淮北童亭矿主井井壁底和龙固矿主井、风井以及板集煤矿主井、副井、风井的井壁底均采用过。

（二）井壁筒结构

井壁筒的强度（厚度）主要根据地层压力设计计算。井壁筒的各井壁节之间及其与井壁底之间采用钢制法兰盘接头连接。钻井井壁通常采用钢筋混凝土和钢板钢筋混凝土井壁结构，混凝土强度等级为C30～C80，井壁厚度一般在550～850 mm之间，以满足悬浮下沉需求。我国钻井井筒支护结构形式主要有双层钢筋混凝土井壁、多层钢筋混凝土井壁、单内层钢板＋钢筋混凝土复合井壁、双层钢板＋素混凝土复合井壁。钻井井壁节结构示意图如图4-3所示。

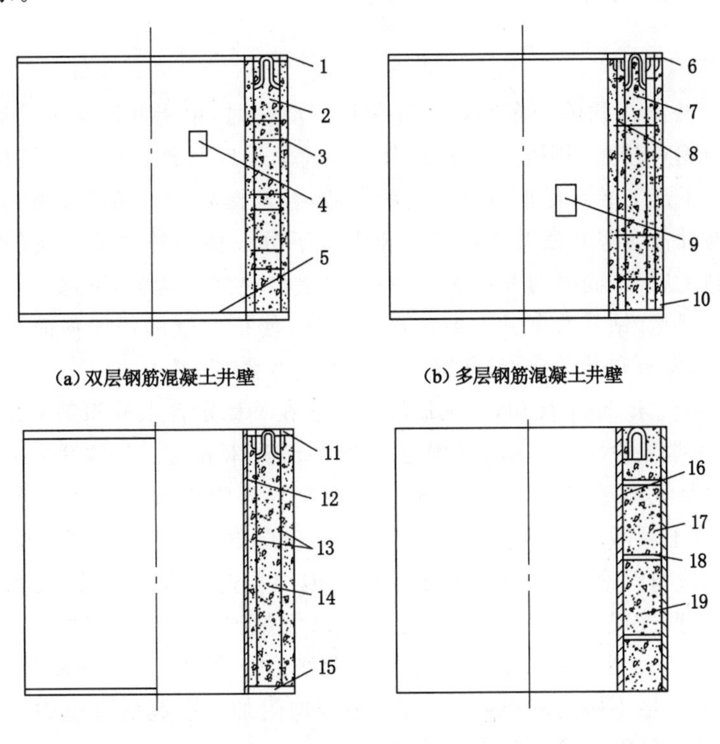

1,6,11—上法兰盘；2,7,14,19—混凝土；3—竖向和水平钢板；4,9—罐道梁承托板；5,10,15—下法兰盘；8,13—内、外层竖向与水平钢板；12,16—内层钢板；17—外层钢板；18—钢板。

图4-3　钻井井壁节结构示意

井筒浅部由于承受外荷载较小，主要采用钢筋混凝土井壁结构，其中双层钢筋混凝土井壁造价低，制作方便；而多层钢筋混凝土井壁在井筒深部井壁厚度较大的情况下比较适用，但是混凝土捣固困难。在井筒深部为满足强度需要，东部深厚冲积地层深、大直径的钻井法凿井施工中，通常采用单内层钢板＋钢筋混凝土复合井壁或双层钢板＋素混凝土复合井壁，该井壁结构造价高，制作困难。为减薄井壁厚度，满足井壁漂浮下沉的需要，研发出高强钻井井壁，该类型井壁一直是钻井法施工深、大立井井筒的发展方向。目前，我国已在C70、C80钢筋混凝土井壁和C60、C70双(单)层钢板混凝土复合井壁施工方面，积累了丰富的工程施工经验。例如，为解决大体积混凝土温度裂隙技术难题，研制出了新型胶凝材料和化学外加剂配合比，降低了混凝土的水化热，以及采用竖向等强钻井井壁接头施工等技术措施。

随着竖井钻机钻井法在西部厚基岩煤系地层的应用，穿越西部富水弱胶结岩石地层的深、大直径钻井法凿井井筒井壁，不仅要具有较高的承载能力和防水性能，同时要控制井壁厚度，选用双(单)层钢板钢筋混凝土复合井壁更适宜。为提高西部厚基岩地层深、大直径钻井法凿井井筒井壁中下部抵抗高承压水外荷载的能力，在控制井壁厚度的条件下，主要采取提高混凝土强度等级、加大钢板厚度和采用高强度钢板等措施。

二、井壁受力特征分析

(一) 井壁受力特征

竖井钻机钻井法在我国中东部富水冲积地层应用时，由于井筒穿过的冲积层厚度大，对井壁的侧压力相对较大，井筒支护需要满足井筒承受巨大外力对井壁结构强度的要求，且要克服与悬浮下沉安装对结构自重限制的矛盾，合理提高结构强度和材料利用效率。钻井法凿井井壁与其他盲竖井凿井方法采用自上而下分段掘砌的井壁不同(图 4-4)，其他凿井方法的井壁施工后，即同时与井帮连接，并将自重传递到井帮上，下部井壁基本不承受上部结构的重量。但是，钻井法凿井井壁的施工方法，使得井壁的任何截面从安装开始就存在切向应力、径向应力和轴向应力，井壁处于三轴应力状态(图 4-5)。

20世纪80年代末90年代初，我国徐淮等地区在不稳定含水冲积层中采用钻井法施工的部分井筒，在正常服役7～15年后发生了井筒局部破坏事故。这些发生破坏的钻井井筒均为普通钢筋混凝土厚壁筒结构，在表土与基岩交界处附近井壁节法兰盘上下部位的内侧，发生表面混凝土剥落，并逐渐向断面深部延伸，内层钢筋向井内发生弯曲变形。通过开展大量的模型试验和理论分析，结果显示该地区地层构造具有特殊性，表土含水层与基岩有水力联系，巷道掘进或煤层开采后，表土层中水大量泄入井下，导致表土含水层水位下降，地层大面积沉降，土层与井壁之间产生相对滑移的阻力，并以“竖向附加力”的形式作用于井壁，导致井壁产生不协调的三向应力，而当竖向附加力引起的井壁内力大于井壁结构屈服强度时，井壁局部就会发生破坏。

为了防止或减小竖向附加力对井筒的危害，国内外采取了多种结构处理方法，总体上可概括为：减少地层与内层井壁之间的摩擦阻力，从而减小地层下沉对井壁的影响；采用特种井壁结构，提高井壁抗竖向附加力的能力。根据钻井井壁破坏情况和研究成果，钻井井壁因竖向附加力产生破坏是从内侧径向应变增大开始的，即内侧径向应变大于混凝土的极

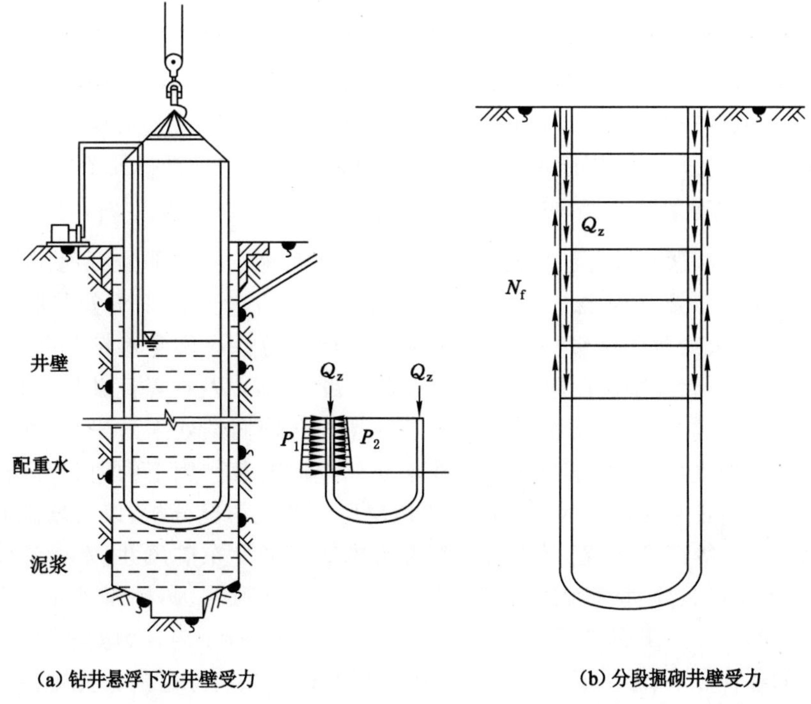

Q_z——上部井壁重量；P_1、P_2——泥浆、配重水压强；N_f——井壁与井帮黏结及摩擦阻力。

图 4-4　钻井井壁与分段掘砌井壁受力分析示意

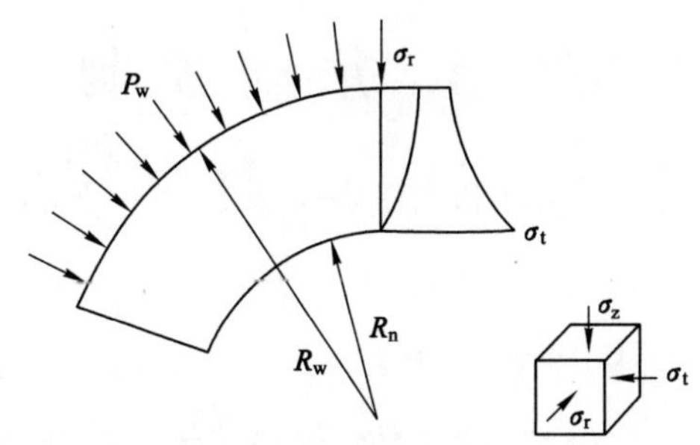

R_w，R_n—井壁外、内半径。

图 4-5　钻井井壁应力分布示意

限抗拉应变。因此，研发了内钢板-钢筋混凝土复合井壁、双钢板-混凝土复合井壁。内侧钢板能对混凝土结构产生径向约束，增加内侧径向压应力，减少径向拉应变，从而防止井壁因径向拉应变过大而破坏，形成了一套比较完整的适用于防御地层竖向附加力的钻井法凿井井壁结构形式、设计方法（含附加力的取值）和构造处理等有效措施。20 世纪 80 年代以来，所有采用钢板约束混凝土结构的深井井筒，提高了井壁抗竖向附加力的效果，均未出现井壁因竖向附加力而产生破坏的事故。

此外，随着井筒深度的增加，地层条件的复杂性、非线性、不确定性和岩石的变异性，以及受施工和地下采掘工程的影响，可能使钻井井壁的受力发生变化，出现不均匀荷载。这种复杂无规则的地压，对井筒的安全影响很大，是竖井钻机钻井法凿井井壁设计的另一种需要考虑的特殊荷载。《钻井井筒永久支护通用技术条件》(MT/T 518—2009)增加了"井壁结构一般按均匀受压计算，但当地层条件或采掘工艺有特殊要求时，应进行不均匀受压验算"的规定。但钻井井壁不均匀荷载很难在实际工程中观测到完整规律的数值，因此井壁设计时对不均布地压多采用假定的计算公式，以达到提高井壁抵御复杂受力的目的。

（二）井壁受力测试

竖井钻机钻井法凿井针对的主要是表土不稳定含水地层和软弱岩石地层条件，钻井井壁结构借鉴冻结井壁及其他混凝土结构，钻井井壁受到井壁悬浮下沉安装临时荷载及地压、水压产生的永久荷载。煤炭科学研究总院建井研究分院在多年对钻井井壁内、外力测量研究的基础上，围绕地层竖向附加力产生的原因和大小，以及在保证井筒长期使用完好、确保生产安全的前提下，开展了钻井井壁壁后充填与井壁固结效果的研究、井壁与地层滑动摩擦阻力取值的模型试验、厚壁筒结构在不协调竖向荷载作用下的内力分析，并进行了井筒配重水排出后正常使用中的结构应力和地层压力变化情况分析，以及增强井壁抗竖向附加力的结构形式等课题研究。例如，对江苏大屯矿区的龙东矿风井，安徽淮北矿区的芦岭矿西风井、桃园矿风井、童亭矿主井，淮南矿区的潘三西风井、谢桥西风井和山东龙口矿区的梁家风井等 4 个矿井的 7 个井筒、14 个水平的井壁进行了内外力实测，测点所处地层包括第四系的各种砂层、黏土层和第三系的泥岩层等钻井井筒穿过的常见地层。经过多年的观测，测试矿井的地压变化已趋于稳定，通过对数据进行整理和综合分析，求得了钻井法凿井施工过程和正常使用中井壁受力的变化规律，以及成井后巷道开掘时不同地层钻井井壁承受永久地压的分布规律，为研究确定钻井法凿井井壁设计的外力取值提供了依据。

第二节 井壁预制

为保证竖井钻机钻井法凿井工期和工序协同施工，井壁预制工作应与竖井钻机钻进同时进行。

一、井壁制作准备工作

井壁制作的专用设备包括混凝土搅拌机、混凝土输送车、原材料输送机、洗砂机、原材料计量设备、混凝土振捣器和钢筋、井壁接头的加工设备等。同时在井壁制作施工前，应根据井壁施工图和混凝土配合比要求进行备料；严寒地区冬季施工时还需准备混凝土养护设备，在浇灌混凝土的过程中不能间歇停工。

为了保证预制井壁法兰盘接头的平整度及其与井壁的垂直度，并考虑集中施工的方便性，一般修筑专用的井壁制作场地，根据施工进度和混凝土养护期，在场地内构筑一定数量的井壁筒制作基础。井壁筒的制作基础通常是在夯实的表土上浇灌 100～150 mm 厚的混凝土，在表面埋设几个放射状钢轨，并保证钢轨露出水平。井壁底制作基础一般是根据井壁底弧面部分的尺寸和形状，挖一个尺寸略大的地坑，夯实后用砖砌和砂浆抹面作为基础并兼作外模，表面铺两层油毡以减少黏结力。

二、井壁制作工艺技术

钻井井壁采用地面预制施工，即按照一定的工艺流程将各节井壁在相应的基础上(井壁底需单独挖地模)制作后，再进行养护，待达到吊运期后将其从井壁制作场地吊运至存放场地堆放。井壁制作工艺流程图如图 4-6 所示。

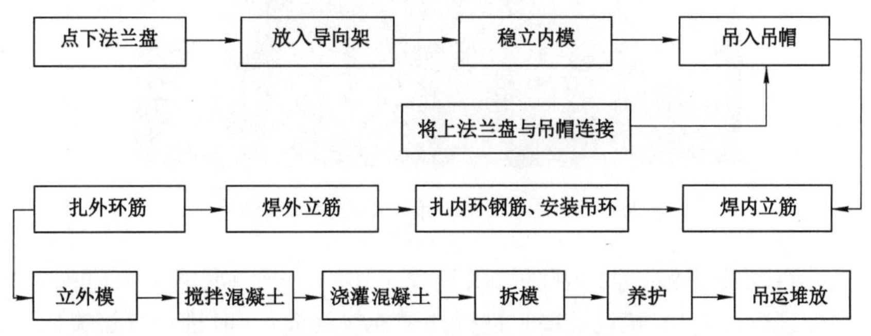

图 4-6　井壁制作工艺流程图

第一，在井壁制作基础上安装下法兰盘(点焊固定在基础上)，放入导向架后组立内模板，内模板一般是由数块长条形包有铁皮的弧形木板拼成。为防止在浇灌混凝土过程中向内侧变形，于中心安设木撑架支撑内模板，并保证垂直度和应有的井壁内直径。井壁制作现场如图 4-7 所示。

图 4-7　井壁制作现场

第二，工作吊盘就位并安设上法兰盘。为便于进行立模、绑焊钢筋和浇灌混凝土等操作，需要制作一个工作盘。通常由龙门吊车上的两台小绞车提吊，并可以上下移动。将上法兰盘用龙门吊车吊至模板上方就位、找平并使上下法兰盘对正。

第三，绑焊钢筋和组立外模板。先将内层竖向钢筋与上下法兰盘焊接牢固，如果需在井壁内预留梁窝即可将钢板安装在设计的位置上，随后绑扎横向钢筋，接着再焊外层竖向钢筋和绑扎横向钢筋。当需要在井壁底埋设注浆管或在井壁上埋设用于注浆检查壁后充填质量的管子时，按设计的布置要求把注浆管安在钢筋上焊接固定。外模板装完后需用螺旋扣拉杆箍紧。外模板分长模板和短模板两种，短模板只装上下两层。上下短模板之间是浇灌与捣固混凝土时的窗口，随浇灌自下而上安装窗口上的小门。井壁连续浇灌与分层捣固现场如图 4-8 所示。

图 4-8 井壁连续浇灌与分层捣固现场

第四，进行混凝土浇灌、养护、拆模、吊运等工作。井壁浇灌混凝土前应对模板、钢筋（钢板）、预埋件进行检查，并按设计要求进行井壁连续浇灌，同时进行分层捣固。井壁强度达到设计强度的70%时即可拆模，一般浇灌后 24 h 拆模，拆模后应注意洒水养护。7 d 以后可用龙门吊车将预制好的井壁运走，放到存放场地（图 4-9），腾出基础位置又可制作新的井壁。

图 4-9 预制好的井壁节存放现场
（浅色为钢筋混凝土井壁，深色为钢板混凝土复合井壁）

三、井壁监测方案与安装

利用竖井钻机钻井法凿井地面井壁预制的优势，可提前在井壁中布设各类传感器，随时了解井壁和围岩的状态，提前预测施工可能发生的风险因素并进行防控。钻井井壁从浇筑直至正常使用的过程中，其受力状态不断变化，要尽可能监测到其全过程井壁受力状态变化的情况。如井壁浇灌过程中可以监测不同配比混凝土水化过程的温度分布规律及水化热产生的温度应力对井壁混凝土的影响；同时，也可在井筒移交后，监测井壁在服役过程中地压作用下的井壁受力情况，为钻井法凿井井筒的长期服役安全和设计参数取值提供依据。

高强高性能混凝土的质量成为地面预制井壁结构安全应用的重要保障之一。地面井壁浇筑期间需进行井壁水化热相关数据采集，故在井壁浇筑制作期间，完成钢筋绑扎机模板封闭后，需将数据采集单元置入井壁节内侧，引入 220 V 供电电缆，将混凝土应变计观测电缆与采集单元进行连接接线，井壁浇筑及养护期间自动采集井壁混凝土内的温度及应变数据。待井壁混凝土水化反应结束、温度分布一致后停止监测，撤出采集器，将应变计观测电缆收入大出线口内，并拧紧法兰。井壁制作期间混凝土水化热监测如图 4-10 所示。在以往的研究中通过加入大量的矿物掺和料、优化配合比、加强现场养护等技术措施，大大降低了水化热程度，从而避免了因温度引起的混凝土开裂，为保证井壁质量奠定了基础，同时降低了混凝土的单方成本。如 C60～C70 防裂高强高性能混凝土为龙固矿新型钻井井壁结构的成功应用提供了质量保障。

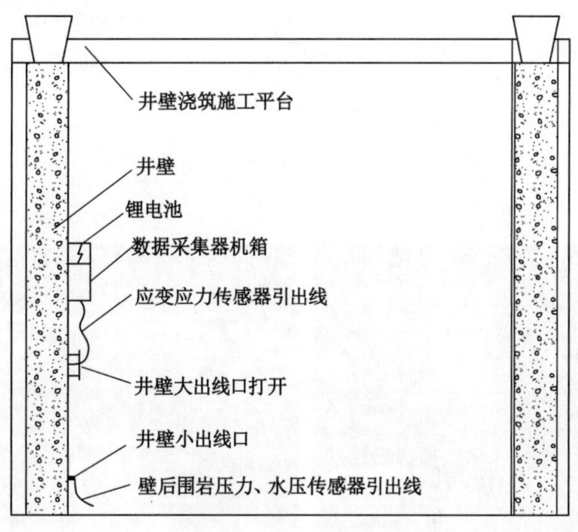

图 4-10　井壁制作期间混凝土水化热监测

针对固井完成后井壁服役期监测，应根据钻井法凿井井筒穿越地层围岩的特性、含水层分布和井壁结构设计等进行分析，从而确定关键层位、传感器种类及数量。传感器类型和监测内容如表 4-1 所示。预制井壁传感器分布示意图与现场安装图分别如图 4-11 和图 4-12 所示。

表 4-1　传感器类型和监测内容

序号	传感器类型	监测内容
1	渗压计	壁后水压变化情况
2	土压力计	壁后地层压力情况
3	混凝土应变计	混凝土受力变形情况
4	钢筋计	钢筋受力情况
5	表面应变计	井壁内钢板受力情况
6	无应力计	混凝土自身体积变化

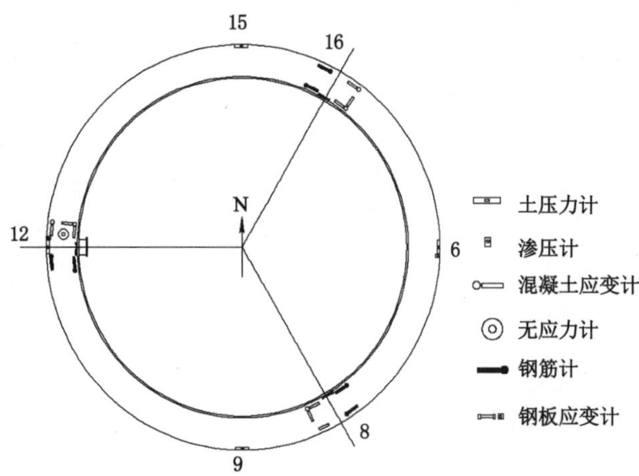

图 4-11　预制井壁传感器分布示意图

(a) 土压力计　　(b) 钢筋计

图 4-12　预制井壁传感器现场安装图

第三节　井壁悬浮下沉技术

竖井钻机钻井法凿井完成井孔钻进任务后，井孔里充满泥浆，人们也正是利用这个条件，创造了一种独特先进的无人下井井壁支护方法，即悬浮下沉预制井壁安装法。

一、井壁下沉准备工作

竖井钻机破岩钻进工作结束后，要继续循环泥浆，以清除井底的岩渣，保证井壁下沉深度。悬浮下沉安装井壁，井孔质量的控制和检测是保证井壁顺利下沉到底并达到偏斜率要求的基本条件。采用超声波或陀螺测斜仪测井方法开展井径、井斜测量工作，并绘制成井筒的纵剖面图和平面投影图，确保荒径有效断面具备下沉井壁条件。钻井法凿井施工初期，由于施工经验不足，井壁悬浮下沉安装曾出现“两卡”事故，所谓“卡”即井壁悬浮下沉进入底部基岩时，被井帮卡住下不去，只好将井筒内的配重水排出，让井壁浮起逐节割断，吊运回堆放场，进行扩孔纠偏后重新下沉。

井壁悬浮下沉是根据井壁在泥浆中的漂浮平衡条件（即浮力等于井壁重量与配重水之和）进行的。因此，在循环泥浆的同时调整泥浆参数。下沉泥浆比重为 1.15～1.18，失水量为 8～10 mL/30 min；黏度为 20 s，含砂量必须小于 2%。当泥浆参数符合下沉井壁的要求时，方可进行悬浮下沉井壁。

竖井钻机从井口移开并拆除妨碍下沉的井口转盘，制作井壁连接时在井筒内工作用的吊盘，同时移除吊运井壁节的龙门吊车沿线的障碍物体。井壁下沉及充填固井时需将钻井内泥浆排出，在地面应安排泥浆排放场地及设施。为使井壁下沉还需向井内注水以克服泥浆浮力，因而应备好清水及水泵、管路等设备。

二、井壁悬浮下沉工艺技术

由于井壁属大型结构件，预制精度、下沉连接测量找正等是影响安装质量的决定性因素。井壁悬浮下沉流程图如图 4-13 所示。

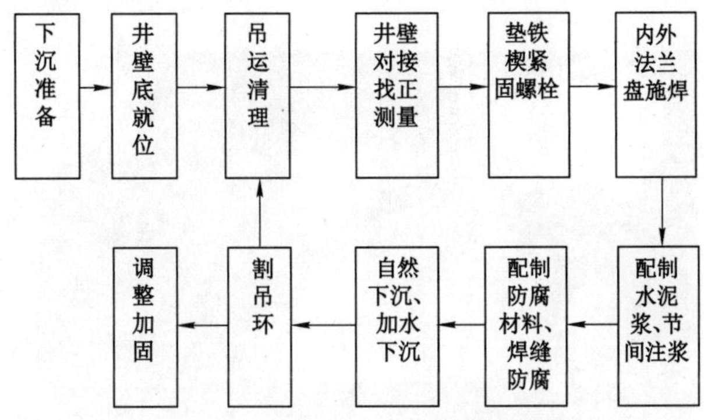

图 4-13 井壁悬浮下沉流程图

（一）井壁连接

井壁连接时采用龙门吊车将井壁底和井壁节吊至井口，并按井壁的设计顺序及方位进行连接。井壁底结构及其吊运如图 4-14 所示。

由于井壁底的重量一般比较大，因此单独在泥浆中难以实现悬浮。虽然在井壁底上部可带有一定高度的井壁筒体，但是也难以实现在泥浆中悬浮。因此，井壁底预制时需要预先埋设辅助工字钢托梁（图 4-15），以便在连接上部井壁时支托在锁口上。

同时井壁底及上面的几节井壁在悬浮下沉过程中可能出现摇摆现象，这是由于井壁在泥浆中的重力重心高于浮力重心而导致悬浮井壁发生倾斜。为防止悬浮的井壁体在泥浆中摇摆，影响上部井壁节的对接安装，可在井孔锁口内侧用木楔块临时定位（图 4-16），然后将下工作吊盘挂在上法兰盘的内侧吊点上，吊运下一节井壁。

井壁连接时一般要求上节井壁的下法兰和下节井壁的上法兰之间存在净间隙，应控制在 20 mm 以内。利用钢板或铁楔调整上下井壁法兰间的间隙，确保连接的垂直度后，法兰盘内侧用螺栓紧固，外侧连续焊接并用防腐的环氧沥青涂抹均匀。井壁节连接现场如图 4-17 所示。法兰盘连接焊接完成后才能进行节间注浆，注浆材料通常为是以水泥为主的浆液材

图 4-14　井壁底结构及其吊运

图 4-15　井壁底工字钢托梁

图 4-16　井壁底吊入井孔中现场

料，并添加少量膨胀剂，浆液凝固后单轴抗压强度不应小于 25 MPa，保证注浆材料的结石率达到 98%～99%。

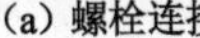
(a) 螺栓连接

(b) 节间法兰盘内缘焊接

(c) 节间法兰盘外缘焊接

图 4-17　井壁节连接现场

在井壁不断接长过程中，由于浮力大于井壁的重量，所以必须向井壁内灌注配重水，并把井内和下沉井壁等体积的泥浆排掉，通过控制加入配重水的速度和重量，就可控制井壁下沉的速度和深度。临界配重水的加水量，可根据井壁在泥浆中的平衡条件来计算。假定竖直段井壁节总数为 l，配重水面以下的竖直段井壁节数为 t，配重水面以上的井壁节数为 $l-t$，配重水临界高度计算如下：

$$H_0=\frac{\left[\gamma_n\left(\sum_{i=1}^{l}H_iS_{ni}+V_{Dn}\right)-\sum_{i=1}^{l}Q_i-G_D-\gamma_w\left(V_{Dw}+\sum_{j=1}^{t}H_{Sj}S_{Sj}\right)\right]}{S_{St}\gamma_w}+\sum_{j=1}^{t}H_{Sj}\quad(4\text{-}1)$$

式中　H_0——配重水临界高度，m；

γ_n——泥浆容量，kN/m^3；

l——竖直井壁节的总数；

H_i——第 i 段竖直段井壁节的高度，m；

S_{ni}——第 i 段竖直段井壁节排浆面积，m^2；

V_{Dn}——井壁底排浆体积，m^3；

Q_i——第 i 段竖直段井壁节的重量，kN；

G_D——井壁底重量，kN；

γ_w——配重水容重，kN/m^3

V_{Dw}——井壁底内配重水体积，m^3；

H_{Sj}——配重水以下第 j 段竖直段井壁节的高度，m；

S_{Sj}——配重水以下第 j 段竖直段井壁节内截面积，m^2；

S_{St}——假定配重水面位置的井壁节内截面积，m^2。

井壁下沉期间应保持泥浆面高度稳定，在上下节井壁法兰盘连接焊缝沉入泥浆面以下 1 m 时，应停止下沉，检查接缝处井壁筒内渗漏情况，如有渗漏应及时处理。

（二）悬浮井壁测量与扶正

在井壁节的连接过程中，每一节井壁的同心度控制是保证井壁总体垂直的关键。井壁下沉到一定深度后，由于井壁内配重水集中在井壁的下部（一般只占总高度的 1/3～1/2），重心很低,因此可自行形成与水平面的垂直状态。悬浮井壁的测量工作主要是保证各段井壁节中心点在一直线上。

井筒下沉到井底后,加配重水 50～100 t,使井筒达到相对稳定。为防止井壁上浮,则必须严格验算水泥浆置换泥浆后,井壁浮力改变与井筒和配重水重的平衡关系。悬浮井壁偏斜测量人员 3～4 人随吊盘到井筒无水段,拉好"米"字形线,地面人员拉紧中心绳轻靠上吊盘中心点,下吊盘人员测好偏向和偏值,做好记录后,将中心绳拉到一边,从吊盘中心处下放锤球测好垂线和中心点的相对位置,找出中心绳和垂线的偏差。依照偏差的方向和幅度,在井口利用千斤顶扶正井筒,扶正方向为垂线向中心绳方向,如此循环将中心绳扶为垂直线即可。相关要求和做法已列入《立井钻井法施工及验收规范》(GB 51227—2017)等有关规范。

第四节　壁后充填固井技术

壁后充填固井是竖井钻机钻井法凿井施工的最后一道工序。悬浮井壁下沉到底后,通过管路向井壁外侧与钻井井帮之间的环形空间注入密度大于泥浆的胶结性材料,自下而上地将泥浆置换出来,待注入的材料固化后,起到固结井壁和封水的作用,这个过程称为充填固井。

一、钻井壁后充填

为确保钻井井壁壁后注浆充填固井质量,需对悬浮下沉井壁壁后充填材料、充填工艺、充填段高划分、二次注浆机壁后注浆充填效果检查和监测手段进行研究。为完全置换出壁后环形空间的泥浆,所采用充填材料的密度应大于泥浆密度。充填材料应均匀密实,固化后其结实体应有一定强度和较好的抗渗性能,有利于固结井壁和防止表土层的水与基岩水上下串通。另外,充填层可使井帮和围岩体之间形成围抱力,确保井壁不上浮和下沉。

(一) 充填材料

壁后充填材料一般采用水泥浆、水泥砂浆、混凝土和抛石注水泥浆等。不同充填材料的优缺点具体如下:

(1) 充填水泥浆具有施工简便,充填密实、结石体强度高的优点;但是水泥浆结石率较低,水泥消耗量过大,成本太高。

(2) 充填水泥砂浆施工也较简便,宜先配制成水泥浆,然后与砂混合搅拌成水泥砂浆,具有充填质量均匀密实、结石体强度高、水泥消耗量小和成本低等优势。

(3) 抛石注水泥浆由于注入的水泥浆不能完全把泥浆置换出来,局部水泥浆与石子胶结不好,因而封水效果较差;但它施工简便,多被应用在中间段高的充填。

(二) 充填工艺技术

井筒扶正后可向井筒内追加配重水,配重水加注量应大于第一段高充填时水泥浆置换泥浆所产生浮力差的 1.3 倍以上,并采用动态平衡法进行井壁后充填,确保偏斜在控制范围之内。壁后充填施工前,除了提前做好水泥浆和水泥砂浆的配比、试验工作,壁后充填的水泥浆和砂浆密度应在 1.60～1.65 g/cm^3 之间;完成注浆管的制作,同时应提前做好泥浆分离、固化准备工作，满足充填阶段泥浆排出的需要。

深度较浅的钻井壁后充填量比较小，井壁都为等截面结构，为了防止相对密度较高的水泥浆置换出钻井泥浆后，带有井壁底的井壁所受的浮力大于井壁自重力和井筒内的配重水重力，造成井壁“反浮”事故，施工前应按下式计算等截面井筒第一次充填的最大高度 H_{c1}：

$$H_{c1} = \frac{\Delta H d^2 \gamma_w}{KD^2(\gamma_g - \gamma_n)} \tag{4-2}$$

式中　ΔH——井壁悬浮下沉到底时，井筒内配重水水面到允许添加配重水水面的距离，m；

d——井壁内直径，m；

D——井壁外直径，m；

γ_w——配重水容重，kN/m³；

γ_g——水泥浆容重，kN/m³；

γ_n——泥浆容重，kN/m³；

K——安全系数。

大直径深井钻井法凿井壁后充填段划分应根据井筒深度、地层条件、井壁结构形式和充填工艺确定。钻井井壁底部第一段高应采用胶结性材料进行充填，充填高度应超过井壁底或马头门顶 40 m，每一次充填段高不应超过 100 m。我国某东部厚冲积地层和某西部厚基岩地层钻井壁后充填段高划分分别如表 4-2 和表 4-3 所示。第一段高水泥浆充填时单位时间增加的浮力采用向井筒内加入相应的配重水进行平衡，既可防止井筒因加入过量的配重水而失稳，又可保证井筒偏斜率小。在充填下部的第一段高时，虽然井壁内已增加配重水以加大井壁的整体重量，但是由于水泥浆或水泥砂浆或混凝土浮力的增加，仍有可能将井壁浮起，因而要控制充填高度，确保底部充填材料凝固后，井壁不出现上浮问题。其允许最大充填高度为：

$$H_m \leqslant \frac{Q_1 + Q_2 - F_2 \gamma_1 H}{F_2(\gamma_2 - \gamma_1)} \tag{4-3}$$

式中　H_m——允许最大充填高度，m；

Q_1——井壁(含井壁底)重量，kN；

Q_2——井筒内配重水重量，kN；

F_2——井壁外断面积，m²；

γ_1——泥浆容重，kN/m³；

γ_2——充填材料容重，kN/m³；

H——充填前井壁在泥浆中的高度，m。

表 4-2　某东部厚冲积地层钻井壁后充填段高划分

序号	标高/m	充填高度/m	充填材料	说明
第一段高	−582.75～−513.2	69.55	水泥浆	内管充填
第二段高	−513.2～−438.2	75.00	碎石	外抛
第三段高	−438.2～−393.2	45.00	水泥浆	外管充填
第四段高	−393.2～−318.2	75.00	碎石	外抛

表 4-2(续)

序号	标高/m	充填高度/m	充填材料	说明
第五段高	−318.2～−273.2	45.00	水泥浆	外管充填
第六段高	−273.2～−183.2	90.00	碎石	外抛
第七段高	−183.2～−138.2	45.00	水泥浆	外管充填
第八段高	−138.2～−48.2	90.00	碎石	外抛
第九段高	−48.2～−3.2	45.00	水泥浆	外管充填
第十段高	−3.2～0.0	3.20	混凝土	C30 混凝土充填

表 4-3　西部厚基岩地层钻井壁后充填段高划分

段高序号	高度/m	充填体积/m^3	充填材料	备注
第一段高	75.0(−538.5～−463.5)	1 102.0	水泥浆	除了第一段高充填，需要在井壁下沉完后，根据实际数据进行验算，并且，充填段高必须符合规范要求。其余段高充填高度可根据施工情况进行调整
第二段高	75.0(−463.5～−388.5)	1 102.0	水泥浆	
第三段高	75.0(−388.5～−313.5)	1 102.0	M30 水泥砂浆	
第四段高	75.0(−313.5～238.5)	1 102.0	M30 水泥砂浆	
第五段高	75.0(−238.5～−163.5)	1 102.0	M30 水泥砂浆	
第六段高	75.0(−163.5～−88.5)	1 102.0	M30 水泥砂浆	
第七段高	88.5(−88.5～0)	1 300.5	M30 水泥砂浆	

壁后充填方法可分为壁外管充填和壁内管充填，如图 4-18 所示。壁后充填第一段高采用壁内管充填，其余段高采用壁外管充填。充填水泥砂浆或混凝土可采用直径为 80～100 mm 的钢管作为下料管，利用重力流入下料管注到环形空间底部，将泥浆置换出来。随浇注随向上提管，下料管底口始终埋在水泥砂浆或混凝土中，其埋入深度应在 1～3 m，埋入过深容易造成堵管。

壁外管充填是在井壁外侧的环形空间均匀布置 4～6 根充填管，直径为 65～80 mm、壁厚为 4～6 mm，并应下到井底。可用泥浆搅拌机搅拌水泥浆，用注浆泵将搅拌好的水泥浆通过充填管注到井壁底部。利用水泥浆的密度大于泥浆的密度，将泥浆自下而上置换出来。

壁内管充填是将充填管设在井壁内侧充填(图 4-19)。它适用钻井有些偏斜而使壁后间隙不均或深井的情况。壁内管充填可以均匀布置充填管，不易造成断管和堵塞，可以保证充填质量，减小钻井直径，节省充填材料，降低成本。该法在淮北童亭矿主井应用并取得了良好效果。

抛石注水泥浆是先将直径为 65～80 mm 的注浆管下到充填深度，随后向壁后环形空间抛入石子，经注浆管注入水泥浆，从底部出来后置换石子间泥浆。水泥浆固化后，将石子胶结起来。

二、壁后检查

壁后充填质量检查应在井筒排水、临时改绞完成后进行。目前，充填固井质量检查主

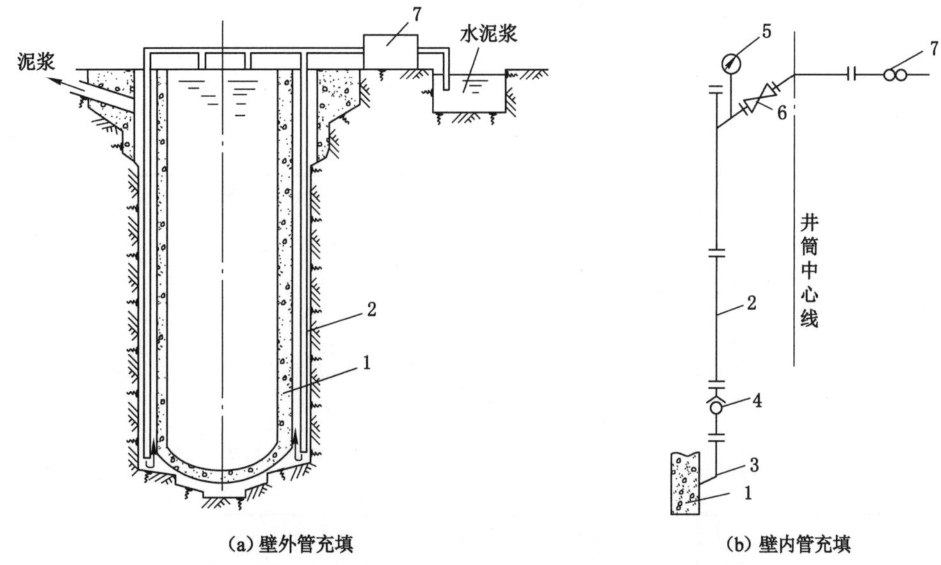

(a) 壁外管充填　　(b) 壁内管充填

1—井壁；2—充填管；3—预埋充填孔口管；4—逆止阀；5—压力表；6—截止阀；7—充填泵。

图 4-18　充填固井示意图

图 4-19　固定壁内注浆管

要采用在井壁上开孔检查的方法。一般通过井壁中预埋的注浆管进行检查。特殊情况下，如发现充填质量有问题时需要进行补孔检查。利用预埋的注浆管检查时，先将管端的丝堵旋掉，旋入带有压力表旁通管的过渡接头，再装好压力表和阀门(压力表和阀门的工作压力需大于检查孔位置可能产生的最大压力)。在任意位置补检查孔时，需制作孔口法兰盘和支撑架，用支撑架把孔口法兰盘顶紧在井壁上。采用凿岩机通过高压阀门的内芯，将井壁的未穿透部分凿穿。应注意凿穿井壁后可能有高压浆液喷出，操作人员需避开凿孔的正前方。必要时要制作凿岩机滑架，或利用支撑架作为凿岩机滑架。在浆液喷出时，应及时退出凿岩机和钎杆，关闭高压阀门；同时收集少量喷出的浆液进行分析，并密切注意压力表所显示的压力变化。

充填质量检查一般是在基岩段进行，基岩段较长时，应对重点地层位置进行检查，应以井壁底和马头门以上 10～15 m 范围内和接近表土层的地段为检查重点，发现充填质量有严重问题时，应扩大检查范围。充填质量检查结果分类如表 4-4 所示。

表 4-4　充填质量检查结果分类

检查结果	质量评定与处理意见
无浆液喷出，无压力	充填质量合格
有突发性浆液喷出，但很快减少并逐渐停止，压力也消失	充填质量合格
个别检查孔流出少量浆液后即流出清水，压力与静水压接近	壁后充填有局部孔洞，与含水层连通，可根据具体情况决定，一般情况下需要进行注浆封堵和加固处理
浆液不断喷出，压力不降低或略微降低	壁后大面积充填质量不好，充填物不凝固，且有上下贯通的可能，应及时进行注浆封堵和加固处理

一般采用壁后补充注浆作为充填固井质量不合格的补救措施。先在高压阀门的外侧安装注浆管和压力表。注浆前应制定符合实际的注浆方案。注浆一般是从井筒的最深部开始，注浆前适当放浆泄压，而后注入清水洗孔，此时应将上部相邻孔的阀门打开排出浆液，待浆液中充填物料减少后，再从注浆孔注入水泥浆。注浆时应控制注浆压力，不得超过井壁所能承受的压力。壁后补充注浆应严格保证质量，力争一次成功。待全部补注浆工程结束后，再重复检查一次，直到合格为止。

第二篇　反井钻机钻井法凿井技术

地下矿产资源开发初期阶段建设各种类型的井筒，只能采用由上向下掘进方法，也称为正向掘进法或正向凿井法。然而，随着矿井生产需要建设大量的连接上下水平的立井或者斜井，例如地下矿山开采中用于溜放矿物、废石和充填材料的溜井，以及人员、通风、物料及装备提升的暗井。溜井、暗井、煤仓等井下措施工程，位于井下两个生产水平中间，没有直达地面的出口，施工受到井下巷道空间限制，难以像地面凿井那样布置大型钻凿设备，由上向下进行正向凿井施工。通常会采用由下向上的施工方法，相对于从地面由上向下的凿井方法，这种由下向上的方法称为反向凿井法(简称反井法)，相应的这类工程也统称为反井工程(简称反井)。

最初的反向凿井法主要采用人工钻爆由下向上掘进，工人在狭小的反井掘进工作面作业，环境恶劣，安全风险高，效率低，经常发生伤亡事故。在科技创新有力支撑下反向凿井技术的快速发展，利用拟建反井工程下部巷道的空间和生产系统，采用机械破岩装备破岩钻进时岩渣依靠自重下落，实现了大体积破岩和无重复破碎的高效钻进，下部巷道内由装载机高效装岩排渣，提高钻掘效率。通常将此类工艺技术称为反向钻井法凿井技术，其中，最具代表性的为反井钻机钻井法凿井技术。反井钻机钻井过程中人员不再进入工作面，保证了反井作业人员的安全。随着反井钻机装备能力的提升，煤矿及非煤矿山建设中连接地面至井下的拟建井筒(如采区风井)，在具备下部生产系统条件下，亦可以采用反井钻机钻井法施工，通过反井钻机以机械破岩钻进的方法快速安全地施工井筒。目前，从矿物开采领域发展起来的反井钻机钻井法凿井技术，已拓展到城市地下空间开发、水电、交通、大科学试验和国防等领域的井筒工程建设。如城市地下空间开发中的用于排水、供水、供电、供气的管道井，以及用于通信、监控等线缆布置的井孔，抽水蓄能电站、水力发电站等大直径长斜管道井和竖井，穿山铁路/公路隧道的通风井等。

反井钻机钻井法经过40多年持续不断的科研攻关与创新实践，现已形成了以机械破岩理论、钻具材料与性能研发、钻进导向控制、钻进动力系统控制和井筒围岩稳定控制的反井钻井技术、装备及工艺体系，解决了地下软弱夹层、富水、瓦斯、坚硬岩石等复杂地层条件下反井钻井中的关键技术难题，从钻进直径仅1.0 m发展到钻进直径为6.0 m，钻井深度从80 m提高到562 m，实现了由人工挖掘、爆破破岩到井下无人化、机械化、自动化钻井的根本性变革，保障了反井施工中人员与设备的安全，并正逐步向信息化、智能化钻井迈进。

第五章　反井钻机钻井法凿井技术发展概述

第一节　传统钻爆法反井施工技术工艺

一、人工蹬渣和木垛反井法施工技术

传统的人工蹬渣反井施工是地下工程建设中施工难度大、风险高的作业项目。传统人工蹬渣反井施工示意图如图5-1所示。作业工人从下部巷道空间在不借助任何辅助手段的情况下，首先利用手持或气腿式风动凿岩机直接向上钻炮眼、装药、爆破、通风；然后进行反井井帮危石处理、出渣、材料运输和临时支护等作业；最后操作人员继续蹬渣作业，进行下一个循环的钻眼、爆破工作。

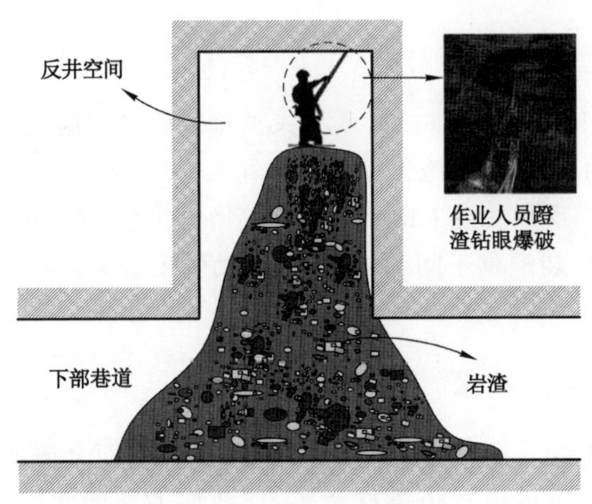

图5-1　传统人工蹬渣反井施工示意图

为了解决施工高度的限制和反井过程排出的岩渣管理问题，发展形成了木垛反井法施工技术。传统木垛反井法施工示意图如图5-2所示。木垛反井法施工以木方组成的木垛作为临时支撑和作业辅助平台，将反井断面分成石渣间和人员梯子间两部分，石渣间用于存放爆破崩落的碎石，下部装有漏斗闸门，以便反井下水平岩渣的装运。梯子间提供工作人员进入上部掘进工作面的通道，并敷设压风管、供水管、风筒和电缆等，随着掘进深度增加，也可以布置提升设备，用于钻眼工具、爆破材料、木材和其他支护材料的运输。

传统人工蹬渣和木垛反井法施工时，工作面在作业人员的头顶上方，顶部爆破新揭露的井筒围岩容易出现掉石、塌方、片帮、淋水和有害气体聚集等危险，作业空间范围一般只

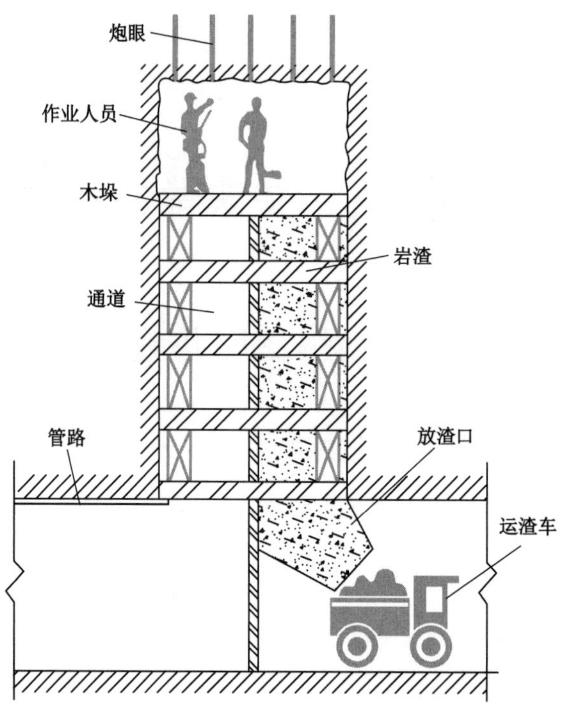

图 5-2　传统木垛反井法施工示意图

有 2 m×2 m×2 m 的狭小空间，事故发生后人员难以躲藏避险，伤亡事故往往难以避免。由于岩渣自由堆积角的存在，以及施工反井内空气流通差，施工高度受到限制，反井深度一般很难超过 10 m。木垛反井法施工每个循环都要搭拆工作台、搬运凿岩设备和器材，每隔几个循环又要延长管线，装配梯子间和岩石间，劳动强度较大，掘进速度低，施工的反井深度一般不超过 40 m。

二、吊罐反井法施工技术

从人工直接蹬渣作业发展出了煤矿中常用的木垛法，而金属矿山以及水力发电站坚硬稳定岩石地层中常采用吊罐和爬罐反井法，反井施工速度在一定程度上得到提高，反井深度逐渐增大。吊罐反井法施工示意图如图 5-3 所示。吊罐反井法首先需要将钻机安装在井筒中心位置，并沿反井轴线钻进一条将反井上下巷道贯通的钻孔，并在反井上部巷道顶部安装滑轮，将绞车提升钢丝绳通过滑轮和钻孔下放到下部巷道内，连接专用吊罐，吊罐在绞车钢丝绳的提升下，将作业人员、钻孔设备和爆破材料提升到反井工作面后，吊罐支撑在井帮上，展开上部结构作为作业平台；然后，作业人员在平台上进行钻孔、装药和连线作业，待作业人员利用吊罐下落到安全通道后，进行爆破使反井工作面向上推进，再进行下一个作业循环。

与传统人工蹬渣和木垛反井法施工相比，吊罐可同时作为提升设备和工作平台，通过上水平安装的提升机可实现快速升降；提吊吊罐的钢丝绳孔可作为通风孔，改善通风效果。但是，吊罐反井法由于需要提前钻进提升钢丝绳孔，由于随着钻井深度增加，钻孔偏斜控制

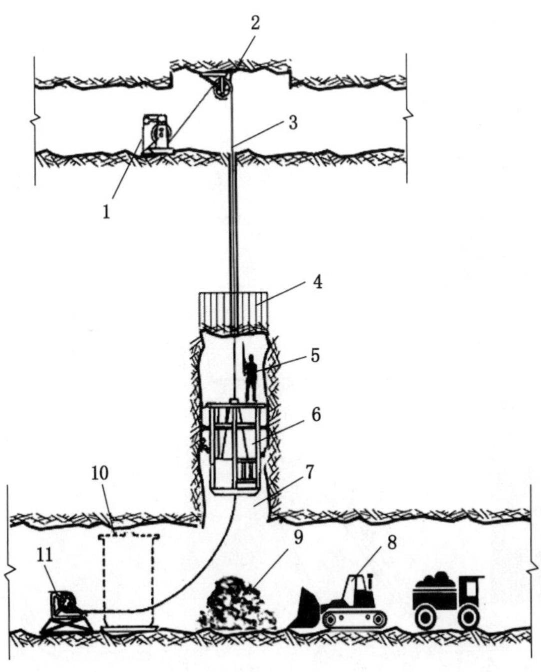

1—提升绞车；2—天轮；3—钢丝绳；4—炮眼；5—作业人员；6—吊罐；7—反井；8—装岩机；
9—岩渣；10—吊罐存放位置；11—管路绞车。

图 5-3　吊罐反井法施工示意图

困难，许多工程因为钻孔偏斜超出反井掘进断面，需要重新钻孔，降低了反井效率，增加了成本。因此，一般吊罐反井法施工技术适用于深度不超过 100 m 的反井工程，难以适用于斜井反井工程。

三、爬罐反井法施工技术

爬罐反井法施工技术是指利用爬罐作为输送工具和操作平台，将作业人员和材料运输到工作面，同时将爬罐作为操作平台进行爆破孔的钻凿、装岩、连线、封孔及必要的临时支护作业。利用固定在斜井上部和井帮的爬罐轨道作为运行支撑，爬罐上的齿轮和轨道上的齿条啮合，依靠电力驱动或者内燃驱动，实现爬罐的上升和下放。爬罐反井法开挖斜井主要工序示意图如图 5-4 所示。

爬罐反井法不需要上部隧道和其他辅助钻孔，主要应用在水电和金属矿山领域，由于爬罐分为电力驱动和内燃驱动两种，难以应用于需要防爆的煤矿工程。从 20 世纪 80 年代初开始，在水电工程建设领域中，渔子溪二级、鲁布哥等水力发电站以及广州、天荒坪等抽水蓄能电站工程中采用了瑞典生产的阿里马克爬罐进行施工；我国也曾经生产过电动爬罐，并在十三陵抽水蓄能电站中应用。

从理论上讲，爬罐反井法在岩层稳定条件下不需要利用井筒上水平作业空间，施工长度可达上千米。但是随着掘进井孔长度的增加，人员或爬罐上下运行导致辅助作业时间较长，掘进速度明显减慢，施工效率降低；工作面通风条件差，导致工作面易聚集有害气体，通常用于施工长度不超过 200 m 的斜井导井；本质上并没有解决作业人员在五面为围岩和一

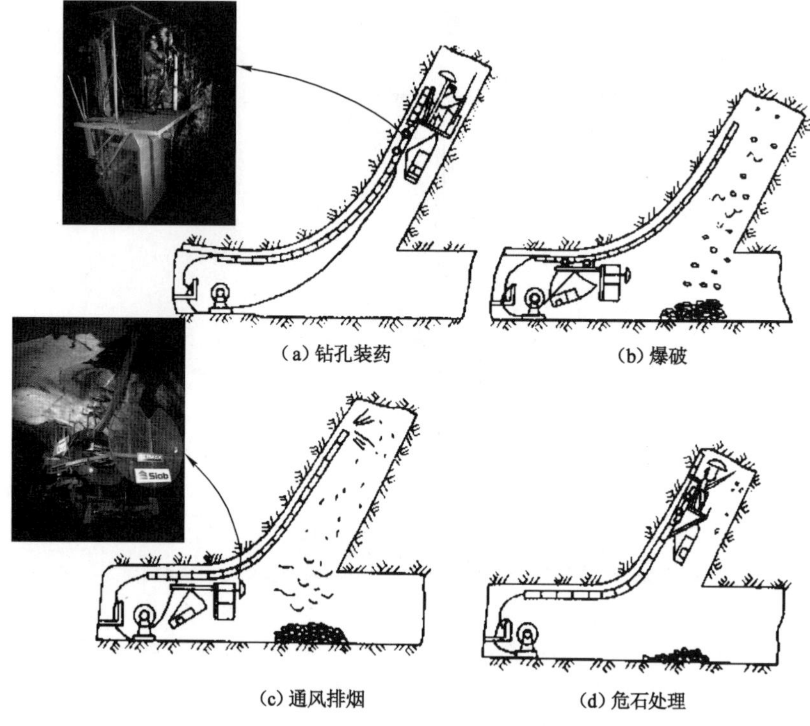

图 5-4　爬罐反井法开挖斜井主要工序示意图

面为深井的环境中面临的问题，落石、淋水、有害气体等对人员伤害风险极大，且对作业人员心理产生不利影响。因此，从施工安全和职业健康角度考虑，已经将爬罐反井法施工技术列入淘汰落后工艺目录。

第二节　国内外反井钻机钻井法技术发展历程

一、国外反井钻机钻井法发展历程

（一）无钻杆反井钻机钻井法

反井钻机钻井法施工最早于 1949 年由德国工程师贝德(Bade)提出并付诸实践，德国工程师贝德借鉴了吊罐法的反井施工工艺，并结合隧道掘进机技术，设计出第一台无钻杆反井钻机(图 5-5)。无钻杆反井钻机钻井施工工艺的核心思想是用具有旋转和推进功能钻头结构替代吊罐。首先在反井上水平安装小型钻机，由上向下钻成小直径钻孔，用于下放钢丝绳，也可作为反井钻进的导向孔；导向孔完成后拆除钻机，并安装提升绞车，利用提升绞车的钢丝绳提吊钻头，钻头下部连接电缆提供钻头旋转所需动力并进行钻进操控，并由钻头上布置的破岩滚刀实现钻进，从而代替了人工钻孔爆破破岩；上部绞车提吊钻头上升，实现变换油缸推进行程的目的。该反井施工技术工艺开创了机械破岩钻进反井先河，将工作人员从反井工作面解脱出来。但是，该种反井钻机钻井设备施工时，钻头需具备推进、旋转和支撑功能，在穿过不稳定地层时，支撑功能会失效并导致无法钻进。

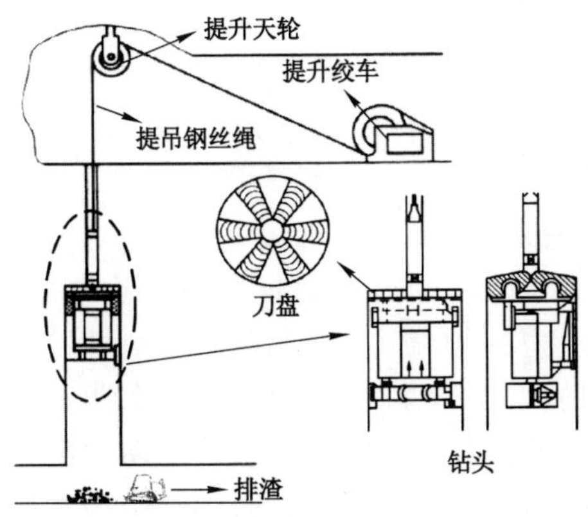

图 5-5　第一台无钻杆反井钻机示意图

1960 年，英格索兰（Ingersoll Rand）的阿克（Akirk）设计制造了一套无钻杆反井钻进系统，如图 5-6 所示。反井钻进前钻出的导向孔，下部安设扩孔钻头入孔导向结构，和贝德钻机钻进方式类似。该反井钻井技术与贝德钻机主要区别在于扩孔钻头上部进入导孔的部分可以支撑在导孔孔帮上，承受钻进破岩产生的反扭矩作用，扩孔钻进时可由上部电缆控制钻头旋转。

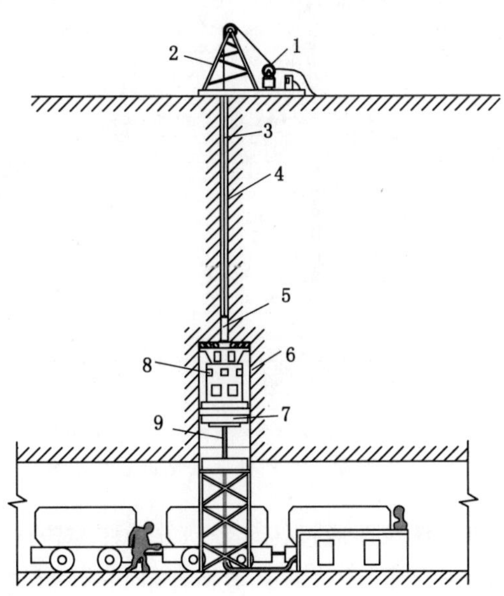

1—绞车；2—井架；3—钢丝绳；4—导孔；5—钻头连接；6—反井钻孔；7—钻头支撑；8—钻头；9—管缆。

图 5-6　Akirk 无钻杆反井钻进系统

首先，无钻杆反井钻进系统由于需要在反井上、下两水平巷道内操作，同时通过通信操作控制难度大，因此容易出现误操作；其次，控制钻头运转的电缆、液压管路等，需要从下向上逐渐连接，且采用柔性结构的管缆，在破碎岩石掉落过程中，会对管缆产生冲击并造成破坏；再次，无钻杆反井钻进系统在软弱破碎地层钻进时，由于围岩失稳塌孔，扩孔钻头支撑结构无法支撑到岩帮上，围岩也就无法提供破碎岩石所需的反扭矩和反推力，进而导致无法正常反井钻进。此外，无钻杆反井钻进系统采用钻头的重量，受制于上部绞车及钢丝绳提升能力，难以实现大直径反井钻进，且增加了断绳、扩孔钻头掉落等风险发生概率。

（二）有钻杆反井钻机钻井法

1. 钻杆提吊式反井钻进系统

坎农(Cannon)、罗宾斯(Robbins)在贝德反井钻进系统的基础上，做了重要改进和发展，主要区别在于利用安装在反井上部的井架，靠钻杆提升扩孔钻头，并承受破岩反扭矩，在地层不好出现坍塌变径的地方，亦可以正常钻进。这种类型钻机另一大优点是钻杆不旋转，可以下放管路、电缆并将它们作为驱动钻头旋转的动力，工作人员在反井上部工作，安全得到保证。但是，钻头旋转需要动力直接驱动，无论是从上水平巷道还是下水平巷道提供动力，都要靠电缆、管路和钻头连接以输送动力，存在许多问题难以解决。

2. 转盘式有钻杆反井钻进系统

通过改进普通钻机形成了转盘式有钻杆反井钻进系统(图 5-7)。转盘式有钻杆反井钻机钻进系统主要利用普通钻机采用的绞车＋滑轮组＋水龙头＋方钻杆＋钻杆的提升系统，可以将推拉力传递到扩孔钻头上。

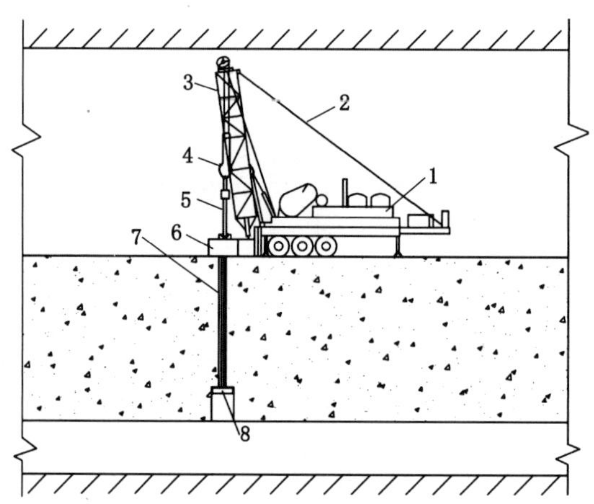

1—钻机底盘；2—钢丝绳；3—井架；4—水龙头；5—方钻杆；6—转盘；7—导孔；8—扩孔钻头。

图 5-7 转盘式有钻杆反井钻进系统示意

转盘式有钻杆反井钻进系统主要通过转盘带动方钻杆旋转传递破岩扭矩，转盘将旋转动力传递给能够在转盘通孔中上下运动的主动钻杆，即在转台中央开有方形或六方形内孔，内置两块呈半方形或半六角形的大补芯。大补芯的内孔也呈方形或六方形，可再放置两块小补芯。小补芯放入后组成方形内孔，可通过并带动方钻杆回转。通过方钻杆将转盘提供的扭矩经钻具系统传递到扩孔钻头上，扭矩和拉力的组合实现钻头破岩。

转盘式有钻杆反井钻机钻进与转盘式竖井钻机钻井工艺原理类似，扩孔钻头不再主动旋转，而是在钻杆的带动下旋转，不需要钻进过程中的管、缆拆卸等复杂工序。转盘式有钻杆反井钻进系统中虽然扩孔钻头直径更大，但是受制于当时装备的制造能力，转盘带动钻杆旋转进而驱动钻头旋转的方式，传动效率低，以及绞车提升产生破岩推拉力相对较小，难以提供高效破岩所需的压力。

3. 动力头式有钻杆反井钻进系统

动力头式有钻杆反井钻机采用电机、马达直接驱动动力头旋转，带动钻杆旋转，其反扭矩通过钻架上的导轨传递到地面基础上，相对于转盘式有钻杆反井钻机传动效率更高。动力头式有钻杆反井钻进系统示意图如图 5-8 所示。这种类型反井钻机导孔钻进和普通钻机钻孔方式相同，先钻进导孔下放钻杆，再采用塔形扩孔钻头由下向上扩孔钻进。但是该钻进系统依然采用绞车、滑轮组和钢丝绳提供破岩所需压力，也存在传递钻压不足和稳定性差的问题。

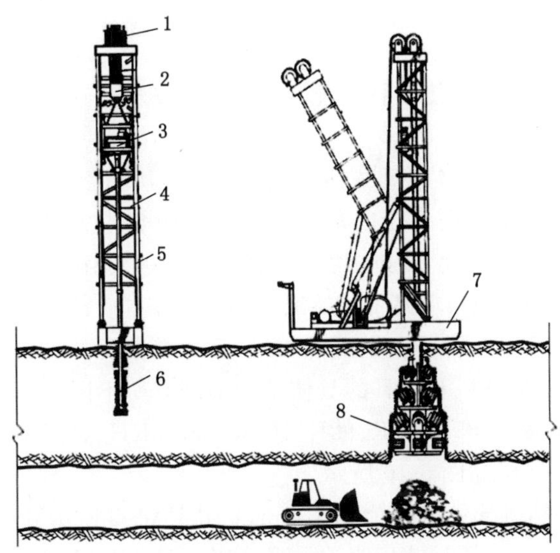

1—天轮；2—滑轮组；3—动力头；4—钻杆；5—钻架；6—导孔钻头；7—钻机底盘；8—扩孔钻头。

图 5-8　动力头式有钻杆反井钻进系统示意图

(三) 现代反井钻机钻井法

1962 年美国罗宾斯(Robbins)公司研制了第一台真正意义上的有钻杆的反井钻机——31R 型反井钻机，如图 5-9 所示。31R 型反井钻机与贝德无钻杆反井钻机不同的是钻头由钻杆驱动并传递推力，钻头上不再需要动力驱动其旋转；与之前研发的有钻杆反井钻机不同的是，反向钻进时对钻头破岩的压力由钻杆的拉力产生，形成了真正意义上的现代反井钻机。

首台 31R 型反井钻机从上向下钻进导孔，导孔直径为 170 mm，导孔钻头采用石油系统常用的牙轮钻头；导孔和下部巷道贯通后，拆除导孔钻头并连接扩孔钻头，然后由下向上扩孔钻进，形成扩孔直径为 1.0 m 的反井。扩孔钻头上布置 6 把双支点滚刀破岩，初期采用的滚刀刀齿为齿面硬化的铣齿结构，在破碎岩石钻进过程中耐磨性差，刀具消耗量大，需要经常更换，且更换滚刀需要下放钻杆至下水平空间，降低了钻进效率。后期通过借鉴镶齿三牙轮钻头结构，研发出了碳化钨硬质合金镶齿的破岩滚刀，滚刀寿命大大提高了。31R 型反井钻机将钻进导孔的钻机设计成具有既能向下钻进又能向上钻进，并采用油缸直接提

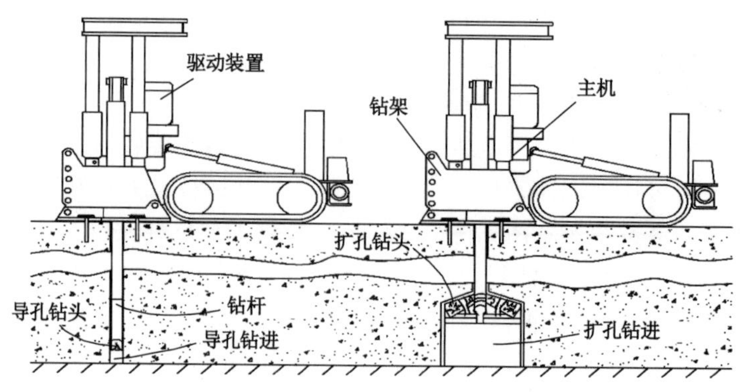

图 5-9　31R 型反井钻机示意图

升动力头的方式，动力头直接连接钻杆并驱动钻头旋转破岩，这也是目前石油和地质钻机所采用的顶驱钻机的雏形。

美国罗宾斯公司研制的 31R 型反井钻机在反井施工历史上具有里程碑式的意义，极大地促进了反井钻机和反井钻井技术工艺的发展。之后世界上发达国家采矿和机械制造企业，如美国罗宾斯、美国英格索兰、瑞典山特维克(Sandvik)、德国维尔特(Wirth)、芬兰塔姆洛克(Tamrock)和因都(Indau)、瑞典阿特拉斯(Altas)、日本矿研株式会社(Koken)等公司，在此基础上先后研制生产了多种类型的反井钻机，且大多数反井钻机钻进工艺与 31R 型反井钻机钻进工艺相同，只是钻机和钻具的具体结构形制有所不同。

美国罗宾斯公司研发了 85R、73R、92R、103RM、123RH、123RM 等型号的反井钻机。美国罗宾斯研制的反井钻机如图 5-10 所示。

其中，123RM 反井钻机导孔直径为 352 mm，扩孔钻进直径达到 4.5 m，设计钻井深度为 915 m，扭矩为 593 kN·m，采用液压驱动，扩孔拉力达 9 433 kN，动力功率为 352/423 kW。2014 年在亚拉巴马州的 7 号煤矿反井工程中(图 5-11)，采用 123RM 反井钻机并配套 8 m 直径的八翼扩孔钻头，钻头的平均速度为 2.5 r/min，完成了钻井直径为 8 m、深度为 439 m 的反井工程，是目前完成的最大直径反井钻井工程。

德国维尔特公司的 HG380 型反井钻机(图 5-12)扭矩达 710 kN·m，该钻机完成了深度为 1 260 m、扩孔直径为 7.1 m 的反井工程。截止到目前这依然是反井钻机最深钻井的世界纪录。

目前，德国海瑞克(Hherrenknecht)、加拿大雷德帕斯(Redpath)、澳大利亚特瑞泰克(Terratec)一直在致力于反井钻机和反井技术研发。德国海瑞克公司开发的反井钻机如图 5-13 所示。此系列钻机具有以下特点：设计钻井深度可达 2 000 m，扩孔刀盘的直径范围为 1～8 m；能够对扩孔刀盘钻杆上的载荷进行实时监测，钻杆上的载荷数据实时传送给钻机操作员，以优化机器的钻进参数；模块化设计，设备外形紧凑，在施工场地狭窄的情况下仍能灵活应对，适用于地下工程领域中的反井钻井工程。

二、我国反井钻机钻井法发展历程

改革开放以来，我国经济发展增速迅猛，矿物资源和能源需求与日俱增，在地下工程建设大力发展的需求带动下，我国反井钻井技术得到了发展。本小节将以时间为轴线，介绍

(a) 85R型

(b) 73R型

(c) 85R型

(d) 73R型

图 5-10　美国罗宾斯研制的反井钻机

(a) 123RM反井钻机

(b) 8 m直径的八翼扩孔钻头结构

图 5-11　美国罗宾斯 123RM 反井钻机及钻头结构

图 5-12 德国 WIRTH 公司 HG380 型反井钻机

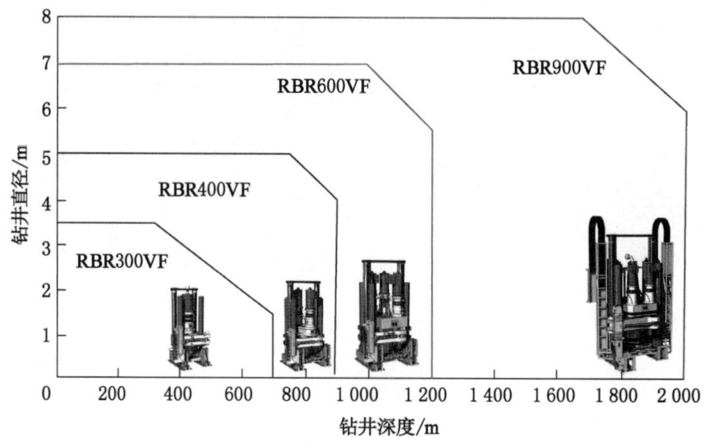

图 5-13 德国海瑞克公司研发的反井钻机

自 1980 年至今我国反井钻井技术与装备研发及其工程应用情况。我国反井钻机钻井技术的发展与典型工程案例对照图如图 5-14 所示。

自 20 世纪 80 年代初，我国反井钻机及反井钻井施工技术与装备的发展主要经历了小型反井钻机钻井研发、反井钻机钻井技术与装备发展、大型反井钻机钻井技术与装备成熟和反井钻机钻井技术与装备阶跃四个主要阶段。

（一）小型反井钻机钻井研发阶段

1980—1988 年，为矿山小型反井钻机钻井研发阶段。在“七五”国家科技攻关项目支持下，借鉴钻井法和国外经验，针对当时煤矿井下煤仓、暗井、溜煤眼等反井工程普遍采用木垛反井法施工导致的事故频发、作业人员伤亡严重的安全问题，煤炭科学研究总院北京建井所研制了 LM-90 型、LM-120 型反井钻机，并在开滦赵各庄煤矿完成井下工业性试验，最

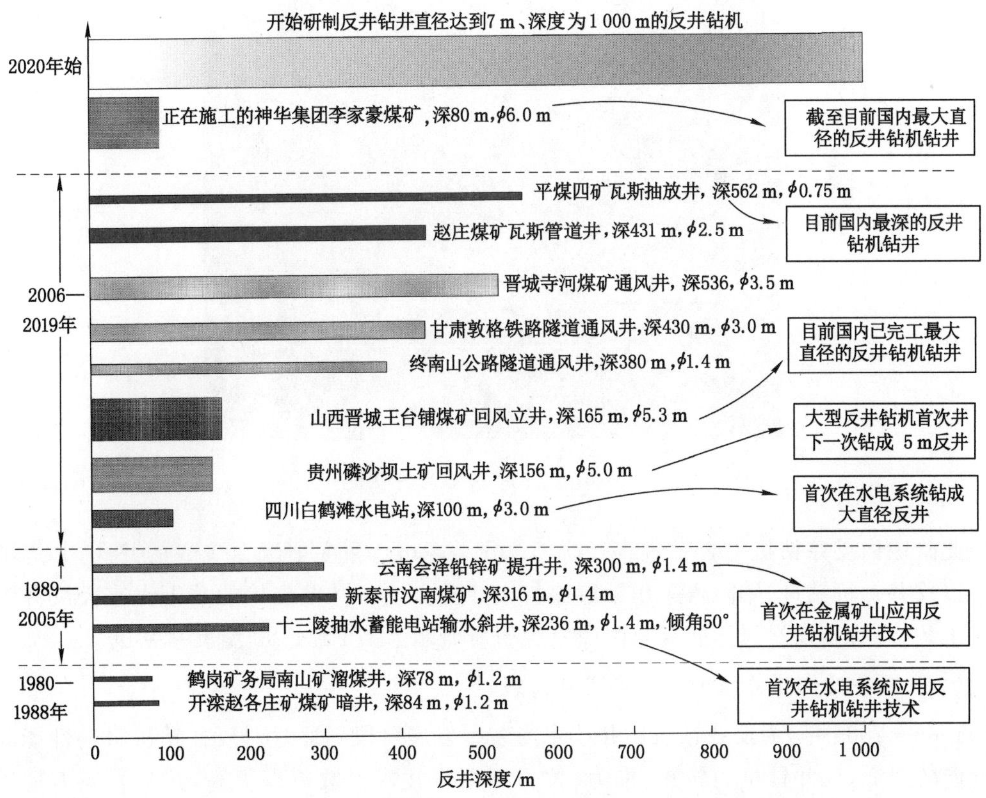

图 5-14　我国反井钻机钻井技术发展与典型工程案例对照图

大钻进深度达到 80 m。以 LM-120 型反井钻机为例，“LM”代表溜煤用反井钻机，120 代表设计钻井深度为 120 m，也可理解为扩孔直径为 120 cm；采用整体框架式主机结构、液压马达驱动、液压油缸推进，将 API（美国石油学会）标准钻铤经改进作为反井钻机钻杆，解决了井下暗井、矿仓和溜煤眼等软岩、小直径和浅孔施工的难题。LM-90 型、LM-120 型反井钻机分别如图 5-15、图 5-16 所示。

图 5-15　LM-90 型反井钻机

图 5-16　LM-120 型反井钻机

此阶段内反井钻机主要钻进直径小(1.0～1.5 m)、深度小于 100 m 的井孔，并逐渐形成了以反井钻机钻进导井，再采用钻爆法扩大井孔和进行井壁支护的井下大直径反井工程施工工艺。同期，煤炭科学研究总院南京煤研所研制了 ATY-1500 型反井钻机。

（二）反井钻机钻井技术与装备发展阶段

1989—2005 年，为反井钻机钻井技术与装备发展阶段。通过对反井钻机材料性能和装备性能的研究，反井钻机的转矩、推力、拉力等钻进技术参数得以提高，其破岩滚刀适用于从软岩到中硬岩体中的破岩钻进，反井钻机导孔钻进、偏斜控制、地层处理等技术也相应地提高，反井钻机技术与装备得以迅速发展，同时应用范围也逐渐扩大。

1. 硬岩反井钻机

1989 年，由煤炭科学研究总院北京建井所设计，并由江苏省苏南煤矿机械厂制造了 LM-200 型反井钻机(图 5-17)，钻井深度达 200 m、直径为 1.4 m；以及能够钻进斜井的 LM-90 型反井钻机，钻井深度为 90 m、直径为 0.9 m。此阶段主要用于煤矿井下的反井钻机主要技术参数如表 5-1 所示。

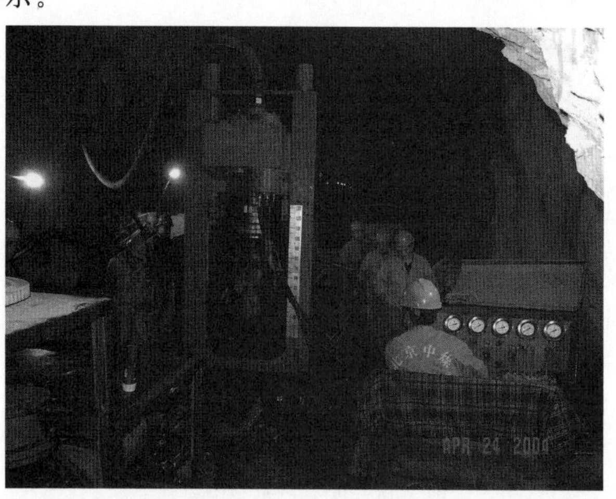

图 5-17　LM-200 型反井钻机

表 5-1　井下反井钻机主要技术参数

技术参数	LM-90	LM-120	LM-200
钻孔深度/m	90	120	200
钻孔倾角/(°)	60～90	60～90	60～90
岩石条件/MPa	80	100	100
导孔直径/mm	190	244	216
导孔推力/kN	160	250	350
导孔转速/(r/min)	0～45	0～43	0～20
导孔扭矩/(kN·m)	0.75	15	20
扩孔直径/m	0.9	1.2	1.4
扩孔拉力/kN	380	500	850
扩孔转速/(r/min)	0～22	0～22	0～10
扩孔扭矩/(kN·m)	15	30	40
驱动方式	液压	液压	液压
主机功率/kW	52.5	62.5	82.5
主机重量/kg	3 200	4 300	8 300
钻孔深度/m	90	120	200

反井钻机在初期主要用于钻凿垂直地面的井孔，为拓展其应用范围，1992 年开始尝试利用反井钻机钻凿斜井。在煤矿为减少巷道掘进工作量，利用大倾角斜井连接两个生产水平，作为高效通风井，并首先在山西横河煤矿钻成倾角为 60°的通风暗井。

同时，随着我国大规模开展抽水蓄能电站建设，需要施工大量的压力管道工程，压力管道多采用斜井方式布置，斜井的倾角一般为 50°～75°。1992 年在国家重点工程北京十三陵抽水蓄能电站建设中首次应用了改造后的 LM-200 型反井钻机施工竖井和斜井(图 5-18)，完成 2 条长度分别为 203 m 和 236 m、直径为 1.4 m、倾角为 50°的大倾角长距离压力管道斜井，其偏斜率仅为 1.41%，反井钻机钻井被誉为“水电系统中具有突破性技术变革的施工”，这也为反井钻机在斜井施工应用方面做了开辟性的工作。

随着定向钻进技术的不断研究和发展，斜井的偏斜率大大降低，其应用范围逐渐增加，随后以反井钻机作为钻进压力管道斜井导井的重要装备和工艺，先后在泰山、宜兴、蒲石河、张河湾、西龙池、丰宁等多个抽水蓄能电站的竖井/斜井压力管道施工中成功应用。大朝山、龙滩、小湾、达拉河、芹山、马鹿塘、引子渡、三峡、溪洛渡、向家坝、白鹤滩、乌东德等几十座国内大型水力发电站建设中应用了反井钻机钻井工艺。2003 年开始将反井钻机技术应用于金属矿山井筒建设，并首次在云南会泽铅锌矿应用 LM-200 型反井钻机钻进提升井，钻成深度为 300 m、直径为 1.4 m 的井筒延伸。此后，在河北黑龙山铁矿、迁安红石崖铁矿、首钢杏山铁矿、山西峨口铁矿等矿山的坚硬岩石中钻成多条竖井和斜井。2004 年在马来西亚巴贡电站应用反井钻机钻井工艺完成了 8 条竖井的施工。之后又在马来西亚沐若电站、哈萨克斯坦玛依纳水电站、巴基斯坦尼鲁姆·杰鲁姆水电站、赞比亚卡里巴水电站、老挝南立水电站、厄瓜多尔 TP 水电站和保特-索普拉多拉水电站、津巴布韦卡里巴水电站等水电

图 5-18　十三陵抽水蓄电站 LM-200 型反井钻机施工现场

站应用反井钻机钻进竖井或斜井(图 5-19),反井钻机钻井技术成功迈出国门,在国际反井钻井领域占有重要地位。

图 5-19　国外水电站 LM-200 型反井钻机隧洞内施工现场

2. 低矮型反井钻机

低矮型反井钻机是指钻进施工时钻机钻架的工作高度较低,能够在一般井下巷道内直接钻进的反井钻机,也是为适应井下条件设计的一类反井钻机。普通钻机的推进油缸伸出到最大行程位置时是钻机的最大工作高度,因此,采用降低油缸高度实现钻机高度的降低。在参考了美国罗宾斯公司圆柱形内支撑钻架结构的基础上,煤炭科学研究总院南京研究所和山东矿山机械厂共同研制了 ZFYD1200、ZFYD1500 和 ZFYD2500 低矮型反井钻机,其中 ZFYD2500 低矮型反井钻机为当时国内最大直径的反井钻机,钻井深度可达 100 m、直径 2.5 m,并于 1995 年在兖州矿务局南屯煤矿的反井工程中应用。双伸缩油缸推进低矮型反井钻机示意图如图 5-20 所示。

低矮型反井钻机采用两柱三缸结构形式,以两根导向支撑圆柱作为钻架主体结构,承受钻进过程中钻头与岩石相互作用产生的反力和反扭矩,且三根推进油缸同步推进。为了

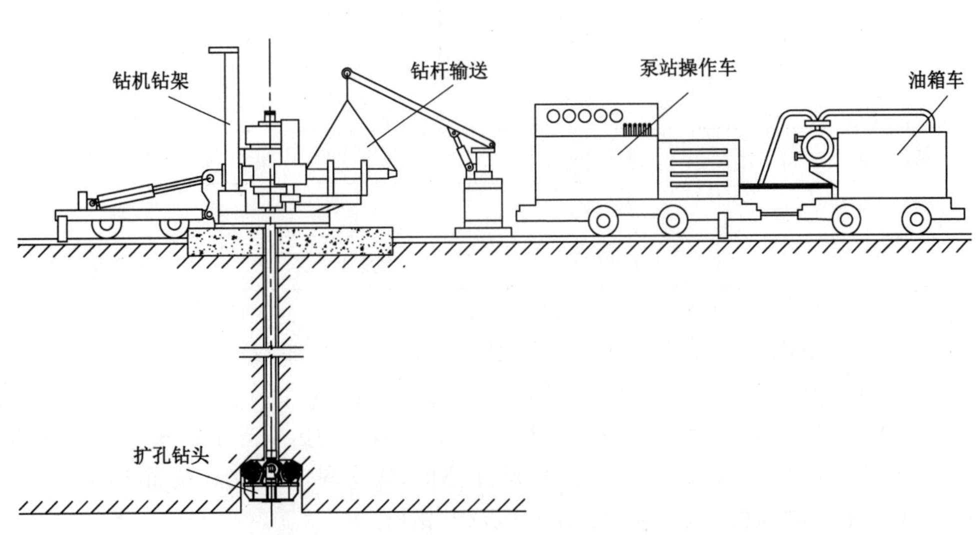

图 5-20　双伸缩油缸推进低矮型反井钻机示意图

降低钻机的工作高度，钻机的推进油缸采用伸缩式套筒油缸，适用有效长度为 0.8～1.0 m 的钻杆，钻机的工作高度在 3.0 m 左右。因此，在一般煤矿巷道内施工反井时，不再需要对钻机安装位置的巷道进行挑顶开挖便可以直接进行反井钻进施工，缩短了反井钻机施工准备时间，提高了反井施工位置的巷道稳定性。低矮型反井钻机主要技术参数如表 5-2 所示。

表 5-2　低矮型反井钻机主要技术参数

钻机技术参数	ZFY1.2/15/200	ZFY1.5/30/100	ZFY2.5/70/100
导孔直径/mm	200	250	250
扩孔直径/mm	1 200	1 500	2500
钻孔深度/m	200	100	100
钻杆直径/mm	150	200	200
导孔转速/(r/min)	0～52	0～35	0～35
扩孔转速/(r/min)	0～26	0～17	0～12
额定扭矩/(kN・m)	14.9	29	68.5
最大扭矩/(kN・m)	21.5	44	98
导孔推力/kN	196	222.5	222.5
扩孔拉力/kN	550	1 154	1 470
钻孔倾角/(°)	60～90	60～90	60～90

表 5-2(续)

钻机技术参数	ZFY1.2/15/200	ZFY1.5/30/100	ZFY2.5/70/100
主机质量/kg	3 650	6 510	9 410
工作高度/mm	2 700	2 964	3 100
钻杆长度/mm	1 000	1 000	1 000
钻机功率/kW	66	86	161
驱动方式	全液压驱动	全液压驱动	全液压驱动

此外，这一阶段内北京建井研究所研制的 LM 系列钻机和 ZD2.0/400 型强力反井钻机、南京煤研所研制的 AF 系列钻机、长沙矿山研究院研制的 ATY 系列钻机，以及从美国引进的 83RM-HE 型和从芬兰引进的 RHINO1000 型钻机均为下导上扩式反井钻机；从德国引进的 P/EH1200 型钻机为上导下扩式反井钻机；煤炭科学研究总院重庆分院研制的 zoq100/100 型和苏联飞箭-77 为无导孔上扩式反井钻机。

(三) 反井钻机钻井技术与装备成熟阶段

2006—2019 年，为反井钻机钻井技术与装备成熟阶段。随着反井钻机钻井向其他领域拓展，金属矿山、水力发电站、抽水蓄能电站等工程中竖井和斜井穿过地层岩石大部分为火成岩或变质岩，岩石坚硬，单轴抗压强度高(煤系地层岩石的单轴抗压强度小于 100 MPa，而火成岩的单轴抗压强度大部分超过 150 MPa，最高可达到 300 MPa)，且石英含量大、磨蚀性强；当时已有的煤矿井下钻机在地下硬岩条件下钻进施工时，辅助工作量大，钻进效率低。针对坚硬岩石条件下直接采用煤矿井下用反井钻机，其支撑结构受力复杂以及钻机装备能力低导致钻进参数不合理、破岩滚刀寿命低、钻进效率和经济性差等问题，北京中煤矿山工程公司有针对性地研发了新型锯齿形钻杆丝扣联结、多油缸推进、多马达驱动等反井钻机钻进关键技术，研制了能够适合在更加坚硬岩石中高效率钻进的大直径 BMC 系列反井钻机，使得反井钻机能在不同类型的岩石中高效钻进，满足了地下工程建设和矿产资源开发等不同领域中反井钻机钻井的工程需求，达到了扩孔直径为 0.75～5.0 m、钻井深度为 90～600 m 的反井，具备钻进抗压强度达到 300 MPa 的极硬岩石的能力，反井钻机装备性能得到大幅度提高，适用范围得到进一步拓展。

2006 年北京中煤矿山工程有限公司(煤炭科学研究总院建井分院)在 LM-200 型反井钻机基础上研制了 BMC300 型反井钻机(图 5-21)，其能够实现一次最大扩孔直径为 1.52 m、最大深度为 300 m 的反井。在四川省溪洛渡水电站管道井的建设中应用此型号反井钻机，完成了最大钻进深度为 213.1 m、直径为 1.4 m 的单条管道井。2006 年，将 BMC300 型反井钻机在河南平煤集团四矿瓦斯抽采井钻井中应用，钻孔直径为 0.75 m、深度为 562 m，截至目前这依然是我国反井钻机钻成的最深的反井工程。2009 年在亚洲最长的陕西终南山公路隧道采用 BMC300 型反井钻机钻成 2 条通风竖井导井，钻井深度分别为 393 m 和 170 m，直径均为 3.5 m。随后在湖南邵怀高速公路雪峰山隧道、福建漳永高速官田隧道等高速公路隧道通风竖井建设中应用了反井钻机钻井工艺。

北京中煤矿山工程有限公司随后又研制了 BMC400 电控型反井钻机(图 5-22)，并于

图 5-21　BMC300 型反井钻机

2009 年 9 月在山西晋煤集团寺河煤矿完成深度为 267 m、直径为 2.5 m 和深度为 269 m、直径为 3.5 m 的两个通风井，平均导孔钻进速度为 0.62 m/h，平均扩孔钻进速度为 0.48 m/h，钻孔综合偏斜率为 0.26%，是当时国内已完成的一次性扩孔直径最大的反井工程。

图 5-22　BMC400 型反井钻机

以水电站压力管道斜井为例，其调压井深度一般小于 50 m，直径为 5～20 m，通过钻进直径为 1.0～2.0 m 的反井作为导井，然后，经过一次或两次扩挖达到所需要的井筒断面尺寸。在大型硬岩反井钻机技术参数设计和装备研发过程中针对一些小型反井钻机主要用作深度较小导井，需要再进行爆破扩挖施工的井筒，其工序复杂和工期长的问题，攻克了深度为 400 m 的大直径井筒一次扩孔成井技术，实现一次扩孔直径达到 3.0～5.0 m，可直接用作大断面井筒的一次扩挖或小断面井筒的反井钻机一次钻进成井。硬岩反井钻机主要包括两种类型，一种是全液压驱动反井钻机，另一种为电控型反井钻机。为了降低钻机造价并提高钻机适用性，钻孔直径小于 2.0 m、钻井深度小于 200 m 的反井，一般采用液压驱动的方式进行反井钻机钻进，包括 BMC100、BMC200 和 BMC300 三种型号。此外，用作导井钻进的钻机也多为液压驱动反井钻机。

2008 年，在国家科技部科研院所技术开发研究专项资金项目的资助下，煤炭科学研究总院建井研究分院进行了“大直径煤矿风井反井钻井技术及装备”研究，研发了 BMC600 型反井钻机装备(如图 5-23 所示)，可施工最大直径为 5.0 m、最大深度为 600 m 的反井，在抗压强度达到 300 MPa 的极硬岩石中具有较好的钻进能力。BMC600 型反井钻机采用了先进的电液自动控制系统、数字化参数监测系统、事故预防系统等。大型反井钻机液压系统所需的流量大、压力高，直接操纵难度增加，采用电液控制可以实现对系统阀件和油泵流量的精确控制，达到降低系统能量损失的目的。

图 5-23　BMC600 型电液控制反井钻机

2009 年，将 BMC600 型反井钻机应用于山西晋煤集团王台铺煤矿风井施工中，钻井直径为 5.3 m，钻进深度为 168.0 m。2014 年，将 BMC600 大型反井钻机应用于白鹤滩水电站建设中，在坚硬的玄武岩中一次钻成直径为 3.5 m、深度为 100.0 m 左右的通风井。这是水电系统首次钻成大直径孔。白鹤滩水电站隧洞内 BMC600 大型反井钻机施工现场如图 5-24 所示。

2015 年，在贵州开阳磷矿采用 BMC600 型反井钻机施工，一次扩孔钻进成井直径为 5.0 m，钻进深度为 156.0 m，这也是国内第一条井下 5.0 m 大直径反井。2017 年，甘肃敦格铁路当金山隧道通风竖井采用 BMC600 反井钻机施工反井钻井，深度为 430 m，直径为 3.0 m。这是我国铁路领域第一座采用反井法施工的竖井，也是国内最深的一次扩孔钻进成井的大直径深竖井工程。硬岩用系列反井钻机的主要技术参数如表 5-3 所示。

图 5-24　白鹤滩水电站 BMC600 大型反井钻机施工现场

表 5-3　硬岩用系列反井钻机主要技术参数

技术参数	BMC 300	BMC 400	BMC 500	BMC600
钻孔深度/m	150	400	500	600
钻孔倾角/(°)	0～90	0～90	0～90	0～90
岩石条件/MPa	200	200	250	300
导孔直径/mm	244	270	311	350
导孔推力/kN	1 650	1 650	1 500	1 300
导孔转速/(r/min)	0～22	0～22	0～20	0～18
导孔扭矩/(kN·m)	40	50	60	110
扩孔直径/m	1.5	3.5	4.0	5.0
扩孔拉力/kN	1 250	2 450	3 000	6 000
扩孔转速/(r/min)	0～10	0～10	0～10	0～9
扩孔扭矩/(kN·m)	64	100	120	450
驱动方式	液压	电液	电液	电液
主机功率/kW	129.6	129.6	172.5	284.7
主机质量/kg	8 400	12 500	15 000	25 200

截至目前，我国已经研发了具有自主知识产权的各类反井钻机，例如北京中煤矿山工程有限公司研制的 BMC90、BMC100、BMC200、BMC300、BMC400、BMC500、BMC600 型系列反井钻机，最大拉力为 6 000 kN，最大额定扭矩为 300 kN·m，最大扭矩为 450 kN·m，能够满足岩石抗压强度为 310 MPa 以上的硬岩地层中钻进，可钻进导孔直径最大为 350 mm，扩孔

直径为 5.0 ,最大深度为 600 m。部分国产系列反井钻机钻井深度和直径对照图如图 5-25 所示。

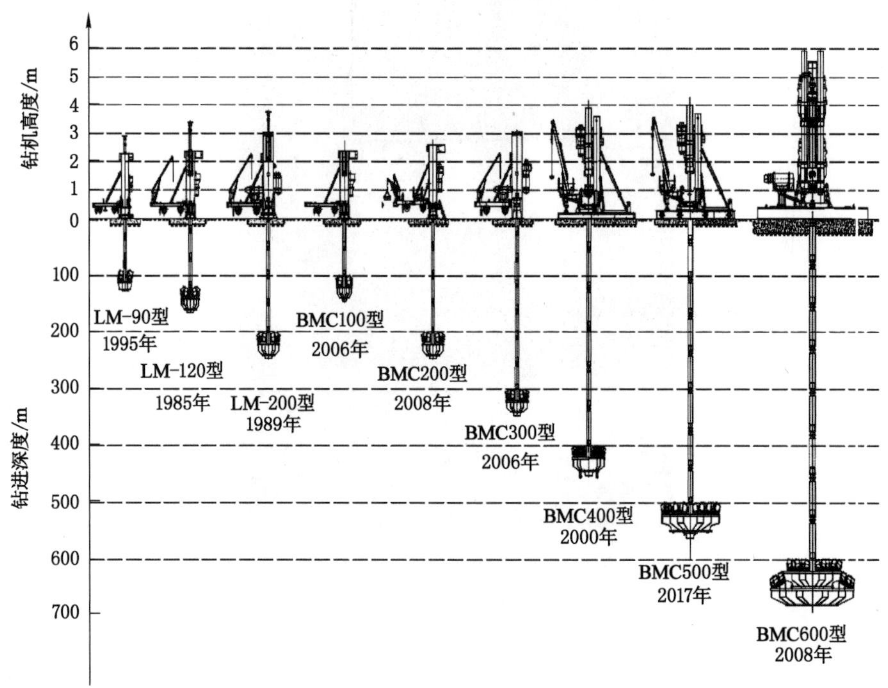

图 5-25　部分国产系列反井钻机钻井深度和直径对照图

（四）反井钻机钻井技术与装备阶跃期

2020 年始，将成为反井钻机钻井技术与装备的阶跃阶段。我国深部科学探索和资源开发已全面进入千米以深，“向地球深部进军”是未来地下工程领域的发展势趋，且 2019 年第二十一届中国科协年会发布了 20 项对科学发展具有导向作用、对技术和产业创新具有关键作用的前沿重大科学问题和工程技术难题，其中第 19 项为“千米级深竖井全断面掘进技术”。因此，反井钻机钻井法作为一项“钻井不下井”的全断面钻井技术，亟待攻克深部复杂岩体高效破岩、可靠性钻架稳定控制、精准钻进和智能化电控系统等一系列关键技术。

2020 年，北京中煤矿山工程有限公司施工的神华集团李家豪煤矿反井扩孔直径为 6.0 m，是目前国内最大直径反井钻井工程。2020 年，北京中煤矿山工程有限公司与宁夏天地奔牛集团有限公司联合启动宁夏回族自治区重大科技项目“千米级大直径智能化反井钻机研制”，旨在研制钻井深度达千米，扩孔直径达 7.0 m 的智能化反井钻机，将实现反井钻机工作过程全自动化和远程安全操作。7 m 级千米反井钻机主机三维结构示意图如图 5-26 所示。

综上所述，我国反井钻机在施工能力、机械化和自动化程度等方面达到了世界先进水平，且随着大数据分析、智能化控制、物联网技术等新一代科技的快速发展与创新应用，必将推动我国反井钻井自动化、智能化水平的提高，将更有效地解决煤矿、金属矿山、水利水电、铁路和公路隧道等地下工程建设中的建井难题，并在地下核原料开采、地下储气和储油硐室、军事等工程建设中发挥重要作用。

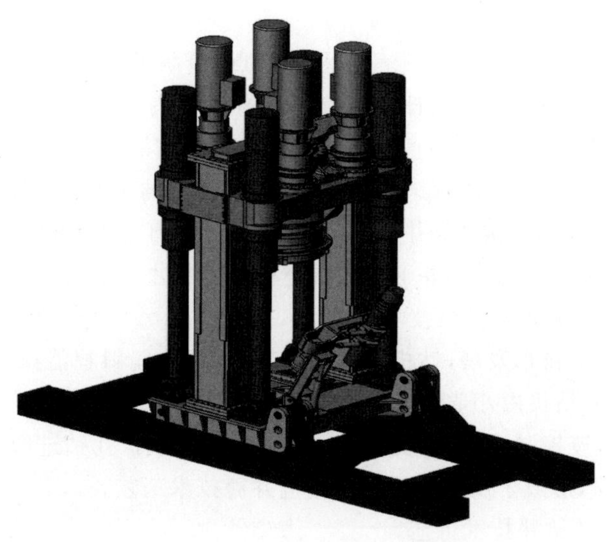

图 5-26　7 m 级千米反井钻机主机三维结构示意图

第三节　基于反井钻机钻井的凿井工艺体系

一、重力排渣凿井工艺提出与发展

不论是井工开采的矿山领域，还是其他地下工程领域，有些井筒工程下部已具备生产系统（表 5-4），且能够满足通风、运输、排水等基本功能。因此，针对拟建井筒下部具备巷道的工程条件，充分利用已经形成的生产系统，发挥机械破岩连续作业的优势，提出基于反井钻机钻井时依靠岩渣自重排渣的方式，即重力排渣凿井工艺。机械破岩钻井依靠岩渣自重排渣的核心思想是建立连接两个水平之间的导井，为工作面机械破岩钻进产生的岩渣提供依靠自重下落的通道，再由装载机装岩排渣，从而提高钻掘效率，降低能量消耗与成本；同步研发与之相匹配的钻井技术装备，形成基于反井钻机钻井法重力排渣的大直径井筒钻井技术，满足矿物开采和地下工程井筒高效低成本建设的需要。

表 5-4　不同行业领域中具有下部生产系统的井筒工程

行业领域	具有下部巷道井筒工程
煤矿	采区风井、暗井、煤仓、溜（煤、矸）眼等
金属矿山	中段延深井筒、溜井、矿仓、通风井等
水电站	压力管道竖（斜）井、通风/出线竖井、电梯井、调压井、观测井等
公路、铁路隧道	通风竖井、施工措施井、检修井等
地下物料储存	流体进料和出料井、通风井、安全出口等

根据井筒穿越地质条件和工程条件的限制，基于反井钻机钻井法依靠岩渣自重排渣的核心思想，目前已形成的大直径凿井技术工艺，主要体现在以下几个方面：

(1) 小直径反井钻井形成导井工艺。

针对煤矿井下暗井、煤仓和溜煤眼等工程的特点，研制了矿用小直径反井钻机，先由上向下钻进导孔，待导孔钻通后，将钻杆下放到下水平巷道内，更换扩孔钻头，再由下向上扩孔钻进，形成直径为 1.4～2.5 m 小直径导井用于井筒扩挖溜渣，或者直接钻进达到设计断面，通过支护后形成所需的井筒工程结构。基于此技术工艺的拓展，目前已研发形成多种井筒施工工艺，主要包括反井钻机钻进导井＋钻爆破岩扩挖凿井工艺、反井钻机钻进导井＋反井正钻扩挖凿井工艺、反井钻机钻进导井＋竖井掘进机扩挖凿井工艺。

(2) 反井直接钻进大直径井筒技术工艺。

随着反井钻机钻进技术发展，钻机装备能力提高，导孔偏斜智能控制技术发展，破岩刀具寿命提高，带动反井钻机由小直径钻孔向着直接钻进井筒发展，导孔钻进采用正循环排渣和专用定向钻机轨迹控制，反井钻机能够通过一次导井或扩孔钻进形成直径达到 6 m、深度达到 600 m 的井筒，形成了反井钻机直接钻进井筒技术工艺。

(3) 直接上向反井钻井技术工艺。

对于只有下部出口的井筒，开发了上向反井钻机，能够在井筒下部巷道直接向上钻孔，直径达 1.1 m，钻进过程中岩渣都利用重力直接掉落到下部巷道，由装载机高效装岩排渣，形成了上向反井钻井工艺。由此技术工艺进行拓展，目前已形成的工艺包括：上导下扩工艺、上导上扩工艺、全断面上扩工艺。当然，这种下排渣特殊钻井工艺受到钻机能力限制，钻井直径、深度较小，且导孔钻进方向难以控制，尚无法满足大直径井孔钻进需要。

(4) 正向扩大钻井工艺。

在反井钻机形成导井基础上，利用导井式全断面掘进机扩大钻井，达到井筒设计开挖断面。导井式硬岩竖井掘进机上部还可以安装多层结构，用于布置竖井掘进机液压泵站系统、变频器、控制系统以及进行井筒围岩支护，实现掘-支协同作业。目前我国已研发并应用的导井式硬岩竖井掘进机凿井技术，排渣导井直径≥1.0 m，正钻扩挖凿井直径为 5.8 m，已完成最大钻井深度 282.5 m，实现了最大日进尺 10.3 m；在 150 MPa 岩石强度的地层钻进，滚刀寿命达到 300 m，装备综合性能具备了钻进直径为 5.8 m、深度为 1 000 m 井筒的能力。

二、基于反井钻机钻井的各工序

（一）导孔钻进

在重力下排渣工艺体系中，导孔钻进工艺单元非常重要，导孔将两个水平直接精确连通后，进行扩大超前导孔和下放钻杆至下水平，钻杆连接扩孔钻头后，钻杆将上部钻机输出动力传输到扩孔钻头上，扩孔钻头旋转破岩，岩渣依靠自重下落，从而形成导井。与普通钻孔方法类似，常规反井钻机采用由上向下钻进导孔方法，如图 5-27 所示。

导孔的质量控制包括钻孔断面形状、孔帮稳定以及钻孔偏离设计轴线距离等控制参数，其中，前两个因素主要由地层条件决定，而导致钻孔偏斜的影响因素较多。长期以来采用刚性满眼钻进方法进行钻孔控斜，钟摆降斜、扫孔纠偏等方法的控斜效果并不理想，主要应用在对导井偏斜要求不高，或者需要对导井进行爆破刷大的工程中，由上向下进行爆破刷大成井工艺，能够纠正导井偏斜，使成井井筒偏斜控制在设计范围内。

上向反井钻机采用由下向上钻进导孔的方法，如图 5-28 所示。导孔钻进钻头破碎岩渣

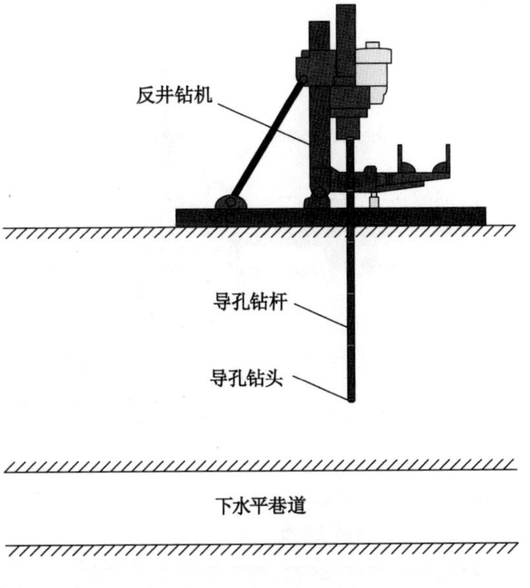

图 5-27　反井钻机由上向下钻进导孔示意图

依靠重力下落排渣，相对于正循环排渣，钻机的驱动扭矩、循环排渣泵的功率大大降低。相对于常规反井钻机钻进导孔，一般可以减少 70%左右的能量消耗。但是相对于正向钻进导孔方式，上向钻进导孔由于钻具处于受压状态，钻孔偏斜控制难度增大。

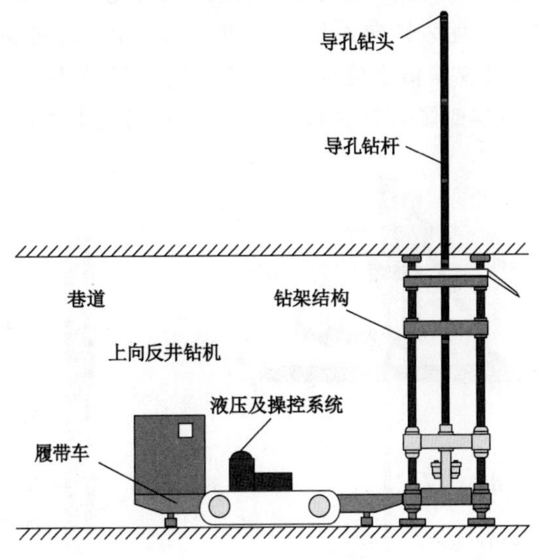

图 5-28　上向反井钻机由下向上钻进导孔示意图

对于深井、斜井和偏斜要求高的井筒工程，包括反井钻机一次钻进成井工程，需要精确控制偏斜量，以保证井筒有效断面和使用功能。采用定向专用钻机和相关仪器(图 5-29)，实现了无线随钻测斜仪(MWD)随钻测斜、螺杆钻具纠偏、泥浆脉冲信号传输等技术，使导孔沿着预定轨迹运行，但是螺杆井下马达钻具纠偏的动力由泥浆泵产生，需要大功率泥浆泵，能量消耗大。

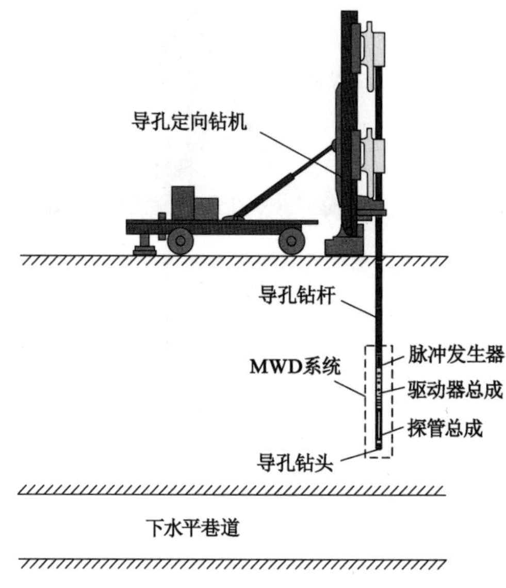

图 5-29　定向专用钻机导孔钻进示意图

旋转导向钻进系统(图 5-30)是一种更先进的定向导孔钻进技术。在井下 2～3 根钻杆内,布置测量、纠偏仪器和装置,直接利用反井钻机带动钻杆旋转和钻头破岩。通过在钻具上集成的测量仪器,确定钻进位置信息变化,反馈到微型液压系统,驱动可伸缩稳定器运动,对于孔帮施加一定推力,使钻具向着偏斜反方向运动,逐渐实现纠偏回到钻进设计位置。这种类型钻具根据测量仪器精度范围,钻孔在一定靶域范围运行,通过脉冲数据传输,在地面进行分析显示,可以实时了解钻具轨迹状况,特殊情况下地面可以下指令进行干涉。

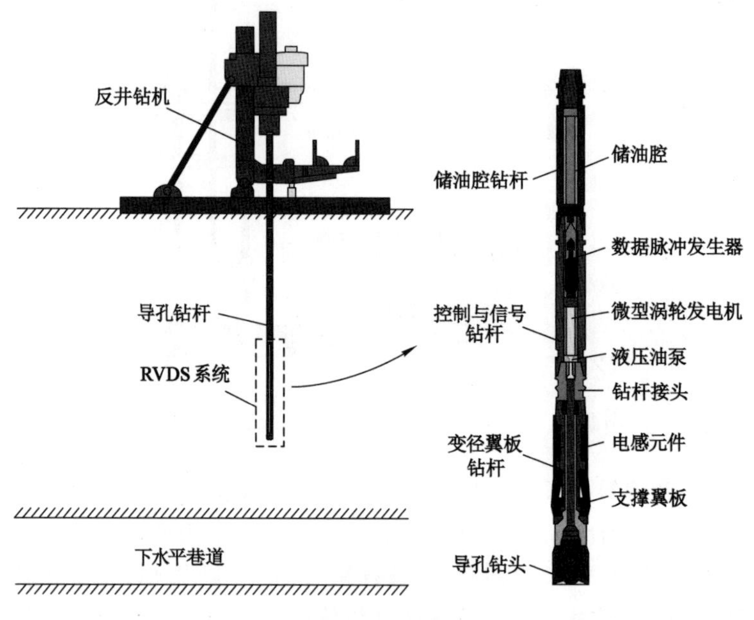

图 5-30　旋转导向钻进系统示意图

定向钻机形成的超前导孔直径为 190 mm，而现有的反井钻机的钻杆直径为 228～327 mm，因此超前导孔直径小，不能满足反井钻机钻杆的下放要求，需要采用反井钻机扩大导孔钻进方式，并将钻杆下放到下部巷道，如图 5-31 所示。

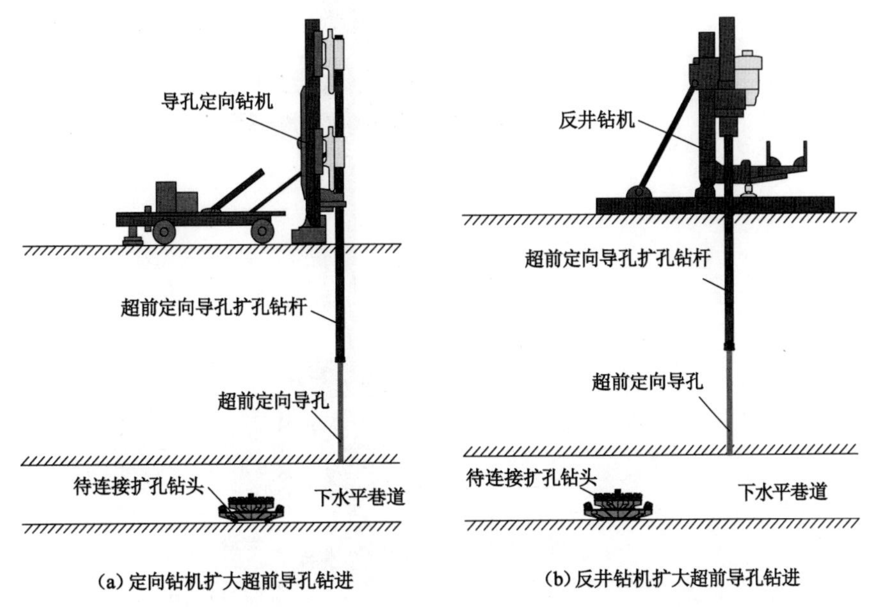

图 5-31　超前导孔扩孔钻进与钻杆下放示意图

（二）导井钻进

为满足井筒继续扩大提供溜渣通道功能，将导孔扩大形成导井是下排渣凿井工艺的关键。根据岩石物理力学参数的不同，采用不同类型的破岩刀具，多选用多刃镶齿盘形滚刀，并在钻头上进行滚刀的合理布置，达到所需扩孔钻进直径。采用常规反井钻机，钻杆延深到下水平巷道内，拆除导孔钻头，连接扩孔钻头，由下向上扩孔钻进（图 5-32），钻进到上水平或地面时，拆除反井钻机，提吊出扩孔钻头，导井施工结束。

对于上向反井钻机可以采用两种扩孔方式：第一种为上导下扩方式，即在上水平巷道内拆除导孔钻头、连接扩孔钻头后，由上向下扩孔钻进[图 5-33(a)]，此种方式下导孔和钻杆的环形空间较小，增加钻进摩擦阻力，增大了钻杆磨损，一次扩孔直径受到限制，一般采用两次扩孔方式，第二级达到所需导井直径；第二种扩孔方式为由下向上扩孔[图 5-33(b)]，即在钻进的导孔内和形成的扩孔内设置导向器和稳定器，防止钻杆失稳和疲劳破坏。

（三）钻爆破扩大成井

在特殊钻井设备发展初期，由于装备能力和破岩刀具寿命限制，钻进效率和刀具寿命低，造成机械破岩成本远高于钻爆法，因此，形成首先采用特殊钻进工艺钻进小直径导井，然后采用钻爆方法由上向下扩大（也称为“刷大”）工艺（图 5-34）。导井的主要作用是溜渣，将钻爆破碎的岩石溜到下水平，通过装载设备运出，同时解决了施工期间地层涌水和通风问题。

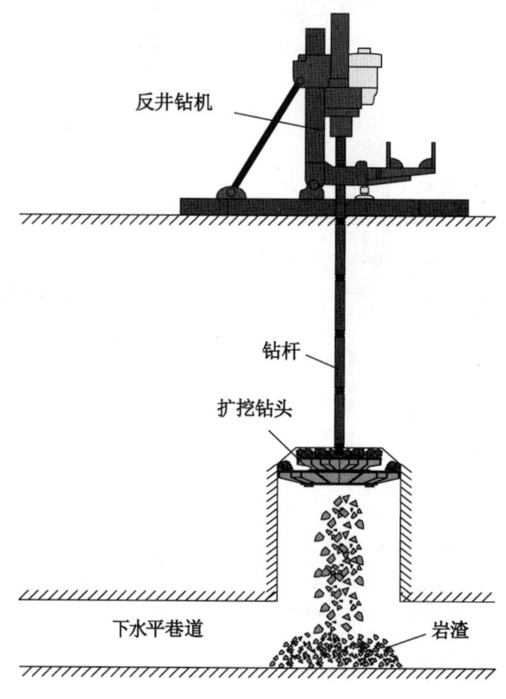

图 5-32　反井钻机下导上扩钻进示意图

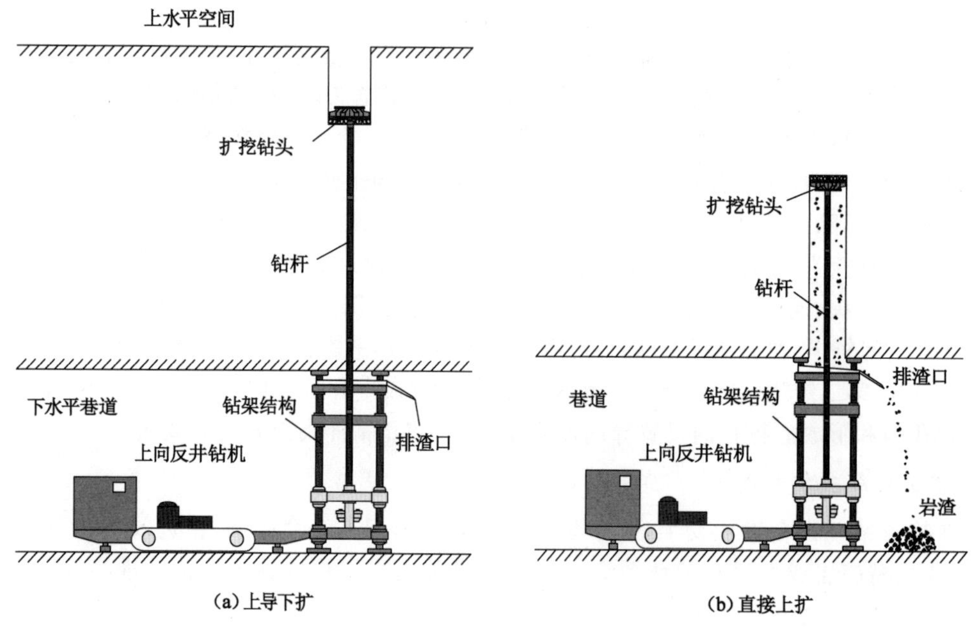

图 5-33　上向反井钻机由上向下扩孔钻进示意图

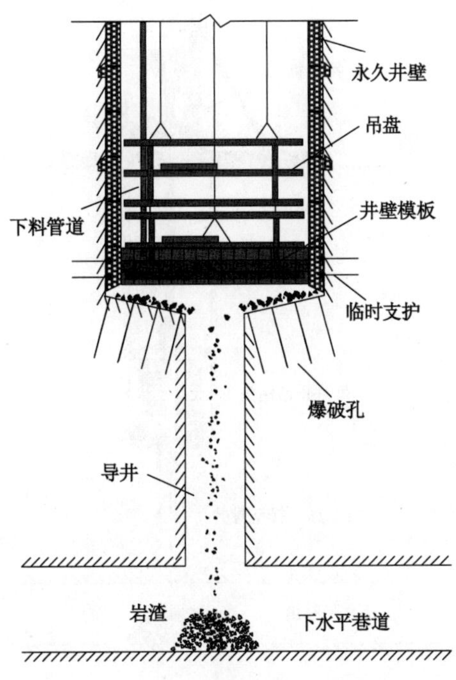

图 5-34 钻爆方法由上向下扩挖示意图

（四）反井正钻扩大钻进成井

针对爆破扩挖作业需要大量人员下井作业，以及工人劳动强度高、掘进效率低的突出问题，借鉴钻井法凿井技术工艺，提出了反井钻机正钻成井工艺。该工艺利用反井钻机形成的导井，通过开挖锁口，将具有稳定装置的大直径正向钻头安装在锁口内，钻头与反井钻机钻杆连接，利用钻头的自重产生破岩钻压，钻头稳定器保证运行平稳，实现由上向下钻进达到设计直径。反井钻机正钻扩挖示意图如图 5-35 所示。这种方式的优点是设备简单，在钻进过程中遇到不稳定地层，可在钻头的保护下进行临时支护作业，井筒全部钻进完成后，再进行永久支护。

（五）反井钻机一次扩大钻进成井

随着反井钻机能力和刀具寿命提高，反井钻机一次扩孔直径逐渐增大，在地质条件良好的井筒工程，扩孔钻进直径已经达到 6 m，直径更大的反井钻机正处于研制阶段，其钻进工艺与图 5-32 基本相同，只是扩孔钻头直径增大和钻机性能增强。反井钻机一次扩大钻进成井缺点是受地层条件限制，难以在钻进期间对不稳定地层进行及时支护，存在一定井帮失稳坍塌风险，在复杂地层需要在冻结或地面预注浆帷幕条件下进行。扩挖完成后，首先需要自上而下进行锚网喷临时支护，然后根据井筒功能需求进行井壁砌筑永久支护作业。对于水电系统压力管道，一般采用内钢管及壁后充填混凝土衬砌方式，对于矿山井筒需要采用滑模，由下向上进行井壁混凝土浇筑(图 5-36)。

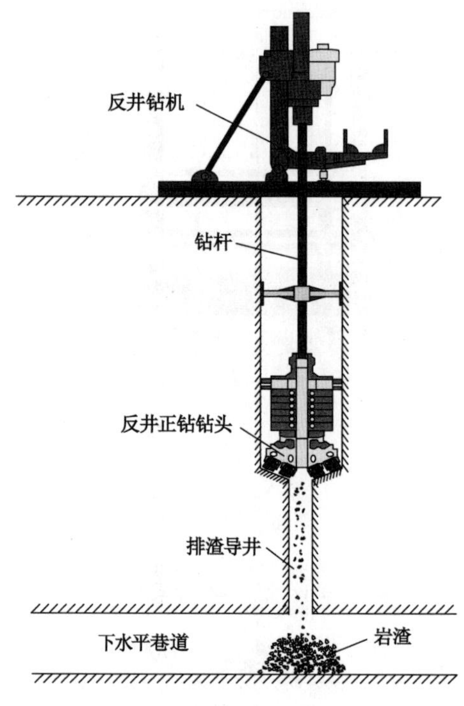

图 5-35　反井钻机正钻扩挖示意图

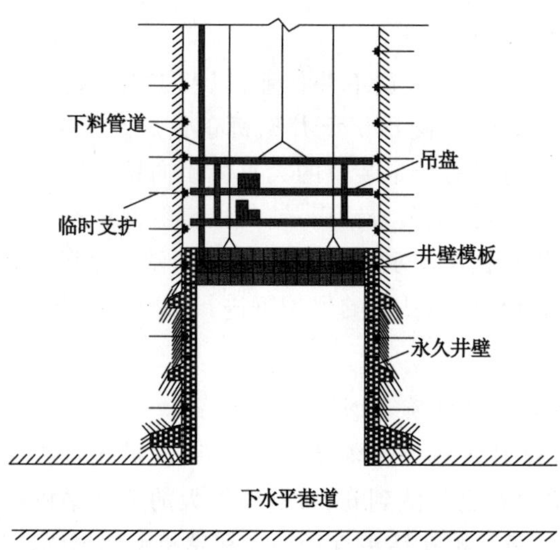

图 5-36　反井由下向上进行井壁混凝土浇筑示意图

(六) 掘进机扩大钻进成井

竖井掘进机凿井最有效的工艺是利用依靠岩渣自重的导井式排渣竖井掘进机凿井方法,并形成了导井式重力排渣竖井掘进机凿井工艺,如图 5-37 所示。掘进机采用井下动力直接驱动,不受钻杆动力传输限制,破岩效率高;井下配套的辅助设备吊盘,可以完成临时支护甚至永久井壁砌筑，及时处理不稳定地层，对复杂地层条件适应性强。该方法不仅适用于竖井工程，还能够很好地适应于大倾角斜井工程。竖井掘进机钻井法凿井技术将在本书第三篇进行详细介绍。

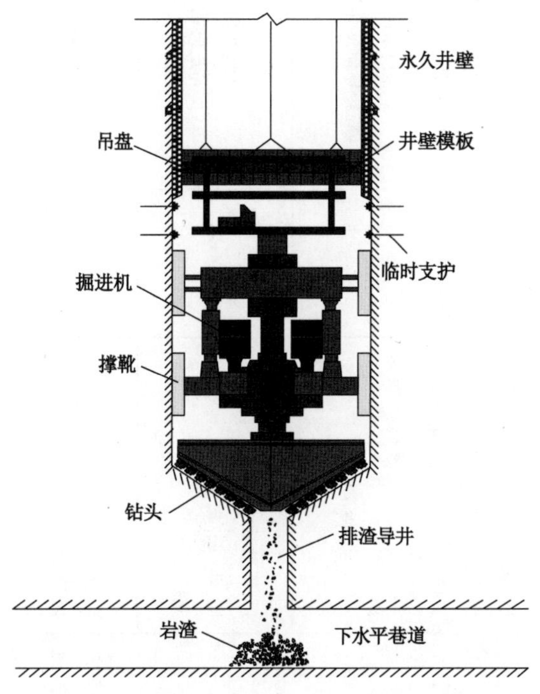

图 5-37　导井式重力排渣竖井掘进机扩挖掘进示意图

三、综合成井工艺体系的构建

基于重力排渣的大直径井筒钻掘技术与工艺，充分利用了拟建井筒下部巷道排渣的有利工程条件，可实现掘进工作面破碎岩渣依靠自重连续排出，是提高井筒钻掘速度的重要方法。然而相对于盲井凿井来讲，基于重力排渣凿井技术工艺对于地层涌水、地层自稳性能的要求更高。一方面对于富含水、围岩破碎或岩溶地层，可采用地面预注浆技术实现堵水和围岩稳定性控制；另一方面对于富水软弱地层条件，可以利用人工冻结技术对地层进行物理改性，实现临时提高井筒围岩的整体强度，并有效隔断地层水向井筒内的流动，实现“干井”凿井。因此，在地层精准探查的基础上，采用地面预注浆和地层人工冻结技术，可以降低地层涌水导致下水平巷道被淹，以及围岩失稳坍塌导致钻头被埋或排渣通道堵塞的风险，从而为安全凿井提供地质保障，并进一步拓展基于重力排渣的大直径井筒钻掘技术与工艺的应用范围。

在地质探查、地层结构或物理改性等地质保障技术的基础上，通过对导孔、导井、扩挖、支护等技术工艺的分析，以及不同工序之间的优化组合，构建了适合不同地层条件、不同工程用途的重力排渣凿井工艺。各种综合成井工艺的工序系统组成(表 5-5)，包括反井钻井工艺、定向反井钻井工艺、旋转导向钻井工艺、导井反井正钻成井工艺、导井式竖井掘进机成井工艺、导井钻爆成井工艺。

表 5-5　成井工艺的工序系统组成

<table>
<tr><th>工艺名称</th><th colspan="6">作业工序</th><th>工序组合</th><th>名称</th></tr>
<tr><td>反井钻井工艺</td><td>—</td><td>—</td><td>C. 反井钻机导孔钻进</td><td rowspan="3">F. 反井钻机扩孔钻进</td><td rowspan="3">H. 由上向下锚喷临时支护</td><td rowspan="4">L. 由下向上滑模砌筑永久井壁</td><td>CFHL</td><td>RB 工法
（普通反井钻井工法）</td></tr>
<tr><td>定向反井钻井工艺</td><td>A. 螺杆钻具定向超前导孔钻进</td><td>B. 定向钻机扩大导孔</td><td>D. 反井钻机钻杆下放</td><td>ABDFHL</td><td>DRB 工法
（定向反井钻井工法）</td></tr>
<tr><td>旋转导向钻井工艺</td><td>—</td><td>—</td><td>E. 反井钻机旋转导向导孔钻进</td><td>EFHL</td><td>RSDRB 工法
（旋转导向反井钻井工法）</td></tr>
<tr><td>导井反井正钻成井工艺</td><td>A. 螺杆钻具定向超前导孔钻进</td><td>B. 定向钻机扩大导孔</td><td>D. 反井钻机钻杆下放</td><td rowspan="3">G. 反井钻机扩孔钻进导井</td><td>J. 正钻成井同步临时支护</td><td>ABDGJL</td><td>DRBFB 工法
（反井正向钻井工法）</td></tr>
<tr><td>导井钻爆成井工艺</td><td>—</td><td>—</td><td>C. 反井钻机导孔钻进</td><td>I. 钻爆法扩挖同步临时支护</td><td>—</td><td>CGI</td><td>RBB 工法
（反井正向钻爆成井工法）</td></tr>
<tr><td>导井式竖井掘进机成井工艺</td><td>—</td><td>—</td><td>E. 反井钻机旋转导向导孔钻进</td><td>K. 掘进机掘进同步临时支护</td><td>M. 由上向下随掘滑模砌筑永久井壁</td><td>EGKM</td><td>RSDSB 工法
（导井式竖井掘进机钻井工法）</td></tr>
</table>

对于特大直径井筒采用下排渣凿井技术工艺来讲，现阶段反井钻机、下排渣竖井掘进机受到装备性能、制造能力、工艺特征等方面的影响，难以满足直径 6 m 以上井筒建设需求，所以利用反井钻机形成的导井，钻爆刷大成井工艺，仍将在一定时期内应用。然而，由于钻孔爆破法施工面临井下作业工人劳动强度大、安全风险高、围岩扰动强度高等问题，以及钻爆法凿井各种设备独立运行、设备之间协同性差等特点，粗放式的钻爆法凿井难以向智能化方向发展。因此，基于重力排渣的大直径井筒建设，亟须攻克导孔偏斜精准控制、导井随钻支护、掘进装备高效扩挖、掘-支协同控制等关键技术，并融合新一代信息技术，在实现信息化、机械化和自动化施工的基础上，逐步向建井智能化方向发展。

第六章　反井钻机及其配套装备

下导上扩式反井钻机钻井法首先将反井钻机安装在拟建井筒的上水平，并由上水平向下钻进导孔，待导孔钻头钻至井筒的下水平后拆除导孔钻头，并在下水平连接扩孔钻头，再由下向上扩孔形成井筒。下导上扩式反井钻机钻井法工艺流程示意图如图 6-1 所示。下导上扩式反井钻机钻井法是应用最广泛、技术最成熟的反井钻井方法，其采用的下导上扩式反井钻机，也称为常规反井钻机，在不单独进行说明的情况下，一般所说的反井钻机就是指这类反井钻机。

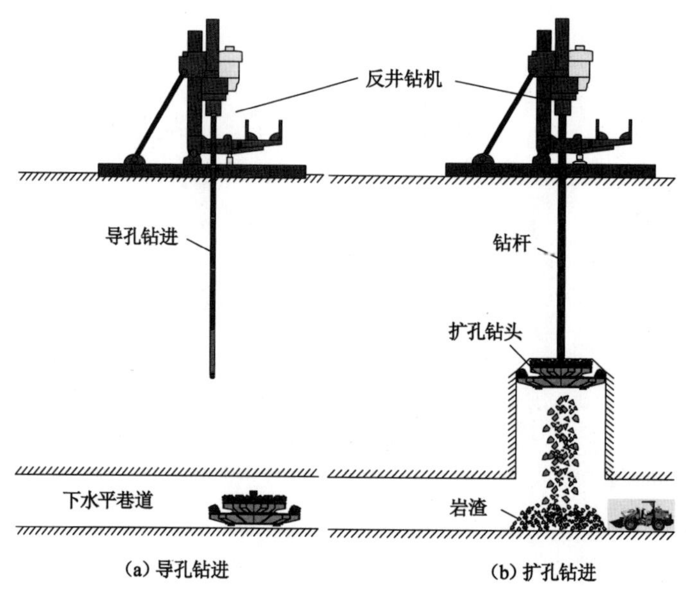

图 6-1　下导上扩式反井钻机钻井法工艺流程示意图

第一节　反井钻机钻井装备系统构成

大型反井钻机装备系统构成如图 6-2 所示。该系统主要由主机系统、钻具系统、液压或电控系统、冷却系统、排渣系统和辅助系统组成。其中，反井主机系统包括钻架支撑系统、旋转驱动系统、推进系统、动力与控制系统、供电系统等，主要功能是：主机产生驱动钻杆旋转的转矩、推力、拉力，通过钻杆传递到导孔钻头和扩孔钻头上，实现将岩石从岩体上分离出来，形成工程所需要的井孔；通过动力与控制系统掌握钻进状况，控制钻进过程，并实现钻具接卸等功能。

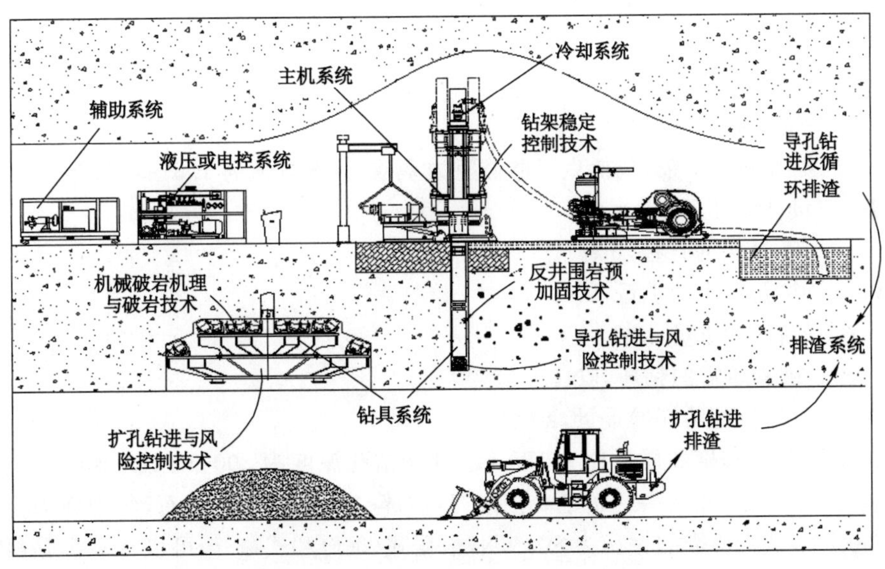

图 6-2　大型反井钻机装备系统构成

反井钻机在一些方面和普通钻机类似，但其重要区别在于能够进行导孔钻进和扩孔钻进。导孔钻进和普通钻机钻孔方式相同；扩孔钻进和全断面掘进机类似。导孔钻进直径小，钻机需要对钻杆施加推力，钻进的主要参数扭矩和钻压小，旋转速度高；相反，扩孔钻机钻进需要对钻杆施加向上的拉力，扩孔直径大，所需的扭矩和推力大，转速低。反井钻机采用动力头驱动旋转方式，通过液压系统或机械系统实现变速；采用双作用液压油缸，实现对钻具的推进和上拉。反井钻机钻架为整体框架，传递滚刀破岩产生的反作用力和反扭矩。导孔钻进采用正循环排渣，由辅助循环泵提供循环动力；扩孔钻进岩渣靠自重下落，并通过下部除渣系统排出。

目前大型反井钻机钻井重点攻克的理论与技术主要涵盖反井钻井围岩稳定控制技术、机械破岩机理与破岩技术、反井钻机动力驱动控制技术、导孔精准钻进与风险防控技术、扩孔钻进与风险防控技术、钻进系统降温除尘技术以及反井钻机钻进高效排渣技术等。这些反井钻机钻井法凿井关键技术将在第七章进行详细叙述。

第二节　反井钻机主要性能参数设计

反井钻机是反井钻井法凿井的核心装备，其性能参数设计是反井钻机主机及配套钻具研发的首要工作，也是考虑反井钻井工程地质、岩石条件、钻井直径和钻井深度等因素进行装备选型的重要依据。反井钻机主要性能参数有拉力、推力、扭矩、转速和输出功率等。

一、拉力

反井钻机的拉力是指钻机动力头接头体和钻杆丝扣连接位置，对钻具轴向产生的向上提升的力量，钻机的拉力作用是提起钻具自身重量、产生钻头扩孔破岩的钻压、克服钻具运动中与反井围岩之间的摩擦阻力。同时，钻机的拉力大小也反映了处理卡钻事故的能力。

反井钻机扩孔所需拉力可按下式计算：

$$F_m = k_1(F_{bc} + W_b + W_p) \tag{6-1}$$

$$W_p = Hrq_p \tag{6-2}$$

其中 F_m——钻机提升力，kN；

k_1——提升能力系数，包括克服摩擦阻力系数，一般取值为 1.3～1.5；

H——设计钻孔深度，m；

r——扩孔钻头的直径，m；

W_b——扩孔钻头的重量，kN；

W_p——钻杆的重量，kN；

F_{bc}——破岩所需的钻压，kN；

q_p——单位长度钻杆的重量，kN。

例如：钻杆单位长度的质量约为 185 kg；设计钻孔深度为 300 m；ϕ1.52 m 扩孔钻头的质量约为 2 800 kg；扩孔钻头约布置 8 把滚刀，破碎<200 MPa 的岩石，每把滚刀上的钻压不小于 100 kN，破岩所需的钻压为 800 kN，根据式(6-1)和式(6-2)可以计算出钻机的拉力为 1 800～2 000 kN。

因此，在钻机设计时根据推进油缸的布置、数量、额定油压、油缸提升的其他钻机部件如油缸的缸筒及动力头的重量，最终形成反井钻机在额定油压下的提升力和最大油压下的最大提拉力。如 BMC1000 型反井钻机设计拉力达 16 000 kN，是现有 BMC600 型反井钻机拉力的 2.67 倍；此外芬兰 INDAU 研发的 100-H 型反井钻机拉力为 13 289 kN、德国 WIRTH 研发的 HG330-sp 型反井钻机拉力为 8 300 kN、加拿大 REDPATH 研发的 Redbore100 型反井钻机拉力为 15 589 kN、德国 HERRENKNECHT 研发的 RBR900VF 型反井钻机拉力为 22 000 kN。

二、推力

反井钻机推力是指在钻机施加给钻具向下的轴向力，导孔钻进时钻具重量和推力形成导孔钻压破碎岩石，当钻具重量超过所需钻压时，需要给钻具一定的上提力量。对导孔钻进来说，需要的推力很小，但考虑到事故处理和推进方式，反井钻机推力远大于导孔钻进破岩钻压需要。反井钻机和其他类型的钻机主要区别是能够施加向下的压力，有些钻机钻进的钻压只能靠钻具重量产生，所以在开孔时很难施加足够的钻压。

反井钻机设计时作为推进的液压油缸以活塞腔供油产生拉力，活塞杆腔供油产生压力或推力，活塞杆和活塞腔面积比随着油缸直径变化而变化，反井钻机油缸一般在 1∶3 至 1∶2 之间。所以，反井钻机推力一般是提升力的 1/3 至 1/2，但是随着反井钻井深度的增加，反井钻机的推力比拉力小得多，例如 BMC600 型反井钻机的推力仅为 1 300 kN，而拉力达到 6 000 kN。

三、扭矩

扭矩是指反井钻机动力头接头体和钻杆丝扣连接位置，对钻具旋转所能施加的扭转力矩。反井钻机的扭矩包括瞬间输出的最大值，也是钻机的最大扭矩；反井钻机正常工作时能够连续输出的扭矩值，称为额定扭矩。在扩孔钻进过程中，钻头破岩时钻机输出的扭矩同样也施加在钻杆连接的丝扣上，要想松开钻杆上钻机施加的扭矩，需要超过钻进时的扭矩值。因此，设计钻机时钻机的最大输出扭矩应该满足钻杆拆卸和钻进事故处理。设计反井钻机额定输出扭矩值计算如下：

$$M_{rm} = k_2 M_{cr} \tag{6-3}$$

式中　M_{rm}——反井钻机额定输出扭矩值，kN·m；

M_{cr}——钻头破岩所需扭矩，kN·m；

k_2——扭矩能力系数，考虑到钻杆丝扣的连接和拆卸，取值为1.5～2.0。

目前，德国WIRTH研发的HG380型反井钻机扭矩为710 kN·m，德国HERRENKNECHT研发的RBR900VF型反井钻机扭矩达到900 kN·m，而我国目前自主研发并已应用的BMC600型反井钻机扭矩仅为450 kN·m，但正在研发的BMC1000型反井钻机扭矩将达到1 000 kN·m。

四、转速

反井钻机作为特殊钻孔设备，其转速设计时需要考虑导孔钻进、扩孔钻进时的地层条件以及钻进直径、速度等影响因素。通常反井钻机导孔钻进破岩面积小，能量消耗少，需要高转速，钻杆的拆卸、连接也需要较高的转速；而扩孔钻进破岩面积大，需要设计合理的转速并随钻进尺情况及时调控。因此，反井钻机导孔钻进转速高、扭矩小，扩孔钻进转速低、扭矩大。因此，钻机设计时需要在同样的功率下满足不同工况的转速需求。为了解决这一矛盾，反井钻机设计时采用机械变速、液压变速、变频电机变速，使反井钻机在不同工况下运行合理，既能满足工艺要求，又能够节能。

反井钻机一般输出转速在一定范围内且可调节，但这一输出范围需要将合理的转速范围包含在内，以便可以在钻进过程中根据扩孔钻头直径、地质条件变化进行优化调节。部分反井钻机转速设计值如表6-1所示。

表6-1　部分反井钻机转速设计值

技术参数	BMC300	BMC400	BMC500	BMC600
导孔转速/(r/min)	0～22	0～22	0～20	0～18
扩孔转速(r/min)	0～10	0～10	0～10	0～9

五、输出功率

反井钻机的总功率(W_m)是反井钻机单位时间需要输入的能量，包括旋转、推进和其他辅助作业所需能量。在一定速度旋转中，将能量通过滚刀传递给岩石，实现岩石破碎。随着反井钻机钻井能力的不断提高，我国研发的反井钻机功率由最初的52.5 kW提高到现在的284.7 kW，而美国ROBBINS、德国HERRENKNECHT等研发反井钻机功率超过了700 kW。部分反井钻机的输出功率如表6-2所示。

表 6-2 部分反井钻机的输出功率

技术参数	LM-90	LM-200	BMC400	BMC500	BMC600
主机功率/kW	52.5	82.5	129.6	172.5	284.7
技术参数	RHINO2400DC	HG330-sp	ROBBINS191RH	Redbore100	RBR900VF
主机功率/kW	350	400	750	600	720

在反井钻机功率设计时，可忽略推进力所做的功和一些次要因素，得到竖井掘进机旋转功率和破岩扭矩、转速关系：

$$W_m = W_r + W_t = 2\pi M_{sm} n_m/(60\eta_{mr}) + P_r F_m/(60\eta_{mt}) \tag{6-4}$$

其中 W_r——反井钻机旋转系统功率，kW；

W_t——反井钻机推进系统功率，kW；

η_{mr}——反井钻机旋转系统效率；

η_{mt}——反井钻机推进系统效率；

M_{sm}——反井钻井最大扭矩，kN·m；

n_m——反井钻机主轴最大转速，r/min；

P_r——推进液压系统压力，MPa；

F_m——推进液压系统流量，L/min。

第三节 钻架支撑系统

钻架是反井钻机的重要组成部分，是反井钻机动力输出的核心支撑结构。反井钻机钻架由底盘、支撑柱体、上部连接或侧连接结构形成整体。根据反井钻机的钻孔直径、钻孔深度以及应用范围不同，反井钻机钻架结构形式主要有外支撑箱型整体框架、外支撑四柱整体框架、内支撑框架、侧支撑框架、非对导向圆柱支撑框架等。不同类型钻架的作用都是为了满足动力头在钻架滑行运动，并承受扭矩和拉、压力的共同作用，同时将这些反力和反扭矩传递到钻机基础上。反井钻机钻架尽量形成刚性整体结构，起到对钻进支撑、导向和承载等多重作用。

考虑到钻杆拆卸，钻架的高度或者反映到推力油缸的行程，必须超过钻杆长度，钻架上设有钻杆吊装和输送装置，也可采用输送吊装一体结构，保证钻杆准确定位，防止钻杆接卸过程中内外螺纹的损坏。钻架还要有一底座固定，其竖起和放倒都在底座上进行，且其角度调整也需要以底座为基础。钻架要有足够大的刚度、强度和抗变形能力，以适应导孔钻进过程中，不因为钻架的变形而使钻杆产生附加的弯矩，造成导孔钻头产生偏离钻孔轴线的误差，在扩孔钻进期间，巨大的拉力和扭矩需要钻架有效地传递到钻机基础上。

一、外支撑箱型整体框架

外支撑箱型整体框架一般用于中小型反井钻机，这类钻架本身不便于拆卸和组装，多数情况下需要整机运输，配合平车，较适合矿山井下工作。例如，我国研发的 LM-200 型、BMC300 型[图 6-3(a)]反井钻机外支撑全封闭箱型整体结构钻架，LM-90 型[图 6-3(b)]、LM-120 型也采用类似结构，只是未全部封闭，属于外支撑侧封闭框架结构。芬兰

TAMROCK 制造的 RHINO400 型反井钻机[图 6-3(c)]和日本矿研工业株式会社制造的 BM-100N 型反井钻机[图 6-3(d)]也采用了单侧封闭框架结构。

(a) BMC300型　(b) LM-90型

(c) RHINO400型　(d) BM-100N型

图 6-3　外支撑箱型整体框架

二、外支撑四柱整体框架

外支撑四柱框架反井钻机钻架结构，是指由底盘、四个支撑柱体、上部连接梁形成的整体柱形框架，动力头在框架内上下运动，通过四根立柱作为滑轨导向和传递反扭矩，推进油缸的活塞杆生根在钻架下部底盘上，钻架在底座上整体转动调整钻进角度，反作用力和扭矩通过底座传递到钻机基础上。

根据四柱框架的结构形式又分为外支撑圆柱形框架和方柱形框架两种主要类型。其中，外支撑圆柱形框架是反井钻机最早采用的结构形式，首先在 Robbins-31R 反井钻机原型机钻架中采用，后期的反井钻机设计时进行了一定程度的应用(图 6-4)；此外，德国维尔特公司生产的 HG 系列反井钻机采用四方形立柱导向的外支撑框架结构(图 6-5)。

三、侧支撑框架

侧支撑框架类反井钻机是将推进油缸置于支撑框架的一侧，框架的中心线不再是钻进中心线。侧支撑框架类反井钻机的钻架结构主要包括后置矩形导向侧支撑框架、后置圆柱导向侧支撑框架、后置圆柱导向加方柱侧支撑框架、前置圆柱导向支撑框架等。侧支撑框架反井钻机如图 6-6 所示。

图 6-4　外支撑圆柱形框架结构反井钻机

图 6-5　外支撑四方形立柱框架结构的 HG330 型反井钻机

(a) 后置矩形导向柱

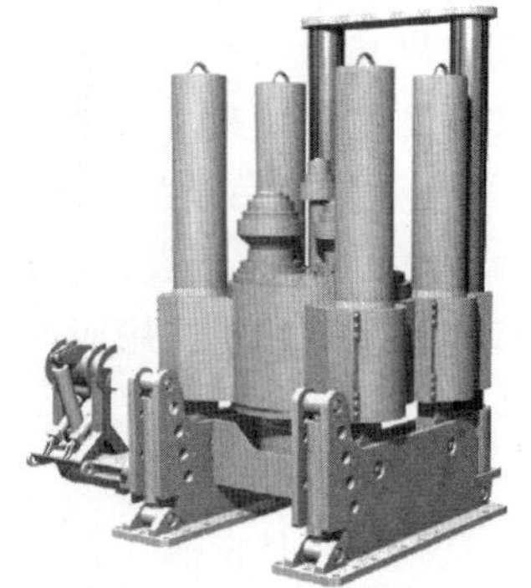

(b) 后置圆柱导向柱

图 6-6　侧支撑框架反井钻机

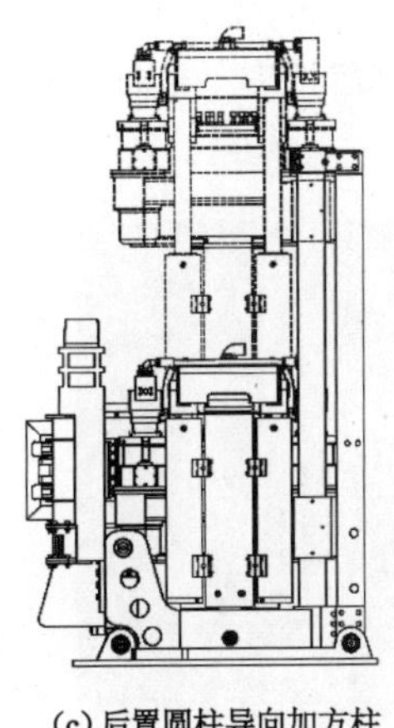

(c) 后置圆柱导向加方柱

(d) 前置圆柱导向柱

图 6-6(续)

四、内支撑框架

大型反井钻机需要传递的扭矩、推拉力大，钻机功率大，如果采用外框架钻架的结构，其体积变得非常庞大、重量大大增加，且钻机工作时钻架的变形量增加，工作稳定性降低，因此，大型反井钻机多采用内支撑框架结构。

根据不同设计习惯采用矩形导向柱和圆柱导向柱内支撑两类框架结构。如 BMC600 型反井钻机采用四油缸推进、四马达驱动旋转的动力头结构(图 6-7)；中间设两个矩形导向支撑框架，形成内框架钻架结构，四个推进油缸的活塞杆采用螺栓和底盘刚性连接，推进油缸筒和动力头连接，两端的滑动套穿过矩形支撑柱，在其中滑动，支撑柱和底盘刚性连接，两个支撑柱上部连接形成整体，提高了反井钻机主机的工作稳定性。

图 6-7　矩形导向柱内支撑三维结构示意图

内支撑圆柱框架结构和矩形框架结构相似，以圆柱导向支撑柱替代矩形导向支撑柱，主要应用于多油缸推进的大型反井钻机（图 6-8），钻架由底盘、导向圆柱、推进油缸、动力头、导向柱上部连接梁等组成。

图 6-8　圆柱导向柱内支撑反井钻机工作状态

五、非对称导向圆柱支撑框架

非对称导向圆柱支撑框架将导向支撑圆柱和推进油缸形成一种各自对角线布置的结构，在钻机底盘上前端和后端，各布置一根导向支撑圆柱和推进油缸；两个导向柱和两根油缸这四根平行立柱的中心为动力头的运行中心，动力头旋转产生的反作用力和反扭矩分别作用在两根导向支撑圆柱上。日本矿研工业株式会社制造的 BM150A 型反井钻机（图 6-9），采用非对称导向圆柱支撑框架结构。但是，为保证两根支撑圆柱受力均匀，非对称导向圆柱支撑框架需要很高的加工精度，此类型钻架结构的反井钻机制造和应用得均相对较少。

图 6-9　非对称支撑圆柱框架结构的反井钻机

第四节　旋转驱动系统

一、旋转驱动功能

反井钻机的导孔钻进和扩孔钻进均采用钻头旋转破岩的方式，利用旋转驱动系统的动力头驱动钻杆旋转，从而带动钻头旋转破岩。旋转驱动系统是产生钻头钻速的动力机构，同时还要执行传递推拉力和扭矩、钻杆连接和拆卸、输送洗井液等功能。旋转驱动功能具体如下：

(1) 驱动钻具旋转功能。反井钻机的导孔钻进和扩孔钻进都是利用旋转驱动系统的动力头驱动钻杆旋转，以满足导孔钻进所需的高转速、低扭矩，以及扩孔钻进所需的低转速、高扭矩。动力头的输出轴为中空式主轴，采用不同的结构形式和钻杆连接在一起，运行过程中钻杆的转速和主轴转速相同。

(2) 传递推拉力和扭矩功能。对钻杆施加的推拉力也是通过动力头传递的，动力头和推进油缸刚性连接。推进油缸的上下运动带动动力头的运动，其作用力通过齿轮箱、轴承传动到主轴；主轴再直接作用到钻杆上，实现和钻具同步上下运动。旋转驱动的动力头和推进油缸为钻头破岩提供旋转、钻压，相应的破岩过程中岩石对钻头产生相应的反作用力和反扭矩，需要动力头通过滑轨传递到钻架的导向支撑柱体上，并传递到钻架的底盘上，以达到动力头受力和力矩的平衡。

(3) 钻杆连接和拆卸功能。旋转驱动的动力头主轴下部需要和钻杆连接，向钻具传递破岩能量，考虑到钻杆接、卸工艺的要求，不能将主轴和钻杆直接连接，而是在主轴下面连接一个接头体。接头体分成活动套和花键两部分，其中钻杆通过花键和主轴连接传递拉力，活动套与钻杆连接实现对钻杆的卡固和旋转，以保证拆卸时旋转和推进相互匹配。

(4) 输送洗井液功能。反井钻机导孔钻进时，采用正循环洗井方式。洗井液在通过泵的增压后，经管路进入旋转驱动动力头的上部水龙头，再经动力头主轴中心孔后进入接头体，进而输送到钻杆中心孔，最终到达导孔钻头位置进行清洗井底、排出岩渣及维护孔帮。在反井钻机扩孔钻进时，动力头上部水龙头还可作为扩孔钻进钻头和刀具冷却水的输送通道。

二、旋转驱动方式

反井钻机的旋转驱动机构主要是动力头，动力头的驱动方式又分为液压马达或电机驱动两种方式，根据其工作原理的不同又可分为多种类型。例如，按减速方式不同，主要有变速液压马达加单级或多级齿轮减速、高速液压马达加行星减速再加单级或多级齿轮减速、电机加行星减速再加单级或多级齿轮减速等方式；按液压马达或电机数量的不同，主要有单机驱动、双机驱动和多机驱动等方式；按电机的控制方式不同，又分为直流和变频两种方式。

为了使动力头输出的转速、扭矩等技术参数能够同时满足导孔钻进和扩孔钻进工艺的需要，动力头需要实现变速功能。动力头的变速方式包括采用变速液压马达、调速电机、可变挡位的齿轮箱(变速齿轮箱)和改变同时工作的马达数量等方式，即通过液压马达、电机、减速器等实现动力头的主轴变速，从而达到输出参数能够满足反井钻机导孔钻进和扩孔钻进的工艺要求。动力头驱动及变速方式如表 6-3 所示。

表 6-3 动力头驱动及变速方式

编号	驱动方式	传动方式	驱动变速	机械变速
1	高速液压马达	行星减速+齿轮一级减速	改变工作马达数量	传动变速
2	低速液压马达	一级到二级齿轮减速	改变工作马达数量	传动变速
3	变速液压马达	一级到二级齿轮减速	马达变速	—
4	直流电机	行星减速+齿轮一级减速	直流控制电机调速	传动变速
5	变频电机	行星减速+齿轮一级减速	变频器控制电机调速	传动变速

三、动力头结构及工作方式

(一) 液压马达驱动动力头

液压马达驱动动力头根据液压马达的数量和变速要求，主要有变速单一马达驱动、同轴双马达驱动、异轴双马达驱动和多马达驱动等方式。其中，小型反井钻机(LM-120 型)的动力头通常采用变速单一马达驱动，中型反井钻机的动力头通常采用同轴双马达驱动(BMC300 型)或异轴双马达驱动(BMC400 型)，而大型反井钻机多采用多马达驱动。

大型反井钻机用于钻凿大直径井筒时，扩孔所需要的扭矩更大、转速更低，而导孔钻进的转速还不能降低太多，否则会影响导孔钻进效率，同时对导孔偏斜控制不力，因此，大型反井钻机采用多马达驱动方式。以钻孔直径达 6.0 m 的 BMC600 型反井钻机为例，动力头采用四台液压马达并联驱动旋转的结构形式，所有马达通过小齿轮同时驱动大齿轮啮合实现减速。在液压泵站输出的高压油量一定的情况下，导孔钻进时通过采用单一马达或双台马达运转、其他马达以自由轮方式空转的方式来提高转速；扩孔钻进时采用多马达运转以满足大扭矩、低转速的钻进技术参数要求。多马达驱动动力头三维结构如图 6-10 所示。

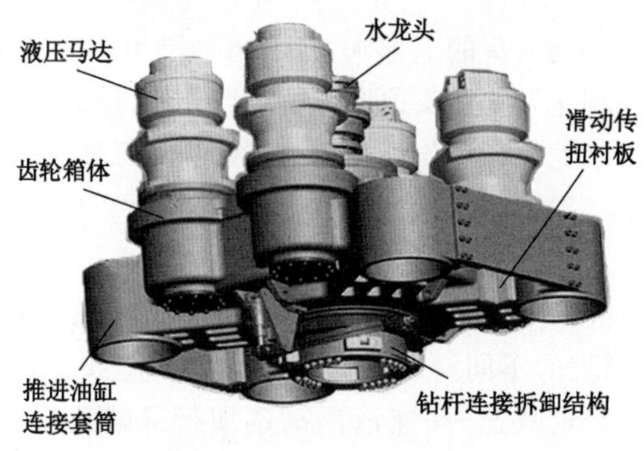

图 6-10 多马达驱动动力头三维结构

BMC600 型反井钻机动力头上部采用四套低速大扭矩液压马达作为动力输入，经过一级齿轮减速并联驱动大齿轮带动主轴旋转，最大扭矩为 450 kN · m，旋转速度为 0～18 r/min；而且主轴为可以整体上下浮动的结构，既便于高压洗井液系统密封，又可以实现钻杆拆卸时机械控制的自动卡固(图 6-11)，不再需要人工操作。

动力头外围的四个圆柱孔与四根推进油缸缸筒连接，实现动力头的上下运动，并将推拉力从齿轮箱壳传递到轴承上，再经轴承传递到动力头主轴上，通过承载接头传递到钻杆

图 6-11　钻杆自动抱卡装置

和钻头上。齿轮箱箱体两侧的两个矩形孔和钻架的立柱侧面滑动配合，将动力头的反扭矩传递到立柱上，实现钻进的反扭矩传递。动力头下部通过螺纹丝扣和承载接头实现钻杆的拆卸卡固，上部钻杆和承载接头连接螺纹松开后，液压油缸驱动外部套环运动使四个卡块卡住钻杆上方四个扁的缺口，用于松开两根钻杆连接的螺纹，实现钻杆的快速拆卸。

（二）电机驱动动力头

电机驱动动力头主要是采用变频电机或直流电机取代液压马达，并达到输出满足反井钻机钻进工艺的技术参数。如 ZFYD3.5/400 型电机驱动反井钻机采用了双电机驱动动力头结构（图 6-12）。双电机驱动动力头采用两台变频电器实现变频，电机首先经过行星减速，然后和动力头的小齿轮相连，驱动大齿轮带动主轴旋转；主轴则通过钻杆连接系统和钻杆连接，并驱动钻具旋转。由于电机的调速范围大，对实现导孔钻进高转速、扩孔钻进低转速的参数要求是有利的；行星减速机构本身设有机械变速装置，可以达到两级转速和扭矩输出，这样使导孔转速输出达到 30 r/min，对导孔钻进偏斜控制有利。

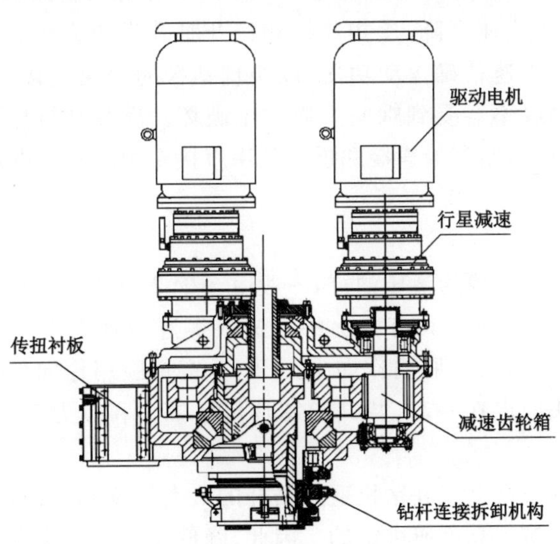

图 6-12　双电机驱动动力头结构

第五节 推进系统

一、推进系统功能

反井钻机推进系统需要满足由上向下导孔钻进和由下向上扩孔钻进的不同工艺，因此推进系统是双向作用的，既能够向下推进，又能够向上推进。推进系统带动连接的动力头快速提升和下放，还要满足钻杆连接、拆卸以及钻具的提升和下放等多种功能，这些功能一般由数量不等的油缸协同工作实现。

推进系统是提供破岩钻压的主动机构。导孔钻进初期阶段要施加一定的压力，以达到合理的破岩钻压值；当钻进到一定的深度，钻杆在洗井液中的重量等于导孔钻头所需要的破岩钻压时，再继续向下钻进就需要推进系统承受新添加的钻杆重量，以保证不继续增加钻压造成三牙轮导孔钻头破坏，降低钻压增加导孔产生偏斜的风险。此时推进系统起到平衡钻具重量的作用，以保证施加到钻头上的钻压不变。在扩孔钻进时，钻具的推进方向变为由下向上，需要对钻具施加提升力，提升力克服扩孔钻头、钻杆以及动力头等重量后的力量，作用在扩孔钻头滚刀上，形成破岩钻压，提升力的大小反映了钻机扩孔钻进的推进能力。

推进系统是保障钻杆连接和拆卸的关键机构。推进系统的行程必须超过钻杆的长度才能将钻杆输送到动力头下部空间内，实现钻杆的连接。导孔钻进是逐渐增加钻杆的过程，当一根钻杆钻进完成后，需要将这根钻杆卡固在钻机的底盘上，松开动力头和钻杆之间连接螺纹；利用钻机推进系统将动力头快速上提到最高位置，再输送一根新增加的钻杆到动力头和已连接的导孔钻杆之间，在钻杆输送装置的卡固下，动力头和新增加钻杆上部螺纹相连；然后，松开输送装置对钻杆的卡固，下放动力头使两根钻杆螺纹对齐接触，再通过动力头的旋转和推进，使两根钻杆牢固的连接在一起后，推进系统上提动力头，移除钻杆的卡固装置，然后继续由上向下进行导孔钻进。与之相反的是在扩孔钻进时，逐渐拆卸钻杆，也需要提放钻具、动力头快速升降、丝扣连接和松开时升降和旋转的配合。这些都要求推进系统具有快速上下和慢速精确运动功能，以实现钻杆的快速连接和拆卸，并保证钻杆连接和拆卸过程中钻杆螺纹不会受到轴向力而发生破坏。反井钻机导孔钻进和扩孔钻进过程中，接、卸钻杆工作频繁，钻杆的连接和拆卸效率直接影响反井钻进效率。

二、推进方式

反井钻机的推进系统主要为液压油缸，一般由至少 2 根油缸并联构成。根据导孔钻进和扩孔钻进的要求，反井钻机应具有向上的推进或提升力远大于向下的推力的特点。因此，将油缸产生较大力量的活塞腔用作向上提升，活塞杆腔用作向下推进。推进油缸的缸筒和旋转驱动的动力头固定在一起，共同向钻具传递推力和拉力，实现钻头破岩所需的钻压和转速。

推进油缸的行程的是根据反井钻机适用钻杆的最大长度确定的，钻机的工作高度一般是由推进油缸伸出时的最大高度所决定的。因此，降低反井钻机主机工作高度的方法是改变钻机的推进形式。

推进油缸的类型及布置主要有单活塞杆式油缸、伸缩式油缸、串联式油缸等。反井钻机的主要推进方式及优缺点如表6-4所示。例如，为矿山井下狭窄空间应用而设计的反井钻机，主要采用伸缩式油缸、串联式油缸来降低钻机的工作高度。

表6-4　反井钻机的主要推进方式及优缺点

推进方式	缺点	优点
单活塞杆式油缸	油缸伸出长度大，钻机工作高度增加	油缸加工简单，同步性好且易维护
伸缩式油缸	同样的油压下推进力在不同位置时大小不同	油缸长度短，钻机的工作高度降低
串联式油缸	油缸数量多且钻机宽度大	推进力不发生变化，可降低钻机工作高度

三、推进油缸结构及工作方式

（一）单活塞杆式油缸

单活塞杆式油缸为一端为活塞杆一端为缸筒组成的结构，活塞杆上的活塞将缸筒分为活塞杆腔和活塞腔，两端进出口油口都可进回液压油，实现双向运动，故称为双作用油缸。反井钻机采用将活塞杆固定在钻机底盘上，其中小型反井钻机采用铰接的方式固定在底盘上，而大型反井钻机采用刚性连接的方式固定在底盘上；油缸缸筒和动力头固定在一起，向油缸供油时缸筒的运动带动动力头运动。

根据扩孔钻进所需的最大推力，用于钻进不同直径和岩石条件的钻机，最少布置两套单活塞杆式油缸，油缸缸筒的内径增大和油压增加均会增加钻机的推进能力，但考虑到设备加工、钻机空间布置，大型反井钻机可布置三套、四套和六套单活塞杆式油缸。以BMC600型反井钻机主机为例，该型钻机钻架采用倒“T”形内钻架支撑结构，钻架两侧的立柱固定在底盘上，在每个立柱的两侧各固定一根单活塞杆式油缸（图6-13），油缸的活塞杆端固定在底盘上；推进油缸的缸筒内径为280 mm，最大拉力为6 000 kN；油缸的缸筒与动力头固定在一起，缸筒带动动力头一起运动。

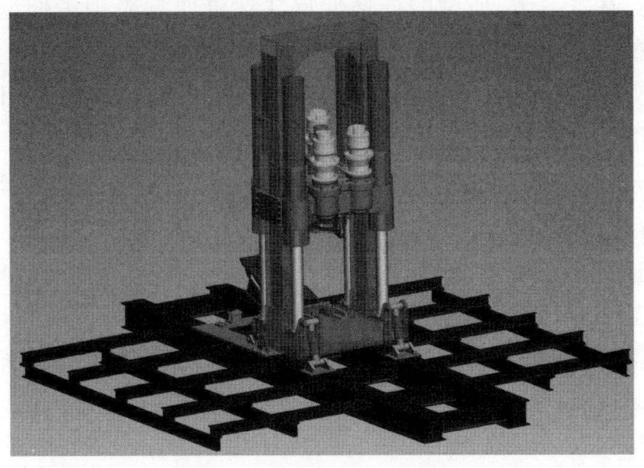

图6-13　BMC600型反井钻机推进油缸布置示意图

单活塞杆式油缸推进系统布置示意图如图 6-14 所示。单活塞杆式油缸缸筒端大大超过动力头的高度，缸筒伸出的最大长度也是钻机的最大工作高度，井下低矮的巷道一般不能直接满足反井钻机工作高度条件，需要增加钻机工作位置的高度，进行巷道挑顶作业。

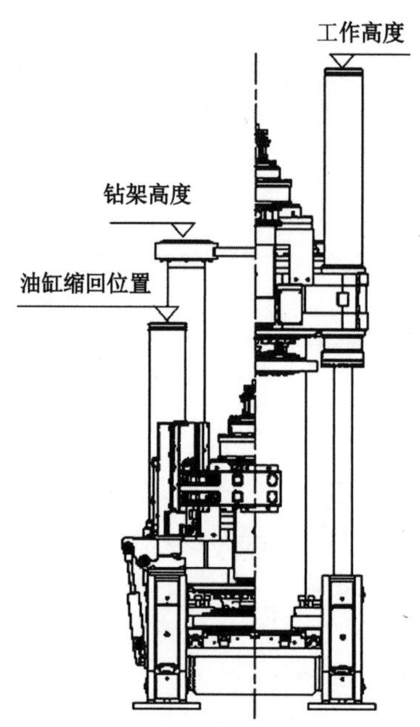

图 6-14　单活塞杆液压油缸推进系统布置示意图

（二）伸缩式油缸

伸缩式油缸具有二级或多级活塞，上一级的活塞杆为下一级的缸筒，也就是中间活塞杆内部还是下一级的缸筒，同样行程的油缸采用伸缩油缸后，油缸的总长度降低。如此，钻机的工作高度可以降低，基本达到油缸缸筒顶端高度和动力头最高位置接近，钻机工作高度和钻架的高度做到基本一致，所谓的低矮型反井钻机便是采用了伸缩式油缸。低矮型反井钻机伸缩式油缸布置示意图如图 6-15 所示。采用伸缩式油缸作为推力油缸的反井钻机，也是将缸筒和动力头固定，最后一级活塞杆固定在钻机底盘上，钻机工作上提动力头时，一般大直径活塞先动作，大直径活塞杆先伸出，然后小活塞杆动作。在向下推进时，缩回的顺序则一般是从小到大，由于反井钻机最少采用两套一样的推进油缸并联使用，这两组油缸在动力头的约束下，动作将保持一致。

伸缩式油缸推进反井钻机存在的主要问题是：由于各级活塞及活塞杆的直径不同，造成油缸在不同位置工作时，同等油压下活塞杆腔或活塞腔的面积不同，输出的推力也会在一个行程内发生变化，进而导致破岩钻压的不稳定。尽管可以通过电液伺服机构的控制保证推力输出的稳定，但也增加了设备成本和运行管理难度。

（三）串联式油缸

串联式油缸又称为接力油缸，是将最少两根油缸缸筒并排固定在一起，形成的整体作为推进油缸，达到钻机安装钻杆的行程高度。

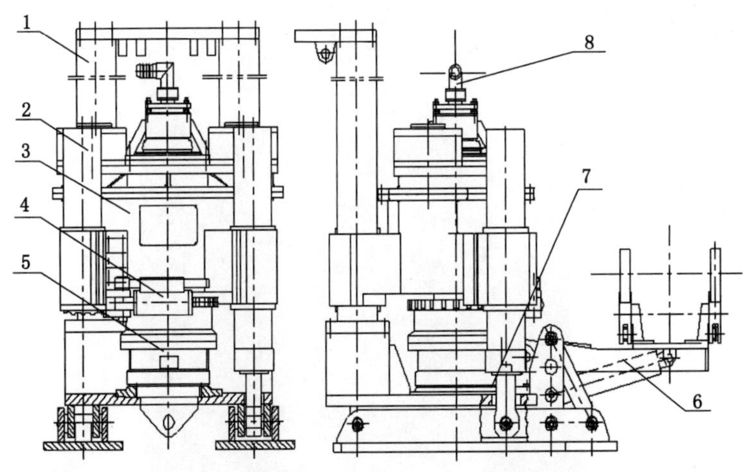

1—圆柱形导向立柱;2—伸缩式推进缸;3—动力头;4—钻杆丝扣辅助拆卸装置;5—接头体;6—钻杆输送装置;7—抱合扳手;8—洗井液输入管路。

图 6-15　低矮型反井钻机伸缩式油缸布置示意

两根油缸串联方式是将两根结构相同的油缸缸筒部分固定在一起,但是每根油缸的活塞杆指向不同的方向,如果将一个油缸的活塞杆固定在钻机底盘上,另一个油缸的活塞杆则和动力头相连。两根油缸串联时,将两根油缸的活塞杆腔和活塞腔的油路分别连通,当向活塞杆腔供油时,油缸活塞杆缩回,动力头下降,向活塞腔供油时,活塞杆伸出,动力头上升,且上升或下降的过程中动力头受力保持不变。采用两根油缸串联的方式可以达到减少钻机工作高度的目的,但是两根油缸缸筒连接位置受到巨大的剪切和弯转作用,动力头受力不平衡,因此,反井钻机多采用三根油缸串并联方式。

三根油缸的串并联方式是两根单伸缩油缸和第三根油缸缸筒部分固定在一起,其中两根油缸的活塞杆指向相同,另一根油缸的活塞杆指向相反。即如果将单一油缸的活塞杆固定在钻机底盘上,另两根油缸的活塞杆和动力头相连,并将三根油缸的活塞杆腔和活塞腔的油路分别连通。当向活塞杆腔供油时,油缸活塞杆缩回,动力头下降;当向活塞腔供油时,活塞杆伸出,动力头上升。为了达到在同样的油压下油缸具有相同的推进力,一般反井钻机采用一根大直径油缸和两根小直径油缸串联方式,达到两个小直径油缸活塞腔和活塞杆腔面积与大直径油缸的活塞腔和活塞杆腔面积相等,动力头及油缸受力均衡。串并联油缸推进系统油缸布置如图 6-16 所示。由于三根油缸的活塞杆腔和活塞腔的油路分别相通,动力头两侧油缸相同腔体也相同。在钻机动力头上提时,给活塞腔供油的两侧大直径油缸先动作,达到最大行程后,两侧的四个小油缸动作,直到达到动力头提升的最高位置;相反,在动力头下放时,需要向活塞杆腔供油,使所有油缸的活塞杆缩回。这类油缸推进结构一般只用于中小型反井钻机,如果大型反井钻机需要多个单伸缩式油缸时,总的油缸数量将增加两倍,致使钻机钻架没有足够的空间来布置这些油缸。

图 6-16　串并联油缸推进系统油缸布置

第六节　动力控制系统

以 BMC600 型反井钻机为例，动力控制系统采用模块化设计，主要包括泵站、电液控制中心、配电启动中心、操作台等部分。动力控制系统模块化设计可根据施工现场情况进行灵活布置，且方便故障诊断、检测与维修。动力控制系统各部分的相互关系(图中实线代表液压连接的管线，虚线代表信号控制的线路)如图 6-17 所示。反井钻机中主要包含主机的旋转液压马达、推进油缸、接卸钻杆的辅助系统、传感测控元件及马达变速模块等。

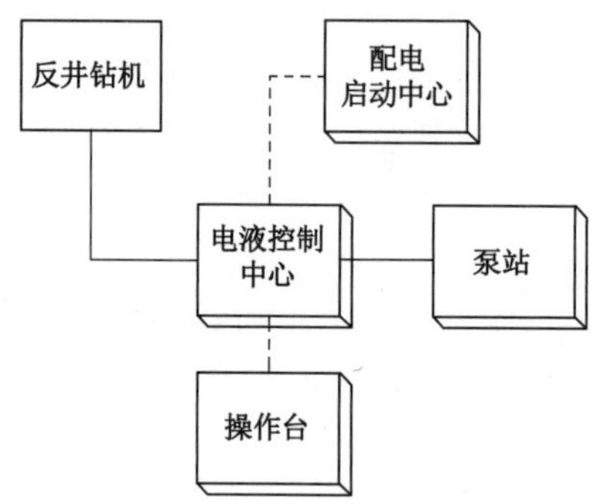

图 6-17　ZFY5.0/600 型电液控制系统构成

一、泵站

反井钻机钻头旋转由液压马达或电机驱动。采用直流电机或变频电机驱动时，需要增加电机控制系统；由液压马达驱动时，需要相匹配的泵站供油。钻机的其他辅助系统需要采用大量的油缸，其动力也要来自高压液压油。钻机的泵站是钻机的动力源，通过高压软管连接到各个油缸，并通过控制台控制钻机的各个动作。液压泵站工作原理简图如图 6-18 所示。

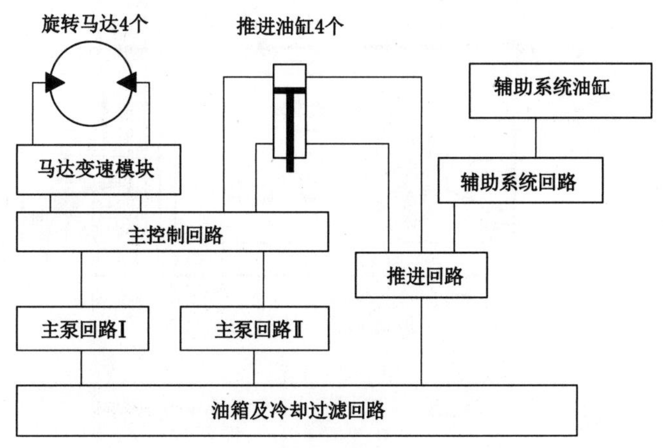

图 6-18　液压泵站工作原理简图

主泵站由两台主液压泵及其驱动电机、联轴器等构成，两台主液压泵驱动电机功率为 130 kW。主液压泵提供高压液压油，用于驱动液压四台马达旋转和推进系统快速升降，液压马达输出扭矩给钻机主轴进行破岩工作；在接、卸钻杆时提供高压液压油给马达和主推缸，使马达旋转和动力头快速升降，实现钻杆的快速接卸，尽量减少接、卸钻杆的辅助时间。油箱副泵站是反井钻机的职能机构，由油箱、副泵组合、滤油泵、电磁阀块、冷却器、滤油器、蓄能器、空气滤清器、弱电控制箱等组成。

二、电液控制中心

电液控制中心包括弱电控制系统、液压控制泵站、电磁控制液压阀系统、液压油箱和冷却系统(图 6-19)，通过操作台进行电液比例控制，达到钻进工艺要求。动力采用电液比例控制，液压系统为大流量开式系统，额定工作压力为 20 MPa，最大短时工作压力可达 31.5 MPa。通过同时工作的马达数量调整动力头转速和扭矩输出，非工作马达以自由轮方式空转，实现在低速、大扭矩时转速为 0～5 r/min，高速、小扭矩时转速为 0～20 r/min 的参数要求。

电液压控制中心对辅助系统提供启停控制、电磁换向阀的动作控制、电液比例阀的动作控制、转速及液压压力值测量和数据处理等功能。除泵启停控制外，还进行过负荷监视保护和短路故障监视、保护功能。对低速大扭矩齿轮传动系统需进行强制润滑，采用控制互锁技术，在液压马达驱动齿轮转动之前，先开启润滑泵进行强制润滑。

在电液控制中心、操作台及软启动中心分设 PLC(可编程逻辑控制器)进行控制指令、状态采集及控制信号的发出，各 PLC 之间采用 RS485 通信总线构成物理接口，由 S7-200 型 PLC 内部的 PPI(并行外设总线)协议作为通信协议，形成快速和慢速两组通信系统。快速通信系统用于控制数据的传输，以电液控制中心为主站，其余为从站；慢速通信系统主要用于监视数据的传输，进行每秒一次的通信，以操作控制台为主站，其余为从站。

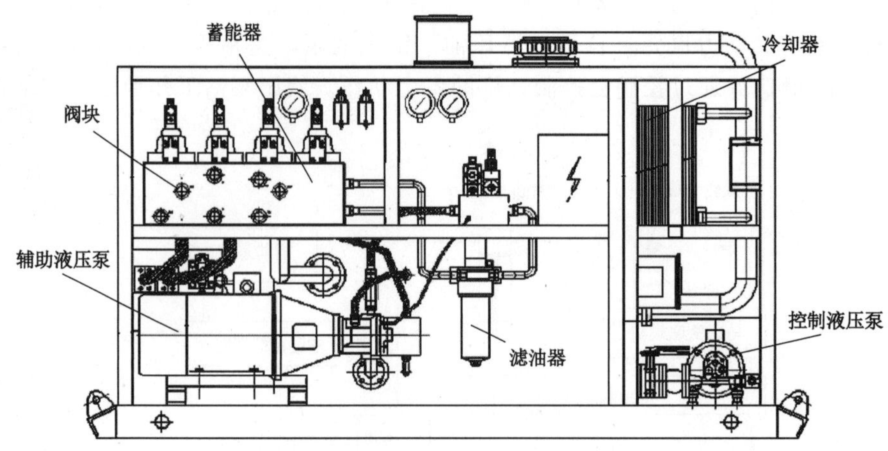

图 6-19 电液控制中心结构示意图

三、配电启动中心

配电启动中心(见图 6-20)将外界接入的电源通过变压分配到各个用电系统中,为泵站、控制、辅助(导孔循环泵电机)等提供电源和保护,实现两台主液压泵驱动电机、辅助控制液压泵驱动电机、钻进时配置的泥浆泵电机的软启动,将电压变到低压使弱电系统正常工作,以及控制钻进位置的照明等。

图 6-20 BMC600 型反井钻机配电启动中心

四、操作台

操作台不仅可以显示钻机运转工作状况,并可进行全部钻进工序的操作控制。在操作台上对主泵排量进行精确调整,低速、大扭矩时主泵能实现接近零排量输出,以减少液压系统放热,降低系统液压油油温。操作台主要包括主显示屏、电器开关、电压电流表、钻进和辅助作业各种开关、按钮、手柄等(图 6-21),可以显示钻机的工作状况、钻进参数、温度和故障情况，实现一键启停及各种操作控制，人机界面友好，减轻了操作者的劳动强度。

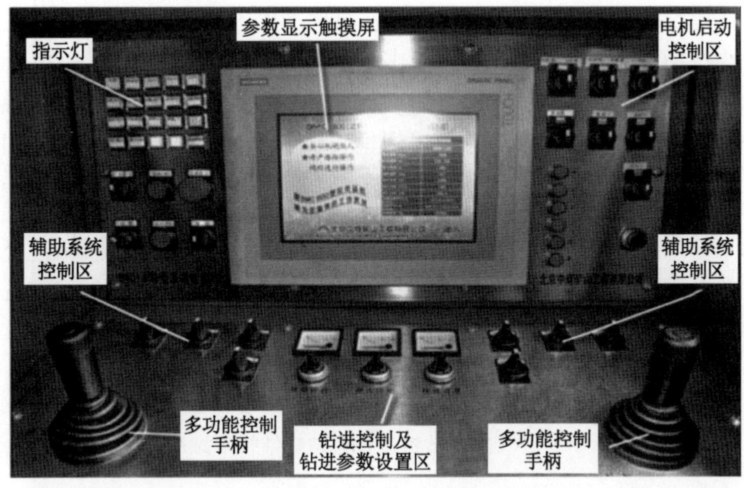

图 6-21　BMC600 型反井钻机操作控制台

第七节　钻 具 系 统

反井钻机本身具备从上向下钻进导孔的能力，主要分为导孔普通钻进钻具和导孔开孔钻具，其钻具系统主要包括钻杆和钻头两部分。钻杆主要是用来传递轴向力和扭矩，并输送洗井介质的空心轴状结构；钻头又分为导孔钻头和扩孔钻头，主要利用钻压和旋转转速来破碎岩石形成井孔。

一、钻杆

导孔钻进时钻杆受到的拉力小且扭矩也小，钻杆断裂的风险较小。但是，反井钻机钻杆除了导孔钻进外，还需要满足扩孔钻进受拉要求。扩孔钻进扭矩大、拉力大，并且还有扩孔钻头运转不均衡造成的附加力矩等，钻杆断裂的风险较高，如果发生钻杆断裂事故，断裂以下位置的钻杆、扩孔钻头会直接掉到反井下口巷道中，巨大的冲击动量造成钻具的二次破坏，且难以快速处理。所以一般扩孔钻杆直径较大，相当于石油钻机钻杆的钻铤直径。通常情况下，扩孔直径为 1.4 m 时，钻杆直径为 182 mm；扩孔直径为 2.0 m 时，钻杆直径为 203 mm；扩孔直径为 3.0 m 时，钻杆直径为 254 mm；扩孔直径 4.0 m 时，钻杆直径为 286 mm；扩孔直径为 5.0 m 时，钻杆直径为 328 mm。反井钻机的钻杆具有相同的抗拉、抗扭等承载能力，所有截面都应有基本相同的力学性质，需要有足够的强度、刚度和抗疲劳破坏的能力。

为了保证导孔钻进和扩孔钻进过程中井孔和钻具的安全，需要根据不同钻井深度、钻井直径和岩体构造等施工条件，选择相适应的反井钻机、钻杆和导孔钻头类型。反井钻机采用的钻杆类型较多，可分为普通钻杆、开孔钻杆、稳定钻杆和接头钻杆等四种类型。反井钻机钻杆为空心轴状结构，两根钻杆之间通过螺纹连接，钻杆的两端分别设有内圆锥螺纹和外圆锥螺纹。

(一) 普通钻杆

普通钻杆是指没有特殊要求的外缘为圆形的标准钻杆。普通钻杆数量最多,要求其具有良好的互换性。钻杆不同部位具有不同作用和用途,包括传递扭矩和拉力、钻杆连接和拆卸、传输洗井介质、进行导孔钻进循环和扩孔钻进滚刀冷却等功能。反井钻机用普通钻杆结构示意图如图 6-22 所示。普通钻杆包括钻杆体、中心孔、拆卸钻杆卡方和连接螺纹等。

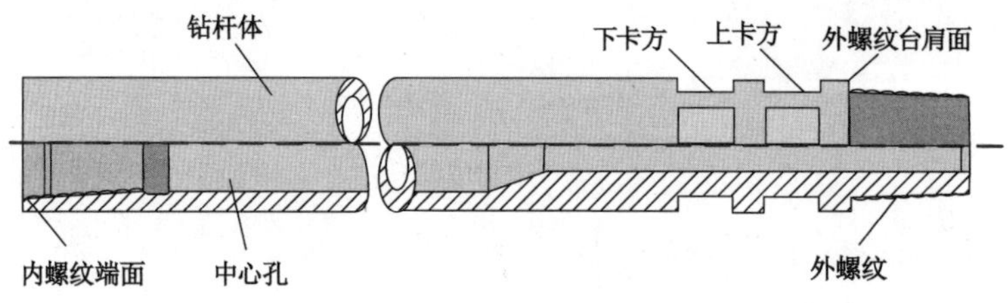

图 6-22 反井钻机用普通钻杆结构示意图

钻杆体是外形为圆形的棒状结构,一般由大直径锻造合金钢材加工而成(图 6-23)。钻杆中心孔既可以减轻钻杆的重量,降低反井钻机设备能力及钻架结构体积和重量,又可在导孔钻进时将洗井介质通过钻杆中心孔输送到导孔钻头位置,进行洗井液循环排渣,在扩孔钻进时输送冷却水,对破岩滚刀进行冷却和降尘。卡方是在靠近钻杆的外螺纹台肩下部,以平行于钻杆轴线加工出的具有一定宽度的近似方形缺口,用于钻杆连接、拆卸和钻具的卡固。

图 6-23 反井钻机用普通钻杆

通过钻杆连接螺纹实现两根钻杆的相互连接,钻杆一端加工有外螺纹(公螺纹或简称公扣),另一端加工有内螺纹(母螺纹或简称母扣),在反井钻机钻具系统中,除了导孔钻头和其他专用工具的螺纹可能不同外,钻杆之间的连接螺纹都具有相同结构形式,所有的外螺纹和内螺纹都可以实现连接,具有良好的通用性和互换性,也就是同一种类型的钻杆任何两根都能相互连接。反井钻机接头体采用的是内螺纹,能够和所有钻杆的外螺纹连接。

（二）开孔钻杆

反井钻机导孔钻进过程也是将钻具下放到下水平巷道的过程，因此在导孔钻进开孔阶段对偏斜的精准控制尤为重要。如果导孔钻进开孔阶段出现偏差，随着钻进的进行这一偏差将会放大，影响整个导孔的成孔精度。因此，可以利用开孔钻杆实现开孔方位的准确控制。反井钻机开孔钻杆结构示意图如图 6-24 所示。

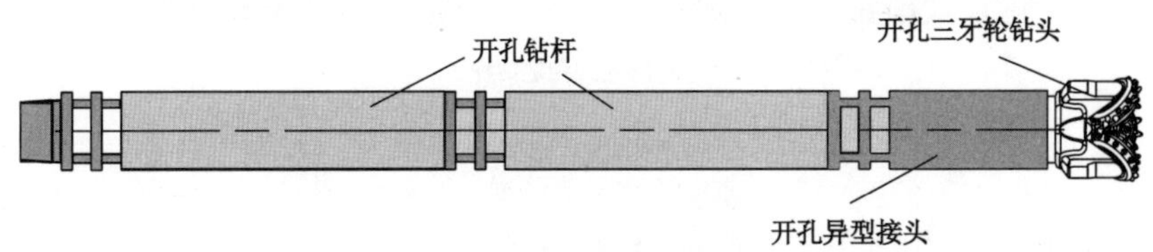

图 6-24　反井钻机开孔钻杆结构示意图

开孔钻杆外形和普通钻杆相同，只是钻杆杆体的外形加工精度和钻杆连接后的垂直度、平行度要求高，满足开孔钻进需要的同轴度。通过和反井钻机的扶正装置配合，保证开孔钻进钻具稳定、钻孔直径、钻孔的圆度和钻进方向。开孔钻杆还包括一段异型接头钻杆，其内螺纹和导孔钻头外螺纹匹配。根据钻孔深度，一般开孔钻杆连接长度在 10 m 左右。

（三）稳定钻杆

为了导孔和扩孔钻进的稳定、防止钻杆的磨损、保证导孔钻进精度，还需要不同类型的稳定钻杆。稳定钻杆是指在普通钻杆上增加一定的结构，使其最大外径和导孔直径接近，且外形和导孔弧度一致，并在环形空间留有一定的排渣间隙，具有保持钻具旋转平稳、稳定钻进方向功能的一类钻杆。导孔钻进时靠近导孔钻头一定长度的钻杆处于受压状态，通过压杆稳定理论可知，钻杆可能发生变形或弯曲，形成螺旋状态弯曲状况，极易导致钻孔方向发生偏斜。因此，根据钻进井孔深度、地层条件、导孔直径以及不同类型反井钻机的特点，设计出多种类型的稳定钻杆，包括直筋稳定钻杆、螺旋筋稳定钻杆、滚轮式稳定钻杆。不同稳定钻杆结构示意图如图 6-25 所示。

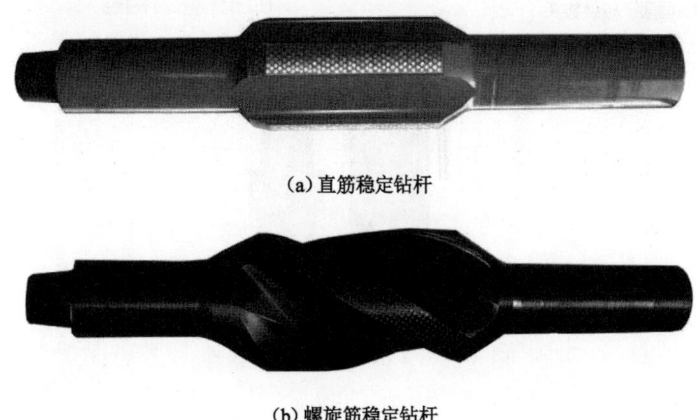

(a) 直筋稳定钻杆

(b) 螺旋筋稳定钻杆

图 6-25　不同稳定钻杆结构示意图

(c) 滚轮式稳定钻杆

图 6-25(续)

导孔钻进时随着导孔钻头破岩磨损,导孔有效直径变小,造成稳定钻杆的摩擦阻力增大,稳定器筋条的磨损加快,钻机旋转扭矩增加,钻进效率降低,利用滚轮式稳定钻杆的导孔扩大作用,可以保持导孔直径在合理范围内,有利于保证钻孔精度。同样,导孔贯通后连接扩孔钻头前,也需要把这类稳定钻杆拆除。

(四) 接头钻杆

接头钻杆是指连接两种不同螺纹类型钻杆,或在钻杆和钻头之间连接转换的钻杆。两端螺纹类型不同或都是内螺纹、都是外螺纹的接头钻杆称为异型接头钻杆,其他称为普通接头钻杆。一些接头钻杆还布置筋条结构,起到稳定钻杆的作用,所形成的接头钻杆为直筋接头钻杆和螺旋筋接头钻杆。不同类型的接头钻杆如图 6-26 所示。

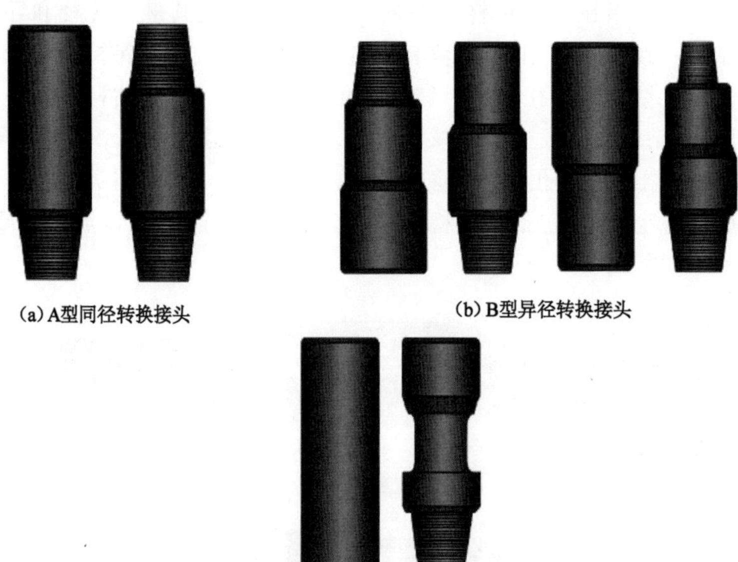

(a) A型同径转换接头

(b) B型异径转换接头

(c) 钻头转换接头和方钻杆保护接头

图 6-26　不同类型的接头钻杆

(五) 钻杆连接方式

反井钻机两根钻杆相互之间通过螺纹连接,其结构是一种带台肩面的锥形螺纹,又称为旋转台肩式连接。一根钻杆的两端分别设有内螺纹和外螺纹，连接钻杆之间的外螺纹和内螺纹以一定的力矩拧紧后，内螺纹的大端端面和外螺纹的台肩作为精加工的表面，能够实现紧密接触，且两者之间产生一定的弹性变形，使连接螺纹内部应力发生复杂变化，螺纹直接紧密接触，连接钻杆之间具有良好密封性，以满足高压洗井液不泄漏的要求，且具备较强的抗拉、抗扭和一定的抗弯能力。

小直径反井钻机钻杆依据 API 标准设计，以石油钻铤及连接螺纹作为借鉴，多采用三角形牙型连接螺纹。大直径反井钻机扩孔钻进时，钻杆需要承受的拉力和扭矩巨大，API 标准螺纹钻杆由于牙型小、螺距小难以满足要求。因此，加大牙型尺寸、提高螺纹螺距，形成了偏梯形螺纹，使钻杆的承拉和承扭能力提高。钻杆螺纹结构示意图如图 6-27 所示。

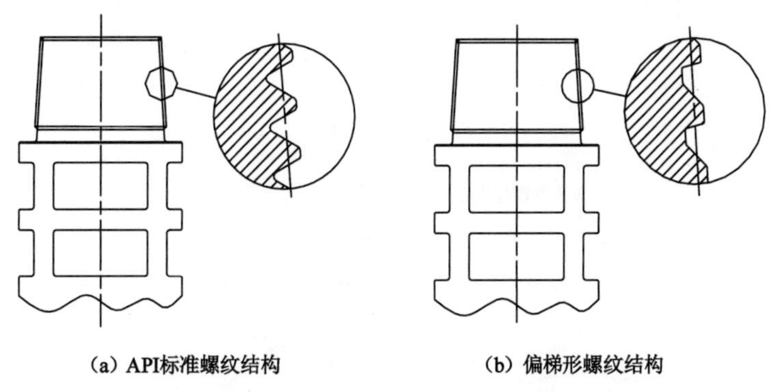

图 6-27　钻杆螺纹结构示意

二、钻头

（一）导孔钻头

在石油、地质以及工程等小直径孔钻进中，根据地质条件和所采用的钻机，可选择的钻头种类很多，包括刮刀钻头、牙轮钻头（单牙轮钻头、双牙轮钻头、三牙轮钻头和牙轮组合钻头）、金刚石钻头、金刚石复合片钻头、潜孔锤钻头等。根据反井钻机导孔钻进工艺的需要，以及考虑反井钻机输出的旋转速度较低，对钻头施加的钻压更大，一些适合高转速、低钻压的钻头不适合反井钻机导孔钻进，所以采用三牙轮钻头作为导孔钻头。三牙轮钻头又分为铣齿三牙轮钻头和镶齿三牙轮钻头（图 6-28）。但由于反井钻机主要适用于稳定的地层条件，以岩石地层条件为主，因此导孔钻头一般以镶齿三牙轮钻头为主。

镶齿三牙轮钻头又称碳化钨硬质合金镶齿钻头，是将端部齿形不同的烧结碳化钨硬质合金齿，通过过盈配合冷压入已钻孔的锻造的牙轮壳体形成的牙轮钻头。镶齿三牙轮钻头结构示意图如图 6-29 所示。三牙轮钻头是由三片牙掌组装焊接在一起的，上部加工出连接外螺纹以便与钻杆连接，下部制成有一定倾斜角度的轴颈，与牙轮内孔组成轴承，并采用一定的密封结构和压差补油方式，满足牙轮旋转密封和润滑，牙掌上有水孔流道，用于钻进循环排渣。

（二）扩孔钻头

扩孔钻进是反井钻机钻井大体积破岩的过程，扩孔钻头是钻进过程中的核心装备。扩

(a) 铣齿三牙轮钻头

(b) 镶齿三牙轮钻头

图 6-28　导孔钻头

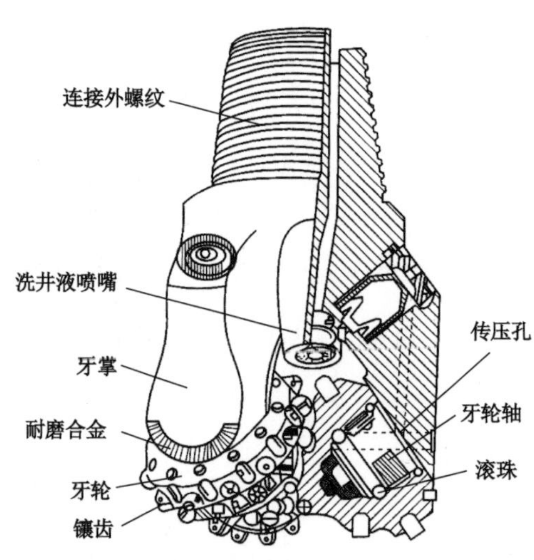

图 6-29　镶齿三牙轮钻头结构示意图

孔钻进时反井钻机对钻头施加拉力和扭矩，在克服钻具的重力和摩擦阻力后，即产生破岩钻压和钻头旋转，进而滚刀刀齿接触的部分岩石发生破裂并从岩体上分离，并逐渐推进形成反井断面空间。钻头上要有足够的空间布置破岩滚刀，而钻头上滚刀的组合方式和布置形式对破岩钻进效率有直接的影响，钻头布置及钻头结构设计要保证钻头运转平稳。除了破岩滚刀刀齿部分外，钻头的其他部分不能和未破碎的岩体接触，如果接触将造成接触部分快速磨损，同时也会增加钻头的旋转阻力；钻头体上要留有足够的空间，使滚刀破碎的岩石能够及时下落。

根据钻头上滚刀布置、钻头形状、组装方式的不同，扩孔钻头可分为多种类型。根据扩孔钻头上布置的滚刀，分为镶齿滚刀扩孔钻头和盘形滚刀扩孔钻头，目前大部分反井钻机采用镶齿滚刀扩孔钻头；根据钻头的形状可将扩孔钻头分为球形、锥形、圆台形和倒扣盘形，钻头破岩形成的井底面剖面为圆弧形、近三角形、梯形等形式；根据扩孔钻头组装方式，分为整体式扩孔钻头和组装式扩孔钻头。

整体式扩孔钻头为一焊接形成的整体[图 6-30(a)]，除了钻头中心管可拆卸外，其他部分都焊接式整体，一般用于直径小于 2.0 m 的扩孔钻头；对于大直径扩孔钻头，为了运输方便采用组装式[图 6-30(b)]，由一个基本钻头通过连接不同的拓展结构达到不同扩孔直径。

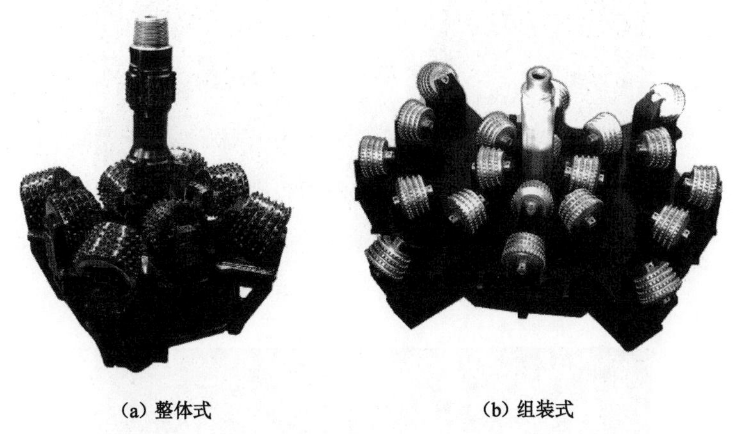

图 6-30　反井钻机使用的扩孔钻头

1. 整体式扩孔钻头

小直径扩孔钻头钻头体为整体焊接形成的箱型结构，形状接近于矩形，除了滚刀布置需要和保证钻头足够强度、刚度的结构空间外，应尽量留出落渣的空间，防止岩渣堆积在滚刀的刀座中间，造成滚刀旋转困难或卡刀。直径为 2.0 m 整体结构的扩孔钻头结构示意图如图 6-31 所示。

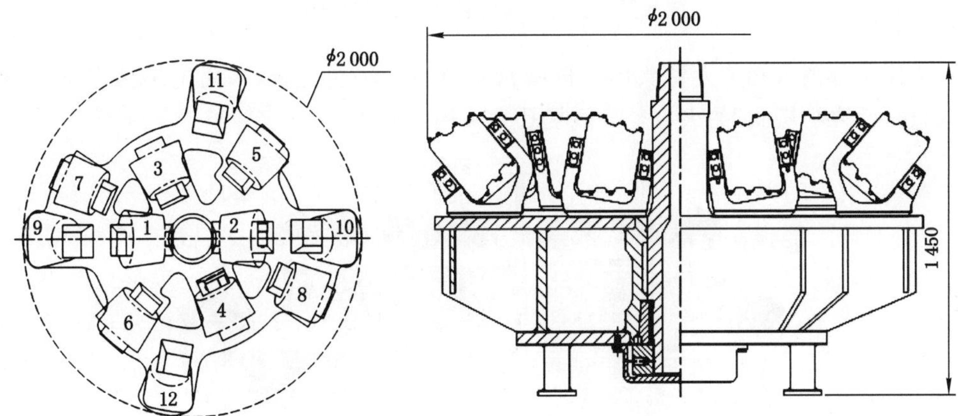

图 6-31　直径为 2.0 m 整体结构的扩孔钻头结构示意图

2. 组装式扩孔钻头

组装式扩孔钻头根据结构形式的不同，又分为中心分体组装式扩孔钻头、梯阶形圆盘连接组装扩孔钻头(图 6-32)、多翼式组装扩孔钻头(图 6-33)、球形钻头等。

常用的大直径扩孔钻头为梯阶形圆盘连接组装扩孔钻头，利用小直径钻头基本钻头体，采用圆盘连接方式，通过连接不同直径的扩大钻头体，组装成更大直径的扩孔钻头，以上、下两级式钻头体形成梯阶式组装结构(图 6-34)，上部为基本钻头体，下部为扩大钻头体；根据直径大小，扩大钻头体可加工成两半、三半和四半，相互之间采用垂直法兰连接，靠

图 6-32　梯阶形圆盘连接组装扩孔钻头施工现场

图 6-33　多翼式组装扩孔钻头施工现场

基本钻头体下部圆盘和扩大钻头体上部圆盘两级钻头法兰配合，采用定位销定位、螺栓固定方式，连接形成“塔式”的大直径分级扩孔钻头体。

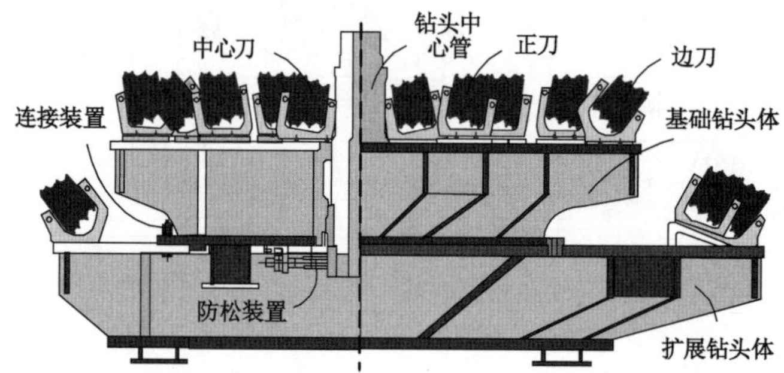

图 6-34　梯阶形圆盘连接组装扩孔钻头结构示意

第八节　其他辅助设备

一、钻杆输送装置

实现反井钻机钻杆之间以及与动力头之间的连接，需要将钻杆输送到动力头下，并准确定位，和其他类型钻机不同，反井钻机钻杆的重量大、长度短，无法采用人工搬运，只能采用机械或机械手操作。图 6-35 所示为一种钻杆吊起的起吊装置，它可以在 360°范围内旋转，主要用在接、卸钻杆时在钻机车和机械手之间吊运钻杆，必要时也可以吊运别的东西，起吊重量主要根据钻杆的重量确定。

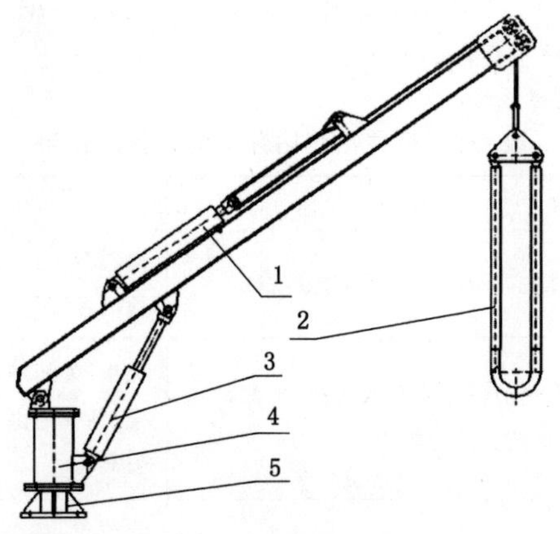

1—吊杆；2—吊钩；3—提吊油缸；4—转筒；5—连接座。

图 6-35　钻杆转盘起吊装置示意图

图 6-36 所示为一种将钻杆准确输送到位的机械手系统，它是由翻转板和斜推缸组成翻转架，翻转板一头铰接在钻机底盘固定座的销轴上，斜推缸底端与固定座铰接，活塞杆端与翻转板铰接，这样斜推缸伸缩便带动翻转板转动。翻转架的作用是带动机械手装卸钻杆。机械手与翻转架用螺栓连在一起成为装卸钻杆的专用设备。其功能是将转盘吊运来的钻杆，由机械手抱紧后，通过翻转架的运动，送至动力头接头体下面完成钻杆连接，在卸钻杆时将钻杆送回平车，以便转盘吊运到地面上。

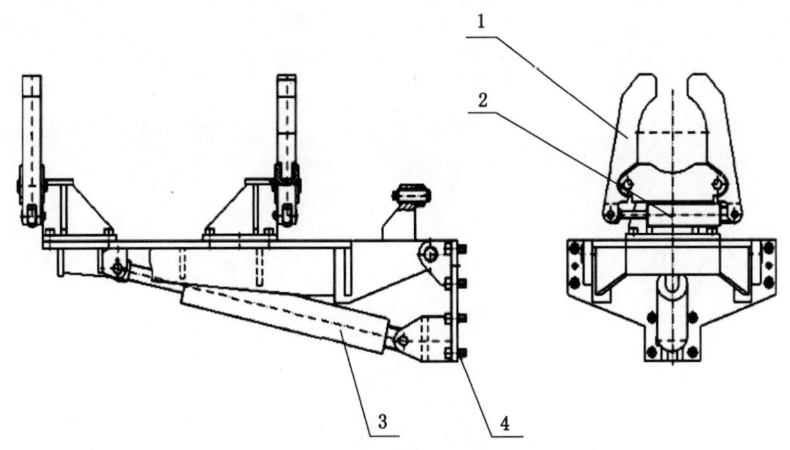

1—机械手；2—机械手油缸；3—斜推油缸；4—连接座。

图 6-36　钻杆输送机械手结构示意图

二、其他辅助设备

在反井钻机钻进导孔时，需要增加辅助泥浆泵、清水泵或空气压缩机进行洗井循环，还需要对反井钻机系统进行冷却，扩孔钻进时需要冷却滚刀和排出破碎的岩石。因此，反井钻机钻进还需要增加冷却、循环排渣、井下排渣、钻孔质量测量、供水等辅助设备。反井钻机钻井辅助设备及作用如表 6-5 所示。

表 6-5　反井钻机钻井辅助设备及作用

辅助设备	功能	主要构成
导孔洗井设备	导孔钻进排渣、冷却钻具、保护孔帮稳定	离心泵、潜水泵、泥浆泵、高压气体、泥浆配置、检测系统等
冷却设备	冷却系统发热液压油或电器元件、冷却扩孔钻头及滚刀、减少破岩粉尘	风扇、外循环冷却水、内循环冷却液、循环冷却泵、钻杆内供水、环形空间供水、扩孔钻头喷嘴喷雾等
排渣设备	扩孔钻进排出落到下水平的岩渣	装载机、侧装机、刮板机、耙装机、胶带机、矿车、汽车等
钻孔质量测量设备	导孔钻进过程中对钻孔、偏斜、孔内情况进行检测、纠偏	测斜仪、井下螺杆动力钻具、信号传输、井下电视、旋转定向钻具系统等
供水设备	反井钻进导孔消耗、冷却损耗、配置泥浆等	水管、水泵等

第七章 反井钻机钻井法凿井关键技术

第一节 机械破岩刀具及破岩原理

我国反向凿井过程中破碎岩石的方法，经历了人工钻凿、打眼爆破到机械破碎岩石的发展过程。利用机械装备的驱动使刀具产生的压力和剪切力，作用在岩石表面上并压入一定深度范围，当力的大小超过岩石极限强度后，钻头公转和滚刀自转将岩石从岩体上破碎下来，同时利用滚刀组合和布置的钻头形制，钻头旋转钻进并形成所需的井筒空间。机械破岩过程中由于岩石的成岩特性不同，其矿物成分差异性较大导致岩石的物理力学性质变化范围较大，研究反井钻机钻井技术，必须要深入研究刀具与岩石相互作用机理，为机械破岩刀具的设计、材料选取和钻进参数的确定提供理论依据。因此，机械刀具破碎岩石机理与破岩技术也成了反井钻机钻井工艺中的关键技术之一。

机械破岩本质上来讲是将机械能量向岩体破碎能转化的过程。机械破岩钻进按照“破得掉”“排得出”“控得住”“支得牢”四大原则，对应的就是机械破岩、排渣、井帮控制和井壁支护四大技术。首要的“破得掉”即岩石能够被破碎，且能够满足一定的破岩效率，是进行机械破岩钻进的首要条件。机械破岩效率取决于钻机设备能力与地层岩石可钻性的匹配性，同时影响着井帮和支护结构的稳定性，而且要优化排渣运行参数，确保排渣通道（管路）畅通、工作面无残渣，实现排渣效率与机械破岩效率高度匹配。机械破岩是基于系统的理论分析、科学试验和钻井工程应用，以工程地质学、钻井工艺学、岩石力学、岩石破碎学、工程力学、机械工程学、材料学等多学科交叉融合借鉴，涉及机械破岩与钻进系统、排渣系统、围岩与支护稳定系统的协调和组织关系的关键技术。而非机械破岩是指借助于水力、热力、磁场力、激光等动力进行破岩，而不使用机械驱动刀具的一种破岩技术。目前，正在研制开发并渐趋成熟的破岩技术有水力破岩、热-机碎岩、贯通锥形断裂破岩、激光破岩、微波破岩、等离子体破岩、电子束破岩等，将这些方法推广应用于工程实际中还有一定的距离，有些方法则需要与机械破岩相结合。因此，机械破岩是千米级大直径反井钻机全断面钻井的首要问题，也是核心问题，研发机械破岩的钻机、钻具、钻头以及刀具的形制和材料，提出刀具高效破岩方式，揭示刀具破岩机理是解决该问题的有效途径。

一、破岩滚刀及其结构

机械钻凿井孔最早是用在钻取深部石油、天然气和盐卤类等液体、气体或可溶解的矿物方面，由于这些矿物都是流体或可以转化为流体，所以不需要很大的孔径，主要以冲击钻进方式钻孔。随后钻孔的方式从冲击钻进发展为旋转钻进，开始的旋转钻进采用的是鱼尾式或三翼式钻头，以刮削的方式破碎岩石，在软岩钻进时效果良好，对于硬岩钻进速度低、钻头磨损快。随后又研发出双牙轮钻头、自洁式双牙轮钻头，以及带滚动轴承的双牙轮钻头和三牙轮钻头。1951 年首次研发出镶嵌硬质合金的牙轮钻头，并通过轴承、密封和润滑系统保证牙轮的灵活旋转。反井钻机滚刀是基于三牙轮钻头发展起来的，由最开始的单支点发展为双支点截锥形破岩滚刀，并通过不同形制的组装来满足大直径井筒钻进的需求。随着刀具材料和制备技术的进步，出现能够适应冲击层、软岩、硬岩和坚硬岩石的不同类型的滚刀，且滚刀的耐磨性和寿命显著提高。

对于大型反井钻机钻进硬岩地层，较为成熟的为镶齿破岩滚刀。镶齿破岩滚刀是指在滚刀刀壳壳体上，通过冷压间隔镶嵌不同形状的硬质合金齿，滚刀在钻头和岩石的共同作用下旋转，刀齿依次接触和破碎岩石的一种破岩刀具。通过采用硬质合金提高刀齿的硬度和耐磨性，利用刀壳的可加工性，实现材料的合理利用。镶齿破岩滚刀结构示意图如图 7-1 所示。

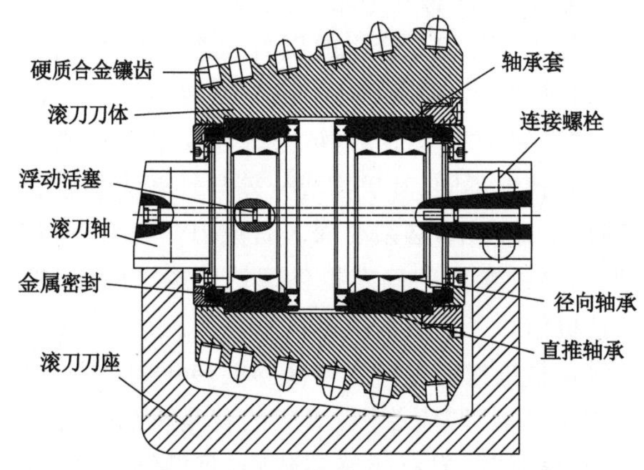

图 7-1　镶齿破岩滚刀结构示意图

镶齿破岩滚刀主要由刀齿、刀体（或称刀壳）、刀轴、密封和刀座五部分组成。刀齿部分，由以碳化物为主要成分的硬质合金通过粉末冶金铸造成不同形状，用于破碎不同类型岩石；刀体（或称刀壳）部分，外部用于镶嵌硬质合金刀齿，内部和轴承配合实现破岩和运动传输；刀轴部分，使滚刀能在岩石和钻头的作用下自由旋转和承受破岩过程的外部荷载；密封部分，防止润滑油泄漏和尘屑进入轴承内部造成滚刀失效；刀座部分，承受滚刀破岩所受到的全部荷载，并通过刀座的角度变化实现滚刀在钻头上的合理布置。

二、滚刀受力分析

滚刀安装布置在钻头上，多把滚刀的共同作用实现井底岩石的破碎。破碎岩石的基本条件：第一，刀齿的硬度需要大大超过岩石的硬度，破岩过程中刀齿可作为刚体考虑；第二，需要对滚刀刀齿施加足够的压力，使其能够压入岩体表面一定深度，造成岩石的局部破坏；第三，刀齿和岩石还有相对运动，实现不同位置刀齿的间隔破岩。钻头上所有刀齿在井底留下的破碎坑，交叉集合造成井底表面一定厚度的岩石被破碎掉，实现井筒工作面的推进。

对于反井钻机扩孔钻头，达到上述要求才能实现高效破岩，需要对钻头施加与钻进方向相同的压力，并驱动钻头以一定的转速旋转。对于钻头上的单独一把滚刀来说，破岩时滚刀刀齿受到岩石的反作用力，如图 7-2(a)所示。其中，F_{ni} 为垂直于滚刀外轮廓线的反作用力，F_{fi}为平行于外轮廓线的摩擦力，这两个力的合力为平行和垂直于钻进轴线上的分力，与钻头径向一直，所有滚刀平行于轴线的反力总和成为破岩所需的钻压，垂直于钻进轴线的径向反力，所有反力的总和为零，阻止钻头径向运动，保持钻头处于平衡状态。F_{ci}为垂直于钻进方向的切向力[图 7-2(b)]，处于钻头旋转的切线方向，所有滚刀的力和所在位置半径乘积之和为钻进破岩反扭矩。

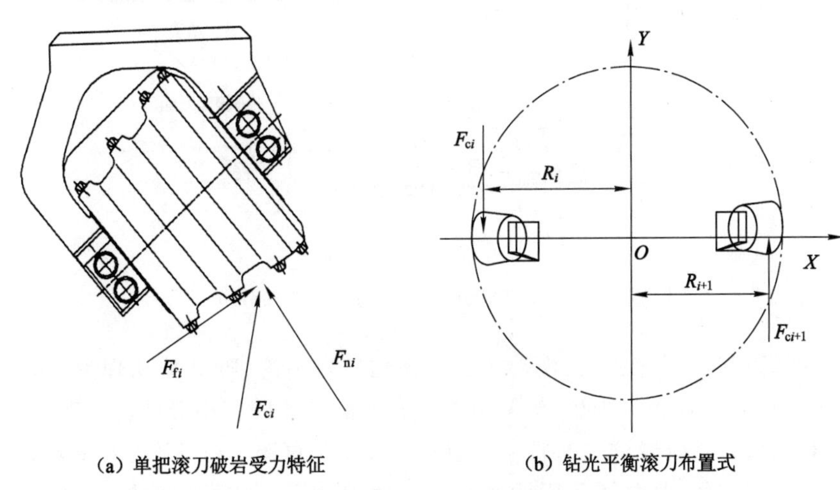

(a) 单把滚刀破岩受力特征　　(b) 钻光平衡滚刀布置式

图 7-2　滚刀刀齿受力状态分析

对于滚压挤压破岩和滚压刮削破岩的类型，可以用滚刀刀齿的出露长度与滚刀直径的比值来确定，一般刀齿的出露长度除以滚刀直径小于 5%时为滚压挤压破岩，大于 5%时为挤压刮削破岩。由于镶齿滚刀为点接触破岩，单位井底面积接触的刀齿数量少，因此，所需要施加给钻头的破岩压力和扭矩小，相对可以减少设备的装机功率。

镶齿滚刀在不同的压力条件下作用于岩石试件中形成了不同深度的破碎坑，在正压力比较小的情况下，刀齿只是在岩石的表面挤压出一些岩石粉末，当岩石出现块状破碎时，说明滚刀才开始有效破岩。在实际破岩过程中，刀齿需要压入岩石一定深度，即贯入度。破碎的原岩表面和破岩后的表面有一定的高差(图 7-3)，在驱动力的作用下，从刀齿接触岩石到破碎岩石的转化过程中，滚刀的受力大小及中心位置都会发生变化，正向压力 F 的不断增大，刀齿的压入深度增加，崩落的岩渣从粉末发展到碎块状，实现对岩石的有效破碎。

三、滚刀破岩的可钻性

目前针对岩石可钻性概念有以下三种解释：① 在一定技术条件下钻进岩石的难易程度；② 钻井过程中岩石抗破碎的能力；③ 岩石的坚固性及强度在被破碎方面的表现。所以，岩石的可钻性可用于评价机械破岩施工难易程度并预测相应的施工效率，为刀盘的硬度、间距、转速、刀具的消耗估算等关键技术指标设计提供依据。因此，岩石的可钻性研究是机械破岩钻进的一个重要方面，也是岩石力学研究的一个全新领域。

(一) 滚刀破岩理论分析

为了更加科学准确地评价岩石可钻性，必然要对机械破岩的破岩机理进行深入研究。很多学者对此已经开展了部分研究，取得了一定的研究成果，形成了接触理论、Boussinesq

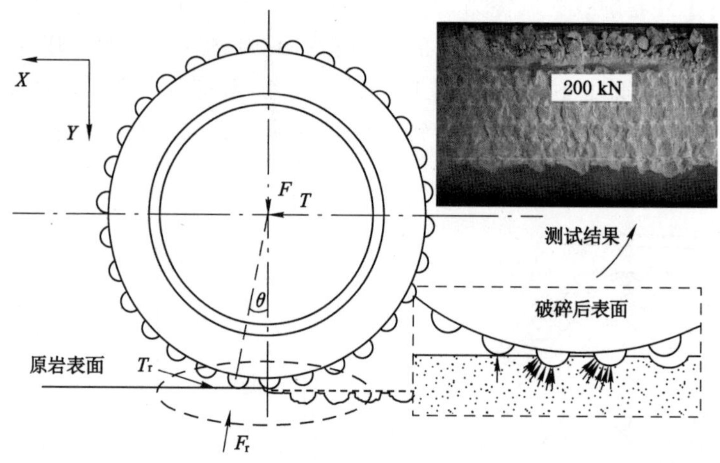

图 7-3　滚刀刀齿压入岩石的受力状态分析

弹性解、滑移线场理论(平底压头、楔形压头)、剪切破岩理论(Paul 剪切理论、Dutta 改进理论、Sikarskie 理论)、拉伸破岩理论、沟间剪断破岩理论、NTH 模型等破岩机理研究理论。

早期针对机械刀具破岩试验的研究以刚性压头侵入试验为主,而侵入试验只能静态地模拟压头侵入岩体过程,忽略了滚刀滚动影响。随着计算机技术的发展,采用连续介质力学方法、非连续(离散)介质力学方法以及混合连续/非连续介质力学方法的数值模拟手段,来分析滚刀破岩的过程,揭示了滚刀破岩规律,尤其是滚刀作用下岩石裂纹扩展机理、滚刀与岩石的相互作用力学模型,深入探讨了材料力学参数、滚刀作用方式、围岩地应力以及滚刀几何参数等因素对破岩过程的影响,这些研究成果一定程度上加深了我们对滚刀破岩机理的认识。此外,采用数值模拟方法研究滚刀破岩机理方面,虽有一定进展但是由于岩体具有不连续、不均质、各向异性以及本构关系的复杂性,滚刀三维破岩过程的数值模拟方面存在局限性,也决定了以上提出的经数值计算方法依然无法准确模拟的实际问题。

(二) 镶齿滚刀破岩试验研究

室内滚刀试验机可以记录破岩过程中滚刀压力随时间的变化,但是由于试验所需岩石尺寸大,通常采用简单地测量岩石破碎后岩石质量、块度和分形等参数与破岩参数相关性,达到提高破岩效率的目的。同时,已有学者采用荧光裂纹检测法对滚刀破碎岩石剖面裂纹分布进行分析,取得了初步的研究成果,但此种方法需要对岩石进行二次切割,容易对岩体已有裂纹造成进一步的人为损伤。纵观机械破岩的室内滚刀破岩试验发展历程,已有研究成果尚未从本质上揭示机械破岩机理,主要是由于缺乏有效的直接或者间接的监测手段,不能精准判识机械破岩过程中裂纹发生、扩展和破坏的演化过程,从而也无法对机械破岩后围岩的损伤度进行科学评价。因此,研究滚刀破岩试验过程的岩石裂纹扩展规律、分布特征的有效判识和定量化分析,提出滚刀破岩时岩石可钻性评价指标,以及揭示滚刀破岩机理依然是机械破岩钻井需要深入研究的课题之一。

基于特制的单排镶齿滚刀对花岗岩进行破岩试验,如图 7-4 所示。为了研究全尺寸锥形镶齿滚刀破碎深部花岗岩的断面形貌特征参数与滚刀破岩参数之间的对应性与相关性,采用直线往复式滚刀破岩试验系统并结合高精度断面 3D 扫描技术进行试验。

(a) 直线滚刀破岩试验平台

(b) 单排齿滚刀破岩

(c) 单排锥形镶齿滚刀

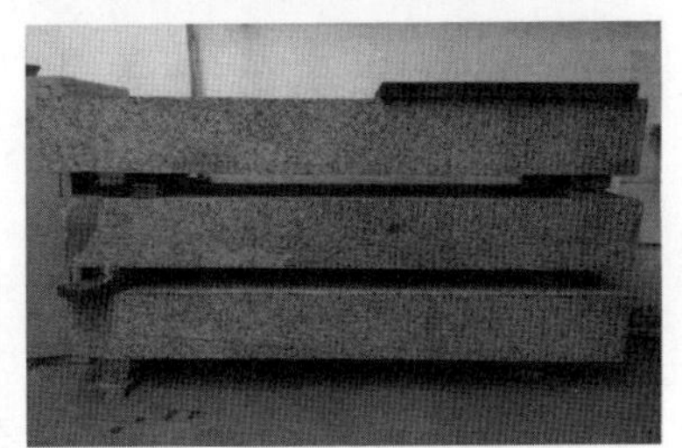

(d) 岩样——花岗岩

图 7-4　直线往复式滚刀破岩试验台及刀齿形态

断面形貌特征因受力方式的不同而差异显著，利用高精度扫描对机械破坏断面进行精确测量，通过破坏断面形貌进行三维可视化处理，并建立科学定量化的表征方法(图 7-5)。破坏断面包含了其在荷载和环境作用下断裂前的不可逆变形，分析断面与主正应力(或主切应力)方向的关系，以及断面与滚刀转动方向的关系；确定破坏断面的表面粗糙度、起伏度和分形维数等特征参数，从而定量地对产生的断面形貌特征差异及其破坏机理进行研究，实现镶齿滚刀对深部花岗岩破坏效率和可钻性的科学分析。

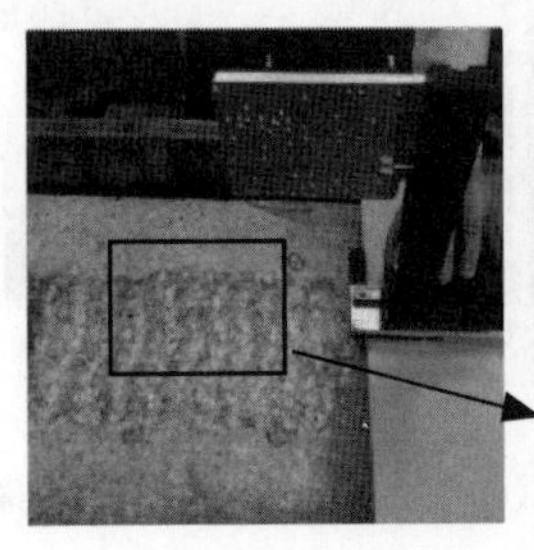

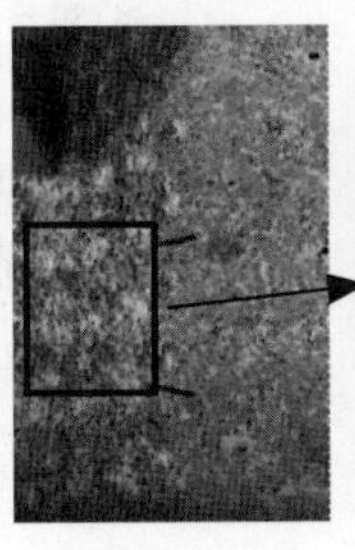

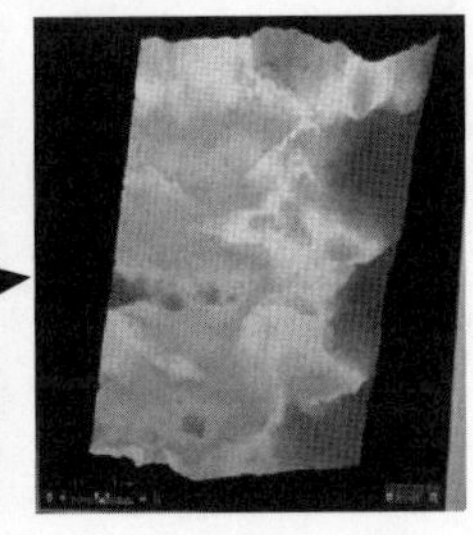

图 7-5　全尺寸镶齿滚刀破碎花岗岩后断面形貌特征

通过单排镶齿滚刀破岩试验获得的直线镶齿滚刀破碎花岗岩相关研究成果，如图 7-6 所示。研究了滚刀刀齿截距、法向压力、滚刀运转速度以及不同类型、型号的滚刀对破岩效果的影响，建立了滚刀所受正压力与镶齿压入岩石体积关系的力学模型；确定了镶齿压入深度与压入角度的几何关系，给出了滚刀正压力、滚动力随镶齿压入深度(或压入角度)的变化规律。采用实际的原型镶齿滚刀进行了滚压破岩试验，考虑正压力、岩石强度、滚刀参数、加载速率等影响因素，给出了镶齿滚刀破岩时滚动力与正压力的关系曲线[图 7-6(c)]；并从破碎岩石体积、粒径分布及比能等方面分析对比了破岩效果[图 7-6(f)]；分析了不同截距下岩石的破碎量、单位体积破岩功等参数与特定岩石上的合理推力、扭矩参数之间的相关关系，得到了单刃盘形滚刀在刀盘上的合理布置截距，优化了该盘形滚刀最佳破岩参数。

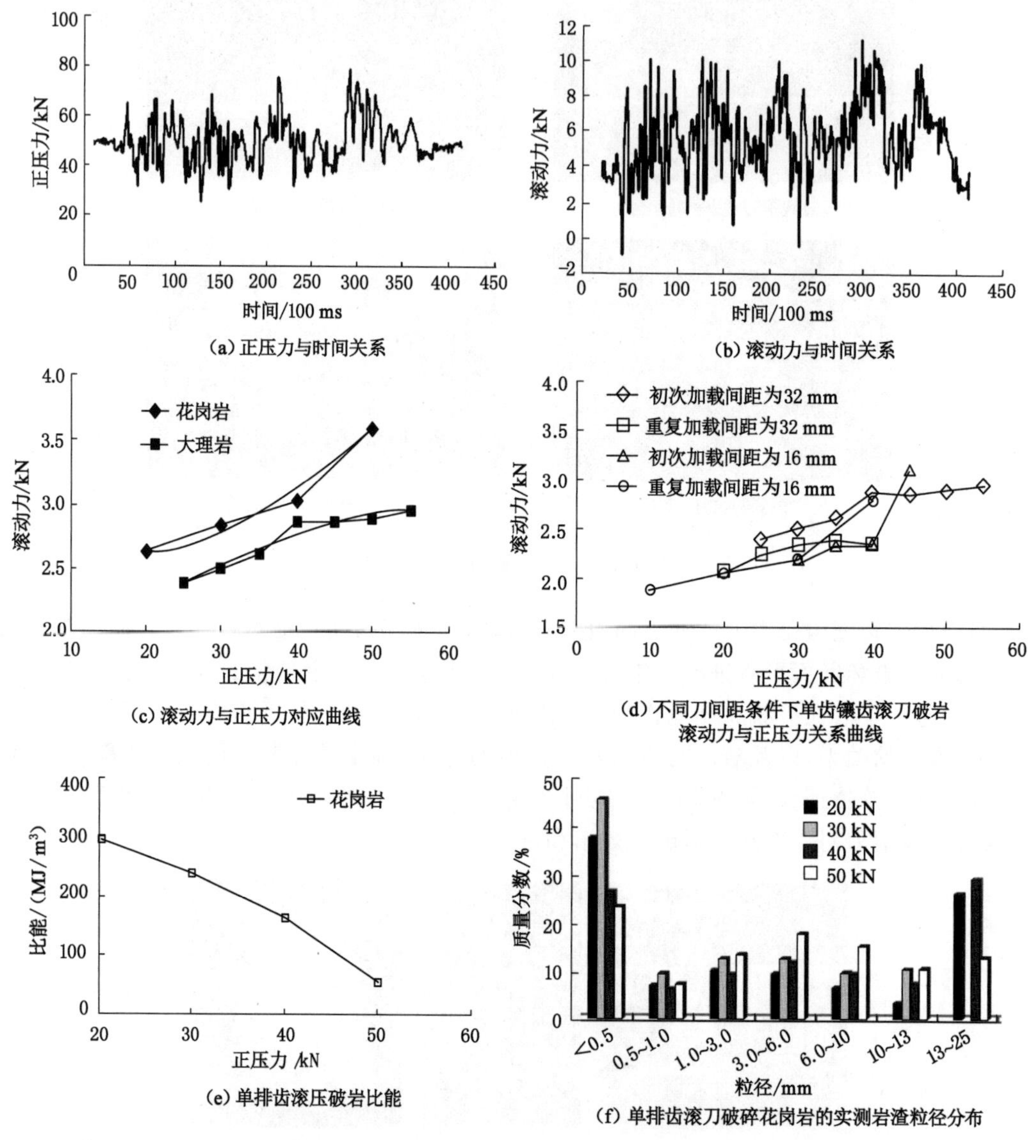

图 7-6 直线镶齿滚刀破碎花岗岩的相关研究成果

此外，矿山深井建设技术国家工程研究中心设计并制造了立柱门形四柱结构的旋转式滚刀破岩试验台(图 7-7)，采用调频电机驱动转盘带动岩石旋转，实现了恒压或恒速推进控制，滚刀最大破岩直径为 1.10 m，推进压力为 20～600 kN，转盘最大扭矩为 40 kN·m，可以进行钻压、扭矩、转速、位移、刀具受力等多项参数与岩石破坏之间相关性的分析，评估岩石的可钻性以及破岩刀具优化，提高破岩效率等相关研究。

图 7-7　立柱门形四柱结构的旋转式滚刀破岩试验台

（三）镶齿滚刀破岩过程与岩石裂纹演化

相对于岩石的平面，刀齿的齿尖和岩石的接触点实际上是一个非常小的表面积，可以视为点接触。两者相互作用开始时，刀齿齿尖施加给岩石面的局部应力非常大，岩石作为不均质矿物颗粒组成的物质，矿物之间还存在细微间隙，应力的作用很快使其被压密，使刀齿和岩石的接触很快从点接触变为一定形状的曲面接触。随着压力的增加，刀齿的贯入度增加，刀齿与岩体充分接触并相互作用，这一过程中岩石内部裂纹迅速萌发、扩展并局部贯通，超过岩石峰值强度后，由于转动剪切力的作用，刀齿对岩石产生挤压、刮削作用，岩石碎块被从岩体上破碎下来，岩石断面发生破碎、崩解、掉落，并在岩石上形成系列齿痕。这些深度不同、大小类似的齿痕特征在一定程度上也反映了刀齿与岩石相互作用的应力历史与接触特征。

机械破岩机理的研究学者曾利用便携显微镜、荧光粉检测和声发射监测技术对刀齿破岩的岩体进行裂纹形态分析，并根据破裂程度的不同对岩样进行了损伤分区。镶岩滚刀破岩后岩石破裂分区示意图如图 7-8 所示。镶齿滚刀的齿尖直接接触的岩石部分基本以岩粉状态，破裂区处于岩粉区和原岩区之间，破裂区裂纹呈现弥散状态分布，可分为裂纹密集区和裂纹扩展区；裂纹密集区内的裂纹相互贯通，裂纹扩展区内的裂纹向岩体深部延伸；破碎下来的岩石块体形状由于岩石物理力学特性的不同有所差异，但岩石块体基本呈现扁平状，粒径为 0.1～40 mm 不等；镶齿下面的岩石破坏主要以压剪破坏为主，而齿间岩石主要以拉伸破坏为主。

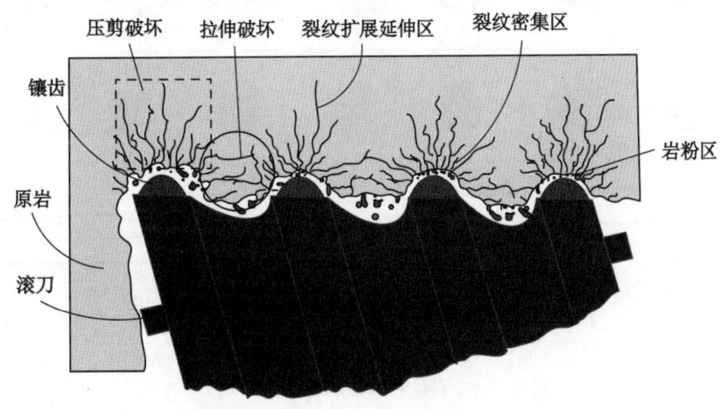

图 7-8　镶齿滚刀破岩后岩石破裂分区示意图

机械破岩作为可控的岩石破碎技术，相对于爆破破岩具有在岩体内破碎的几何形状可控、破岩工作连续、对围岩的破坏小等优点，逐渐成为地下工程领域主要破岩方式。随着破岩刀具材料的发展，破岩效果、破岩效率以及破碎单位体积岩石的能耗大幅度下降，滚刀寿命明显提高。同时，随着人造金刚石技术的突破，金刚石刮刀使得刮削破岩刀具消耗降低，减少了工作的辅助时间；同样截割破岩的截齿和以镶嵌为主的镶齿滚刀也融入了金刚石技术，提高了两种刀具的破岩效率。针对不同的岩石采用不同的破岩方式，研究不同结构形式的破岩刀具和相应的高效排渣技术，实现机械破岩的综合效益超过爆破破岩方式，是机械破岩钻进大直径井筒的主攻方向之一。

（四）钻头滚刀布置

根据滚刀在梯阶形圆盘连接组装扩孔钻头上布置的位置不同，分为中心刀、正刀和边刀。中心刀的作用是将破岩钻进中心部分岩石破碎掉，相对于钻头其他部位滚刀运动速度较低；正刀为双支点滚刀，布置在中心刀和边刀之间，钻头或刀盘上正刀布置数量最多；边刀是处于形成井、孔、断面边帮部位的滚刀，也为双支点滚刀，要保证滚刀刀座不被磨损，提高钻进效率。根据钻进岩石的力学参数、可钻性等指标，选用不同齿形结构、不同齿间距和排距的滚刀排列组合，以达到高效破岩的目的。

反井钻机扩孔钻头上滚刀主要采用镶齿滚刀，基本不采用楔齿滚刀或盘形滚刀。现代大型反井钻机根据钻头钻进地层岩性的不同，钻头上布置的镶齿的滚刀形制并非一成不变的。镶齿破岩滚刀在钻头上的布置方式以两把滚刀为一组，分为 A、B 刀，两把滚刀在钻头上以 180°的对称位置布置；为了防止共振，一组滚刀不在一条直线上，两把滚刀夹角为 180°±5°。一组滚刀在钻头旋转一圈的过程中，完成对一环形带的覆盖，通过 2～3 转将环形带上一定厚度的岩石破碎下来，钻头上所有滚刀所形成的环形破碎带连接形成新的井底，使钻头向前推进。镶齿滚刀的形制参数及对应的破碎岩石强度关系如图 7-9 所示。滚刀刀齿的存在以及破碎岩石后形成的高度差，不论怎样布置滚刀，滚刀运动状态都不是纯滚动。因此，刀齿除了挤压破碎岩石外，还存不同程度的平动滑移，而滑移过程会带来刀齿与岩石表面的相对摩擦运动，加快刀齿的磨损。

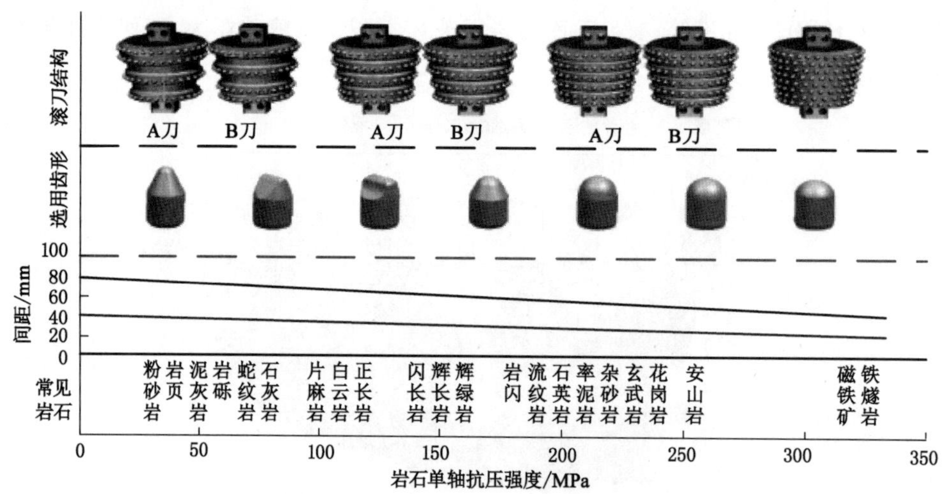

图 7-9　镶齿滚刀的形制参数及对应的破碎岩石强度关系

第二节　导孔钻进技术

一、导孔直径确定

反井钻机钻杆外壁和导孔钻头外径，或是导孔孔帮直径间的环形带，为导孔钻进循环的环形空间，考虑导孔钻进时的岩屑上返速度，在同样洗井循环泵量下，当钻杆直径确定后，导孔直径增大，洗井介质流速降低，排渣效果下降，要保证合理的上返流速，需增大泵量，同时泵压也随之增加。导孔过小，虽然流速增大，但是不利于岩屑畅通，易发生卡钻。所以导孔和钻杆的环形空间应该在大于破碎岩屑外形尺寸的情况下尽量小(表 7-1)，在同等泵量时达到最大上返速度，三牙轮钻头破碎的岩石颗粒在 10 mm 左右。

$$D_p = D_r + \delta \tag{7-1}$$

式中　D_p——导孔直径，mm；

D_r——钻杆外径，mm；

δ——钻杆外壁和孔帮间隙，取 15～20 mm。

表 7-1　部分钻杆外径和导孔直径关系

钻杆外径/mm	导孔直径/mm	钻杆外壁和孔帮间隙/mm	环形空间面积/cm^2
154	190.0	18.0	97
178	216.0	19.0	118
182	216.0	17.0	106
203	244.0	20.5	144
228	270.0	21.0	164
254	280.0	13.0	109
286	311.0	12.5	117
327	350.0	11.5	122
352	381.0	14.5	167
381	406.6	12.8	154

二、导孔钻进循环洗井技术

根据反井穿越地层条件特性，导孔钻进过程中的循环洗井排渣介质可选用泥浆、清水或压缩空气等，其中泥浆作为洗井介质，对钻孔孔帮有一定的保护作用。洗井循环系统包括循环泵、循环泵和反井钻机动力头水龙头之间的连接管路、动力头主轴中心孔、钻杆中心孔、导孔钻头水眼、钻杆与钻孔孔壁环形空间、钻机基础、循环沟槽、沉渣池、净化系统和循环池等。

反井钻机导孔钻进洗井循环系统示意图如图7-10所示。导孔钻进采用流体正循环洗井方式，循环泵将循环池内的循环液提高压力，通过控制阀门，经过钻机动力头水龙头、中心管、钻杆中心孔和导孔钻头水眼喷射出，将导孔钻头破碎的岩石携带后，在钻杆和导孔孔壁之间的环形空间，在一定的流速驱动下将岩屑排到地面，经过分离循环液回到循环池，把岩屑分离运走。

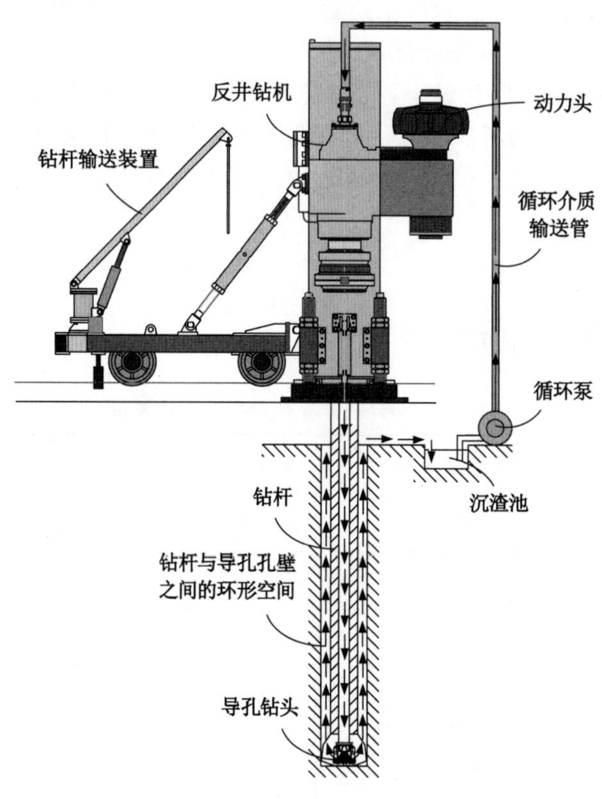

图7-10　反井钻机导孔钻进洗井循环系统示意图

导孔钻进岩渣由反井上部排出，由于导孔直径小，排出的岩渣量很少，一般不需要专门的除渣清运设备，但是采用泥浆作为循环介质时，有些情况下只靠泥浆流动过程沉渣，泥浆中的含砂率较高将影响循环效果。因此，需要采用振动筛、旋流除砂器等设备有效地清除泥浆中的细粒物质。

三、导孔钻进偏斜控制技术

反井钻机直接钻进导孔，钻孔的偏斜控制难度很大，主要受到地质条件、钻机性能和操作人员多方面因素的影响。其中，影响钻孔偏斜的地质因素有地层的倾角、倾向、层状等结构产状，地层岩性、风化程度、各向异性，地层软硬岩石的变化，断层、破碎带、溶洞等地质构造；造成钻孔偏斜的钻进操作因素包括设备安装精度、钻进参数选择，排渣控制、操作人员技术措施等。

反井钻机导孔钻进钻具包括导孔钻头、普通钻杆、开孔钻杆、稳定钻杆和异型接头等，可以通过钻具的组合，控制或维持钻孔的偏斜状况，以满足工程要求。对于深度小于 100 m 的导井，直接采用反井钻机钻进导孔，偏斜率能够控制在 1.0%左右，但深度增加时偏斜率也增大。2007 年，在国家科技部科研院所技术开发研究专项资金“反井钻进导孔轨迹测控装备与技术”项目中，通过陀螺测斜仪测得反井钻进导孔的偏斜情况，再利用有线随钻测斜仪进行定向、井下动力纠偏，实现在导孔钻进过程中钻孔精度的测量和纠正，达到反井钻井工程精度的要求，形成了一套反井钻机专用测控仪器及相应偏斜控制钻具系统。导孔偏斜率随时间变化曲线如图 7-11 所示。

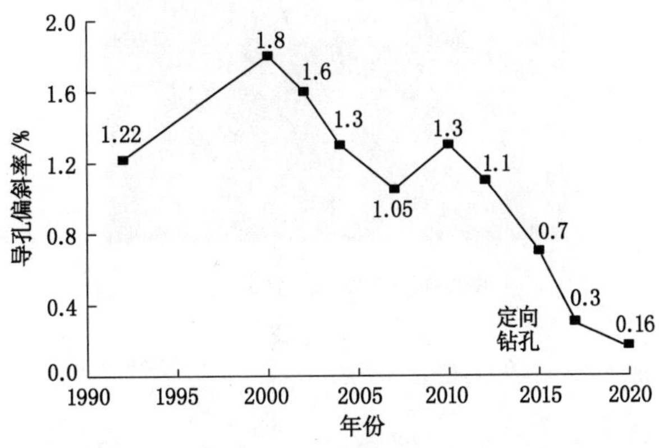

图 7-11　导孔偏斜率随时间变化曲线

2007 年在山西桃园煤矿风井进行了工业性试验，钻孔精度大大提高，钻进偏斜率控制在 0.5%以内，对于更深的井筒或精度要求更高的井筒，可采用旋转导向钻进系统将导孔偏斜量控制在 0.5 m 之内，并且可以采用反井钻机直接钻进导孔，提高了钻进效率和钻孔的精度。2020 年北京中煤矿山工程有限公司施工的云南以礼河四级电站反井竖井定向孔，井深为 258 m，偏斜为 0.42 m，偏斜率仅为 0.16%。2020 年在厦门抽水蓄能电站 1# 引水上斜井反井钻井中，采用北京中煤矿山工程有限公司自主研发的 TDX-50 型定向钻机(图 7-12)，利用 MWD 及螺杆钻具进行偏斜实时监控与及时纠偏(图 7-13)，实现定向导孔一次性精准贯通，斜井长度为 385 m，倾角为 55°，定向导孔偏斜值为 1.138 m，偏斜率为 0.296%，远低于行业标准允许的偏斜率 0.5%。

导孔的偏斜率很大程度上决定了整个反井的偏斜率，导孔和扩孔破岩面积之间的比例关系如图 7-14 所示。尽管导孔破岩量仅占反井钻井总破岩量的 0.58%～4.46%，但是导孔偏斜率是反井钻井的关键技术。此外，导孔钻进过程也是对地层再探测的过程，对扩孔钻头、破岩滚刀的选择，扩孔钻进参数优化和反井井帮围岩支护方式的确定，都有重要的参考价值。

（一）刚性满眼钻具偏斜控制技术

为了降低导孔钻进偏斜率，导孔钻井过程中可以利用钻杆刚性强的特点，对导孔钻具进行刚性满眼布置，如图 7-15 所示。刚性满眼钻具的防斜原理是在钻具上至少布置三个稳定钻杆(稳定器)，稳定钻杆的外径和导孔钻头的直径基本相同或者是略小一点，以

图 7-12　TDX-50 定向钻机

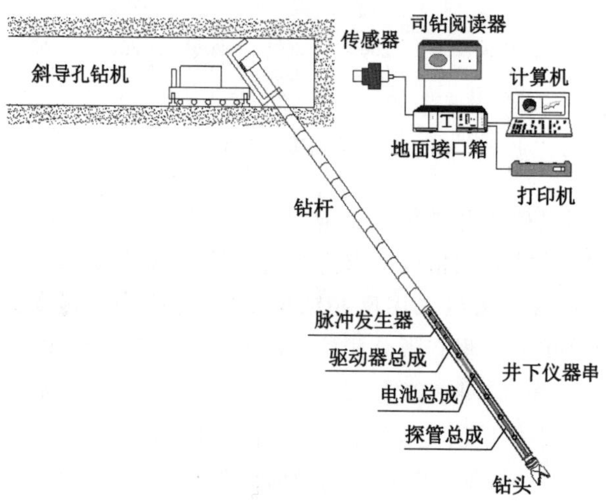

图 7-13　MWD 及螺杆钻具偏斜控制系统示意图

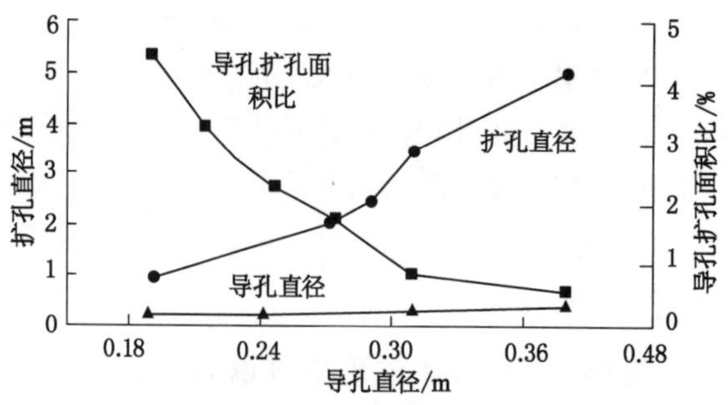

图 7-14　导孔和扩孔破岩面积比例分析

保证稳定钻杆和导孔孔帮之间具有相应的约束，使钻具呈直线状态工作，限制导孔钻头的横向移动，减小钻头转角，降低钻头钻进趋向偏离垂直方向的趋势，保证钻孔的垂直度。

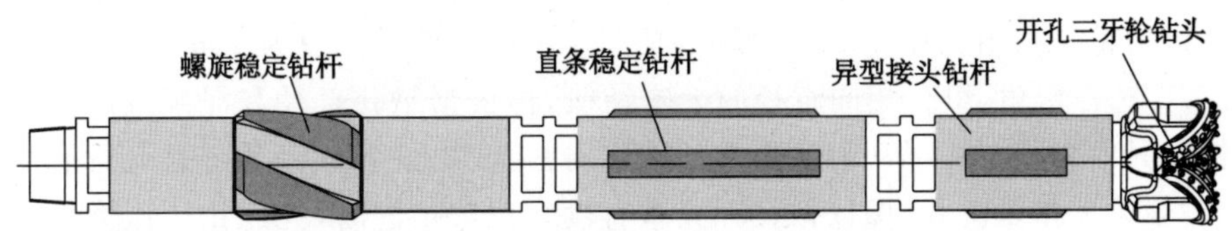

图 7-15　刚性满眼导孔钻进钻具布置示意图

刚性满眼钻具由于具有刚度大和填满钻孔两个特点，当地层水平应力较小时，能保持垂直钻进，在遇到增斜或减斜地层时，也能在一定程度上控制钻孔偏斜变化率，使钻孔偏斜不致过快地增大或减小，有效防止扩孔钻进钻具受拉时疲劳破坏。刚性满眼布置相对能够承受较大钻压，因而能达到较高的钻进速度，但是刚性满眼钻具在钻孔发生偏斜后，其纠偏效果不够理想。因此，反井钻机钻进坚硬岩石，导孔钻头的磨损较快，为了防止钻孔孔径变化，造成更换钻头产生偏斜，采用了添加滚轮扩孔式稳定钻杆布置方式，在导孔钻头异型接头后面增加扩孔式稳定钻杆。滚轮扩孔式稳定钻杆结构示意图如图 7-16 所示。

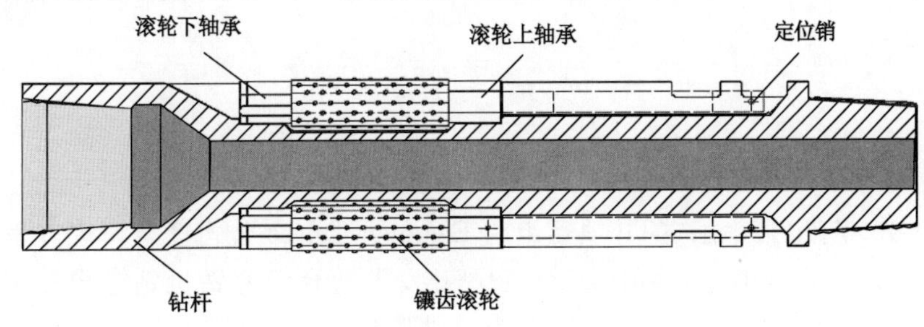

图 7-16　滚轮扩孔式稳定钻杆结构示意图

（二）井下动力钻具偏斜控制技术

为了时刻获得钻孔的轨迹状况及运行趋势，测量出钻头的位置（包括井孔深度、顶角和方位角），以及计算出钻孔偏离设计轴线的距离，然后通过改变钻进方向和顶角，使钻孔轨迹趋向于设计轴线，从而研制了反井钻机钻进超前导孔的专用钻机，钻机型号为 TD2000/600，实现了对钻孔轨迹的调整。钻机采用顶驱方式，动力头直接从井架空间上部驱动钻具旋转，实现对钻速和扭矩的精确控制，以及控制系统智能化、钻机操作系统电气化、钻机司钻台人性化；从而实现了复杂的程序控制、自动控制、闭环控制、监控报警等功能；尤其适于深孔和复杂地层中各种定向钻孔的快速钻进。

定向钻进反井钻机超前导孔，钻孔直径一般采用 215.9 mm，再根据扩孔直径下放钻杆的需要，利用反井钻机扩大到直径为 286 mm、311 mm 和 350 mm 等。为了实现随钻测量和纠偏，采用三牙轮或金刚石复合片钻头破岩钻进，通过相应直径的螺杆钻具实现下部连接的钻头旋转。利用无磁钻杆中心孔下放无线随钻或有线随钻偏斜测量仪器，监控钻进方向变化趋势。利用加重钻杆或钻铤保证钻具运行稳定，上部连接的普通钻杆，主要用于承受破岩反扭矩，并通过中心孔输送泥浆。

井下动力钻具采用直径为 215.9 mm 的钻头，可以利用直径为 146 mm 的螺杆，选择 1.25°或 1.5°螺杆弯角，组合相同直径的无磁钻铤，再根据钻孔直径和泥浆泵的排量及压力选择螺杆钻具的直径。井下动力钻具为基础定向钻具，如图 7-17 所示。钻孔开孔时采用低压慢转，泥浆泵大排量洗井，保证钻孔开孔垂直度。正常钻进时，控制钻压压力不超过加重钻具重量的 2/3，每钻进 4～5 m 上提钻具，进行 1 次扫孔，每钻进 9 m 左右，扫孔不少于 2 次。钻到一定深度时，在钻杆中心孔内下入随钻测斜仪，根据需要采用无线随钻或有线随钻测量系统，实现钻进过程实时监控钻孔轨迹。为了保证钻孔质量，还需要采用陀螺测斜定向仪对钻孔进行孔斜监测及定向，每钻进 50 m 测斜一次，孔斜超偏时加密测点。纠偏段进行完后进行测量，判断纠偏效果；如仍未达到指定范围，继续进行纠偏调整，直至达到纠偏效果。

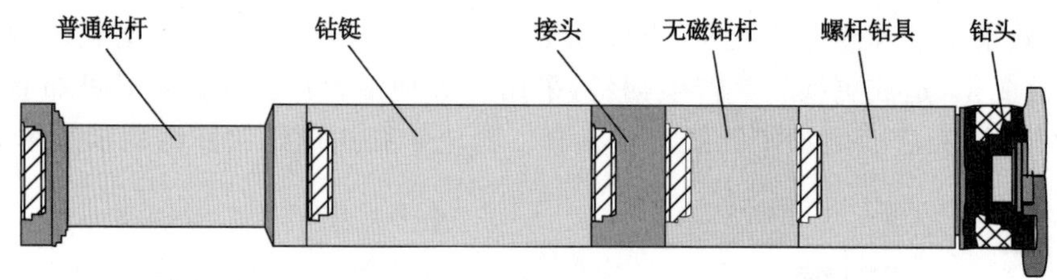

图 7-17　井下动力钻具示意图

（三）旋转垂导孔系统控制偏斜技术

20 世纪 90 年代初，德国 KTB 项目组与 Eastman Teleco 公司联合研究开发出垂直钻井系统（VDS）。在此基础上，德国 Micon 公司开发了适合反井钻机钻进导孔条件的旋转垂直钻进系统（RVDS）。RVDS 从上到下为储油腔钻杆、信号脉冲发电钻杆以及可调稳定器钻杆。储油腔钻杆内置有液压油腔，其环周还需要留出空间以便泥浆通过；信号脉冲发电钻杆布置数据脉冲发生器、微型涡轮机、微型发电机及液压油泵；可调稳定器钻杆由不旋转外杆和旋转内杆构成，两者之间通过轴承支撑，旋转内杆和导孔钻头连接；可调节稳定器翼板的内部油缸推动实现变径，油缸由微型液压系统控制，达到改变钻进方向的目的。

RVDS 反井钻机导孔垂直钻进系统示意图如图 7-18 所示。二段式 RVDS 系统基本结构与三段式类似，由于钻杆直径大，可将系统进一步完善并实现集成。RVDS 系统采用泥浆脉冲将信号传输到地面，由电脑显示以便了解和控制井下钻进方向，正常情况下井下系统能够自动控制钻进轨迹，其精度控制范围为 0～0.5‰。在瑞士完成的钻井深度为 785 m 的反井钻井工程项目中，钻孔的最终偏斜为 0.38 m，偏斜率为 0.48‰。

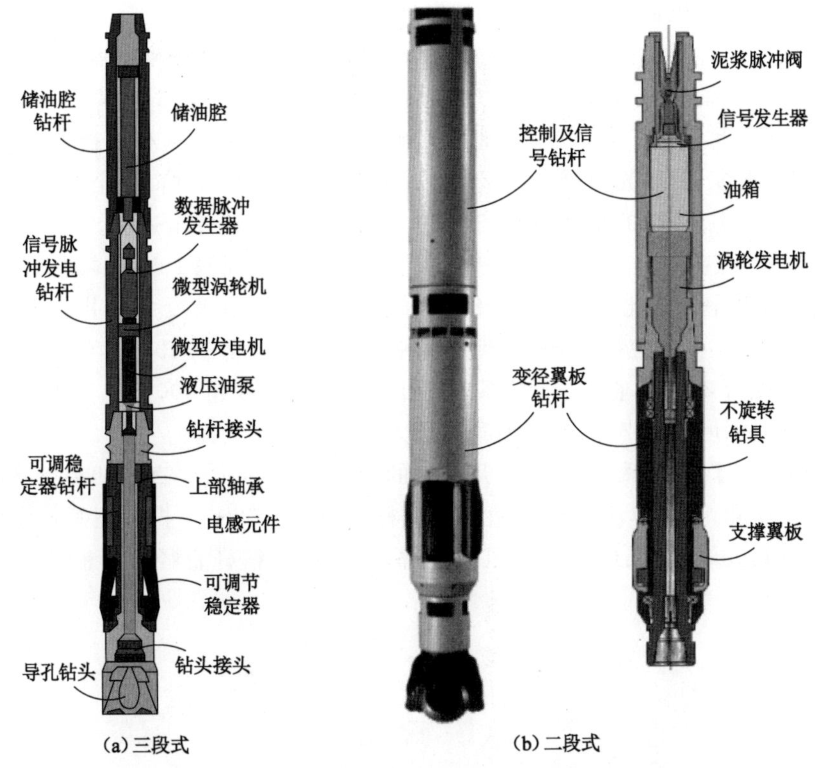

图 7-18　RVDS 反井钻机导孔垂直钻进系统示意图

第三节　扩孔钻进技术

一、扩孔钻进参数变化历程

随着反井钻机应用向不同地下工程领域扩展，钻井直径、深度不断增加。反井钻机钻井直径与深度随时间变化曲线如图 7-19 所示。在井工矿物开采和地下工程建设中，根据钻井直径大小和功能又可以分为井和孔工程。一般直径较大且采用人工井壁作为永久支护结构的井筒，满足设备运行或流体介质输送的要求。

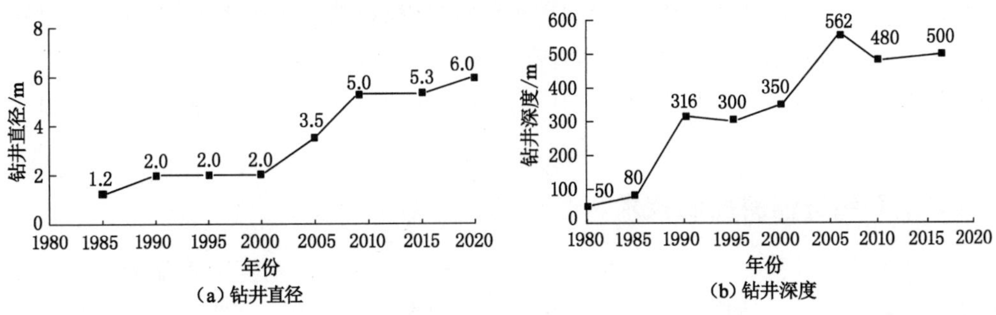

图 7-19　反井钻机钻井直径与深度随时间变化曲线

随着国内反井钻机钻井装备和技术的发展，反井钻机钻井自 20 世纪 80 年代初作为井下导井或流渣孔的施工工艺，钻井直径为 1.0～1.2 m，再爆破扩挖到所需井筒断面尺寸；随着反井钻机钻井装备与技术的成熟，反井钻机钻井直径从 2.0～3.5 m 扩大到 5.3～6.0 m。此外，为减少井下巷道内管缆布置，从地面到矿井开采水平钻进的小直径垂直的各类钻孔工程，用于下放电缆、溜放充填材料和混凝土材料、排水、供水、通信、安全抢险等，实现针对特定采区物料、电力、供水的精准输送，实现井下被困人员快速安全逃逸。

目前，无论是煤矿还是非煤矿山，竖井开拓方式均已突破埋深 1 000 m，进入埋深 1 500～2 000 m 的深部开采。因此，随着我国开采深部资源的需求以及反井钻井装备和技术的发展，从 20 世纪 80 年代初应用 LM-120 型反井钻机钻进深度低于 100 m，经历了 LM-200 反井钻机钻井深度为 200 m，直到 BMC 系列反井钻机钻井深度超 400 m。其中采用 BMC300 型反井钻机钻井深度为 562 m，是目前我国最大深度的反井工程。

与此同时，为了保证深、大直径反井钻井的安全，满足提吊大直径钻头重量的要求，并承受更大的钻压和扭矩，解决了反井钻机钻具材料、加工工艺、无损检测等技术问题，避免钻进过程中钻具失效，降低反井钻机风险概率，反井钻机钻杆直径也不断增加，如图 7-20 所示。

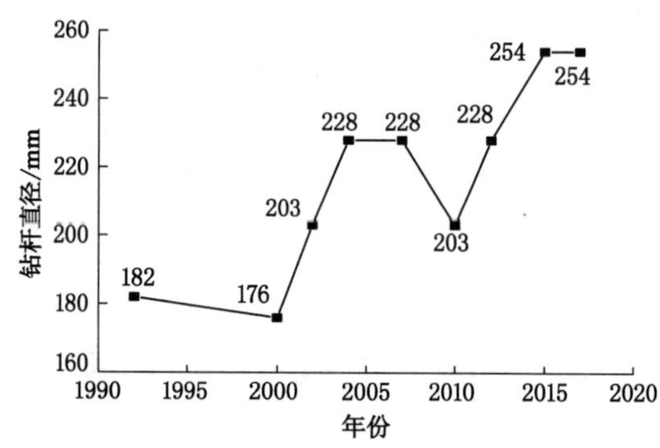

图 7-20　钻杆直径随时间变化曲线

二、反井钻机钻进高效排渣方式

反井钻机扩孔钻井时，采用自下而上的方式进行钻进，破岩滚刀破碎形成的大部分岩屑的颗粒直径为 0～50 mm，这些岩屑靠自重落到反井下口，逐渐堆积后，在扩孔钻进停止的间歇，通过装岩设备，如装载机、耙斗装岩机、刮板运输机等装入汽车、矿车或输送带运输到排渣场。反井钻机钻井下水平必须实现高效排渣，一方面避免停钻排渣导致反井钻机钻井井筒中不稳定井帮暴露的时间增加，另一方面避免反井下水平井口被岩渣堵塞而难以处理。

三、扩孔钻进偏斜控制技术

反井钻机钻井过程中导孔钻进的偏斜率对扩孔钻进偏斜率有重要的影响。反井钻机扩孔钻进过程中同样受地层的倾角、倾向、层状等结构产状，地层岩性、风化程度、各向异性，地层软硬岩石的变化，断层、破碎带、溶洞等地质构造的影响。针对软弱特殊地层需要控制一次钻进距离，并根据地层条件进行必要的注浆加固处理，防止井帮围岩坍塌或错位，导致导孔偏斜或钻杆晃动而导致扩孔钻进偏离轴线。

扩孔钻进的主要参数包括施加的钻压、旋转转速以及与此相关的扭矩、钻进速度等。反井钻井扩孔钻进时钻具受到钻机的拉力、驱动钻具旋转的扭转力矩、钻头破岩并对钻头产生的反作用力、钻具的重力、稳定钻杆和井帮围岩之间的相互作用力等。钻具在复杂的受力状态条件下，其逐节连接的钻具结构误差，可能会改变钻具的受力特征、变形特征及空间形状的分布规律，致使对钻孔方向的控制产生一定影响。因此，反井钻机扩孔钻进过程中必须根据钻机性能、钻孔直径和钻进扩孔钻头所处井孔位置的地层条件、破岩滚刀的磨损状态等适时调整施加的钻压、转速等钻进参数，同时采用井下随钻测量系统，实现对反井扩孔轨迹的控制。

第四节　反井钻进围岩控制技术

目前，反井钻机钻井已逐渐成为地下工程井筒建设的主要钻进方式之一，是一种高效、安全、快速的井筒施工方法，从根本上保证了反井作业人员的安全，实现了反井钻机钻井井下无人化和机械化施工。但是，反井钻机钻井工艺特点决定了在扩孔钻进时井下无法采用人工作业的方式对井筒围岩进行临时支护，井筒围岩处于裸露状态。因此，反井钻机扩孔钻进软弱、高破碎地层时，反井钻井的井筒围岩稳定控制技术成为制约反井钻机钻井成功与否的关键因素之一。

一、反井围岩稳定监测技术

反井钻机钻井机械破岩扩孔钻进过程是一个典型的卸载过程，岩石加载速率和卸载速率对岩体力学特征有明显的影响，且表现出一定的规律性。反井钻机钻井是井筒围岩不断加卸荷循环、应力转移的过程，加卸载速率越高，岩体释放弹性能的能力越强，越容易发生脆性破坏。反井钻机扩孔钻进过程中扩孔直径、钻进速率、钻进压力等参数对反井围岩结构的稳定性造成不同程度的影响。因此，要提高围岩的稳定性，发挥支护的最优效果，必须首先弄清楚围岩的开挖卸荷效应影响范围以及钻孔井穿越地层条件特征，从而确定钻孔监测位置。

例如山西某煤矿反井钻机钻井工程根据扩孔地层条件，首次提出采用地面钻孔的方式，在反井钻机钻井围岩内布设围岩变形监测传感器。同时，综合考虑钻孔施工难度，包括场地布置、钻孔直径、钻孔深度、钻孔精度、钻孔性能等因素，以及监测传感器特性和安装方法。经综合分析和研究，监测钻孔布置在距离井口 1.8 m 的位置，钻孔直径为 216 mm，并确定采用定向钻机施工钻孔，以保证监测钻孔精度。监测钻孔与反井井筒之间的平面位置关系如图 7-21 所示。

经综合分析和研究确定布置了 2 个钻孔，钻孔直径均为 216 mm，采用固定式测斜仪进行反井钻井围岩变形监测。其中，1# 钻孔深度为 230 m，采区关键地层集中布置监测传感器 9 套；2# 钻孔深度为 235 m，采区均布布置监测传感器 13 套。钻孔直径、深度与监测传感器布置示意图如图 7-22 所示。

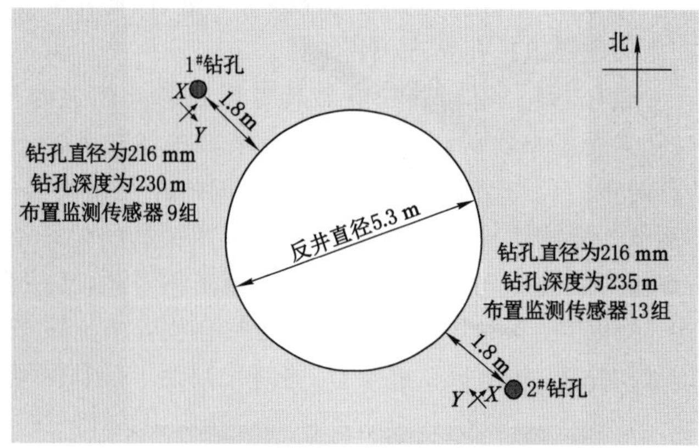

图 7-21　监测钻孔与反井井筒之间的平面位置关系

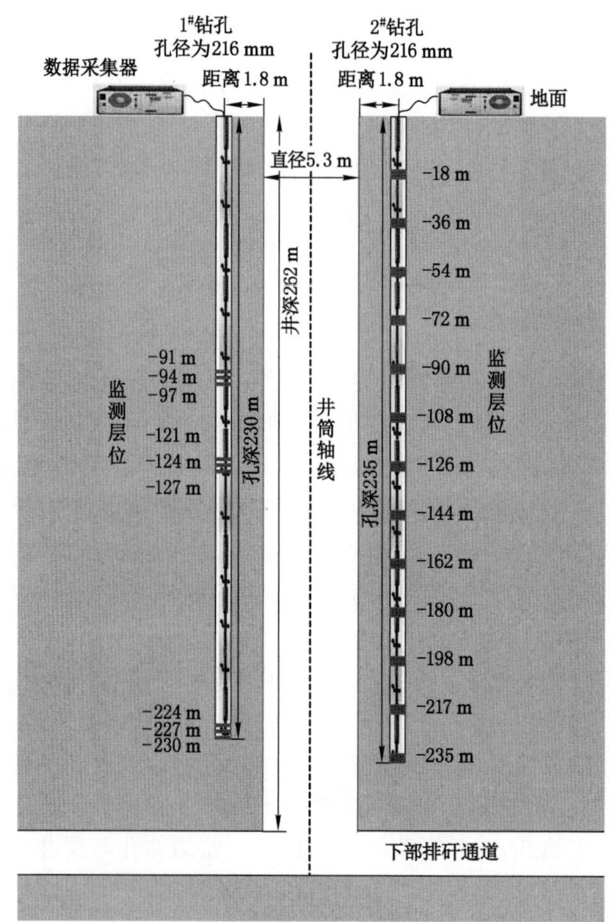

图 7-22　钻孔直径、深度与传感器布置示意图

二、反井地层改性处理技术

反井钻机钻井施工前，首先要分析井筒穿过地层的地质情况，对反井钻机钻井过程的井帮围岩的风险进行判识和定量评价，主要包括研究井孔位置穿过的地层构造特征、地层岩石的物理力学特性，重点研判反井钻机扩孔钻进期间井帮围岩的稳定性以及地层涌水、有害气体溢出等情况，识别并确定井帮失稳坍塌造成钻具失效的风险率。目前，针对复杂构造地层、富水低强度的不稳定地层，可以采用注浆或冻结改性技术对地层进行预加固处理，从而保证扩孔钻进过程中反井围岩的稳定，避免钻井事故。

（一）注浆预加固技术

对于基岩裂隙含水地层，利用地面预注浆技术对地层进行结构改性已成为一种成熟的技术。注浆预加固技术是指针对井筒穿越的裂隙发育、涌水量大的裂隙岩体，在井孔周围一定范围内，钻进不同数量的注浆孔，利用注浆泵由注浆孔向裂隙岩体内部注入具有凝结性的流体材料充填裂隙，将松散岩石胶结在一起，提高岩体密度、强度、抗渗透等性能，从而改善其物理力学性能的方法和过程。通过地面预注浆加固技术在待钻进井筒周围形成一定厚度的隔水帷幕，隔绝掘进井筒工作面和未处理地层间的水力联系，实现反井钻机钻井围岩的稳定性控制。反井钻机钻井注浆加固围岩示意图如图 7-23 所示。

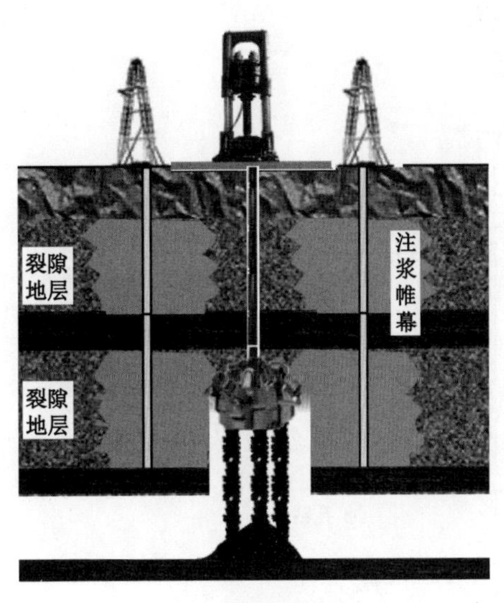

(a) 裂隙发育地层

(b) 岩溶地层

图 7-23　反井钻机钻井注浆加固围岩示意图

（二）冻结预加固技术

针对深厚冲积层和富水弱胶结地层中钻井围岩稳定性差的问题，可采用人工冻结方法对地层进行物理改性加固处理。通过钻孔冻结器循环制冷，将地层液体水或附在矿物颗粒中的水分子连同矿物一起，从流动状态变成固体状态，提高岩土的物理力学性能，形成一定形状的冻结体帷幕，隔断掘进断面与外界的水力联系，并承受施工期间外部水压和抵抗地层压力，实现反井钻机钻井围岩的稳定性控制。

三、反井围岩永久支护技术

反井钻机施工大直径井筒时，采用“先扩孔、后支护”的方式。反井钻机扩孔钻进从下向上进行，反井井孔的长度随着扩孔时间而加长，但是下部井孔暴露的时间也在增加，反井扩孔钻进时难以采用有效的支护方法，在不稳定地层容易出现坍塌事故，因此，通常对条件较差的地层采用预注浆或地层冻结等改性技术提高围岩的稳定性，保证扩孔钻进井帮稳定和设备安全。扩孔完成后，根据井筒功能再采用由上而下依次进行锚喷永久支护或作为临时支护，或者采用由下而上的方式浇筑永久混凝土井壁。

目前，对于千米级反井钻机钻井，若穿越特殊地层(弱胶结岩石地层、高破碎或含有害气体地层等)，其临时支护是必须的。在反井钻机钻井法凿井技术发展过程中，也曾提出并采用过随钻随喷临时支护的方法(图 7-24)，但未得到广泛应用。因此，亟须研究随钻支护技术工艺以及井筒内无人化自动支护机器人，能够在大直径反井扩孔钻进同时完成井帮的喷浆或锚固，实现钻进和临时支护同步。

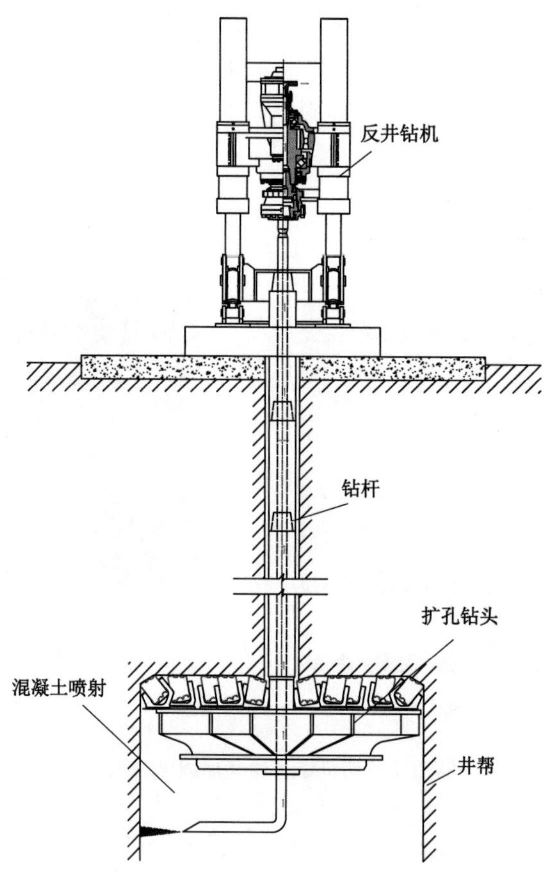

图 7-24　反井钻机钻井随钻随喷临时支护方法示意图

第五节　钻进风险防控技术

反井钻机钻井法凿井主要的风险事故防控，首先要解决钻机基础稳定的问题，针对上部地基软弱、流动不成岩无自撑能力地层，可采用人工开挖建立预支护井帮和构建人造稳定地层，达到导孔钻进方向易控、扩孔井帮稳定的目的。此外，主要风险在于反井钻机钻井导孔钻进和扩孔钻进时的风险防控。钻具安全是反井钻机钻井的安全核心。已研发了新型螺纹连接的系列反井钻杆，发明了锯齿形钻杆接头螺纹及高强度钻杆材料，确定了不同直径螺纹头数、牙形、锥度、螺距和紧密距等参数，形成了适合不同类型反井钻机的系列大直径反井钻杆，最大直径钻杆能够安全传递 6 000 kN 拉力和 450 kN · m 扭矩的复合受力，实现长度为 600 m 钻杆的高效可靠连接，大幅度减少了钻杆断裂事故。

一、导孔钻进风险分析与防控技术

反井钻机钻进施工所发生的事故与设备、地质条件、人的行为等因素有关，反井钻机钻井事故可以导致设备损失。反井钻机钻井根据事故所形成的原因可分为机械、人为操作事故和不可预见的地质条件造成的事故。地层特性与钻进参数的影响，导致钻孔缩径、塌孔、地层错位等风险，进而导致导孔钻进过程中的埋钻、卡钻、不反渣、洗井介质漏失、井底落物和钻孔偏斜等事故。导孔钻进风险与防控技术如表 7-2 所示。因此，需要根据地层的相关资料，包括地层的产状、地质构造、水文条件、岩石质量指标（RQD）、岩石成分、岩石物理力学性质等地质资料，以及钻孔直径、钻孔深度等工程资料，研究地层的蠕变、风化和水化，以及钻井直径、钻井深度和暴露时间对井帮稳定性的影响，进行钻进风险判识及安全评估，对不稳定地层改性后钻进反井的稳定评价等方面进行研究，为反井钻机安全钻进提供理论支撑。此外，导孔施工过程可以再次认识地层，通过井下智能钻孔电视成像仪，对钻孔内的地质情况进行分析，确保在地质安全的情况下进行扩孔钻进。

二、扩孔钻进风险分析与防控技术

反井钻机扩孔钻进过程中面临的风险较多，主要包括环境风险、运输风险、电气风险、设备风险、钻具风险等。其中，环境风险和钻具风险为主要的风险源，在扩孔钻井过程中必须要加以防控。

环境风险可以细分为井下环境风险和地面环境风险。地面环境风险控制主要受天气灾害和地质灾害的影响，井下环境风险源主要有地层大量涌水、地层坍塌和错位，以及有害气体的溢出。扩孔钻进是由下向上逐渐进行破岩，扩孔钻进的重大风险之一是无支护井帮的稳定性问题。反井扩孔钻进过程中，难以对形成的井帮进行及时支护，尽管滚刀破岩过程对围岩扰动较小，但是随着围岩暴露在空气中时间增长，地层蠕变、地压、地层涌水、风化等作用会对井帮围岩稳定性产生不利影响。特别是随着钻井直径增大和钻井深度的增加，反井扩孔钻进开始时形成的井帮暴露时间最长，如果反井下部坍塌造成反井堵塞，扩孔钻进不能继续进行，可能出现钻具损失或工程报废的风险。扩孔钻进风险与防控技术如表 7-3 所示。

表 7-2　导孔钻进风险与防控技术

事故名称	事故现象	事故原因分析	事故后果	防治方法	发生概率	风险程度
孔位偏离	钻孔位置和设计位置出现偏差	测量误差；混泥土基础浇筑模板安装误差	钻孔偏离；有效断面减少；刷大掘进困难	复测、校正	小	重
设备倾倒	反井钻机钻架竖立设备倾倒	顶部锚杆失效；控制系统失效；操作失误	人员伤亡；设备损坏；引发其他事故	检查起吊和设备状况；设置观察监督人员	中	严重
卡钻	钻机不能驱动钻具旋转；洗井循环能够正常进行	岩石坍塌；井孔落物；稳定器损坏	钻具部分损坏；设备事故	注意钻进扭矩变化；防止孔帮坍塌和井孔落物	中	重
堵钻	钻杆中心孔进入岩屑，洗井循环不能正常进行	地层坍塌；洗净不充分；洗井介质含砂率高	循环泵损坏；地层漏失；钻杆损坏	检查洗井介质参数和返浆量；防止地层坍塌；钻进循环彻底，防止孔底沉渣	高	中
埋钻	钻具不能旋转或旋转困难；不能上提下放；不能正常循环排渣	地层坍塌、膨胀缩径；循环系统失效；操作失误；环形空间落物	钻具损失；设备损坏；井孔报废	防止地层坍塌、保证洗净循环；防止落物	高	严重
循环液漏失	环形空间返回的循环减少	地层裂隙发育；密封失效	岩渣上返量减少；卡钻或堵钻	观察、封堵	极高	低
井孔落物	钻具旋转不均匀、震动或声音异常	导孔钻头损坏部件脱落；地面工具、螺栓等金属物品掉入环形空间；稳定钻杆翼条脱落等	卡钻、埋钻；钻杆损坏；钻孔报废	钻进检查钻具；维修时封闭井孔，防止操作失误；及时提钻检查更换导孔钻头	高	重
钻具掉落	钻具全部或部分掉落到井孔中	钻杆断裂；螺纹连接不紧密；操作失误	钻具损失；钻孔报废	钻具无损探伤；达到螺纹连接扭矩；杜绝钻进反转	中	严重
导孔偏斜	导孔偏斜超出设计要求范围	设备性能；地层条件；操作控制；其他	钻具损坏；导孔报废	合理选择设备；精心操作；优化钻具布置；采用定向钻进技术	极高	严重

表 7-3 扩孔钻进风险与防控技术

事故名称	事故现象	事故原因分析	事故后果	防治方法	发生概率	风险程度
设备倾倒	反井钻机钻架竖立设备倾倒	顶部锚杆失效;控制系统失效;操作失误	人员伤亡;设备损坏;引发其他事故	检查起吊和设备状况;设置观察监督人员	中	严重
井帮坍塌	扩孔井帮掉块、垮落及地层错动	地质条件;地层应力;风化和水化等	钻具损失;工作量增加;材料消耗增大;井孔报废	地层改性;随钻支护	高	重
井孔堵塞	反井下口或中间堵塞,堵塞上部存水	地质条件;地层膨胀;出渣不及时	钻具损失;安全风险增大;井孔报废	地层加固;随钻支护;及时出渣;仪器检测	中	严重
钻具掉落	钻具全部或部分掉落到反井下部	钻杆断裂;螺纹连接不紧密;操作失误	钻具损失;钻孔报废;安全事故	钻具无损探伤;达到螺纹连接扭矩;防止钻进反转	中	严重

扩孔钻进过程中钻具风险主要包括扩孔钻进过程中操作失误(钻进时钻机反转、拆卸钻杆时丝扣损坏等)、钻杆疲劳断裂、钻具加工质量、钻进参数不合理等,会导致钻具失效或者断裂。反井钻机扩孔钻进时钻杆处于受拉状态,钻杆受到的最大拉力为钻具的重量、摩擦阻力和破岩钻压的总和。钻杆与钻杆之间、钻杆和钻机之间均靠螺纹式连接,钻具处于悬垂工作状态,钻杆的任何部位出现破坏时下部的全部钻具包括扩孔钻头,都会在自重的作用下以自由落体形式掉落到下部空间内,巨大的冲击会造成钻具的破坏和其他方面的安全事故(见图 7-25)。

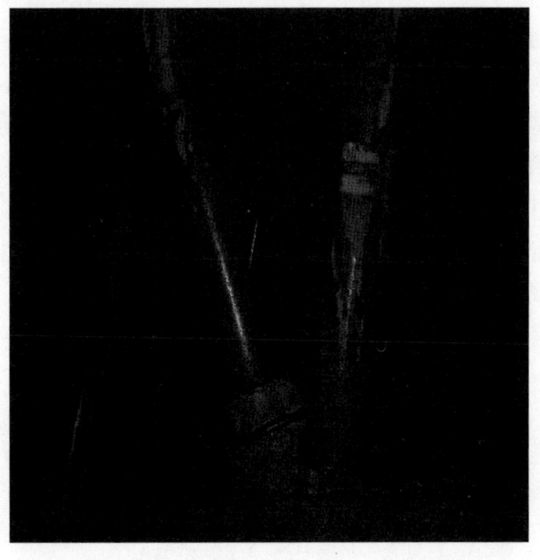

图 7-25 扩孔钻进钻杆脱落冲击破坏损坏情况

扩孔钻进破岩过程中，岩石对钻头产生的作用力、附加弯矩和导孔的偏斜等使钻杆处于复杂的受力状态条件下，存在钻杆丝扣烧结或者钻杆断裂、钻头掉落等风险。钻头在钻进地层岩石抗压强度比较高时，刀齿磨损严重、镶齿滚刀刀壳磨损、滚刀轴密封件失效或者钻头体变形而导致钻头破岩效率降低，甚至出现滚刀掉落或整个钻头掉落。因此，在扩孔钻进前深入研究钻杆的受力、变形、疲劳破坏等问题，优化钻头结构与滚刀破岩参数，提高钻杆的同轴度，具有重要的实际意义；同时，提高钻杆、钻头的材料性能与加工精度，保证钻头和钻杆的稳定性和可靠性。

此外随着井下无线监测技术的发展，开发实时监控钻头和钻杆的受力变形监测系统，实现数据的实时传输及深度挖掘，建立安全状态判识及评价体系，以提高反井扩孔钻进的破岩效率，并保障扩孔钻进过程中设备及人员的安全。

第六节　反井钻机钻井降温除尘技术

反井钻井过程中需要将岩石从岩体上破碎并分离出来形成井孔，钻头上布置的滚刀在大体积破岩过程中释放出大量的热量，导致破岩滚刀温度升高，造成滚刀的密封失效和刀齿的磨损增加，降低了滚刀的使用寿命，或者在扩孔钻进过程中出现火花，不利于含瓦斯地层的钻进安全，需要进行必要的冷却。

根据扩孔钻头直径大小，采用直接冷却或间接冷却的方式。对于直径大于 2.0 m 的扩孔钻头采用直接冷却方式，直接冷却是利用冷却水泵将清水加压，经由钻杆中心孔到扩孔钻头喷嘴喷出，经雾化冷却扩孔钻头滚刀。对直径小于 2.0 m 的扩孔钻头可以采用间接冷却方式，在导孔孔口将清水注入，流经钻杆与井帮的环形空间，沿着扩孔钻头中心管，最终飞溅的水滴、水雾作用到破岩滚刀上起到冷却作用。但是，在特殊地层的矿物成分遇水后会发生膨胀，因此此类地层扩孔钻进时尽量采用直接冷却方式，防止地层膨胀出现抱钻事故。

反井钻机的电器、控制、液压系统同样需要冷却，而大部分设备具有自冷却功能，主要采用内部冷却保证设备的安全运转。而用于矿山井下的设备，为减小设备的体积和质量，减少系统配置，液压系统采用外部冷却方式，利用井下低温的水源，通过循环泵将水压入冷却器中，对液压系统回油进行冷却，冷却水再流回冷却循环池降温并循环使用，或直接流到导孔孔口沿环形空间用于扩孔钻进滚刀的冷却。

反井钻进对滚刀施加清水冷却的过程，同时也是对滚刀破岩产生的粉尘进行降尘的过程，当水雾和粉尘颗粒结合达到一定体积和质量时，随着破碎的岩石一起靠自重下落，实现扩孔钻进过程中的降尘。

第八章　典型反井钻机钻井工程应用

第一节　采区风井反井钻机钻井工程应用

一、双风井井筒反井钻机钻井工艺应用

2000—2005 年，为满足煤矿高产采区建设通风井的需求，而当时最大型的反井钻机为 BMC400 型，设计最大钻井直径为 2.0 m，同时，考虑到煤系地层软岩的强度低、稳定性差的特点，反井钻井直径过大易出现井帮失稳，无法一次钻进形成大直径井筒满足进风或回风要求。因此，研究了双井筒反井钻机钻井工艺代替一个井筒来满足采区风井的通风要求。

山西晋城矿业集团寺河煤矿为改善通风条件，在小东山位置新建通风竖井，考虑到施工场地限制，采用两条井筒并联形成通风井的方式，用 BMC400 型反井钻机施工，1 号竖井的钻井直径为 2.5 m、井筒深度为 267.0 m，2 号竖井钻井直径为 3.5 m、井筒深度为 269.0 m。为了加快两条井筒的建设速度，首先采用 LM-200 型反井钻机施工完成直径为 216 mm 的导孔后，拆除 LM-200 型反井钻机，再安装 BMC400 型反井钻机，先将导孔由 216 mm 扩大至 270 mm，再分别扩孔钻进到直径为 2.5 m 和 3.5 m 的竖井，同时，建设地面风道将两个井筒并联在一起，形成的通风井满足了采区通风要求。

二、采区风井一次成井反井钻机钻井工艺应用

2007—2010 年，国家科技部科研院所专项资金规划项目“大直径煤矿风井反井钻井技术及装备”，通过“大直径反井钻机关键技术及装备研究”“新型大直径扩孔钻头结构及配套钻具开发研究”“大直径煤矿风井反井钻井工艺技术研究”三个课题的连续研究，研发了多马达驱动动力头结构、多油缸提升系统、新型可解体钻架结构以可编程控制器为基础的电液比例控制系统，攻克了钻杆接头螺纹以及螺纹加工与检验工艺程序、高保径稳定钻杆及可满足井下运输与快速安装、大直径扩孔钻头稳定结构等一系列难题，形成了国内首台套钻井直径达 5.0 m 的大直径反井钻机——BMC600 型反井钻机，钻井深度可达 600 m，扩孔直径为 5.3 m，并在山西王台铺煤矿一次钻成大直径风井工程(图 8-1)，钻井深度为 168.0 m，直径达 5.3 m。

2009—2012 年，北京中煤矿山工程有限公司又在国家科研院所技术开发研究专项资金项目“大直径煤矿风井反井钻井工艺技术研究”中，攻克了新型大直径反井钻机扩孔钻头可拆卸分体组装、刀具有效降温等技术难题，形成了大直径全断面免刷大反井法凿井工艺。在山西晋城王台铺煤矿 1 号辅助回风立井井筒完成了直径为 5.3 m、深度为 168.0 m 的反井钻井工业性试验，随后又在晋城长平矿杨家庄回风立井工程、晋城寺河三水沟煤矿通风竖

图 8-1　山西王台铺煤矿直径 5.3 m 风井反井钻机施工现场

井反井工程等多个井筒成功推广应用，最大钻井深度达到 539 m，最大扩孔直径为 5.3 m，成井偏斜率均小于 0.5%。

第二节　瓦斯管道井反井钻机钻井工程应用

瓦斯是影响煤矿安全开采的重要因素，我国制定的“先抽后采”技术方针，对于防止瓦斯事故具有重要作用。从瓦斯抽放转变为瓦斯抽采，将其作为资源加以利用，既解决了安全生产问题又增加了能源供给，可应用于发电或居民日常生活。为了将井下抽采的瓦斯输送到地面进行综合利用，既可以利用矿井生产井筒铺设管道输送，又可以新建专用瓦斯管道井。以往采用地质钻机进行瓦斯管道井施工，需要 3～5 次扩孔施工才能钻成较大直径管道井，成井速度较慢。

2015—2017 年，在国家“十五”科技攻关课题“反井钻机及工艺研究”中，北京中煤矿山工程有限公司进行了“基于反井钻井技术的瓦斯管道井建设新工艺研究”，研制了瓦斯井反井钻井钻机、钻杆、钻头装备，形成了管道井反井钻机钻井技术；研制出一套新型提吊管道专用井架结构，以及管接头焊接装置、管道固结混凝土(砂浆)充填系统，形成管道安装及充填装备；根据涌水量为 30 m^3/h 富水地层的施工要求，形成管道支护理论，完成不同地质条件管道结构计算方法；形成了瓦斯管道井成套装备与技术工艺。瓦斯管道井反井钻机钻井在石壕瓦斯 2 号井反井工程中成功完成了工业性试验，钻井深度为 496.0 m，钻孔直径为 1.4 m，瓦斯管道内径为 770 mm，钻孔偏斜率为 0.15%，反井钻井成井速度为 193.2 m/月，综合成井速度为 141.7 m/月。随后采用该项目研发的装备与形成的技术工艺，在平顶山矿业集团四矿瓦斯抽采井反井钻井中，钻成深度为 562.0 m、直径为 0.75 m 的反井，截至目前这依然是国内最深的反井工程。基于反井钻机钻井技术的瓦斯管道井建设新工艺，加快瓦斯井建设速度，降低施工成本。

第三节　煤矿暗立井反井钻机钻井工程应用

1984—1986 年，在“七五”期间，国家科技攻关项目“LM-120 型反井钻机及工艺”，根据煤矿井下煤仓、暗井、溜煤眼等采用木垛反井法施工的工程，经常出现作业人员受到片帮、有害气体中毒等伤害，伤亡事故不断发生，反井施工效率低，工人劳动强度大，施工深度受限等问题，开发研制了 LM-120 型反井钻机，同时进行了反井钻井工艺研究，提出了“反井钻机钻进溜矸孔，爆破刷大施工井下暗井、煤仓的反井钻进工艺”，全面替代了落后的木垛反井法。根据反井钻机钻进的导孔直径、扩孔直径、钻井深度、钻压、转速、扭矩等工程参数和设备参数，研究确定了反井钻井的工艺基础：反扭矩传递方式为混凝土基础及多点液压油缸支撑，三牙轮钻头实现导孔钻进破岩，泥浆护壁通过复杂地层，正循环洗井排渣，稳定钻杆为基础的刚性满眼钻具布置控制偏斜，专用工具拆除导孔钻头，上下配合连接扩孔钻头，镶齿多刃盘形滚刀破岩扩孔钻进，环形空间下放水冷却破岩滚刀等工艺，满足了深度小于 100 m 反井钻进要求，并在开滦赵各庄煤矿钻成多条不同深度的反井钻孔，最大钻井深度为 84 m。

1988—1989 年，原煤炭部重点项目“300 m 深井反井钻井工艺研究”，结合山东汶南煤矿新建立井井筒工程，创造出“地面井筒反井钻机钻进溜渣孔，正向扩大反井钻井工艺”，利用反井钻机钻进溜渣孔作为井筒刷大成井的导井，形成了从上向下爆破刷大并同步支护的井筒凿井新工艺，解决了普通凿井法施工存在的排渣效率低、排水及通风影响凿井速度的问题。利用当时研制的 LM-200 型反井钻机，突破了钻机设计钻井深度 200 m 限制，并对深井复杂地层条件下井帮稳定性控制、保证钻孔精度和防止钻进事故等技术工艺进行了深入研究，形成了开孔钻杆加扶正器开孔、刚性满眼钻具布置、减压恒速钻进的工艺方法，将竖井钻井法的泥浆管理技术应用到反井钻井的导孔钻进中，顺利地通过了复杂煤系地层，钻井深度达到 316 m，钻孔偏斜率为 0.88%，综合成孔速度为 158 m/月。

第四节　深大倾角斜井反井钻机钻井工艺应用

1992—1994 年，煤炭及电力科研项目“大倾角深斜孔反井钻井工艺及专用设备研究”，结合十三陵抽水蓄能电站建设，对电站引水系统的倾斜压力管道工程施工难题进行研究，解决了制约电站建设的压力管道导井施工的技术关键。在当时只有 LM-200 型反井钻机的条件下，对反井钻机进行了适应斜井钻进的改造，研究了斜孔钻进工艺，包括斜井钻进技术参数、钻具受力、钻具布置、泥浆护壁、测斜测量及纠偏等关键技术，成功钻成长度为 203 m 和 236 m、直径为 1.4 m、倾角为 50°的两个大倾角斜井，虽然钻孔偏斜率较高，达到 1.44%，但其对水电建设工艺变革的意义重大。该项目是国内首次采用反井钻机钻进斜井工程，从根本上解决了以往水电系统采用爬罐法人工开挖斜井导井的安全和职业伤害问题，填补了国内大倾角斜井机械化施工空白，引领了电站斜井建设技术的发展。

2015—2018 年，北京中煤矿山工程有限公司研发了 TDX-50 型斜井专用定向钻机及配套的无线随钻测斜和井下动力纠偏钻具系统，以及坚硬岩层破岩机理及钻头结构；研制了 ZFY3.0/160/500 型大直径斜井专用反井钻机与配套斜井反井钻机钻具。在该项目的研究中首次提出了长斜大直径定向反井钻井工艺，采用定向钻机超前导孔轨迹控制，反井钻机扩大超前导孔，大直径扩孔钻进一次形成高精度斜井；研制出首台适合隧道内施工的斜井专用定向钻机，整体框架移动、长钻杆高效安装拆卸，达到整体推进、钻进自动控制，满足了深度为 800 m、直径为 295 mm 反井导孔的施工要求；研制出首台大直径斜井专用反井钻机，实现斜井钻进状态动力头的防渗、钻机快速安装、固定支撑传递斜井切向力和反扭矩、钻杆偏斜自动找正等新功能，满足深度为 500 m、直径为 2.5 m 反井工程的建设要求；发明了斜井钻头防坠装置，在中心管发生断裂时，钻头能够在该装置的控制下不发生掉落和卡钻;研发了斜井锥形滚刀布置扩孔钻头结构,实现钻头在斜井状态下的平稳运转,减少了边刀磨损,提高了滚刀寿命;首次在斜井反井导孔钻进中采用专用定向钻进、无线随钻测斜系统实时测量钻进过程偏斜,螺杆钻具及合理钻具布置实时纠偏,地面掌控钻孔轨迹,实现了导孔偏斜率小于0.5%;首次在丰宁抽水蓄能电站完成了长斜井定向反井施工试验(图8-2),在抗压强度大于150 MPa的岩石条件下,完成倾角为53°、扩孔直径为2.25 m、钻进深度为300 m的斜井钻进,偏斜率为0.40%。该项目成果对井筒建设行业的科技进步和产业结构优化升级具有重大的推动和引领作用,促进建井技术及装备发展,具有广阔的应用前景和推广价值。

图8-2　丰宁抽水蓄能电站首条定向斜井反井施工现场

第五节　地层改性反井钻机钻井工艺应用

一、冻结地层中反井钻机钻井工艺应用

1995—1999年,针对复杂地层条件下井筒建设难题,进行了“反井钻机与特殊凿井方法结合”的新凿井技术研究。对于在上部存在冲积层或第三系含水地层、下部岩层较为稳定的条件下建设井筒,如果含水冲积层厚度较大,可以采用人工冻结法或钻井法将含水不稳定地层开挖通过后,在下部巷道已经形成的条件下,将反井钻机下放利用普通凿井或钻井法形成的井筒内,进行反井钻进,形成导井后再扩挖成井。风化含水岩层在冻结后,可以直接采用反井钻机钻进溜渣导井。在山东济宁三号井副井建设中,为了加快其建设速度,保证矿井按时建成,进行了反井钻机钻凿冻结地层的试验,取得了良好效果。济宁三号副井上部300 m为冲积层冻结段,下部90 m为风化基岩冻结段,普通法开挖到井深300 m后,在井筒内采用LM-200型反井钻机穿过90 m冻结含水基岩地层,钻成深度为300 m、直径

为 1.4 m 的溜矸孔，实现了凿井矸石从下部已形成的巷道装运，加快了井筒施工速度，解决了冻结地层导孔钻进，泥浆循环热量交换影响冻结壁稳定的难题，形成冻结法改性反井钻井工艺。

枣庄矿业集团蒋庄煤矿进行通风系统改扩建，新建一回风井，井深为 272 m，净径为 4.5 m，上部 125 m 表土段采用冻结法施工。为加快基岩段施工速度，充分利用矿原有生产系统，采用 LM-120 型反井钻机钻进溜矸孔，然后再刷大的施工方案。2002 年 4 月 14 日反井钻机下井，到同年 4 月 28 日结束，钻成直径为 1.2 m、深度为 147 m、钻孔偏差为 300 mm 的溜矸孔，然后爆破刷大，用时 1.5 个月，快速完成基岩段凿井工作，为该矿增产创造了有利条件。

二、注浆改性地层中反井钻机钻井工艺应用

山西赵庄煤矿风井建设过程中，井筒穿过的地层围岩岩石裂隙发育、含水丰富，井筒涌水量大，采用地面多孔预注浆方式在井筒周围形成注浆堵水帷幕，并起到了井筒围岩加固的效果，保证了反井钻机钻井扩孔期间井帮围岩的稳定。利用预注浆钻机完成反井导孔施工，然后再安装反井钻机进行扩大导孔施工和扩孔钻进，一次扩孔钻井直径达到 2.5 m，钻井深度达到 420 m，成功地在地面预注浆改性地层中应用反井钻机钻井凿井工艺。

2013—2015 年，“大直径井筒反井钻井、地层加固及支护系列装备研究”项目中，研制了一次扩孔钻进钻成直径为 2.5～5.0 m、深度为 600 m 系列大直径反井钻机以及相关配套的机具(钻具、钻杆、扩孔钻头等)；开发了系列化高精度专用快速专用钻机、高压黏土浆液注浆泵、高压化学注浆泵、止浆机具、井筒临时支护新型湿式喷浆机、迈步式整体金属模板等设备；形成了反井钻机钻井、加固和支护综合技术的反井钻机钻井新工艺和装备体系。研究成果在山西宝兴煤矿成功应用，完成钻井直径为 5.0 m、深度为 482.2 m 的采区风井，并在晋煤、兰花、阳煤等矿区及辽西北引水工程、白鹤滩水电站等项目中推广应用。

第三篇　竖井掘进机钻井法凿井技术

竖井掘进机钻井法是采用综合机械装备，利用机械刀具破岩的方式使岩石从岩体上分离出来，由上向下在地层中钻进，同时采用机械设备进行排渣和围岩支护形成井筒的凿井方法，为矿物开采和地下空间建设提供通道。目前，国外已研发了多种类型的竖井掘进机并完成千米以深立井钻井工程，而我国竖井掘进机钻井法凿井深度尚未突破 300 m，千米级竖井掘进机凿井工艺技术与装备依然处于起步阶段，竖井掘进机凿井基础理论缺乏，大体积低能耗机械破岩、克服重力连续排渣、掘进-支护协同与安全保障等关键技术尚未完全突破。因此，竖井掘进机作为深井建设的大型智能掘进装备是我国千米级竖井安全、高效、绿色、智能化建设的迫切需求。

第九章　竖井掘进机钻井法凿井技术发展概述

第一节　竖井掘进机钻井法工艺及分类

竖井掘进机钻井法凿井的技术工艺简要概述为：竖井掘进机入井后将撑靴作用于井筒围岩上并撑紧后，启动旋转和推进系统驱动刀盘或钻头旋转和切割岩体，刀盘或钻头上的镶齿滚刀、盘形滚刀、刮刀、截齿等刀具将岩石从岩体上破碎下来；同时采用激光导向或陀螺仪导向等实现钻进导向判识，并通过调整不同位置的撑靴实现钻进实时纠偏；同步采用机械或流体排渣系统收集掘进工作面上的岩渣并将岩渣通过悬吊系统提运至地面；一般近刀盘井帮采用护盾支撑高强薄喷技术实现临时支护，同时竖井掘进机上部吊盘可进行井壁永久支护工作；在完成一个掘进行程后撑靴松开，竖井掘进机迈步下移，从而完成一个循环的掘进。

竖井掘进机钻井法凿井技术发展过程中形成了多种钻机结构、破岩方式和排渣方式，但总体分类主要根据排渣方式和钻头结构形式。按照竖井掘进机钻井排渣方式的不同，可以分为上排渣和下排渣两种方式。其中，上排渣竖井掘进机采用机械排渣或流体吸渣的方式进行工作面排渣后，利用提升吊桶将岩渣排至地面，同时利用井筒内的悬吊设备或竖井掘进机上部平台进行井筒的永久支护作业，满足井筒永久设施的安装条件；下排渣式竖井掘进机钻井与反井钻机钻井的排渣方式类似，均需要具备矿井下部巷道已经形成的必要条件，下排渣式竖井掘进机从上往下掘进，但需要提前采用反井钻机钻进小直径导井，用于破碎岩渣依靠自重下落至下水平的通道。按照钻头结构形式来分，竖井掘进机大致可以分为全断面破岩和部分断面破岩两种。其中，部分断面掘进时通过破岩机构的摆动和旋转，顺序破碎井筒部分断面的岩石，最终完成全断面破岩掘进；而全断面掘进时竖井掘进机的钻头覆盖整个井底工作面，并在钻头的旋转和推力作用下，一次全部破碎一定深度的井底断面内的岩石。

总体来讲，无论是全断面还是部分断面破岩的竖井掘进机的钻进工艺及其关键技术，均需遵循“破得掉、排得出、控得住、支得牢”四大原则，即实现“高效破岩、连续排渣、精准钻进、围岩控制”四项关键技术与工艺。经过国内外矿建和机械设计研究者的长期努力和创新，目前已形成了以冲击、截割、刮削和挤压破岩为主的机械破岩技术。以截齿、刮刀、镶齿滚刀或盘形滚刀等刀具组合而成的弧形、多边形、锥形、球形、平底和滚轮形等钻头结构形式，以铲斗、渣斗、刮板、链斗为主的机械排渣和以压气、泥浆泵吸、真空泵吸反循环为主的流体排渣技术，以随钻测量、旋转导向、自动垂直等技术为主的精准钻进控制技术，以及以油缸或气缸、电机作为驱动的支撑与推进技术。

第二节　竖井掘进机钻井法技术发展历程简述

一、国外竖井掘进机钻井法发展现状

随着工业发展对矿物资源需求的不断增加，井工矿物开采规模扩大，井筒建设工程量增多，国外采矿与机械制造工作者从 20 世纪 20 年代开始研发竖井掘进机凿井技术，提出了大量基于机械破岩的竖井掘进机设计方案并形成了专利（表 9-1），但受材料、装备加工制造水平和经济成本所制约，多数竖井掘进机专利未能形成样机而用于工程实践，但是随着技术工艺的发展，特别是材料和关键元部件的进步，一些方案可能会焕发生机，促进今后竖井掘进机技术的发展。从 20 世纪 60 年代开始，国外研制的多种类型上排渣和下排渣竖井掘进机逐渐应用于工程实践（表 9-2）。不同时期研发的不同类型竖井掘进机的典型代表具体如下：

表 9-1　上排渣竖井掘进机设计构想

时间	名称	国别
18 世纪 20 年代	冲击破岩链斗上排渣式竖井掘进机	美国
18 世纪 40 年代	刮削破岩链斗上排渣竖井掘进机	美国
18 世纪 50 年代	超前导井链斗上排渣竖井掘进机	美国
18 世纪 70 年代	大滚轮链斗上排渣竖井掘进机	美国
18 世纪 80 年代	斜盘机械上排渣竖井掘进机	美国
2005 年	全断面加滚轮上排渣竖井掘进机	日本
2007 年	行星式泵吸上排渣竖井掘进机	日本
2000 年	水平旋转截割机械上排渣竖井掘进机	俄罗斯
2010 年	悬臂截割机械上排渣竖井掘进机	日本

表 9-2　国外从事相关研究的主要机构及其研发的装备应用情况

机构名称	相关代表性装备	应用情况
美国罗宾斯公司	“ω”形钻头结构的 241SB-184 型全断面上排渣竖井掘进机；滚轮破岩的 SBM-Ⅱ型部分断面上排渣竖井掘进机	在英吉利海峡海底隧洞工程、苏伊士运河下的公路隧道工程中应用。滚轮式钻头形制破岩过程中需要提供较大的扭矩，整机结构更加复杂，且硬岩掘进过程中刀具消耗量增加，掘进速度大大降低
美国齐尼钻井公司	球形钻头结构的 VDS-400/2430 型全断面上排渣竖井掘进机	在美国西弗吉尼亚州温莎煤炭公司“长跑”煤矿应用，适用于钻井直径为 4～6 m 的稳定地层。该掘进机采用单刃盘形滚刀，破岩效率低；采用泥浆泵吸排渣，排渣高度受限且效率较低

表 9-2(续)

机构名称	相关代表性装备	应用情况
德国维尔特公司	GSB-V-450/500 型、SB-V_I-580/750 型、SB-V_{II}-650/850 型下排渣竖井掘进机；VSB-V_I-580/750 型全断面上排渣竖井掘进机	在德国近 30 个煤矿风井井筒掘进中应用，其中，德国萨尔煤田恩斯多夫煤矿的通风竖井工程，采用 SB-V_{II}-650/850 型下排渣竖井掘进机，在地层条件较好的情况下创造了钻井深度为 1 170 m 的纪录；德国鲁尔煤炭公司海因利希-罗伯特矿竖井工程，采用 VSB-V_I-580/750 型竖井掘进机钻井，穿过地质构造发育地层时，大岩块经常造成管路堵塞
德国海瑞克集团公司	锥形钻头结构 SBE 型下排渣竖井掘进机；SBR 型截割式上排渣竖井掘进机	在加拿大萨斯克切温钾盐矿风井，采用截割式上排渣竖井掘进机(SBR)施工，钻井深度为 1 035 m。该掘进机采用悬臂式部分断面掘进，破岩钻头为装有截齿滚筒结构，更适用于岩石强度不高的地层，在应用中遇到破岩效率低和井帮变形大等问题

(1) 下排渣竖井掘进机研制方面的典型代表有：德国格沃克施瓦特开发了单支撑截割破岩下排渣竖井掘进机，随后德国海瑞克公司开发出双支撑截割滚筒的下排渣竖井掘进机；20 世纪 70 年代，德国维尔特公司研发了 GSB-V-450/500 型、SB-V_I-500/650 型、SB-V_{II}-650/850 型等类型下排渣竖井掘进机，并创造了下排渣钻井深度 1 170 m 的纪录；21 世纪初期，德国海瑞克公司研发了全断面下排渣竖井掘进机(图 9-1)。

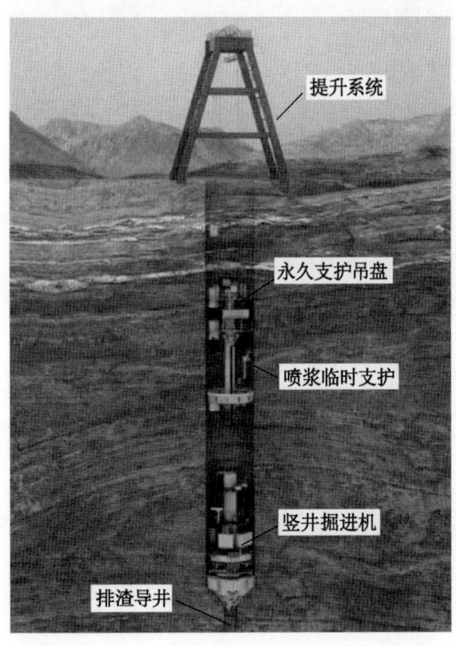

图 9-1　德国海瑞克公司全断面下排渣竖井掘进机钻井工艺示意

（2）全断面破岩上排渣竖井掘进机方面的典型代表有：美国罗宾斯公司于 1978 年研制出了盘形滚刀组成“ω”形钻头结构的 241SB-184 型竖井掘进机（图 9-2），设计钻井直径为 7.3 m，岩石抗压强度为 100 MPa，并采用刮板、链斗输送机和吊桶进行机械排渣；德国维尔特公司于 1978 年研制了盘形滚刀组成锥形钻头结构的 VSB-V_I-580/750 型竖井掘进机，钻井直径为 5.8 m，采用泥浆泵吸排渣；美国齐尼钻井公司于 1989 年研制了盘形滚刀组成球形钻头结构的 VDS-400/2430 型竖井掘进机，钻井直径为 4～6 m，采用泥浆循环排渣。

（3）部分断面破岩上排渣竖井掘进机研制方面的典型代表有：美国罗宾斯公司于 1984 年研制了盘形滚刀组成双滚轮式 SBM-Ⅱ型竖井掘进机，通过改变滚轮结构，最大钻进直径可达 10.3 m，采用刮渣板、双瓣蚌壳式抓岩机和吊桶实现机械排渣；21 世纪初期，由于采矿工业的变化，多数国家此项技术研发处于暂时停滞状态或转行到隧道掘进机等领域，而目前德国海瑞克公司是国外研究竖井掘进机的代表性企业，设计并制造了悬臂截割破岩上排渣竖井掘进机（图 9-3），钻井直径为 8～11.4 m，采用泥浆泵或真空泵进行流体排渣。同时，德国海瑞克公司正在研发大滚轮破岩上排渣竖井掘进机，作为概念机设计钻井深度达2 000 m，钻井直径为 12 m，并设计采用铲斗和垂直带式输送机进行机械排渣。

图 9-2　美国罗宾斯 241SB-184 型竖井掘进机

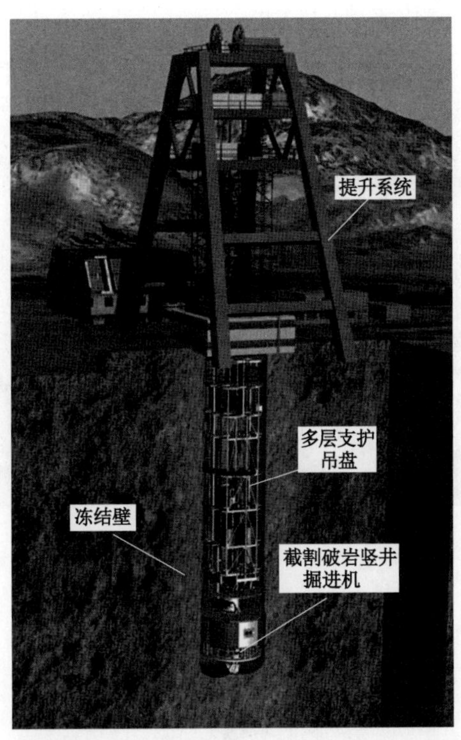

图 9-3　德国海瑞克悬臂截割破岩上排渣竖井掘进机

二、我国竖井掘进机钻井法发展现状

目前,我国竖井掘进机及其凿井技术、装备和工艺处于研发起步阶段。2019 年第二十一届中国科学技术协会年会上发布了 20 个对科学发展具有导向作用、对技术和产业创新具有关键作用的前沿重大科学问题和工程技术难题,其中第 19 项为"千米级深竖井全断面掘进技术"。2021 年国家科技部发布了国家重点研发计划"高性能制造技术与重大装备"重点专项的申报指南,其中"重大装备应用示范"任务的 3.3 为"千米竖井硬岩全断面掘进机关键技术与装备"。因此,竖井掘进机钻井法是我国井筒凿井技术发展的重大需求。

国家"十二五"期间,北京中煤矿山工程有限公司承担国家"863 计划"项目"矿山竖井掘进机研制"课题,研制出国内首台套 MSJ5.8/1000/1.6D 型导井式硬岩竖井掘进机(图 9-4),形成了"定向钻机超前导孔钻进、反井钻机扩大超前导孔下放钻杆、反井钻机扩孔形成导井、竖井掘进机扩大导孔钻井、随钻临时支护"井筒钻井新工艺。2020 年应用于云南以礼河水电站竖井工程,采用下排渣方式,钻井直径为 5.8 m、钻井深度为 282.5 m,正常钻进速度为 0.5～1 m/h,最高日进尺为 10.3 m。作为我国首个竖井掘进机凿井工程项目,取得了大量开创性成果,实现了凿井技术的历史性突破。

2021 年,中铁工程装备集团有限公司研制了 SBM/1000 型全断面硬岩竖井掘进机(图 9-5),并应用于浙江宁海抽水蓄能电站排风竖井工程,采用机械上排渣方式,完成了钻井直径为 7.83 m、深度约为 198 m 的钻井工程试验。2022 年中交天和机械设备制造有限公司研制了“首创号”超大直径硬岩竖向掘进机，应用于新疆天山胜利隧道的通风井工程，采用流体上排渣方式，钻井直径达到 11.4 m。

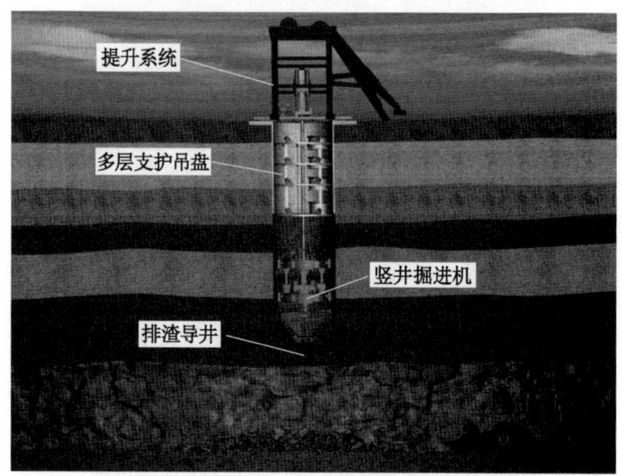

图 9-4　MSJ5.8/1000/1.6D 型导井式硬岩竖井掘进机

图 9-5　SBM/1000 型全断面硬岩竖井掘进机

我国研发的竖井掘进机主要技术参数如表 9-3 所示。与国外同领域技术综合比较后发现，我国竖井全断面掘进机凿井技术装备与工艺的研发处于起步阶段，与国外差距较大，较多地集中于在国外竖井掘进机原理的基础上进行升级改造，核心技术自主创新能力薄弱。

表 9-3　我国研发的竖井掘进机主要技术参数

竖井掘进机型号	MSJ5.8/1000/1.6D 型(金沙江 1 号)	SBM/1000 型(中铁 599 号)	中交天和 342(首创号)
钻孔直径/m	5.8	7.83	11.4
钻孔深度/m	800～1 000	1 000	1 000

表 9-3(续)

竖井掘进机型号	MSJ5.8/1000/1.6D 型(金沙江 1 号)	SBM/1000 型(中铁 599 号)	中交天和 342(首创号)
适用岩石抗压强度/MPa	150	150	200
推进油缸行程/m	1	1	1.2
最大推力/kN	6 000	10 850	21 000
输出转速/(r/min)	0～5	0～7	0～6
输出最大扭矩/(kN·m)	1 000	4 900	13 370
排渣方式	导井式排渣	机械上排渣	流体上排渣
功率/kW	520	2 380	4 800
整机质量/kg	145 000	450 000	1 100 000

第十章　竖井掘进机及其配套装备

竖井掘进机的设计与研发需要基于机械科学、机械振动学、材料学、结构力学、控制科学等多学科交叉融合，是集“材料—结构—性能”一体化设计、“设计—制造—运行”全过程融合、“破岩—排渣—支护”多动作、多系统协同的高性能凿井装备。竖井掘进机作为机械破岩凿井的重大装备，不仅是国家高端装备制造新兴产业发展的需求，也是竖井凿井技术变革的重要支撑。无论是全断面和部分断面的竖井掘进机，抑或是上排渣和下排渣竖井掘进机，其构成体系基本一致，主要包括破岩系统、旋转系统、排渣系统、支撑系统、推进系统、支护系统、悬吊系统、方向控制与纠偏系统等。

第一节　下排渣竖井掘进机

下排渣竖井掘进机钻井法（亦称导井式竖井掘进机钻井法）是在反井钻机钻井法的基础上发展起来的，即利用反井钻机钻进形成小直径排渣导井，再利用竖井掘进机进行刷大扩挖，同时进行井筒临时支护和永久支护，最终形成井筒的凿井方法。

一、下排渣部分断面掘进机

在下排渣竖井掘进机凿井技术发展之初，在冲击破碎装备的基础上，研究和试验了一种冲击破岩的井筒扩挖设备，形成了初步的冲击破岩竖井掘进机。冲击破岩下排渣竖井掘进机钻井工艺示意图如图 10-1 所示。该冲击破岩竖井掘进机工作原理是：在原有的井筒凿井装备基础上，冲击破碎锤和挖装机布置在吊盘的最下层结构梁上，利用冲击锤破碎下来的岩渣不能直接掉落至导井内时，需要利用挖装机的挖斗进行辅助清渣，从而实现井筒岩石的破碎和将岩石清理到导井中进行排渣；吊盘梁和整体吊盘连接在一起，上部吊盘作为井筒支护平台，完成井筒锚喷临时支护和永久井壁砌筑工作。冲击破岩下排渣竖井掘进机钻井时，存在扩挖破岩不连续且形成的井底、井帮不规整，超欠挖不易控制等问题。

德国格沃克施瓦特公司开发了单支撑截割破岩下排渣竖井掘进机（图 10-2）。该类竖井掘进机的截割滚筒安装在截割臂上，截割臂安装在旋转圈梁上，截割臂在油缸的推动下实现径向摆动，截割破岩的同时岩渣掉落到导井中，并通过圈梁的旋转使得截割滚筒覆盖整个井筒断面；由上下圆环形圈梁、连接立柱组成了该设备的支撑结构，用于提供破岩反力和反扭矩，并通过油缸的推进实现设备整体移动；支撑结构上部设有液压泵站、电气控制、操作平台和井壁支护系统；整体设备由地面的稳车悬吊，满足提升和下放要求。单支撑截割破岩下排渣竖井掘进机由于破岩结构受力较差，工作状态不稳定，硬岩地层破岩效果不理想。

德国海瑞克公司开发出双支撑截割滚筒的下排渣竖井掘进机。双支撑截割滚筒的下

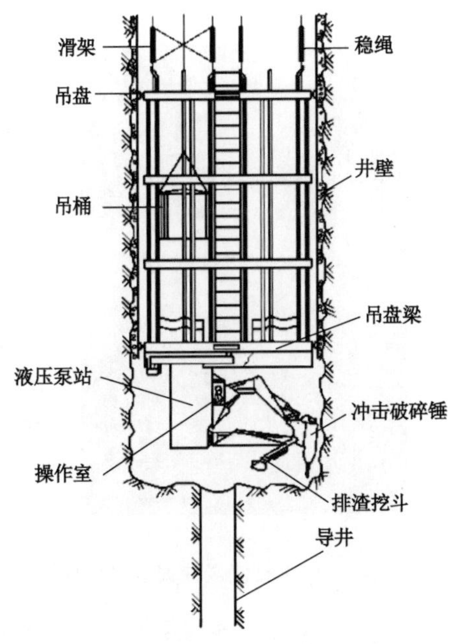

图 10-1　冲击破岩下排渣竖井掘进机钻井工艺示意图

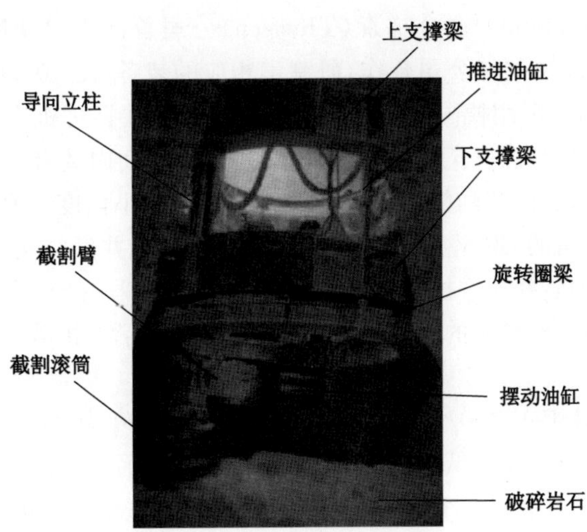

图 10-2　单支撑截割破岩下排渣竖井掘进机

排渣竖井掘进机扩挖钻井工艺示意图如图 10-3 所示。该类竖井掘进机钻井系统包括地面供电、供水、供风和通风系统，井筒永久支护系统、临时支护系统、液压电控系统、操作系统、截割破岩系统和井筒下部的排渣系统等。双支撑截割滚筒上装有破岩截齿，并通过截割臂的摆动、旋转等功能使得截割滚筒覆盖整个井筒断面，且井底为下凹形有利于岩渣自动进入排渣导井，同步竖井掘进机主机上部进行井筒支护作业。

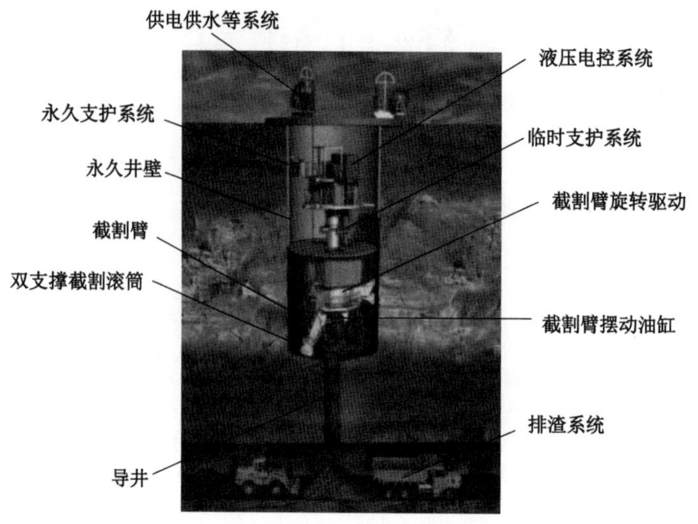

图 10-3　双支撑截割滚筒的下排渣竖井掘进机扩挖钻井工艺示意图

二、下排渣全断面掘进机

20 世纪 70 年代，德国煤矿井筒建设工程中开始尝试采用全断面导井式竖井掘进机，戴尔曼-哈尼尔(Deilmann-Haniel)联合梯森(Thyssen)公司首次提出全断面导井式竖井掘进机的设想，并通过与德国维尔特公司合作，研制出相应的装备(图 10-4)。

20 世纪 70—80 年代，采用德国维尔特全断面下排渣竖井掘进机完成了几十个煤矿井筒的建设，并根据工程应用情况进行了改进和发展。在这一时期内共有三种类型的全断面导井式竖井掘进机投入使用，从初期的简单支撑、锥形钻头结构、小角度井底角的 GSB-Ⅴ-450/500 型，到整体支撑、大井底角的 SB-$Ⅴ_{Ⅰ}$-500/650 型以及到外圆弧井底结构的 SB-$Ⅴ_{Ⅱ}$-650/850 型。其中，GSB-Ⅴ-450/500 型竖井掘进机完成的竖井工程最多，而采用 SB-$Ⅴ_{Ⅱ}$-650/850 型竖井掘进机在德国萨尔煤田恩斯多夫煤矿的通风竖井工程应用，创造了下排渣钻井深度为 1 170 m 的世界纪录。

在破岩系统方面，GSB-Ⅴ-450/500 型竖井掘进机井底角度为 35°，SB-$Ⅴ_{Ⅰ}$-500/650 型竖井掘进机井底角度为 45°，进一步降低了滚刀重复破岩的概率，而 SB-$Ⅴ_{Ⅱ}$-650/850 型竖井掘进机采用了双井底角或曲线井底结构，上部井底角为 45°、下部井底角 60°，进一步提高了排渣效率。在驱动系统方面，SB-$Ⅴ_{Ⅰ}$-500/650 型竖井掘进机将原有的主动钻杆传递扭矩的方式，改为液压马达或电机经减速后直接驱动钻头主轴旋转，放弃了无级调速方式，改为定速旋转，从而降低系统的发热量达 30%以上，减少了因发热等现象导致的液压和电控系统故障。在支撑和导向方面：GSB-Ⅴ-450/500 型竖井掘进机采用沿井壁滑动的导向板支撑，径向油缸进行外部导向；SB-$Ⅴ_{Ⅰ}$-500/650 型竖井掘进机改为由固定在内机体和外机体上的油缸直接导向，由于井底角加大，能较好地保持整机的稳定性；在 SB-$Ⅴ_{Ⅱ}$-650/850 型竖井掘进机设计中取消了内部导向装置，遇到较小的偏差可依靠支撑油缸进行矫正，且操作室装配有激光定位传感器，使操作者能连续监测、控制方向，保持竖井掘进机与垂直井筒轴线的偏差保持在＋16 mm 范围内，并能对钻进方向及时矫正。

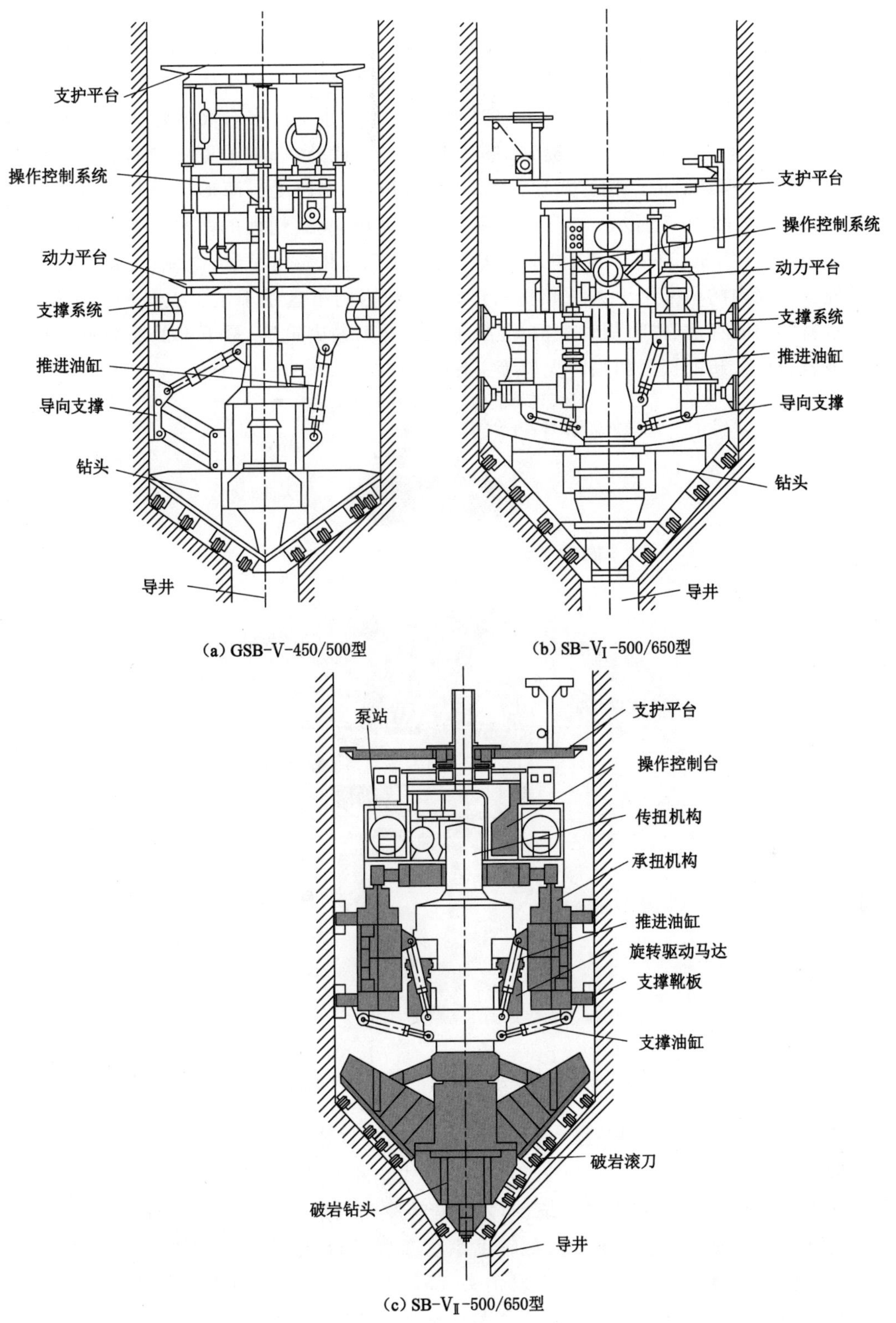

图 10-4　德国维尔特全断面下排渣竖井掘进机

21世纪初期，德国海瑞克公司开始研制下排渣竖井掘进机，在借鉴以往经验和教训的基础上，对下排渣竖井掘进机做了一定的创新和发展，在驱动、推进、支撑、钻头结构等方面做了改变。例如：钻头体为双锥体结构，超前钻头锥度略大于钻头体锥度，易于排渣；竖井掘进机布置的8个支撑靴板与油缸采用球铰连接；驱动系统由多台高速液压马达经行星减速和齿轮箱减速，驱动钻头旋转，提供钻头破岩能量。此外，选用了更先进的电气、液压、控制和传感元件，但在总的结构方式和工艺原理上没有根本改变。海瑞克全断面下排渣竖井掘进机(SBE)如图10-5所示。该竖井掘进机凿井系统包括：地面的凿井井架、提升绞车、悬吊稳车、空气压缩机、通风风机、供水供电等系统设备；井筒内吊盘、电缆、管路和风筒等悬吊设施。井筒内的吊桶用于人员和材料运输；井筒内的吊盘用于施工人员的安全防护、设施及材料的临时存放、锚喷临时支护、混凝土永久井壁的砌筑等；最下部的竖井掘进机部分实现破岩、排渣、超前探测和临时支护等工作。

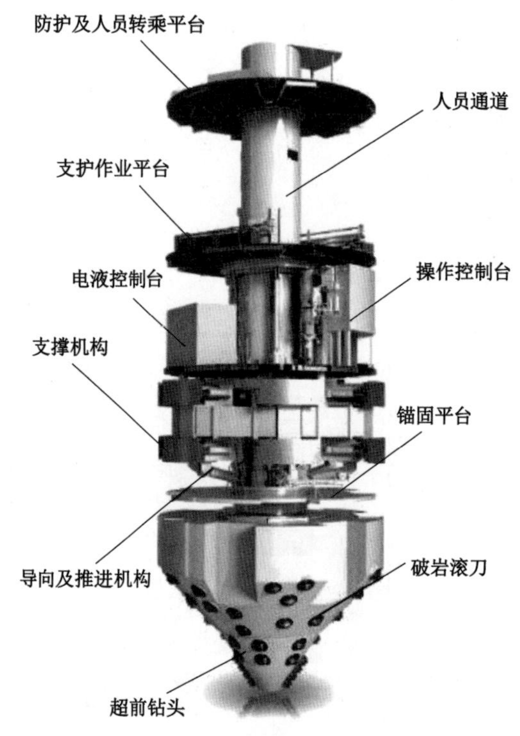

图10-5　德国海瑞克全断面下排渣竖井掘进机(SBE)

我国"十二五"期间在科技部"863"高科技计划重点项目的资助下，由北京中煤矿山工程有限公司研发了MSJ5.8/1000/1.6D型导井式全断面竖井掘进机。该竖井掘进机由电气液压操作控制系统、支撑推进系统、动力头旋转驱动系统和钻头破岩系统四大部分组成，由上向下分别是液压泵站系统及其他辅助系统布置平台、电控系统和操作系统布置平台、支撑推进框架、旋转驱动动力头及破岩钻头。MSJ5.8/1000/1.6D型导井式全断面竖井掘进机如图10-6所示。该竖井掘进机采用整体框架结构支撑，动力头驱动钻头破岩的工作方式，利用钻头支撑实现竖井掘进机移步；根据竖井掘进的工作特点，利用重力减少设备重量和功率负荷，降低空间高度的原则，形成“整体框架结构、多点支撑、变频电机驱动、行星加单级减速、四油缸推进、锥形钻头破岩和超前钻头纠偏”的竖井掘进机整体方案。

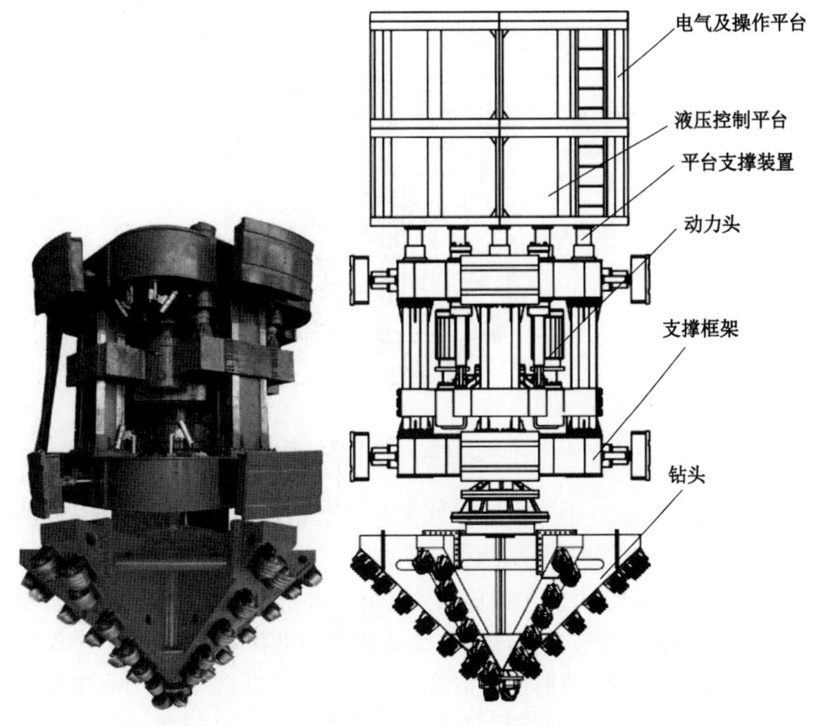

图 10-6　MSJ5.8/1000/1.6D 型导井式全断面竖井掘进机

第二节　上排渣竖井掘进机

一、半淹水上排渣全断面竖井掘进机

1978 年，德国维尔特公司将 GSB-V-450/500 型下排渣竖井掘进机[图 10-4(a)]改装成上排渣竖井掘进机，形成局部淹水、泵吸反循环的上排渣系统。GSB-V-450/500 型改装后的上排渣竖井掘进机结构示意图如图 10-7 所示。

GSB-V-450/500 型竖井掘进改装主要是在钻头上设置了吸渣口和排渣管路，排渣管路直径为 200 mm，通过钻头驱动主轴中心孔，进入外挂的排渣泵，连接到竖井掘进机上部平台，进入岩渣分离系统。同时对钻头体进行了改造，将原锥度为 35°的钻头中心部位削平，用于布置吸渣管路和吸渣口。为了使离心式排渣泵开泵时能顺利启动排渣，还增设了一个吸浆弯管排气用的真空泵。另外，增设了泥浆液面传感器和一台排浆泵，当液面过高时，通过一条回浆管路排出井筒。改造后的上排渣竖井掘进机的机械和液压系统部分变化不大，需要增加控制排渣泵、排浆泵和真空泵的电气控制部分。利用改造后的 GSB-V-450/500 型上排渣竖井掘进机，在多特蒙得的格奈森奥煤矿首次以全断面上排渣形式钻成了一个直径为 5.1 m 的竖井，在 70 d 内钻进了约 60 m，最快进尺为 3 m/d。

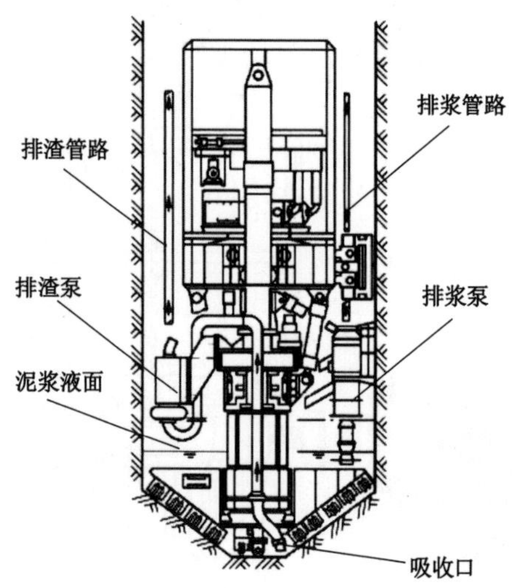

图 10-7　GSB-Ⅴ-450/500 型改装后的上排渣竖井掘进机结构示意图

改装后的 GSB-Ⅴ-450/500 型上排渣竖井掘进机取得成功后，鲁尔煤炭公司海茵利希-罗伯特矿开展了进一步研究，由戴尔曼-哈尼尔、梯森和维尔特公司共同研制 VSB-V_{I}-580/750 型上排渣竖井掘进机(图 10-8)。井底工作面布置竖井掘进机，用于破碎岩石、排渣和支护井筒作业，上部为吊盘，用作掘进过程竖井掘进机管缆延伸和辅助作业等。利用 VSB-V_{I}-580/750 型上排渣竖井掘进机在海茵利希-罗伯特矿钻进 106 d 完成了直径为 5.8 m、深度为 167 m 的暗井施工，其中纯钻进时间为 65 d，日进尺高达 7 m，最高月成井达 53.3 m。

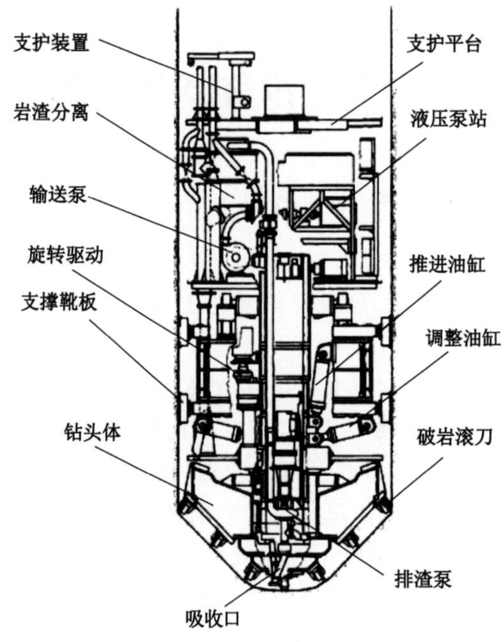

图 10-8　德国维尔特 VSB-V_{I}-580/750 型上排渣竖井掘进机

1987 年,美国齐尼钻井公司的德里克·哈钦森研制出一种球形钻头结构的 VDS-400/2430 型上排渣竖井掘进机(图 10-9),并于 1989 年完成了装备的加工制造。VDS-400/2430 型竖井掘进机采用半球形分体式钻头并布置盘形滚刀,采用电机驱动,经减速驱动钻头旋转破岩;钻头下部设有吸收口,钻头驱动轴采用中空结构且内部布置离心泵,采用半淹水的方式进行流体排渣,即离心泵将球形井底的携渣泥浆排放至竖井掘进机主机上部平台,进行泥浆分离后,分离出的岩渣装入吊桶提升至地面;钻进时主机支撑靴板在油缸推动下和井帮撑紧,承受钻进产生的反推力和反扭矩,四个推进油缸推动钻头向下运动,并施加破岩钻压。由于该竖井掘进机采用单层靴板支撑结构,因此竖井掘进机完成一个行程推进移位时,需要利用地面的井架提升和悬吊系统辅助下移。VDS-400/2430 型上排渣竖井掘进机在美国西弗吉尼亚州温莎煤炭公司"长跑"煤矿稳定地层进行了工程试验,由于该掘进机采用了单刃盘形滚刀,总体破岩效率低;而采用的泥浆泵吸排渣方式,排渣高度受限且效率较低。

图 10-9 VDS-400/2430 型上排渣竖井掘进机

苏联时期,曾研发了多种类型的星轮式上排渣竖井掘进机。最初研制的 PD-1M 竖井掘进机完成了 3 个井筒的建设,总深约为 1 520 m。在此基础上,研制出 CK-1 型上排渣竖井掘进机,以及改进研发形成了 CK-1Y 型上排渣竖井掘进机。苏联 CK-1Y 型上排渣竖井掘进机钻井工艺布置示意图如图 10-10 所示。CK-1Y 型上排渣竖井掘进机采用星轮式破岩机构,钻头上布置有两个圆形刀盘,每个刀盘上装有 12 把破岩刀具;在钻头带动下,刀盘围绕主轴公转,刀盘上的破岩刀具和岩石相互作用,通过刀盘的行星运动,刀盘上布置的破岩刀具形成复杂的运动轨迹,井底为中间低、周边高的曲面形状,实现了全断面破碎井底岩石的目的。该竖井掘进机钻井采用局部淹水反循环洗井方式,即刀盘破碎下来的岩石和泥浆混合，在钻头运动的带动下，井底中间低、四周高的曲面形状使得岩石碎屑向井筒中心集中，压气反循环在吸收口产生负压，吸入含有岩渣的泥浆并提升输送到泥浆分离系统（提升泥浆高度约为 20 m），岩渣和泥浆分离后将岩渣排入箕斗，并由箕斗提到地面后排放。1978—1981 年，苏联加里宁矿采用 CK-1Y 型上排渣竖井掘进机钻成了净直径为 7 m、深度为 1 109.8 m 的井筒工程。在 CK-1Y 型竖井掘进机试验基础上，又研发了 CK-8/1500 型竖井掘进机及其钻井工艺，并钻成直径为 8 m、深度约为 1 500 m 的井筒工程。

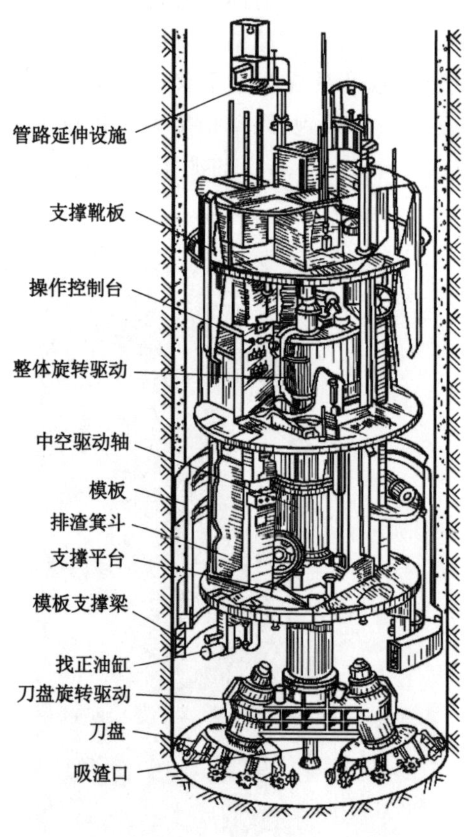

图 10-10　苏联 CK-1Y 型上排渣竖井掘进机钻井工艺布置示意图

2021 年，中交天和机械设备制造有限公司研制出“首创号”超大直径硬岩竖井掘进机（图 10-11）。该竖井掘进机设计开挖直径为 11.4 m，主要由吊盘支护、控制系统和井上设备等组成，重约 1 100 t，采用全断面刀盘破碎岩石，同时采用泥水循环上排渣的方式出渣，同步竖井掘进机主机上部平台可实现井筒的临时支护和永久支护，从而实现掘-支同步作业。目前，该竖井掘进机正应用于天山胜利隧道通风竖井工程施工，井筒深度达到 800 m，岩石最大单轴抗压强度达到 200 MPa。

二、机械上排渣全断面竖井掘进机

20 世纪 20 年代，美国人威廉·威蒂奇（W. F. Wittich）提出了一种用于竖井掘进的冲击破岩链斗上排渣竖井掘进机（图 10-12）并获得专利。该专利提出的竖井掘进机钻井方法，主要是：采用冲击破岩方式破碎岩石，并通过主机中心轴旋转带动钻头整体旋转，从而

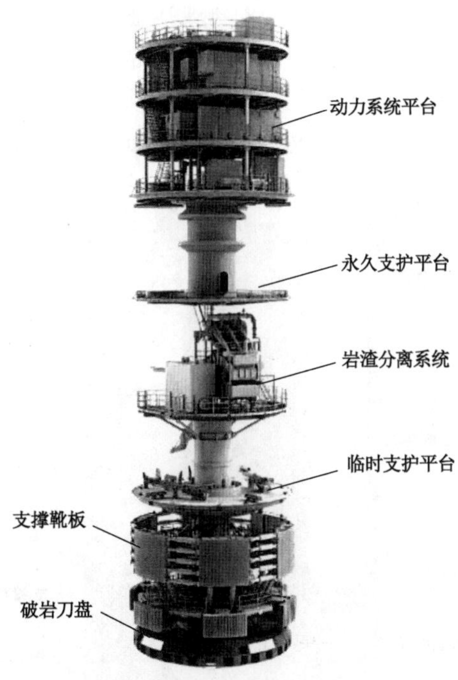

图 10-11　中交天和"首创号"竖井掘进机

能够破碎整个井筒掘进断面；在钻头上布置岩渣铲斗，在钻头的旋转作用下将岩渣收集到铲斗内后，通过螺旋输送机将岩渣输送到集渣槽内，再由垂直的链斗输送机输送到竖井掘进机上部，由井筒提升设备排放到地面，从而实现竖井掘进机的破岩和排渣功能。

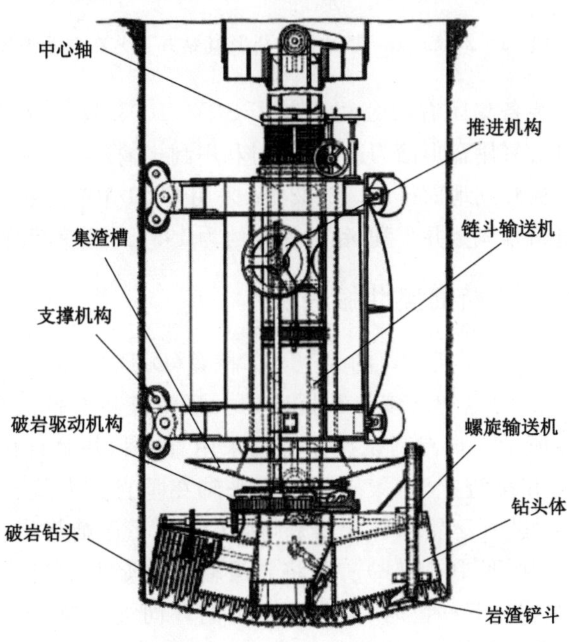

图 10-12　冲击破岩链斗上排渣竖井掘进机结构示意图

1978 年,美国罗宾斯公司研制出 241SB-184 型竖井掘进机(图 10-13)。该竖井掘进机设计了近于“ω”形状的钻头结构,钻头上布置盘形滚刀,通过钻头旋转实现全断面破碎井底岩石;钻头上还布置有水平和垂直的刮板和链斗输送机等机械排渣系统,并通过吊桶将岩渣提升到地面;同步竖井掘进机上部作业平台和井筒内布置吊盘,实现井筒的临时支护和永久支护。

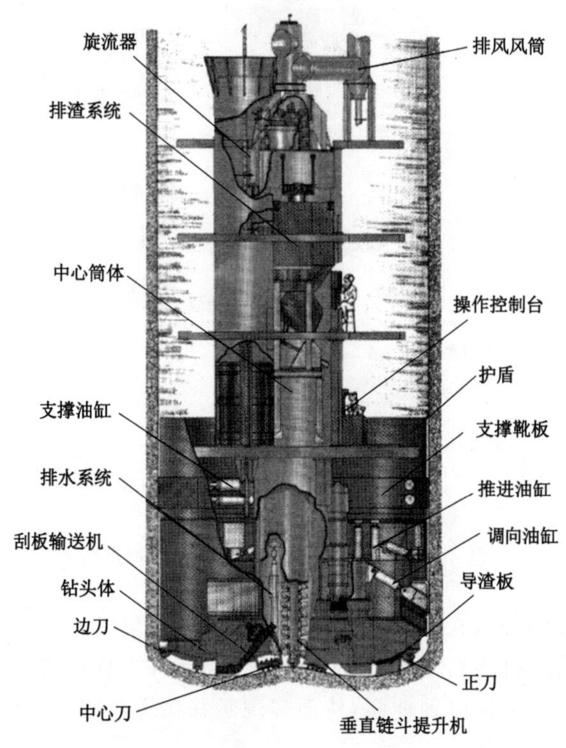

图 10-13　241SB-184 竖井掘进机及其钻井工艺布置示意图

2020 年,中铁工程装备集团有限公司研制了 SBM/1000 型全断面硬岩竖井掘进机(如图 10-14)。该竖井掘进机采用盘形滚刀破岩,同时利用刮板输送机及链斗垂直提升,并在装渣平台装入吊桶后将岩渣提升到地面排放。2022 年,采用 SBM/1000 型全断面竖井掘进机完成了浙江宁海抽水蓄能电站排风竖井工程,钻井深度约为 198 m,开挖断面直径为 7.83 m。

三、机械上排渣部分断面竖井掘进机

20 世纪 70 年代,美国罗宾斯公司的大卫·苏格登(D. B. Sugden)提出了一种滚轮式竖井掘进机和井筒掘进方法的专利。该专利提出的大滚轮链斗上排渣竖井掘进机凿井工艺布置示意图如图 10-15 所示。该专利设计原理是采用直径和井筒直径相同的滚轮,并在滚轮的外缘布置破岩滚刀和排渣铲斗,滚轮围绕水平轴在垂直方向旋转破岩,同时滚轮上的铲斗将破碎的岩渣铲起,进入滚轮内部集渣料斗,集渣料斗逐渐将岩渣溜到穿过滚轮的链斗式垂直提升机的链斗内[图 10-15(b)],并将岩渣输送到竖井掘进机上部,然后装入吊桶提升到地面。竖井掘进机向下移位时,需要将下部的环向支撑撑紧,再松开上部的径向支撑,然后收回推进油缸活塞杆带动竖井掘进机上部支撑结构下移,推进油缸的活塞杆全部收回后,将上部径向支撑撑紧,进行下一个推进行程钻进。

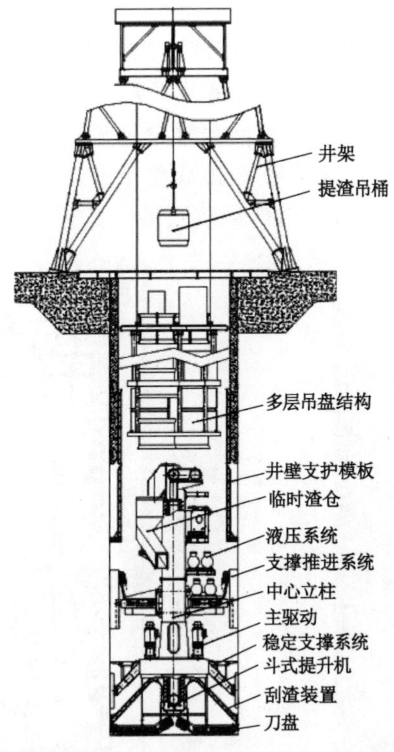

图 10-14　SBM/1000 型竖井掘进机钻井示意图

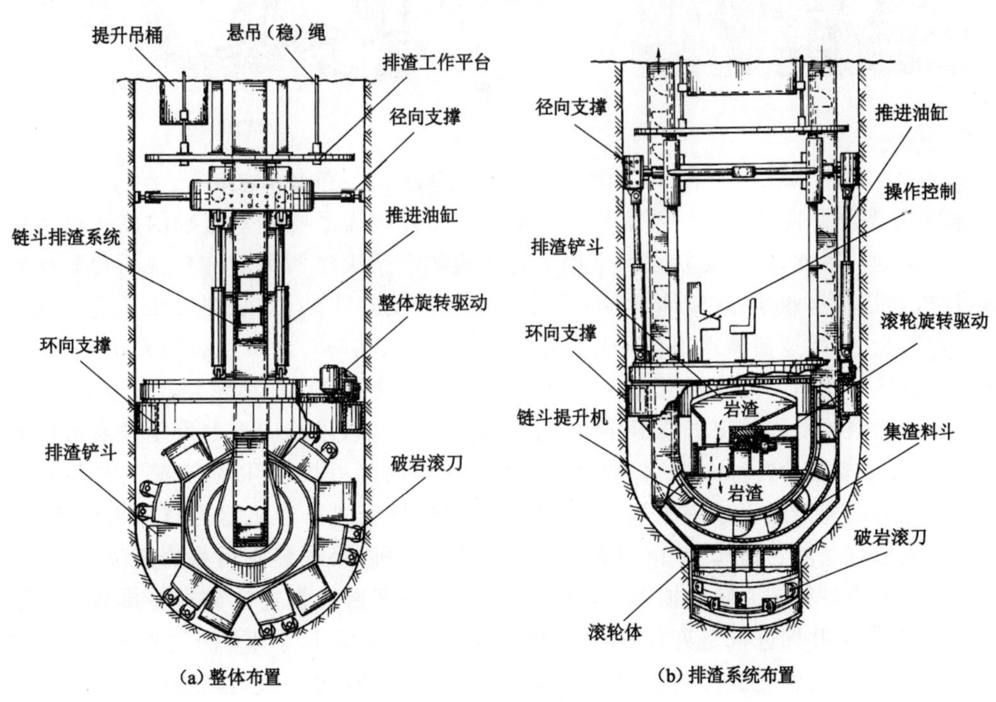

图 10-15　大滚轮链斗上排渣竖井掘进机凿井工艺布置示意图

1984年,美国罗宾斯公司的大卫·苏格登等人在大滚轮链斗上排渣竖井掘进机设计理念的基础上,研发了SBM-Ⅱ型滚轮破岩上排渣竖井掘进机及竖井凿井工艺,并制造出了竖井掘进机样机。SBM-Ⅱ型竖井掘进机及其钻井工艺布置示意图如图10-16所示。该竖井掘进机采用滚轮部分断面破碎岩石,滚轮围绕水平轴旋转,整体破岩系统围绕井筒中心轴旋转,通过径向切削和环形切削的组合逐渐破碎整个井底断面岩石,采用刮渣板结构集中岩石碎屑,抓斗装岩机装岩进入岩渣仓,然后装入吊桶提升至地面排放。

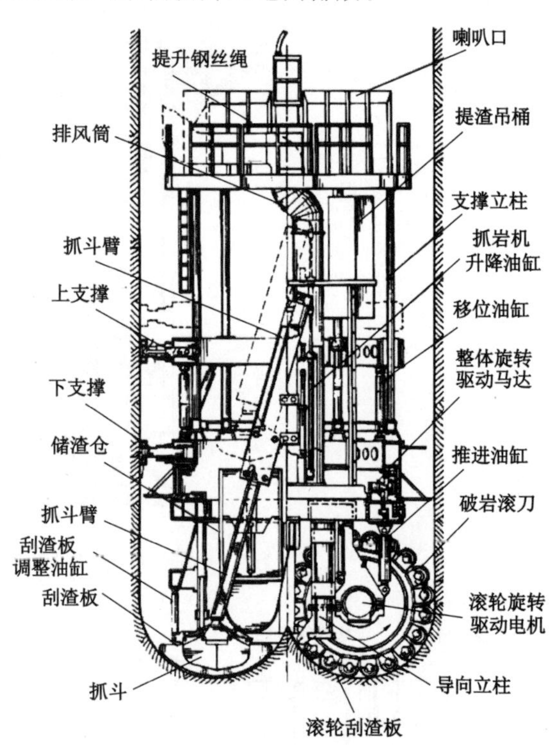

图10-16 SBM-Ⅱ型竖井掘进机及其钻井工艺布置示意图

SBM-Ⅱ型竖井掘进机滚轮绕水平轴的旋转和整体破岩系统绕垂直轴的旋转是实现高效破岩的关键。因此,滚轮旋转设计采用了电动机驱动。滚轮两侧对称布置两台驱动电动机,电动机连接行星减速器;整体旋转采用了四台液压马达驱动,安装在液压马达上的减速器固定在转盘上,减速器输出小齿轮与固定的齿圈啮合,驱动转盘带动破岩系统整体旋转,从而实现整体井筒断面的破岩掘进。SBM-Ⅱ型竖井掘进机设计在滚轮旋转破岩的同时,采用间隔分布的滚轮刮渣板将岩渣引导到滚轮破岩面的后部,以减少滚刀重复破岩造成的刀具磨损;在与破岩滚轮对称布置、与破碎井底形状接近的刮渣板,可以随着破岩整体结构的旋转将滚轮后部遗留的岩渣集中堆积,然后利用双瓣蚌壳式抓岩机将岩渣抓入储渣仓内,储渣仓装满后将储渣仓提起,并由溜渣口将岩渣装入吊桶,吊桶装满后将岩渣提升至地面,同时储渣仓下降进行新一轮的抓斗装岩作业,从而实现了竖井掘进机破岩与排渣的同步作业。SBM-Ⅱ型竖井掘进机在英吉利海峡海底隧洞工程、苏伊士运河下的公路隧道工程的竖井井筒建设中应用,滚轮式钻头形制破岩过程中需要提供较大的扭矩,整机结构更加复杂,且硬岩掘进过程中刀具消耗量增加,掘进速度相对较低。

德国海瑞克公司沃纳·汉堡(W. Burger)等人提出了一种新型滚轮破岩、机械上排渣竖井掘进机构想，由海瑞克公司和必拓集团共同进行相关研究，设计出一种概念机，设计钻井深度达 2 000 m，钻井直径为 10～12 m。海瑞克大滚轮竖井掘进机及其凿井工艺布置示意图如图 10-17 所示。竖井掘进机采用与井筒钻进直径相同的大滚轮，滚轮上布置盘形滚刀，滚轮既可以围绕水平轴旋转，又可以围绕垂直中心轴旋转，破岩形成球面的井底形状。竖井掘进机上部布置多层盘台结构，包括供电、电控、液压、通风、岩渣提升和人员通道等功能；下部为竖井掘进机的主体结构，实现破岩、排渣、临时支护和超前勘探等作业。

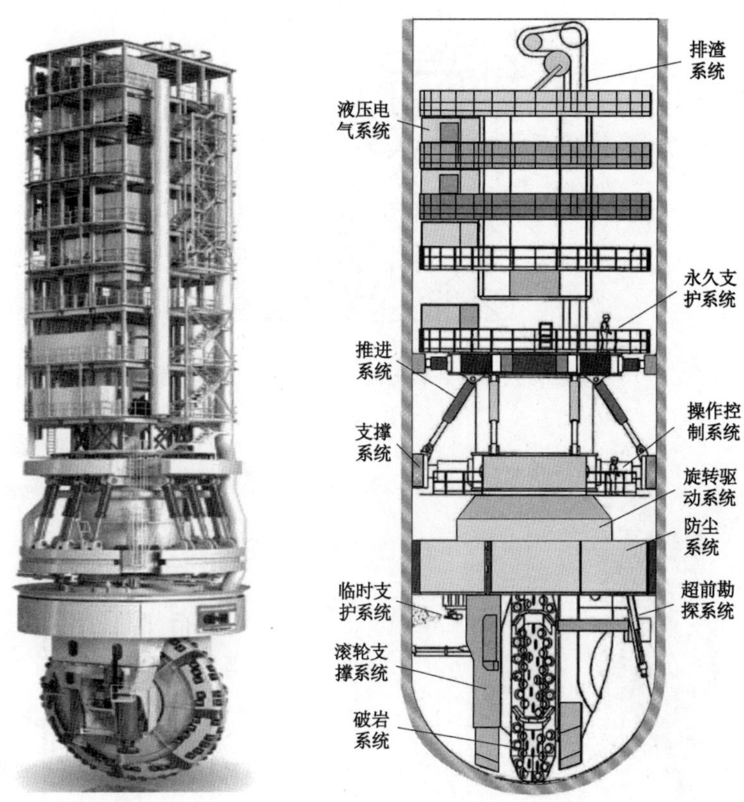

图 10-17　海瑞克大滚轮竖井掘进机及其凿井工艺布置示意图

海瑞克大滚轮破岩上排渣竖井掘进机排渣系统示意图如图 10-18 所示。在破岩滚轮上间隔布置多个排渣铲斗，铲斗外形和滚刀破碎岩石形成的弧形轮廓相同，钻进破岩过程中，随着滚轮围绕水平轴的旋转，铲斗与滚刀破岩形成的岩石表面共同作用，将岩石碎屑铲入铲斗，随滚轮的旋转铲斗接近顶部时，岩渣依靠自重掉落进入滚轮内部的溜渣槽并进入集渣仓内，由集渣仓的排料口溜到垂直输送机上，携有岩渣的带式输送机从水平到垂直输送，到达竖井掘进机上部后卸载至吊桶再提升到地面。

四、真空泵吸上排渣部分断面竖井掘进机

德国海瑞克公司设计了截割式部分断面上排渣竖井掘进机(SBR)。该掘进机利用截齿实现截割破岩、真空泵排渣、锚喷临时支护和砌筑混凝土井壁永久支护等作业，完成井筒的建设。海瑞克截割式部分断面上排渣竖井掘进机(SBR)如图 10-19 所示。

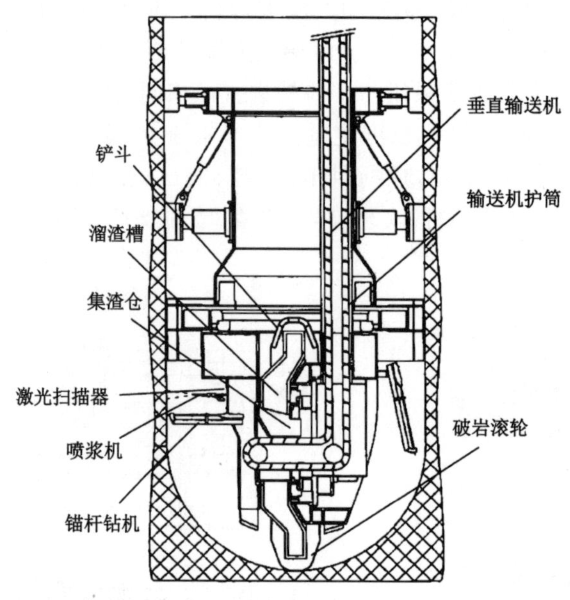

图 10-18　海瑞克大滚轮破岩上排渣竖井掘进机排渣系统示意图

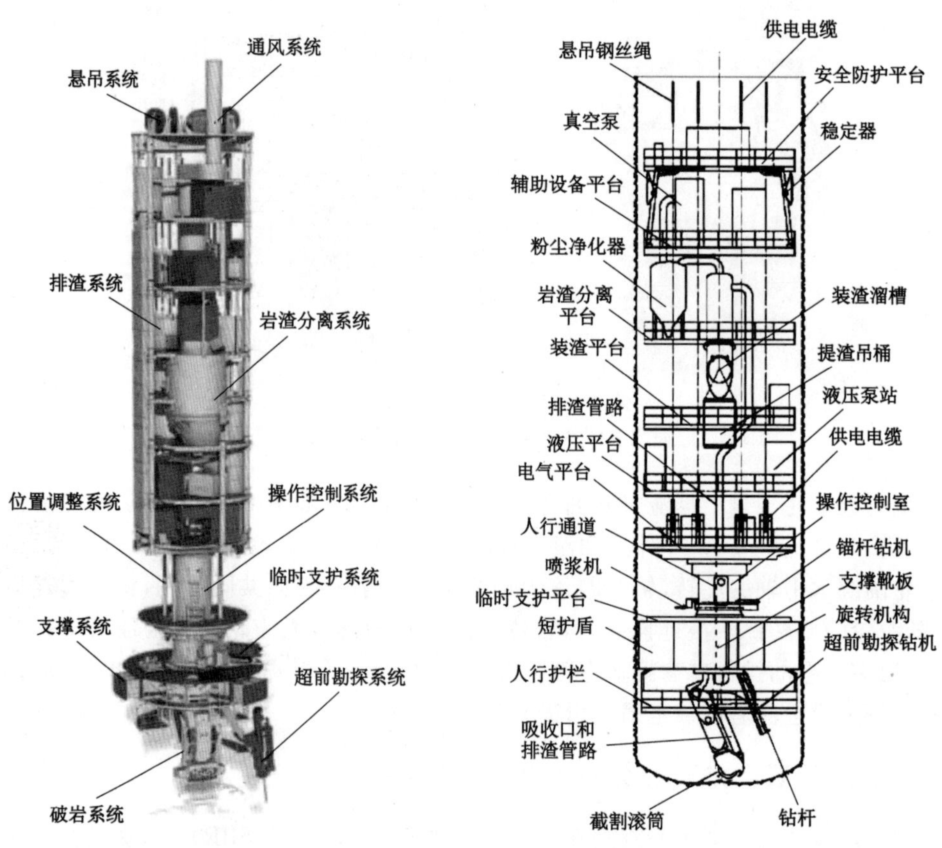

图 10-19　海瑞克截割式部分断面上排渣竖井掘进机(SBR)

该竖井掘进机的主要功能系统包括超前勘探系统、破岩系统、排渣系统、临时支护系统、岩渣分离系统、悬吊系统、通风系统、操作控制系统、位置调整系统等。该竖井掘进机采用横轴滚筒截割破岩，截割滚筒采用液压马达直接驱动旋转，而且破岩截割臂在内部油缸作用下可以伸缩，亦可在摆动油缸的推动下沿井筒径向摆动，破碎出弧形井底，井底岩石向下破碎一定深度后，竖井掘进机整体下降一个行程高度。在竖井掘进机主机的最上部平台上布置真空泵，使得截割滚筒上吸收口产生的负压将破碎的岩屑吸入，并通过管道进入岩渣分离仓，大部分岩石碎屑经过旋流后沉积在渣仓底部，分离仓内的岩屑达到一定体积，停止真空泵运转后打开渣仓的溜渣口，将岩屑装入吊桶排放到地面。该竖井掘进机已经在加拿大、俄罗斯和英国等国家钾盐矿应用，完成了净直径为 5.5 m、深度为 1 035 m 的井筒工程。

第三节　井巷掘进一体机

21 世纪初，日本奥村组兴业株式会社提出了一种竖井和隧(巷)道连续掘进机与工艺，并申请了专利。竖井和隧(巷)道掘进一体机掘进到设计井筒深度后，通过分离、转换、变位和姿态调整后能够从竖井的底部继续掘进水平隧道。井巷掘进一体机结构及其变位过程简图如图 10-20 所示。

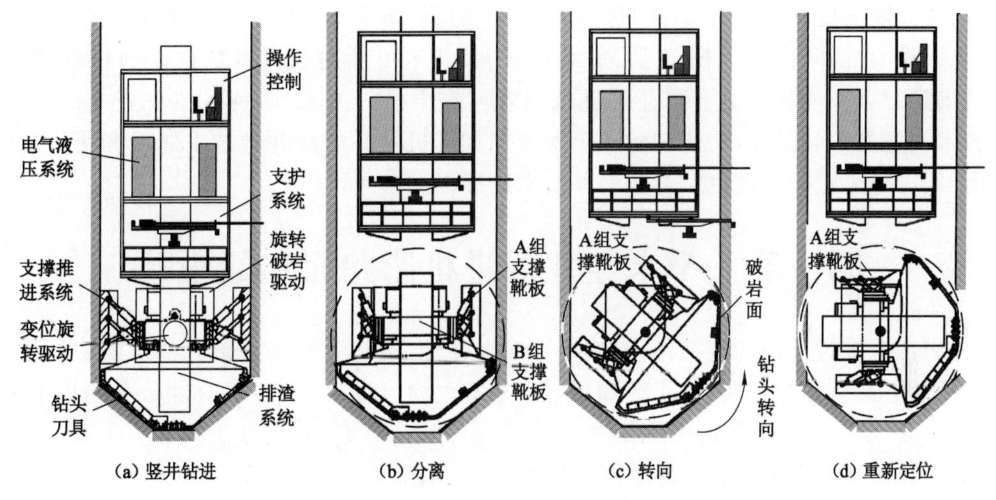

图 10-20　井巷掘进一体机结构及其变位过程简图

井巷掘进一体机破岩掘进的简要流程为：① 井巷掘进一体机掘进井筒[图 10-20(a)]，同步进行机械式上排渣和掘进机上部井筒支护；② 一体机掘进到竖井预定深度后，利用地面的稳车将作业平台上提一定距离，再将上部作业平台和下部一体机物理分离，但相互连接的电缆和管路不能拆开[图 10-20(b)]；③ 支撑靴板牢固支撑在井帮上后，缩回 A 组支撑靴板，B 组支撑靴板继续撑紧，并启动变位旋转驱动马达，一体机轴线向隧道掘进轴线方向旋转[图 10-20(c)]；④ 变位旋转过程中，一体机钻头接触围岩后即启动破岩旋转驱动系统，在变位旋转系统施加的压力和钻头旋转的共同作用下破碎岩石，并通过姿态调整最终达到和隧道轴线相同的位置[图 10-20(d)]；⑤ B 组支撑靴板继续撑紧，A 组支撑靴板悬空，需要架设人工结构作为水平隧道掘进始发的临时支撑，继而开始进行水平隧道的掘进。

第十一章 千米竖井掘进机凿井关键技术与研究路径

千米竖井高精度、高可靠、高效率、绿色化、智能化建设技术，是国内外地下矿物资源开采与地下空间开发利用领域竞争的焦点之一。国外竖井掘进机钻井法凿井深度已达到1 500 m左右，而我国竖井掘进机钻井法凿井深度尚未突破300 m。与国外竖井掘进机钻井法凿井技术相比，我国竖井掘进机及其凿井技术、装备和工艺尚处于研发起步阶段，千米竖井掘进机钻井法凿井技术的研发具有极其重要的科学意义和工程应用价值。然而，千米深井穿过地层的复杂性、不确定性和未知性，给竖井掘进机凿井地层稳定控制和涌水治理技术、掘进装备与配套装备，以及工艺和示范带来一系列重大的风险和挑战。因此，本章重点分析了千米竖井多变地层稳定和高压涌水控制、坚硬岩石破碎、克服重力排渣、与支护相适应的井筒断面变化4个方面的难题；提出了地层预改性“干井掘进”、坚硬岩石“组合破岩”、克服重力“协同排渣”、掘-支协同“智能变径”等竖井掘进机钻井法凿井的核心功能需求；为满足复杂环境和工况下竖井掘进机高效可靠服役的需求，凝练了拟攻克关键科学问题、技术问题及攻关任务，初步构建了千米竖井掘进机钻井法凿井的技术体系和研发路径，以期为我国千米竖井掘进机钻井法凿井技术发展提供参考。

第一节 千米竖井掘进机凿井面临的难题

千米深井穿过地层的复杂性、不确定性和未知性，给竖井掘进机凿井地层稳定控制、涌水治理、核心装备与配套装备、工艺和示范带来重大的风险和挑战。具体主要包括以下4个方面：

(1) 竖井掘进机掘进地层稳定控制与减少空顶距离的近工作面支护。岩土工程问题的复杂性在很大程度上来自工程地质条件，无论从地层年代、地层构造、地层接触、岩层产状和地质力学等地学的角度，还是从成岩特性、岩体(石)力学、岩石结构和矿物成分等地层岩性的角度分析，井筒穿过地质及水文地质条件具有多样性、复杂性和不确定性等特征。即便同一条井筒穿过地层自上而下，也存在应力场、温度场、渗流场等多场和岩体、水体、气体等多相的分布规律，具有差异性、多层次、非线性和不可逆性等特征。千米竖井掘进机凿井将穿越浅部不稳定软弱地层，并随着凿井深度的不断增加，将面临地质构造条件更复杂、地应力增大、破碎岩体增多、涌水量和地下水压加大等恶劣的地质环境条件，从而导致突水突泥、围岩坍塌等动力灾害事故发生。井筒穿越复杂地层条件示意图如图11-1所示。复杂地质环境和工况下高可靠、高效率、智能化的机械破岩装备要实现安全、高效和绿色凿井，必须首要攻克面临的地质难题，为实现竖井掘进机待掘井筒的“干井掘进”，提供“透明地质、靶域改性、主动控灾”的地质安全保障。因此，必须采取适应竖井掘进机掘进的围岩稳定控制、减少空顶距离的近工作面随掘支护等措施，降低因地层突泥导致的刀盘被卡或被埋、岩爆对刀具装备导致的损坏、地层涌水导致井内设备或人员被淹等风险，保障竖井掘进机施工安全。

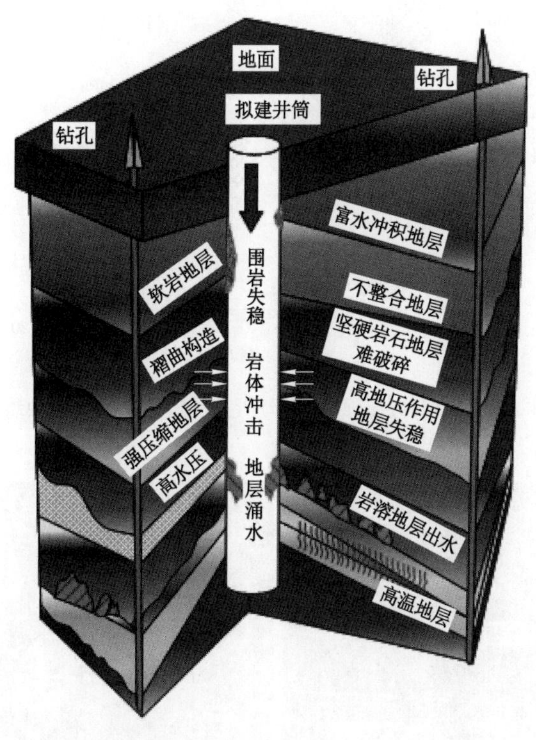

图 11-1　井筒穿越复杂地层条件示意图

(2) 坚硬岩石大体积高效低成本破岩。千米深井坚硬岩石破碎是竖井掘进机凿井首先要解决的难题。目前不同地下工程领域对岩石坚硬程度的划分界限不同，对于煤矿而言，单轴抗压强度为 80～150 MPa 的岩石属于坚硬岩石，但是对于金属矿山，其岩石则相对更加坚硬。现有的镶齿滚刀、盘形滚刀和截齿等破岩刀具，难以适应坚硬岩石破碎(图 11-2)，特别是地层岩石，单轴抗压强度大于 100 MPa 时，刀具破岩效率低、滚刀磨损快、刀轴脱落等问题突出，刀具更换频繁，造成施工成本增加和施工周期延长，亟须研制高硬度、耐磨刀具，提高刀具寿命。滚刀破岩磨损与失效情况如图 11-3 所示。此外，从机械破岩机理角度来分析，机械刀具主要通过挤压、剪切作用破岩，存在破岩体积较小、重复破碎等问题，有必要联合其他新型破岩方式解决大体积高成本破岩难题。

(3) 千米竖井掘进机掘进偏斜控制。为保障井筒施工质量，凿井偏斜控制技术是必须要解决的核心技术难题之一。竖井掘进机钻井法凿井穿越千米地层，处于复杂的、不确定的、动态的非结构化地质环境中时，地层倾角、倾向、层状等结构产状与断层、破碎带、溶洞等地质构造，以及地层岩性、风化程度、地层软硬岩石的变化等，都会对竖井掘进机凿井偏斜控制造成影响。因此，要求竖井掘进机能够通过自身所装配的传感器来感知地质环境和自主定位，并实现竖井掘进机姿态校准和路径规划，是一项很大的技术挑战。基于岩-机映射关系的岩体参数动态感知示意图如图 11-4 所示。

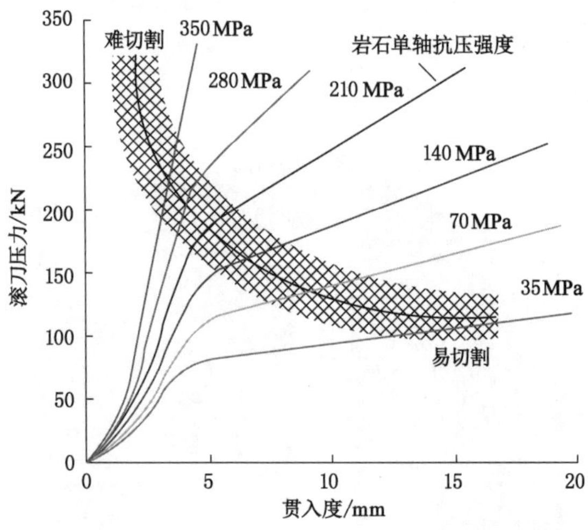

图 11-2　岩石抗压强度、滚刀压力与贯入度的关系曲线

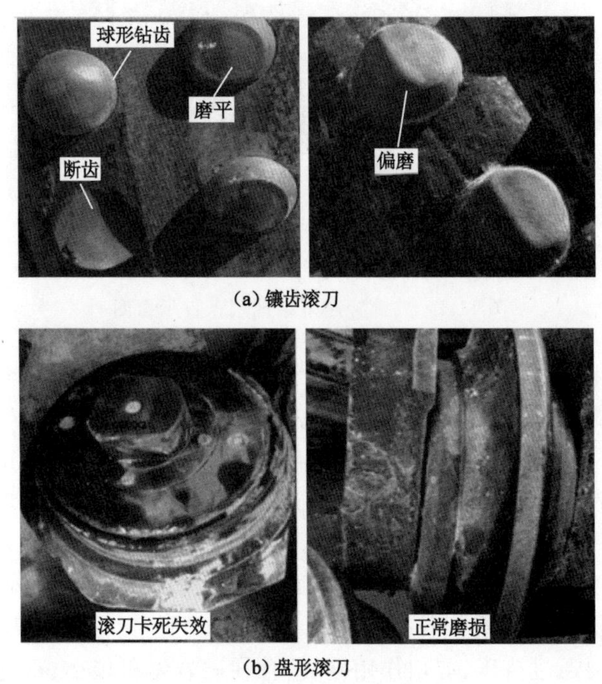

图 11-3　滚刀破岩磨损与失效情况

（4）复杂环境条件下大型低功率凿井装备的设计制造及其配套研发。竖井掘进机作为机械破岩凿井技术的核心装备，是一个集地层探测、旋转破岩、推进排渣、支撑导向、井帮支护、环境感知等多功能于一体的复杂系统，满足复杂地质环境下多维度感知、多功能融合、多动作协同竖井掘进机的研制依然面临诸多问题。相对于普通钻爆法凿井而言，竖井掘进机凿井技术属于变革性凿井技术，不能仅仅是普通钻爆法凿井的人工代替或延伸，因此适用竖井掘进机凿井的工艺和配套装备，必然要同步实现变革，从而满足竖井掘进机凿井安

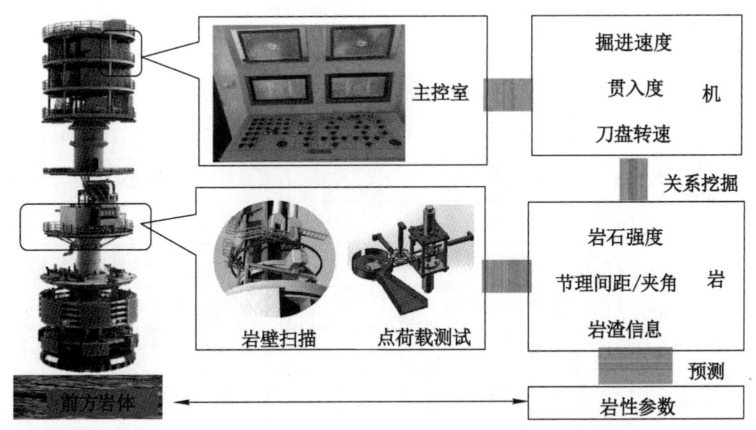

图 11-4　基于岩-机映射关系的岩体参数动态感知示意图

全高效和稳定可靠的总体要求。

第二节　千米竖井掘进机凿井的科学与技术问题

尽管普通钻爆法凿井早已突破千米深度，在千米竖井建设地质保障方面取得了一定进展，同时国内外已研制出适合不同地质条件和工程条件的竖井钻机、反井钻机和竖井掘进机等全断面或部分断面、上排渣或下排渣等类型的机械破岩凿井装备，并在工程实践中取得了重要突破。但是要实现千米竖井掘进机凿井，无法直接复制或套用现成的地质理论和凿井技术，依然面临着基础研究滞后、关键技术尚未突破、装备不配套、施工成本较高等系列难题。针对千米竖井复杂地层条件下竖井掘进机凿井总体目标和研究现状，凝练了待攻克的 3 个关键科学问题和 8 个关键技术问题。

一、竖井掘进机凿井关键科学问题

（一）基于千米地层原位状态探识的竖井掘进机凿井围岩分级理论

目前研究表明：现有的围岩分类、分级理论主要在 RQD 值定量判断岩体质量法的基础上进行修正和完善，国外发展出了岩体地质力学分类（RMR）、岩体质量 Q 值等分类方法；国内提出了《工程岩体分级标准》（GB/T 50218—2014）的修正 BQ 法和《水利水电工程地质勘察规范》（GB 50487—2008）的 HC 法，并结合 RMR 和 Q 值分类法共同使用的组合评价方法或模型。总体而言，现有的岩体分类方法是在普通钻爆法的基础上发展起来的，主要依靠钻孔获取的岩芯来分析和确定，仅依靠普通钻探存在获得的岩芯易丢失大量原位信息、探查范围较小等问题。竖井掘进机凿井与钻爆凿井技术原理和工艺有本质区别，需要基于竖井掘进机凿井“岩-机”互馈作用，侧重地层涌水量对竖井掘进机凿井的决定性，考虑地层岩体可钻性的重要性、围岩自稳性能的关键性、竖井掘进机支撑的稳定性、不良地层预改性治理的可靠性及衍生灾害的可控性等要素，制定围岩分级原则与依据、确定指标体系（表 11-1）、构建算法模型，形成竖井掘进机凿井围岩分级理论。

表 11-1　竖井掘进机凿井评价指标体系的基本框架

目标层	准则层	序号	指标层	指标含义
竖井掘进机凿井评价指标体系的基本框架	岩石可切割性	(1)	岩石单轴抗压强度	表征滚刀破碎岩石的难易程度
		(2)	岩石点荷载强度指数	表征刀齿贯入岩石的难易程度
		(3)	岩芯质量指标	表征滚刀破岩难易程度并与破岩效率相关
		(4)	刀具磨蚀量	表征滚刀刀齿形制优劣及其材料耐磨性
		(5)	岩石破碎比能耗	表征破碎单位体积岩石所消耗的能量
	围岩自稳性	(6)	围岩承载能力	表征围岩承载力与撑靴作用力之比
		(7)	岩爆倾向性	表征地应力与岩石自蓄能之间的耦合程度
		(8)	节理间距	表征围岩裂隙的发育程度
		(9)	节理条件	表征节理面的风化程度及张开量大小
		(10)	断层走向和倾向方向	表征地层断层对刀盘破岩的影响程度
	地层控水性	(11)	井内涌水量	表征井筒穿过含水地层时井内的涌水量
		(12)	地层水压力	表征井筒涌水封堵的难易程度
		(13)	岩体渗透系数	表征井筒围岩体的渗透性强弱

（二）硬岩大断面多刀协同与射流辅助破岩机理

已有的研究表明，现有的盘形滚刀、镶齿滚刀等刀具破岩，主要依靠钻压将钻齿压入岩体一定深度，形成不同深度的破碎坑，岩体内部产生压剪、拉伸破坏，可分为岩粉区、裂纹密集区和裂纹扩展延伸区。但是现有滚刀破岩为点接触破岩，存在破坏范围较小、破坏深度较浅、岩石重复破碎等问题。针对坚硬岩石大体积高效破碎难题，尚需研究多刃镶齿滚刀-盘形滚刀联合破岩，以及水射流预切缝弱化大体积破岩的不同组合方式及其破岩效率，揭示硬岩多刃镶齿滚刀-盘形滚刀联合破岩机理，提出硬岩高压水射流预切缝致损原理与方法，阐明预切缝释放岩体储能以减少岩爆机制，为实现大体积硬岩“联合破岩”，以及新型刀具、滚刀布置与变径刀盘研发提供理论支撑。

（三）大直径破岩掘进面岩渣分布与运移规律及垂直输送机制

已有的研究表明：盘形滚刀、镶齿滚刀等刀具破碎出的岩渣具有较好的分形特征，且具有较好的级配关系；但是竖井掘进机破岩与水平隧道掘进机破岩的工作面岩渣分布规律不同，竖井掘进机刀盘破碎下来的岩渣在掘进工作面上的分布状态，既不均匀也不集中，总体而言呈现出竖井井底周边的岩渣总量远大于井筒中心位置岩渣量的分布特征。现有的国内外上排渣竖井掘进机主要采用刮板机械排渣、泥浆循环排渣、真空泵吸流体排渣等方式，目前为止排渣效果均不太理想，特别是大直径竖井的排渣效率更低，导致井底岩渣重复破碎，无谓地消耗破岩刀具和能量。针对硬岩破碎后难以高效排渣和重复破碎的难题，尚需研究不同地层、刀具布置、集渣装置、钻进参数等条件下井底岩渣特征与分布规律，以及机械携渣和流体吸渣的物理与力学原理，揭示岩渣机械和多相流体多动作协同排渣机制，构建大直径刀盘机械与流体协同排渣最优组合模式，为岩渣收集、排渣通道、输送方法等“干式”排渣技术工艺提供理论支撑。

二、竖井掘进机凿井关键技术问题

（一）千米地层原位探测、风险识别与改性技术

针对深部地层复杂软弱破碎带、含导水裂隙等不良地质条件易诱发高压突水突泥、围岩失稳坍塌等灾害事故的难题，探明千米地层不良地质条件与岩性变化信息是竖井掘进机安全掘进的前提。重点突破多尺度立体化地球物理场精细探测方法和随钻地层原位状态快速感知技术，攻克竖井掘进机机载随掘地震波远距离动态探测和基于岩-机映射关系的岩体参数感知技术，地层识别准确率≥90%，实现地层透明化重构，破解不良地质精细探测难题。复杂含水软弱破碎地层地面预注浆改性是千米竖井掘进机安全施工的重要保障，研发深长钻孔定向控制、灾源靶域精准制导和无线随钻数据传输等技术装备，深长距离钻注预改性治理后井筒涌水量≤10 m^3/h，实现“干井”掘进技术变革。千米地层钻孔原位探测与预改性示意图如图 11-5 所示。

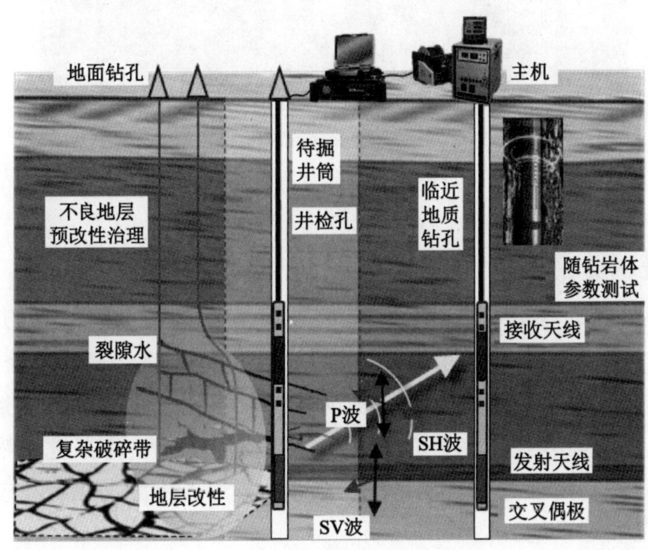

图 11-5　千米地层钻孔原位探测与预改性示意图

（二）大断面硬岩镶齿滚刀-盘形滚刀联合与水射流辅助高效破岩技术

针对竖井掘进机遇到硬岩时，刀具难贯入、易磨蚀、掘进效率极低的难题，提出高压水射流预切缝、多刀协同破岩的新路径。开展高围压硬岩射流-滚刀联合破岩试验，研究水射流与滚刀的配合方式、切割方法、相对布局等对破岩效率的影响规律，揭示水射流-滚刀高效联合破岩机理；以破岩效率、能耗、刀具磨损等为评价指标，研究水射流-滚刀联合破岩最优组合模式与控制方法，解决高压水射流与滚刀协同作业问题，提出适于竖井掘进机联合破岩刀盘的水射流装置布置方式，研发新型破岩刀具，适用于岩石单轴抗压强度≥150 MPa，滚刀密封承压≥10 MPa，单刀寿命≥130 m^3，实现大体积硬岩多刀联合高效破碎。

（三）大直径井底岩渣的机械与流体组合排渣技术

对于上排渣竖井掘进机凿井，应针对硬岩重复破碎和难以高效排渣的问题，攻克与大

体积破岩效率相匹配的大直径井筒掘进面排渣技术，这是实现竖井掘进机高效掘进功能的重要保障。基于竖井掘进机掘进面的岩渣特征与分布规律分析，以及不同机械结构携渣和不同流体介质排渣原理的研究，揭示岩渣克服重力机械和流体协同排渣机制（图 11-6），攻克岩渣大体量快速垂直提运技术，研究竖井掘进机凿井垂直排渣工序、装备配套、安全保障的动态组织和统筹优化方法，形成与岩渣分布、刀盘布局、排渣通道等因素相适应的排渣系统，突破重力垂直排渣关键技术。

图 11-6　掘进工作面机械式收集岩渣与排渣示意

（四）竖井掘进机姿态调控与整机集中控制技术

竖井掘进机姿态调控与集中控制系统是实现竖井掘进机精准凿井的核心技术。综合分析竖井掘进机施工过程中负载力的变化规律与工况条件，建立掘进机液压系统数学和仿真模型，阐明主驱动、支撑、推进液压系统动力学参数之间的耦合作用关系，提出掘进机鲁棒高精度姿态调控方法与多技术融合的精准导向技术；分析竖井掘进机液压系统，开发液压系统仿真模型，分析不同工况下液压系统的性能，研发竖井掘进机稳定支撑、快速换步技术与控制方法，实现液压系统高效集中控制。

（五）竖井掘进机系统耦合动力学分析及优化

针对千米竖井掘进机动力学设计需求，研究竖井掘进机关键结构/子系统动力学建模方法，构建掘进装备子结构动力学模型；研究竖井掘进机典型工况或极端环境工况下激励源力学特性表征方法、关键连接组件等效建模方法，构建激励源和连接组件动力学模型；提出竖井掘进机整机模型组装流程，建立多源动载激励多结构耦合的竖井掘进机核心部件动力学模型（图 11-7）；开展复杂工况下装备动态特性分析，阐明主要设计因素对系统动态性能的影响规律，提出参数优化改进方案。

（六）时空关系协同的竖井掘进机掘进与地层改性平行作业

针对竖井掘进机凿井掘-支与地层改性平行作业凿井的协同性问题，依据地层构造特征和含水地层分布的精细判识成果，并结合超前探测和无线随钻轨迹控制技术，研究能够满足竖井掘进机凿井功能的地面预改性方法与工艺；分析地层改性治理后岩体参数动态时效变化规律，研究基于竖井掘-支与地层改性关系的围岩稳定时空演化规律，提出竖井掘进机

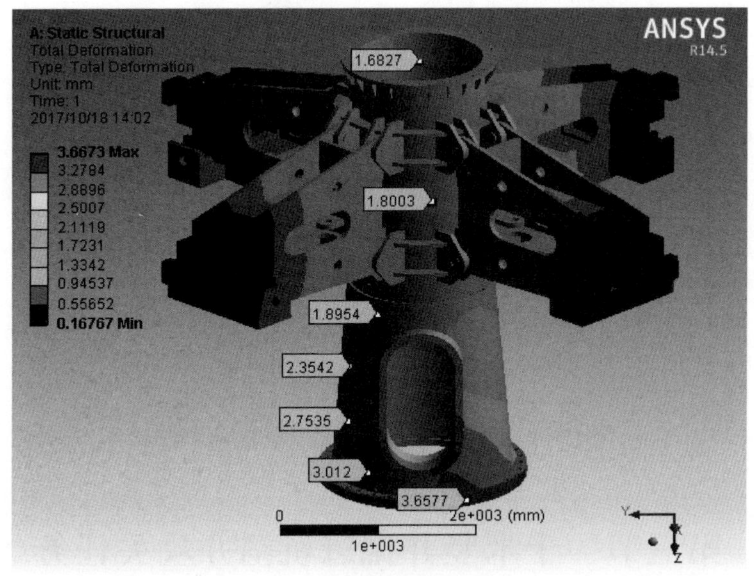

图 11-7　轴承动力学分析示意

掘-支系统配置与优化方案，建立地层改性工艺与竖井掘进机掘-支工艺之间的时空关系，确定地层改性的超前距离和时机，形成基于地质探识技术的竖井掘进机掘-支与地层改性协同施工工艺。

（七）基于竖井掘进机凿井的井筒空间断面优化布置

针对竖井掘进机凿井功能的井筒内空间合理利用与科学布置的问题，研究现有钻孔爆破竖井凿井工艺及井巷机械破岩掘进技术与方法，分析其破岩、排渣、支护等工序之间的相关关系，对比分析竖井钻机和反井钻机等有钻杆凿井装备的井筒掘进方法，以及硬岩隧道掘进机和盾构机隧道掘进工艺特点；研究竖井掘进机破岩、排渣、支护等施工工艺的时空关系，建立基于竖井掘进机凿井功能的井筒内空间模块化设计与方法，确定井筒空间垂直方向的凿井各功能系统协同布置形式。

（八）竖井掘进机前置高韧性薄喷临时支护与掘-支协同永久支护技术

针对千米硬岩复杂地层条件和竖井掘进机凿井特点，研究现有千米竖井凿井支护结构、材料和技术工艺，提出千米井筒不同围岩分级下竖井掘进机凿井对应的临时支护和永久支护作业方式；研发高韧性围岩临时支护材料，攻克随掘快速薄喷临时支护技术与工艺；研究千米复杂地质条件下竖井围岩与井壁结构相互作用机制，研发高韧性、高抗裂、高抗渗井壁新材料，研究不同改性方法相关的深井高强永久支护井壁结构，建立千米地层竖井掘进机掘-支协同的永久支护体系。

以上凝练的 8 项关键技术，涵盖了竖井掘进机破岩与排渣、地层探测与围岩支护、井内空间布置与掘-支协同、装备智能感知与集中控制。8 项关键技术对竖井掘进机凿井的支撑作用分析如图 11-8 所示。

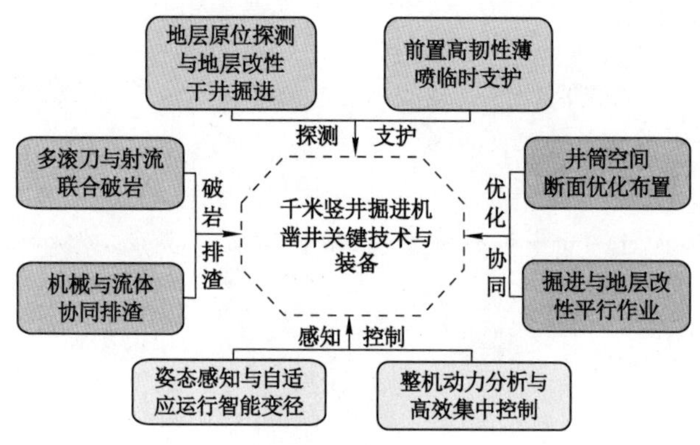

图 11-8　关键技术对总目标的支撑作用示意图

第三节　千米竖井掘进机凿井攻关任务

一、技术研发攻关任务

围绕千米竖井掘进机凿井的科学和关键技术问题，按照"工艺引领—地质保障—技术突破—装备研发—工程示范"的全要素、全过程思路，提出以下 5 项技术研发攻关任务。

（一）竖井掘进机凿井工艺及工程适应性

针对竖井掘进机凿井岩体条件、装备和凿井工艺等方面的适应性问题，解决"竖井掘进机凿井围岩分级理论"重大科学问题和"基于竖井掘进机凿井的井筒空间断面优化布置技术"关键技术问题，制定本攻关任务。

重点开展调研普通钻爆法凿井工艺及现有机械破岩井巷钻进技术方法，分析破岩、排渣、支护、提升等作业方式和工序；对比分析竖井钻机、反井钻机等有钻杆钻机钻井方法，以及硬岩隧道掘进机、盾构机的掘进工艺特点；研究井筒空间垂直方向协同布置形式，满足破、装、运、支和地层改性等工序平行作业，形成适用不同类型竖井掘进机的凿井工艺，建立井筒内空间布置设计理论与方法；针对千米地层高地压、高水压多场耦合条件的地层特性，以岩石力学性能、地层可钻性、涌水量和围岩稳定性为基础，研究竖井掘进机凿井围岩分级理论与指标体系；依据地质精确判识地层构造特征和含水地层分布，运用超前探测和无线随钻轨迹技术，优化设计竖井掘进机掘进与地层改性平行作业时空关系；基于钻进参数及图像识别的动态分析技术，研究竖井掘进机凿井风险表征方法，提出风险防控措施和工程对策；基于竖井直径、深度研究竖井工程掘进机凿井的配套原则、选型方法和整体工艺，形成不同竖井掘进机凿井的井内与地面装备选型配套适应性分析方法。

（二）千米竖井地层原位精细化探测、岩性识别与地层预改性关键技术

针对千米竖井地质复杂、岩性多变、高水压等复杂地质环境，致灾水体、破碎带、含导水裂隙等多灾源类型，以及突水淹井、围岩失稳坍塌等致灾风险，解决"千米地层原位精准探识""地层预改性"等关键技术问题，制定本攻关任务。

开展分析竖井掘进机凿井工序对地质与水文地质参数的要求，调研现有竖井检查钻孔勘探方法及分析手段，研究与检查钻孔钻进过程同步的地层勘察方法及探测仪器选择，建立实验室模拟分析装置和数字模拟分析系统，实现千米地层地质原位分析、多场参数测量与岩性判识；利用矿区勘探钻孔资料，提出井筒及扰动区域钻孔多物理场精细探测方法；基于地层整合接触条件、地质构造、含水层分布与围岩稳定性分析，研究千米深井地层物理改性和结构改性综合堵水及围岩稳定控制方法，研究相适应的工艺、材料与机具，通过试验提出改性效果检验与判识方法；研究基于搭载技术及竖井掘进机破岩震动的地层超前预报，形成随掘地震波远距离动态探测和基于岩-机映射关系的岩体参数感知技术。竖井掘进机随掘地震动态探测与成像示意图如图 11-9 所示。

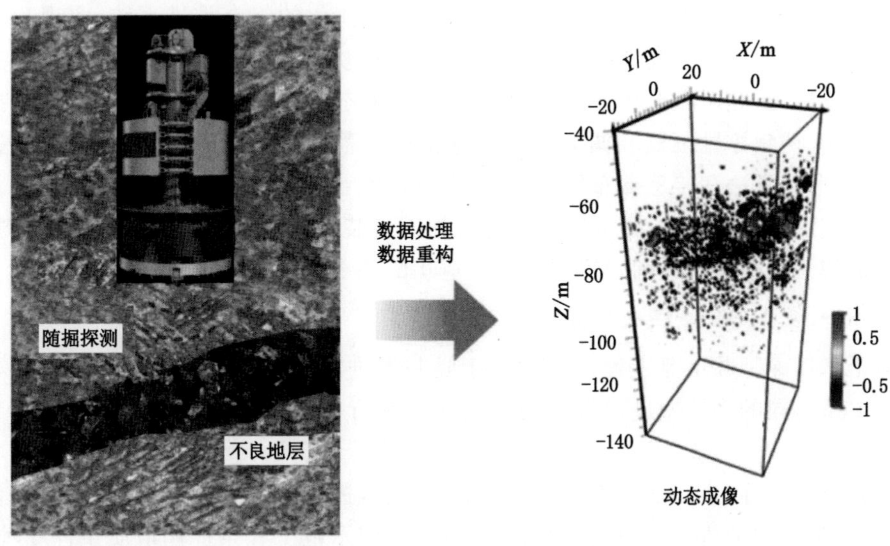

图 11-9　竖井掘进机随掘地震动态探测与成像示意图

（三）千米竖井大体积破岩、垂直排渣与掘-支协同关键技术

针对坚硬岩石难破碎、排渣效率低、重复破岩、滚刀磨损快、掘-支不协调等难题，解决“多刀协同及射流辅助破岩机理”“岩渣运移及垂直输送机制”的重大科学问题，以及“大断面硬岩高效破碎技术”“大直径刀盘机械与流体组合排渣技术”“前置高韧性薄喷临时支护技术”等关键技术问题，制定本攻关任务。

重点开展与盘形滚刀协同破岩的大直径多刃镶齿破岩滚刀研发，试验研究硬岩高压水射流预切缝致损机制，研究盘形滚刀、多刃镶齿滚刀、镶齿滚刀-盘形滚刀协同以及水射流预切缝致损的联合破岩机理；依据破岩能耗低与破岩量均衡原理，分析滚刀正压力与推动力关系，研究优化大直径刀盘滚刀破岩技术参数，形成不同直径、不同类型刀具联合破岩的刀盘滚刀布置方法；以合理钻进速度为基础，研究基于安全、效率和能耗模型的不同地层条件和不同直径竖井掘进机技术参数计算方法；根据刀具破岩试验的岩渣分形规律，进一步研究竖井掘进机掘进面岩渣分布特征，研究机械、流体克服重力垂直排渣岩渣运移规律，解决竖井掘进机“干式”排渣关键技术，实现岩石破碎和垂直排渣速度≥25 m^3/h；研究竖井掘进机凿井临时支护和永久支护作业方式，研究以高韧性材料为基础的随掘快速薄喷临时支护技术，研究适应不同改性方法的合理永久井壁结构形式，形成掘-支协同的围岩支护技术体系。

（四）千米竖井掘进机的研制

针对竖井掘进机支撑、推进、驱动等动力系统失调，姿态调控干扰多、难度大，以及硬岩地层掘进刀盘结构变形、排渣不畅等难题，解决“竖井掘进机姿态调控”“高效集中控制”等关键技术问题，制定本攻关任务。

开展面向示范工程、满足千米井筒特殊工程条件的竖井掘进机设计总体方案研究；建立竖井掘进机复杂工况下整机动力模型，进行三维数字化设计、数字模拟组装和3D打印模型试验；研制镶齿滚刀-盘形滚刀联合布置的可变径新型刀盘结构，保障刀盘连续工作进尺≥300 m；研发变频电机驱动动力头系统、调向加压一体化的组合推进系统、实现迈步环向加压双层撑靴支撑系统，研究支撑、推进与驱动协同模块化设计方法；研究掘进机姿态精准调控机制和算法，研究以激光为主结合竖井掘进机姿态感知的导向控制系统，通过撑靴与围岩相互作用、控制撑靴位置和调向油缸实现掘进过程方向控制；研究竖井掘进机掘进过程环境、状态监测方法和传感器布置方式，实现对风险状态的监测和预警；采用无线传输技术实现竖井掘进机远程控制；研究竖井掘进机加工组装工艺、大型核心元部件的材料选型，保障主轴平均无故障工作时间（MTBF）≥15 000 h，完成整机制造与厂内试验。

（五）千米级井筒竖井掘进机凿井工程示范

面向千米以深竖井示范工程，解决“基于竖井掘进机凿井的井筒空间断面优化布置技术”“时空关系协同的竖井掘进机掘进与地层改性平行作业技术”等关键技术问题，制定本攻关任务。

重点开展研究示范工程井筒检查钻孔钻进工艺，进行地质状态和地层、水文条件的原位探测，评估地层和地质状态识别凿井风险，研究适应示范工程条件和地质条件专项工艺；研究地层综合改性方法，建立竖井掘进机掘进与地层改性平行作业的时间和空间关系；分析与井筒直径、深度相关的竖井掘进机凿井配套装备，研究竖井掘进机始发组装和设备拆除吊运的技术与工具，形成相关安全保障技术，满足悬吊深度≥1 000 m、悬吊质量≥1 000 t的要求；研究与优化匹配地层条件和钻进速度的竖井掘进机掘进参数，达到掘进速度≥6 m/d；研究以地层环境感知与衍生灾害预警为基础的竖井掘进机凿井智能决策系统，构建竖井掘进机智慧凿井数字孪生平台；以千米级井筒竖井掘进机凿井工程为现场试验平台，验证项目研究的相关成果，解决工业性试验出现的技术问题，完成竖井直径6～12 m，竖井深度≥1 000 m的示范工程，并进行技术总结便于推广应用。

二、攻关任务之间的逻辑关系

为实现千米竖井掘进机安全高效、稳定可靠凿井的总体目标，梳理5个攻关任务之间的逻辑关系，如图11-10所示。

攻关任务一为凿井工艺研究，既能够独立开展研究，又可以和其他攻关任务协调开展，并对其他攻关任务研究起引领作用，为攻关任务二地层预改性技术研究创造掘支-改性平行作业条件提供工艺指导，为攻关任务三竖井掘进机破岩、排渣和支护协同作业等技术应用奠定井筒内空间布置理论基础，引领攻关任务四开展适合井筒地质和功能条件的装备研

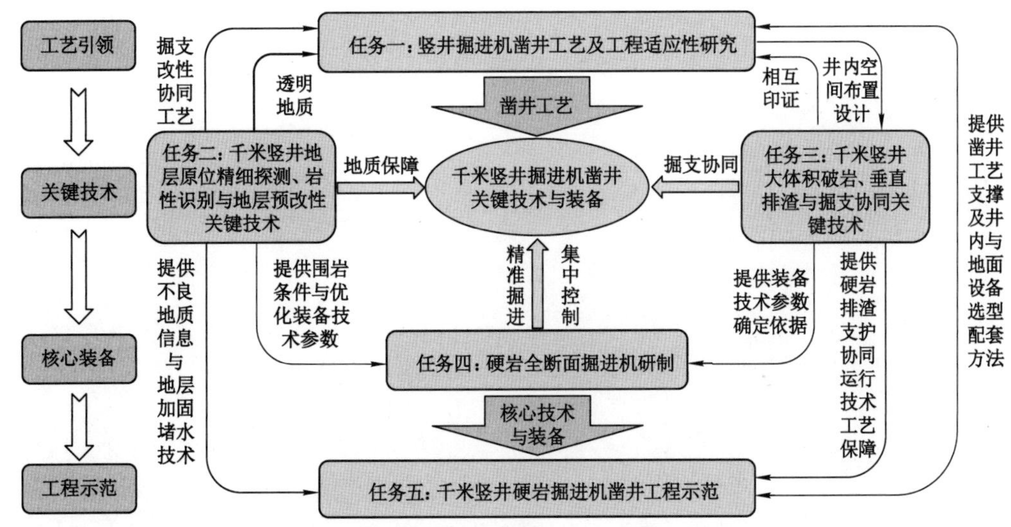

图 11-10　任务设置及其相互之间的逻辑关系

制，为攻关任务五特定工程条件和地质条件下的示范工程实施奠定基础。攻关任务二地层原位精细化探测和随掘超前地质预报，将竖井掘进机前方地质信息由“黑箱模型”转变为“透明模型”，为安全掘进提供地质信息保障，同时也是支撑攻关任务一形成凿井工艺的基础，为攻关任务三全断面竖井掘进机高效破岩机理、围岩临时支护和永久支护理论与技术的研究提供地层岩性特征参数，为攻关任务五工程示范随掘工作面下方不良地质探查提供重要的地质信息。

攻关任务三不仅为竖井掘进机装备锻造一副“铁齿钢牙”，为竖井掘进机掘-支协同运行提供可靠保障，同时为攻关任务四竖井掘进机总体方案设计和整机研制提供理论和技术支撑。攻关任务四竖井掘进机装备研发与制造，是攻关任务一凿井工艺落实的重要保障，也是攻关任务五工程示范必要条件。攻关任务五是整个项目的落脚点和工程落地点，在实践中检验攻关任务一、二、三、四所形成的技术与装备成果，并构建智能决策与智慧凿井数字孪生平台，提升千米竖井机械化和智能化建井水平，推动建井技术与装备变革，达到全面推广应用条件的目的。

第四篇　机械沉井法凿井技术

沉井凿井方法作为矿山复杂不稳定松散含水地层中井筒建设的一种特殊施工方法，最初应用在水上建设桥梁桩基或松软地层中建筑物基础的施工中，在地下工程系统也称为沉箱法。在设计的井筒位置上，预制好底部设有刃脚的一段井壁，并在其保护下边掘进边下沉，并随着井壁下沉在地面相应接长井壁的凿井法称为沉井法。总体而言，沉井凿井和其他凿井方法类似，均包括破碎岩土、排渣和支护等工艺。

沉井法是历史最悠久的凿井方法之一。早期的普通沉井法，由于侧面阻力大、人工挖掘、井内排水，造成井壁内外的压力差较大，容易发生井筒内涌砂冒泥、井筒偏斜、地面塌陷等事故，沉井下沉深度总体不大。1958 年，我国曾采用震动的方法使井壁周围地层液化，以减少侧面阻力，但下沉深度增加也不大。1969 年，山东黄县煤矿首先引用了淹水沉井法沉了一个 28.3 m 的风井，取得了成功。自此以后，江苏无锡小张墅煤矿、铜山大刘庄煤矿以及济宁莱园煤矿和单家村煤矿相继采用淹水沉井法取得了成功，并且下沉深度取得了重大进展，单家村煤矿风井下沉 180 m、主井下沉 192.7 m，使我国的沉井深度进入了世界先进行列。据统计，我国迄今仅煤矿建井使用的沉井工程约 156 个井筒，其中淹水沉井占 38 个，累计下沉深度约 5 km，一次沉井下沉深度达 192.78 m，井筒偏斜率为 0.69%。国外应用淹水沉井法较早，1940 年德国应用此法沉井 128 m，1952 年匈牙利和瑞士也取得了成功，欧洲各国采用沉井法施工了一千多个工程项目；日本应用壁后喷射压气的淹水沉井法创造了下沉深度为 200.3 m 的纪录，偏斜率为 0.1%。

随着矿产资源开采深度逐渐增加，最大沉井深度尽管达到了 200 m，但依然无法满足深厚富水冲积层中井筒建设的需求，同时，受限于前期沉井技术和掘进装备能力的不足，沉井法存在下沉深度小、施工效率低、井内外水压不平衡和偏斜难以控制等缺点，并且随着人工冻结凿井和钻井法凿井技术发展成熟，沉井法逐渐退出了矿山井筒建设，沉井法凿井只是作为矿山发展一段时期内的过渡施工工艺。

第十二章　沉井法凿井技术发展概述

沉井法在不稳定地层中开挖地下基础工程结构时，首先利用预制的混凝土或钢材制作筒形结构作为工程支护，且支护结构的前端设置有利于下沉的金属刃角，并将其放置在已经部分开挖的导坑内；然后在预制支护结构的保护下进行井筒开挖，使得支护结构依靠自重随掘逐渐下沉，同时在地面继续进行预制结构的组装或现场浇筑以接长支护结构，最终达到工程设计深度；最后进行封底工作，形成地下工程结构空间的凿井方法。矿山井筒结构与建筑物基础结构有显著不同，建筑物基础结构的特点是一般断面大、深度较浅，下沉到一定深度后能满足承受上部荷载即可；而矿山井筒断面小、深度大，则需要井壁下沉到较为稳定的基岩，并达到具备采用普通凿井方法向下继续掘进的条件为止。

第一节　沉井法凿井分类

在沉井法凿井技术发展过程中，从开挖方式、排渣方法、井壁下沉方法等方面形成了多种凿井技术工艺。如按照开挖井筒内是否充满清水或泥浆，可划分为普通或不淹水沉井法、压气沉井法和淹水沉井。

一、普通沉井法

在一些井筒深度小、地层含水不丰富的条件下采用沉井法施工时，沉井结构内部不需采用任何支护措施，可直接暴露在空气中，施工人员和设备可以进入井筒内进行地层岩土的开挖和提升排渣，同时在地面进行沉井井壁的浇筑或组装。地层中存在少量涌水时，可在沉井工作面开挖集水井，利用水泵断续或连续排出。涌水量较大时，可在井筒周围布置多个降水井进行排水，形成降水漏斗，再进行井筒内开挖作业。井筒施工排水作业，造成了井筒内外压力不平衡，易导致局部涌砂、涌水，致使沉井偏斜难以控制以及下沉深度受到限制，因此，不适用于在涌水大、砂层较厚的冲积地层。降水沉井一定程度上保障了内部作业的安全，但降水作业对环境造成了破坏，目前，在一些城市已经开始对降水施工进行限制或严禁降水施工，因此限制了不淹水沉井法应用的范围。

二、压气沉井法

1839 年，法国创造了压气沉井法，该方法利用封闭的封底结构向内施加一定压力的压缩空气，用以平衡开挖地层中地下水压，作业人员再进入沉井内部，带压进行开挖和排渣作业。此方法增加了支护结构的下沉深度，实现了含水地层中地下空间结构的安全开挖，但该方法对作业人员有一定的职业伤害，到 20 世纪 50 年代逐渐被淘汰。

三、淹水沉井法

为了增大沉井深度和平衡地层压力、水压，防止沉井内涌砂、涌水，在富水或穿过厚层流砂地层中进行沉井施工时，采用在沉井内部充满清水或泥浆，用以实现沉井内外压力平衡，掘进与排渣需要在水下进行，这种方法称为淹水沉井法。该工艺难点在于水下进行开挖破土，一般采用水枪、钻机或绞吸机等破土，并采用压气反循环排渣，遇到卵石时采用水下抓斗出渣。淹水沉井法所需设备少，机械化程度较高，工作人员不再需要井内作业，工作条件好，相对成本较低，但是沉井井壁下沉速度和偏斜难以准确控制。

第二节　沉井地层开挖技术

沉井法凿井施工包括下沉导坑的开挖，井壁结构的制作，井壁的吊装、测量定位和方向调整等工序。开挖、提升、运输和井壁浇筑设备到位后，首先试挖达到静水位位置。对于不含水的地层采用人工或机械直接开挖，含水地层采用淹水或泥浆防护，并利用其他机械装备开挖，根据井壁下沉速度地面同时预制和加长井壁结构；开挖到预定深度后，采用水下混凝土或直接浇筑混凝土进行沉井封底。沉井法凿井作为一次成井的凿井工艺，所需的施工设备简单，可采用普通法凿井所用的装备，工程造价低，对冲积层厚度较小的地层凿井时具有明显优势；但存在破碎岩土效率低、地层适用范围小、综合成井速度慢等问题。因此，实现高效破土钻进和排渣是提高沉井成井效率的关键技术。

按照沉井开挖地层的方式，可分为人工开挖、机械开挖、水力开挖和钻头式开挖等方法；按照排渣方式的不同，可以分为压气排渣、水力排渣、抓斗排渣和吊桶排渣等方法。目前，随着钻井装备能力的不断提升，基于沉井法的掘进支护一体化理念，沉井凿井技术工艺又重新焕发生机。通过与机械破岩掘进装备的配合，形成了具有机械化破岩(土)速度快、支护结构强度高和整体性强、排渣效率高、偏斜精准控制等优势的钻井凿井技术与工艺。沉井法凿井开始向机械破岩快速精确成井的方向发展，并成为地铁隧道通风井、盾构隧道和顶管掘进隧道始发井、大型桥墩基础、城市地下竖井式停车场建设的重要技术和工艺。

一、人工和机械开挖沉井法

(一) 人工开挖沉井法

对用于井筒深度较小的沉井工程，如果地层含水不丰富或不含水，可以采用人工开挖、机械提升排渣，提升设备包括汽车吊、履带吊车、简易固定龙门架或三脚架加卷扬机等。人工开挖与机械提升排渣示意图如图 12-1 所示。首先按照沉井法凿井工程设计要求确定开挖步骤和顺序，一般由多人在沉井内进行开挖作业，采用铁锹、镐等简单工具进行开挖，并将渣土装入提升容器，由提升机将岩土排到地面，然后运输到排渣场。如果地层存在一定的涌水，则需要在井筒内一定位置预先挖出渗水坑，布设水泵排水。人工开挖沉井地层的方式具有成本低、开挖顺序可控等优点；缺点是工人劳动强度大，易发生井筒偏斜和涌砂冒泥事故，具有一定的作业风险，因而下沉深部比较浅，一般用于 20 m 左右的表土层沉井施工。

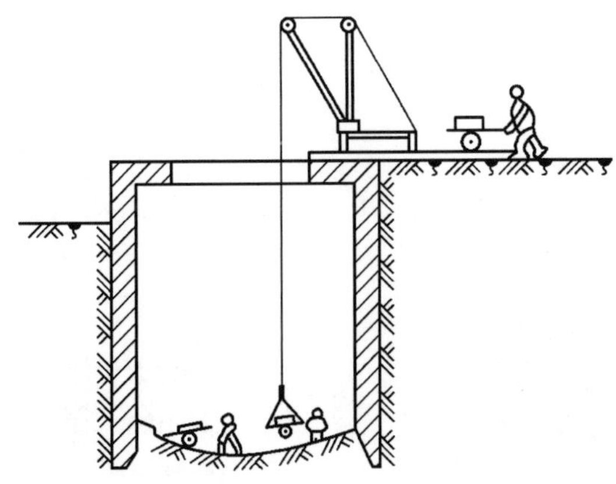

图 12-1　人工开挖与机械提升排渣示意图

（二）挖掘机开挖沉井法

对用于井筒深度较浅、断面较大、含水不丰富且地层较为坚硬的沉井工程，人工开挖效率低，可以采用挖掘机开挖或人工配合挖掘机开挖。挖掘机开挖沉井现场如图 12-2 所示。首先按照沉井法凿井工程设计要求确定开挖步骤和顺序，利用挖掘机进行开挖作业，渣土直接装入提升容器，在坚硬地层条件下可在挖掘机上安装振动冲击锤，用于破碎坚硬岩土或大块砾石。挖掘机将岩土装入提升容器，由汽车吊或履带吊车提升至地面并运输到排渣场。如果地层存在一定涌水的情况，应在井筒内预先挖出渗水坑并布设水泵排水。

图 12-2　挖掘机开挖沉井现场

（三）抓斗开挖沉井法

对用于井筒深度较浅、断面较大且地层含水丰富的沉井工程，如地层以未胶结的松散沉积物为主，且地层中可能含有大直径卵砾石，可采用抓斗开挖沉井法施工。机械抓斗及其开挖沉井法原理示意图如图 12-3 所示。利用地面吊车和多瓣抓斗直接抓取沉井井筒内的岩土，并通过吊车将岩土排到地面。如果岩土含水量大，需要在地面堆积，经过一定时间疏水后再运输到排渣场。

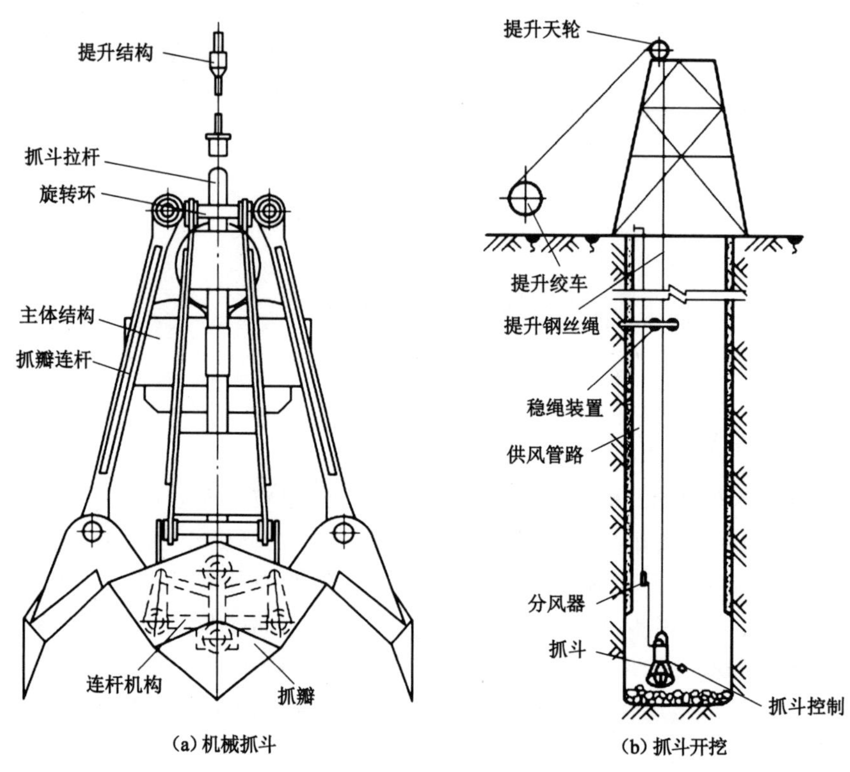

图 12-3　机械抓斗及其开挖沉井法原理示意

二、水力破土钻进沉井法

对于深度较大的矿山井筒工程，进行沉井施工时，由于地层含水比较丰富，开挖过程水无法排出，需要在井筒内充满水的条件下进行开挖，人工开挖、机械开挖方法都不可行。如果地层以砂层和黏土等非固结体为主，可以采用高压水枪破土开挖、压气反循环吸收管路液力排渣，在地面进行水土分离后，再将水或泥浆排回井筒内，随着沉井井壁结构逐渐下沉，最终形成沉井井筒。水枪开挖与压气反循环排渣示意图如图 12-4 所示。

水枪破土系统包括地面压风机、高压水泵和井筒内的破土水枪、压风管路、吸渣口、液力排渣管路和压气混合器等。水枪破土系统设备由地面稳车提吊钢丝绳通过井架天轮悬吊。排渣系统采用泵吸反循环排渣或压气反循环排渣，一般多采用压气反循环排渣，其原理和钻井法凿井的排渣方式相同。对于小直径井筒开挖，水枪通常由 2～4 个喷嘴组成，水枪喷嘴喷出方向和垂直方向夹角在 30°～45°，采用地面旋转驱动的作用下旋转水枪破土；对于大直径井筒开挖，采用多喷嘴的喷射式破土方式，为了保持多喷嘴钻头在井筒中心旋转，还需在钻头上部布置稳定盘。

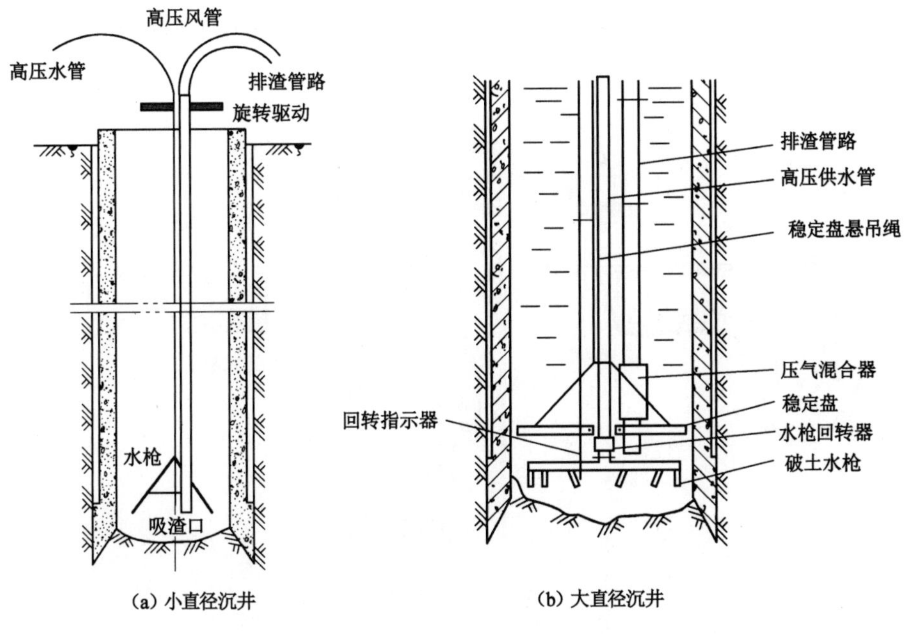

图 12-4　水枪开挖与压气反循环排渣示意图

三、钻头式破岩钻进沉井法

(一) 绞吸钻头钻进沉井法

绞吸设备原为航道疏浚和吹填造地设计,由于绞吸机和排渣系统配套能够实现破土和排渣,故这些设备也被应用在一些沉井工程中。绞吸钻头钻进沉井法原理示意图如图 12-5 所示。绞吸钻头钻进沉井法工艺包括绞吸机破土、管路反循环排渣、钢丝绳提吊和地面泥水分离等主要工序。

(二) 冲击钻头钻进沉井法

冲击钻头钻进沉井法是指在沉井施工中,通过将重量较大的冲击钻头提升一定高度,然后依靠钻头自重在泥浆中快速下落,钻头的动能转化为破碎地层的能量,形成井孔的沉井施工方法。

1894 年,德国在林配列申煤矿的主、副井含水地层施工中,首次采用了冲击钻头钻进沉井法。冲击钻头钻进沉井法原理示意图如图 12-6 所示。冲击钻进沉井时利用井架和提升设备将钻头提升 180～200 mm 后钻头下落冲击破碎井底地层,采用的冲击钻头直径为 6.4 m、高度为 6.46 m、质量约为 12 000 kg,冲击频率为每分钟 50～60 次,并在地面通过推动旋转推杆使钻头旋转 6°～8°,然后继续进行冲击,待旋转冲击 360°后停止钻头冲击。钻头中设有高压水枪冲刷工作面,高压水枪搅动井底破碎岩屑,同时利用内径为 150 mm、壁厚为 15 mm 的钻杆进行压气反循环排渣。实际施工过程中,在沉井上部安装有加压千斤顶,增加井壁下沉力以克服摩擦阻力,井筒内保持充满护壁泥浆,随着井壁下沉逐渐增加井壁长度,但是由于地层阻力大,造成井壁下沉困难,最终两个井筒下沉深度分别为 139 m 和 155 m。

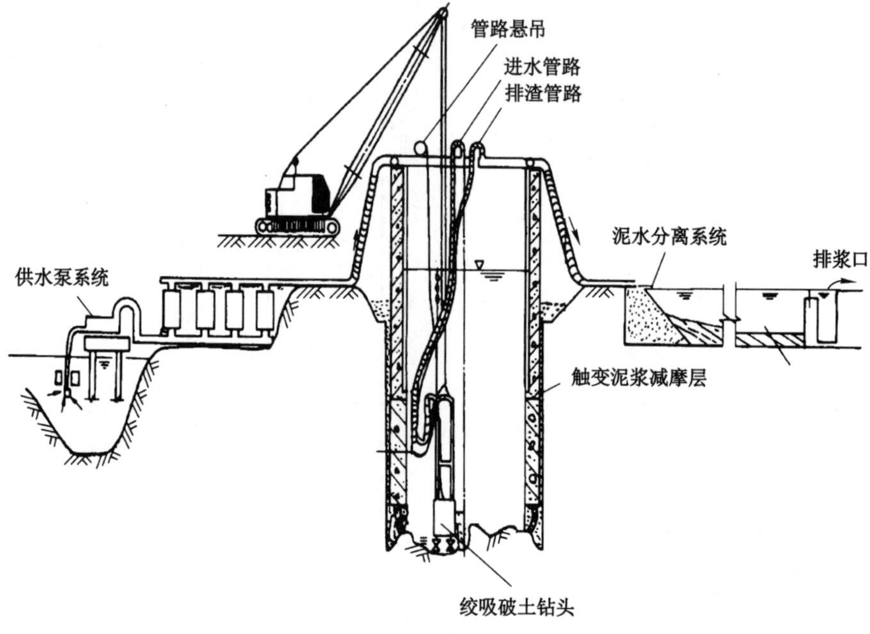

图 12-5　绞吸钻头钻进沉井法原理示意图

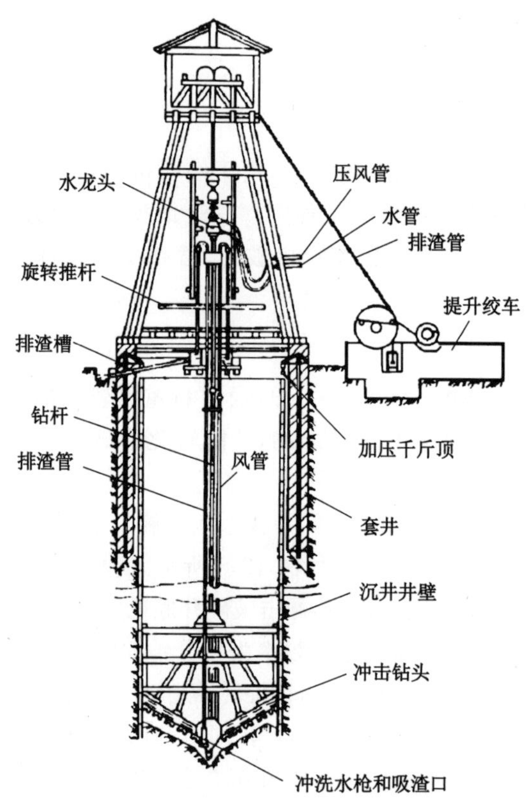

图 12-6　冲击钻头钻进沉井法原理示意图

（三）旋转钻头钻进沉井法

1963年，中国矿业大学与淮北矿务局开展了旋转钻头钻进沉井技术、工艺和装备研究，并在淮北岱河矿进行了首次旋转钻头钻进沉井的工业性试验。利用地质勘探用转盘钻机将旋转钻机的转盘固定在井口，以专用提升结构提吊钻具，钻杆下放到井筒内，刮刀钻头破碎搅动岩土，钻进一定深度后，下入反循环管路进行排渣。在岱河煤矿东风井试验时，建成了外直径为6.4 m和内径为5.0 m的沉井，下沉深度为41.3 m。在旋转钻头钻进沉井首次试验取得的经验基础上，专门研制了用于大直径沉井的双钻头转盘钻机。钻机转盘输出扭矩为20 kN·m，转速为3～5 r/min，转盘质量为2 000 kg，驱动功率为40 kW。研制的双钻头转盘钻机采用双转盘驱动的双钻杆结构，两套钻杆分别带动两套钻头在井底破岩，利用压气反循环排渣，可以钻进更大直径的沉井工程。双钻头转盘钻机钻进沉井工艺原理示意图如图12-7所示。

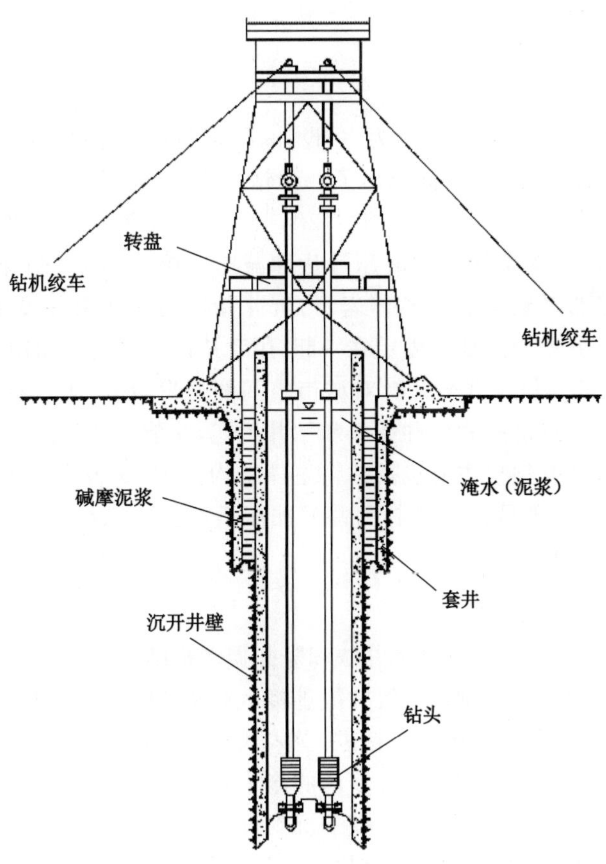

图12-7　双钻头转盘钻机钻进沉井工艺原理示意图

此外，还研制了一种由锥形超前钻头、三翼刮刀钻头和三个扩展翼组成的变径钻头，可以正向旋转和反向旋转。双向旋转钻头变径原理示意图如图12-8所示。钻头反向旋转时，在地层的阻力作用下扩展翼收回，钻头钻进直径为1.5 m；钻头正向钻进时，钻头的扩展翼逐渐张开，钻头钻进直径扩大到3.0 m。该钻头变径钻进时，无须将钻头提升到地面进行改造或更换不同直径的钻头，只要将电动机带动钻具改变旋转方向就能实现，减少了辅助作业工序。

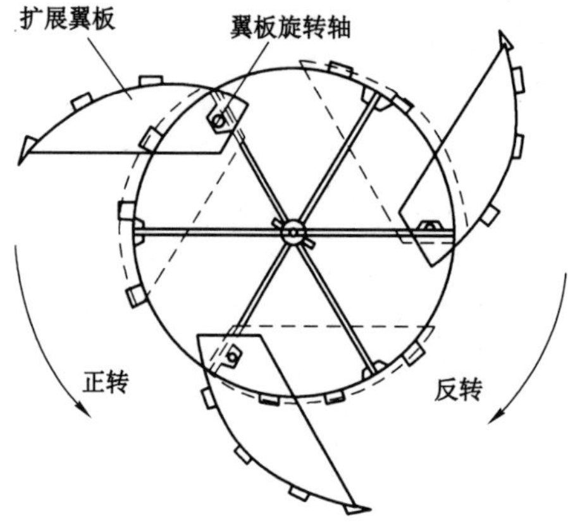

图 12-8　双向旋转钻头变径原理示意图

（四）全断面钻头钻进沉井法

20 世纪 80 年代，以中国矿业大学为主，设计、科研和施工等单位联合，在旋转钻头钻进沉井研究和试验工作的基础上，共同提出了一种钻杆式全断面沉井竖井掘进机。钻杆式全断面沉井竖井掘进机钻进工艺示意图如图 12-9 所示。井下液压驱动钻头系统和沉井井壁通过插槽固定在一起，钻头旋转驱动液压马达和减速系统封闭在一个箱体结构中，通过液压马达驱动减速系统带动钻头旋转破碎岩石；沉井井壁由地面凿井设备实现预制及下沉。密封齿轮箱体和沉井井壁通过插槽固定在一起，用于传递破岩的反扭矩。

2012 年，日本铁建建设株式会社针对城市空间的开发，提出了一种适合在低矮的空间内施工竖井的全断面钻进沉井式竖井钻机和钻井工艺，其装备及工艺布置如图 12-10 所示。该全断面钻进沉井式竖井钻机主要包括钻机主体结构、全断面破岩系统、渣浆泵排渣系统、型钢井壁支护结构、井壁悬吊偏斜控制和井壁加压下沉控制系统，实现了竖井全断面钻进与沉井井壁支护的同步作业。

（五）截割钻头钻进沉井法

德国海瑞克公司在 20 世纪末将沉井法和竖井掘进机结合，研制出破岩钻进与井壁下沉一体化的装备和施工工艺。截割破岩沉井掘进机示意图如图 12-11 所示。沉井竖井掘进机能够全部淹没于水中，并采用截割钻头钻进，潜入式泵吸反循环排渣，可实现井底岩土的精准破碎和排出；沉井井壁下沉过程中，井筒内的淹水系统平衡地层压力，保证井底地层不出现泥水突出，沉井井壁随掘逐渐下沉；井壁下沉到设计深度后提出沉井竖井掘进机，再在井下进行沉井的封底作业和沉井井壁与地层之间间隙的注浆置换泥浆，其作业方式和普通沉井类似，最终形成井筒工程结构。截割破岩竖井掘进机沉井法凿井，解决了下沉破土（岩）、排渣、支护和偏斜控制等关键技术问题，沉井开始向机械破岩快速精确成井的方向发展，并成为地铁隧道通风井、盾构隧道和顶管掘进隧道始发井、城市地下竖井式停车场建设的重要技术。目前，此装备主要应用于市政工程深度不超过 200 m 的浅井，在城市空间地下工程开发中发挥了重要作用，应用效果较为理想，同时也为其在矿山井筒工程建设中的应用提供了新思路。截割破岩竖井掘进机沉井法将在第十四章进行详细介绍。

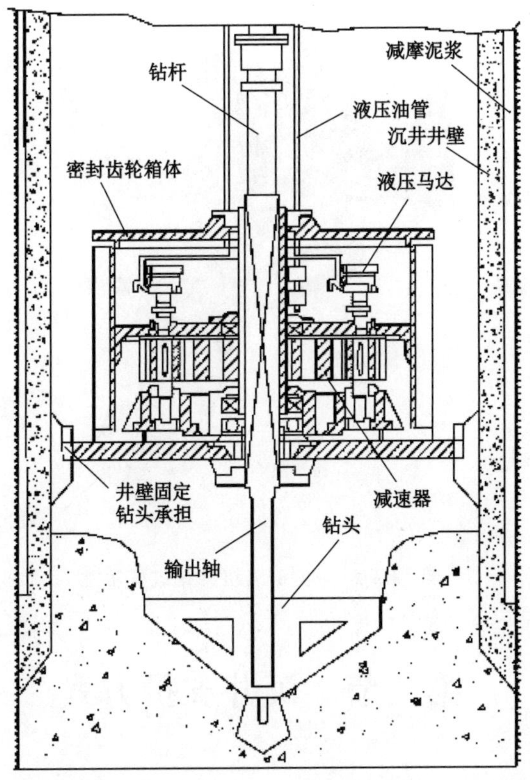

图 12-9　钻杆式全断面沉井竖井掘进机钻进工艺示意图

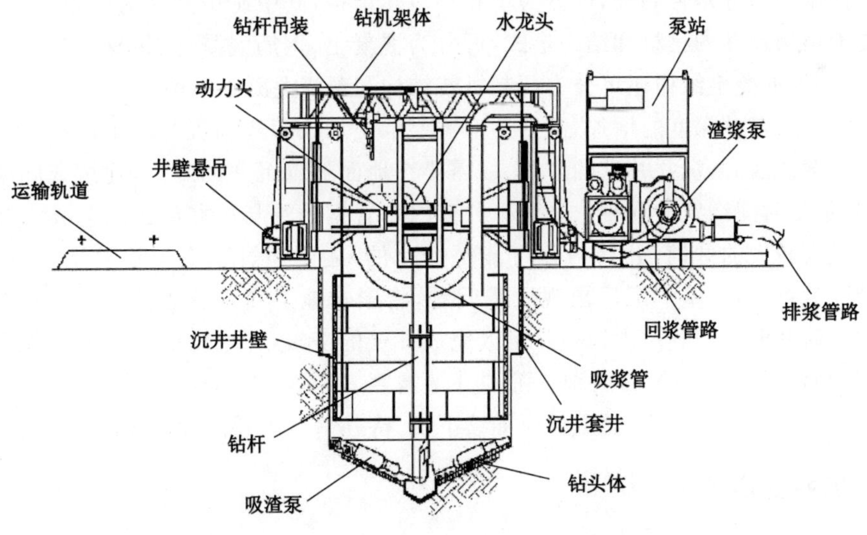

图 12-10　全断面钻进沉井凿井装备及工艺布置

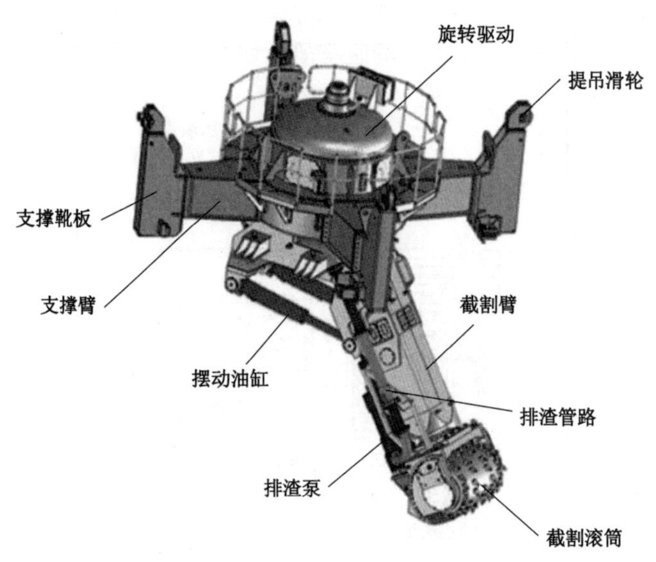

图 12-11　截割破岩沉井掘进机示意

第三节　沉井支护方式

一、沉井井壁结构

沉井井壁结构按照沉井支护结构的外形，可分为圆形、正方形、矩形、椭圆形等结构；按照沉井支护结构内部是否隔开，可分为单孔和多孔结构，其中矿山井筒为圆形单孔结构；按照沉井支护结构预制的材料和结构形式，可分为混凝土、钢筋混凝土、钢材、砖、石以及组合式等结构，钢筋混凝土结构还可分为预制拼装结构和现浇混凝土结构。

随着沉井法凿井深度的增加，沉井井壁需要承受永久荷载和沉井施工过程中产生的不均匀纠偏荷载。因此，沉井井壁的厚度大，需要在地面随着沉井的施工，连续或间断地进行浇筑，有时单位时间浇筑的混凝土量大。井壁内布置钢筋及与沉井施工工艺要求相关的管路。对于深度较大的井筒，井筒内径可能是变化的，还要通过改变模板的结构进行调整。井壁质量至关重要，井壁下沉后出现质量问题，将影响施工安全及矿井的运行安全。普通凿井法的井筒井壁只需利用内模板就可以完成井壁的浇筑，开挖出的岩石井帮充当了外模板，这也是与沉井井壁浇筑的区别。沉井井壁需要安装内、外模板，才能进行混凝土浇筑，浇筑完成并达到一定强度后，完成拆模继续下沉，待井壁下沉到设计深度后进行井壁封底。

二、沉井封底方法

采用人工或机械直接开挖，井筒内没有泥浆时，采用直接封底的方法，将沉井底部地层进行清理，铺设沙子或石子垫层，然后在其上浇筑混凝土。对于充满水或泥浆的沉井井筒，可以采用抛石注浆封底和水下混凝土浇筑封底的方法。抛石注浆封底法是先将注浆管下放到井底工作面附近，随后向井内抛下石子，并埋入一定深度，通过注浆管向石子间隙注入水泥浆，水泥浆凝结后，将石子胶结成整体，形成封底止水垫。水下混凝土浇筑封底方法采用垂直导孔在水下灌注混凝土。水下混凝土浇筑封底方法示意图如图 12-12 所示。

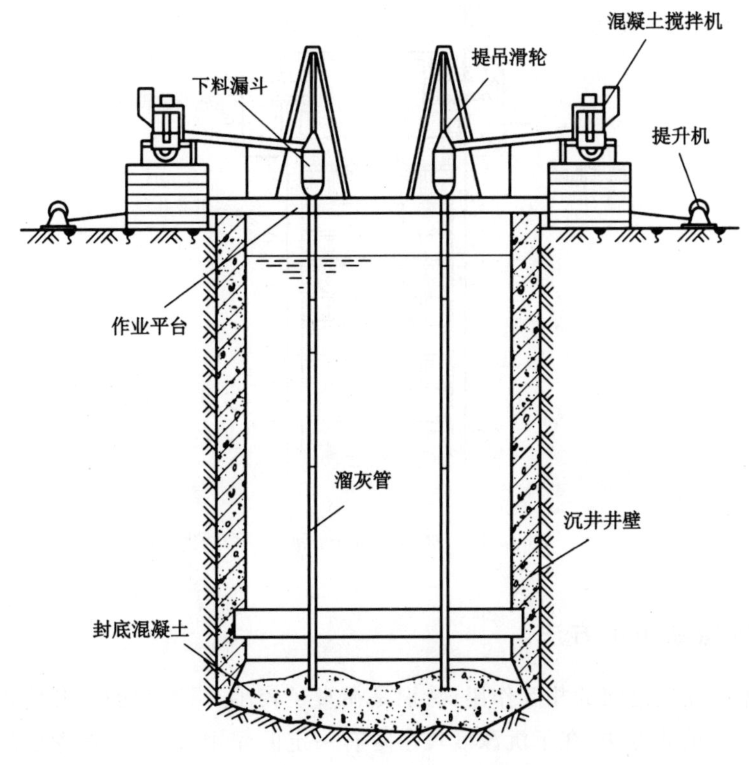

图 12-12　水下混凝土浇筑封底方法示意图

第四节　沉井井壁下沉方法

沉井井壁下沉方法按照沉井井壁下沉动力来源，可分为自重沉井法和加载沉井法，其中自重沉井法主要依靠井壁自重实现井壁的下沉，加载沉井法包括井壁加压沉井和压水沉井。按照井筒下沉减少摩擦阻力的方式，可分为触变泥浆减摩下沉方法、压缩空气减摩下沉方法和震动减摩下沉方法。

一、井壁加压下沉方法

为了克服沉井下沉时地层对井壁外壁产生的摩擦阻力，除了采用减摩沉井法来降低井壁与地层之间的摩擦力，另一种方法是采用液压油缸（千斤顶）对井壁施加一定的荷载，井壁在外加荷载和井壁自重的共同作用下实现沉井井壁的平稳下沉。加压井壁下沉原理示意图如图 12-13 所示。加压沉井法系统包括多个液压油缸、液压泵站、供油和回油管路、液压控制系统、反力钢梁、井筒承载锁口以及测量系统等。当沉井井壁下沉到一定深度，地层对井壁的摩擦阻力大于井壁自重时，利用预先布设的带有反力钢梁的锁口和安装的多个液压油缸，对沉井井壁施加向下的压力，推动井壁下沉。该工艺可以通过调整不同位置油缸的压力，实现井壁下沉偏斜控制。

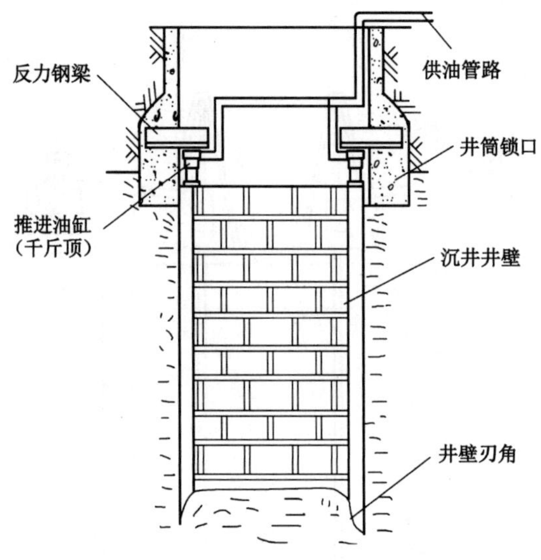

图 12-13　加压井壁下沉原理示意图

二、井壁减摩下沉方法

沉井井壁与地层之间的相互作用，特别是在直径较小、深度大的沉井施工时，对井壁加载或增加井壁自重的方法，在下沉深度较小时有一定的作用，但当下沉深度较大、直径较小时，沉井井壁结构的重量不足以形成下沉的动力，必须通过减小井壁和地层之间的摩擦阻力来提高井壁的下沉效果。

(一) 触变泥浆减摩下沉方法

1952 年，匈牙利和瑞士联合创造了在沉井外壁和地层之间充填触变泥浆浆液以减小下沉阻力的方法。泥浆减摩是指利用泥浆在沉井外壁和地层之间增加润滑层。在沉井井壁设计时要求井壁刃角的宽度大于井壁的厚度，在井壁和地层之间形成一环形带(图 12-14)；沉井井壁下沉时，通过预埋设在井壁内的管路，将触变泥浆注入沉井壁后的环形空间中，将井壁和地层分隔开来，并依靠泥浆浆液护壁，抵抗地层水压和维护地层稳定。泥浆以膨润土为主要原料，加水和碱、羧甲基纤维素等化学处理剂混合搅拌形成，其黏度、失水量、密度、静切力等参数满足触变性能要求，泥浆达到静止时成为不易流动的凝胶状态，搅动时变成易于流动的溶胶状态。

(二) 压缩空气减摩下沉方法

1944 年，日本尝试向沉井外壁和地层之间施加压缩空气，以减少井壁下沉的摩擦阻力，即压缩空气减摩下沉方法。压缩空气减摩是指利用泥浆在沉井外壁和地层之间增加部分充入压缩空气隔离层。在沉井井壁设计时，按压缩空气能够克服的摩擦阻力作用面积，在井壁内预留压风管路并在不同层位留设多个气龛，气龛底部设喷气小孔与井壁内的压气管路相连，构成施放压缩空气的通道。壁后压缩空气井壁下沉原理示意图如图 12-15 所示。

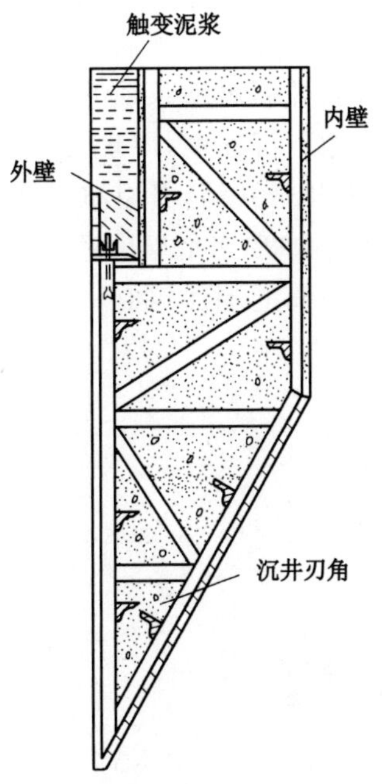

图 12-14　带减摩触变泥浆沉井井壁结构示意图

沉井井壁下沉时按计算需求的压力值依次打开管路阀门，向气龛内充气，压缩空气从气龛的下部喷气孔喷出，并沿沉井外壁向上逐渐扩散，外壁和地层之间形成一个空气帷幕，用于减少周边地层对井壁产生的摩擦阻力，并通过调整压缩空气的施放时间和空气量来实现井筒匀速下沉和偏斜控制。

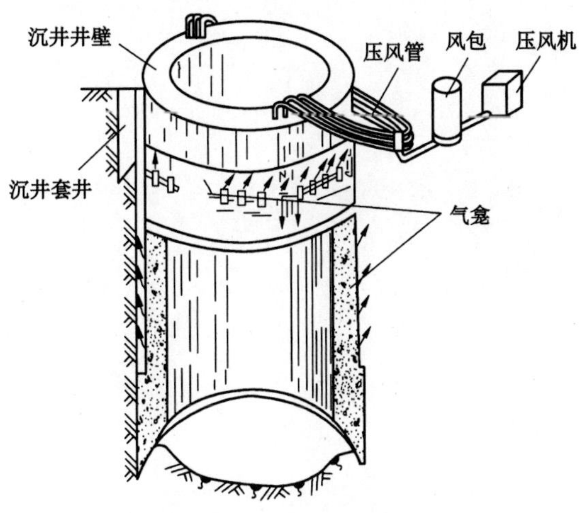

图 12-15　壁后压缩空气井壁下沉原理示意图

（三）震动减摩下沉方法

1958 年，我国创造了煤矿井筒的震动沉井法，下沉深度达到 41.3 m。震动沉井法是利用冲积层中的黏土、流砂等地层在受到震动出现液化的特性，实现沉井井壁和地层之间的摩擦阻力减小。当沉井下沉到一定深度后，在预制沉井井壁上部安装一套金属井帽，并在井帽上固定多台震动机；震动机带动井筒震动致使井壁周围地层液化，从而减少沉井外壁和地层之间的摩擦阻力，增加井壁的下沉速度，原理类似于用震动法进行地下桩基工程的施工。该工艺在淮北矿区建成了十几个井筒，具有机械化程度较高、成井速度快和成本低等优势。但是，震动机的加载有一定限度，对地层的适用性较弱，如果遇到砾卵石层时容易导致井壁断裂事故，且震动沉井对井筒周围建筑有不利的影响。因此，震动沉井法的应用范围具有一定的局限性。

第十三章　截割破岩竖井掘进机沉井法凿井技术

德国海瑞克公司将沉井法和竖井掘进机结合，形成了沉井竖井掘进机凿井工艺，这项工艺利用沉井井壁作为井筒的临时支护和永久支护，井壁下沉过程中，井筒内的淹水系统平衡地层压力，保证井底地层不出现泥水突出，采用能够全部淹没于水中的截割破岩竖井掘进机，实现井底岩土的破碎和排出，沉井井壁随之逐渐下沉，井壁下沉到设计深度后，提出竖井掘进机，在井下进行沉井的封底，以及沉井井壁和地层之间的泥浆置换作业，其作业方式和普通沉井类似，最终形成井筒工程结构。

第一节　竖井掘进机及其配套装备

截割破岩竖井掘进机沉井法凿井，以截割破岩的部分断面沉井式竖井掘进机为核心。截割破岩竖井掘进机沉井法凿井系统构成示意图如图 13-1 所示。该系统主要由主机系统、截割破岩系统、排渣与净化系统、井壁及其下沉控制系统、提吊系统和其他辅助系统组成。截割破岩竖井掘进机为潜入式，需要在泥浆或清水中工作，因此为保障设备能够在承受相应水压力和泥浆压力条件下正常运转，运转部件密封不能出现渗漏。

(1) 主机系统。竖井掘进机主机系统主要由旋转驱动、支撑臂和靴板等部分构成。在泥浆或清水中作业，竖井掘进机掘进时主机系统的支撑臂、靴板和沉井井壁固定在一起，并承受截割破岩的反扭矩、反推力，竖井掘进机的重量也作用在井壁上。

(2) 截割破岩系统。截割破岩系统主要由截割滚筒、截割臂、摆动油缸等部分构成，同时截割臂上装有排渣泵及其管路。竖井掘进机掘进时采用截割破岩开挖方式，通过截割臂的旋转、伸缩，实现对井底岩土表面的全覆盖，完成破岩和排渣作业，井筒井底面逐渐向下推进。

(3) 排渣与净化系统。排渣与净化系统主要由截割臂上安装的排渣泵、排渣管路和地面泥水分离站等部分组成。竖井掘进机截割破岩的同时，利用截割臂上安装的排渣泵进行排渣；并通过排渣管路将岩渣输送至地面，再进行泥水分离。

(4) 井壁及其下沉控制系统。沉井井筒内充满泥浆以平衡地层水压；沉井井壁采用盾构管片或者现浇混凝土的方式进行安装，井壁下沉加压通过采用在井口处布置井壁下沉加压油缸来实现；利用地面的井壁提吊设备控制下沉量，防止井筒单面下沉过大而出现偏斜；同时，采用触变泥浆润滑并降低井壁与地层之间的摩擦阻力。

(5) 提吊系统。提吊系统主要包括掘进机提吊设备和井壁提吊设备。其中，井筒内掘进机提升设备主要由支撑框架、提升滑轮、提升绞车和基础框架组成，用于掘进作业保护，以及掘进过程中当井下设备出现问题需要检修或更换破岩刀具时，将竖井掘进机提升到井筒液面之上。根据竖井掘进机支撑臂的数量，在地面布置同等数量的提升设备，掘进机提

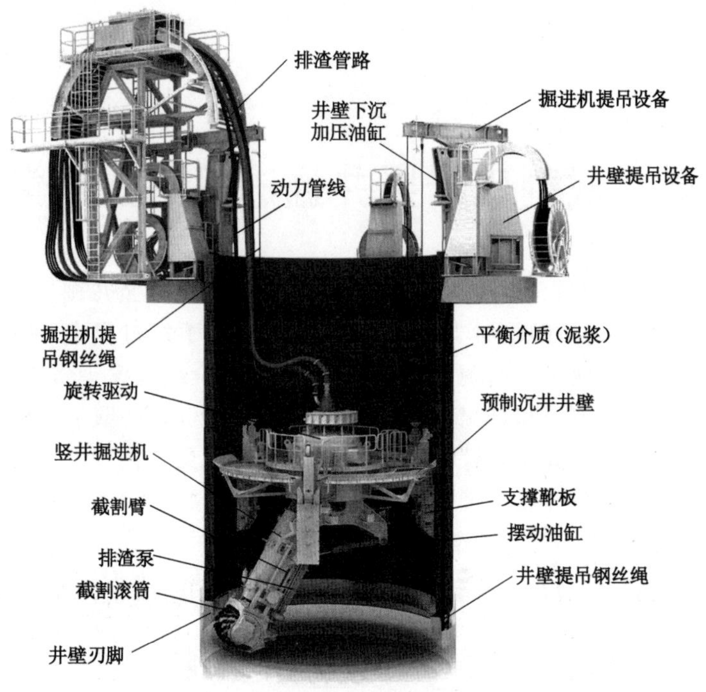

图 13-1　截割破岩竖井掘进机沉井法凿井系统构成示意图

升设备和沉井井壁提吊设备间隔布置。井壁提吊设备用于控制井壁下沉量，保障井壁下沉平稳。

（6）其他辅助系统。地面还设有电缆和管路输送系统，随着钻进深度的增加，管路和电缆逐渐加长；地面操作控制台可实时监控掘进破岩、泥浆排渣、泥水分离站、井壁沉降、井筒偏斜和所有施工设备。

第二节　沉井法凿井设计与准备工作

一、沉井法凿井设计

截割破岩竖井掘进机沉井法凿井施工设计，需要基于井筒穿越地层的岩土物理力学特性、水文地质条件、周边环境等因素，并依据工程用途及服务年限，确定工程结构参数以及施工方法和参数，包括开挖荒径、开挖深度、泥浆材料及参数、壁后充填厚度、封底方法和封底材料、注浆堵水方法和注浆材料、工程检测方法、评价等。同时，需要根据施工设计确定掘进机的截割臂长度、滚筒直径、截齿类型，然后，确定竖井掘进机的钻进参数、排渣泵的排量和压力、井壁下沉控制的井壁悬吊力的大小、井壁下沉和井底破岩深度关系、井壁浇筑养护参数、预制井壁安装时间、预制井壁的连接方式、密封结构等。此外，还需确定辅助设备主要是泥水分离系统的能力，需要超过井筒内排出泥浆量。

二、沉井法凿井准备工作

沉井法凿井准备工作主要包括场地准备、基础结构和设备安装。其中，场地准备包括施工场地平整、提吊设备布置、泥水分离系统布置、进出场时间和环境保护以及施工所需要的电力和水的供应要满足施工要求；基础结构主要包括开挖一段井筒下放沉井开挖竖井掘进机、安装带有刃角的沉井井壁（地质条件较差时，可以预先沉入一段套井或连续墙，用作沉井的锁口）、施工沉井钻进施工基础（施工基础可以采用组装结构和现浇混凝土结构）；设备主要包括地面设备和井筒内设备两个主要部分，地面设备固定在井口基础上，地面设备包括沉井井壁偏斜控制提吊装置和竖井掘进机提放系统；井筒内掘进机的主机由三条机械臂支撑在沉井井壁上，掘进机下部为装有截割滚筒的伸缩臂。

地面的管道提放系统、液压泵站系统、供电供水系统、泥浆制备系统和泥水分离系统安装完成后，在地面将竖井掘进机组装好，通过吊车将其吊装定位（图 13-2），与布置在井壁上的竖井掘进机卡固系统固定在一起，最后连接地面和竖井掘进机之间的各种管路和电缆，连接用于提放竖井掘进机的提吊系统后，进行试运转，为井筒开挖做好准备。

图 13-2　截割破岩竖井掘进机整体吊装入井现场

第三节　截割破岩钻进技术

截割破岩竖井掘进机沉井法凿井采用潜入式截割破岩方法，通过油管、排浆管及控制电缆等和地面连接，为竖井掘进机破岩截割臂推进、整体转动和截割滚筒旋转破岩提供动力。截割滚筒的破岩方式与悬臂掘进机、采煤机基本类似，其主要由破岩截齿、截齿齿座、截割滚筒、传动轴和驱动马达等组成。破岩截割滚筒结构示意图如图 13-3 所示。

破岩截割滚筒布置在截割臂上，截割臂内设有伸缩油缸，实现截割滚筒的推进和回缩，截割臂内伸缩油缸的行程一般为 1.0 m。截割滚筒上装有液压马达，可以直接驱动滚筒以一定的速度旋转。滚筒在岩土表面的移动包括两个动作：其一，截割臂上装有两个摆动油缸，推动截割臂沿井筒井底径向移动；其二，截割臂相对于支撑臂或竖井掘进机架体，可以

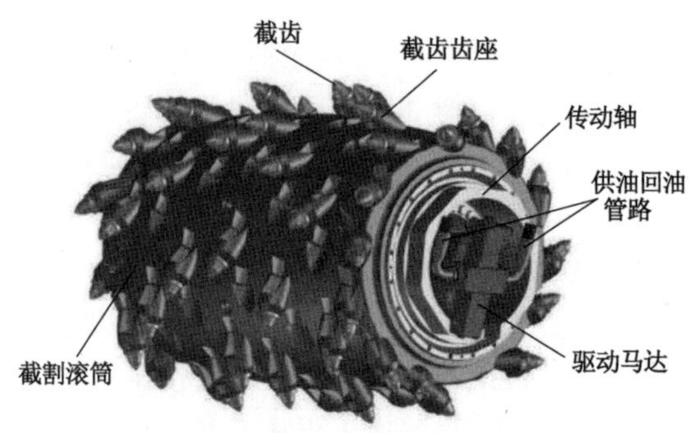

图 13-3　破岩截割滚筒结构示意图

逆时针或顺时针旋转 190°，使截割滚筒覆盖井底。截割滚筒运行轨迹为弧形，滚筒从井筒中心向井筒周边移动，形成近似于“ω”的井底形状，且这种外形对井壁下沉有利。

第四节　排渣与泥浆净化技术

截割破岩竖井掘进机沉井法凿井采用泵吸反循环排渣方式。排渣与泥浆净化系统示意图如图 13-4 所示。截割臂下部靠近截割滚筒的位置布置排渣泵，截割滚筒破岩时由外向内旋转，破碎的岩土沿着截割滚筒切线方向运动，即向着排渣泵吸渣口的位置移动，有利于将岩土吸入泵中。排渣泵对于吸入泥浆和岩土屑的混合流体加压，使其沿井筒内的排渣管路上升到地面，再将井筒内排出的含有岩土颗粒的泥浆进行固液分离，净化后的泥浆返回到井筒之中，固体物质则运出到排放场。排渣泵的排渣能力需要和滚筒破岩量相匹配，并且克服排渣管路沿程的摩擦阻力损失，泵的排量为 200～400 m^3/h；泵的扬程需要超过地面管路系统加沿程损失的高度，沉井式竖井掘进机的钻进深度为 80～100 m，考虑到井筒内泥浆的“U”管效应，泵的扬程应该大于 50 m。

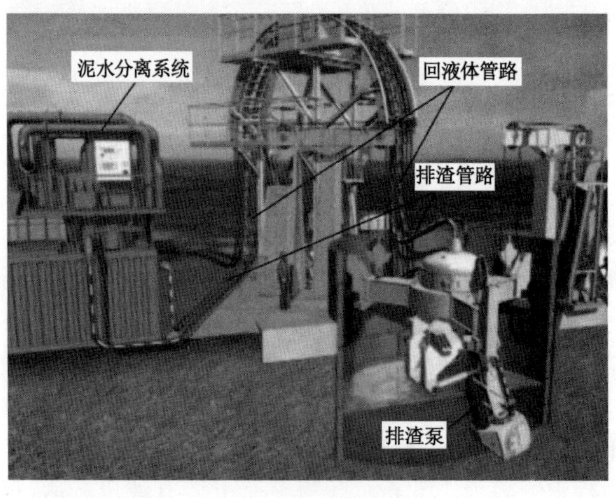

图 13-4　排渣与泥浆净化系统示意

截割破岩竖井掘进机沉井法凿井对于冲积层的砂层、黏土层以及直径小于 200 mm 的卵石地层等地层有较好的适用性，也适用于抗压强度小于 80 MPa 的软岩地层。当冲积层中含有大直径、坚硬的卵石地层时，滚筒的截割效率和排渣能力都会受到影响，需要采用抓斗抓取大直径卵石进行辅助作业。

第五节　沉井井壁下沉控制技术

一、井壁下沉偏斜控制

井壁下沉过程中遇到不均质地层，使得井壁刃角受到的地层阻力不同，导致井壁不同位置的下沉量不同，造成井筒逐渐偏离设计中心线而使井筒出现偏斜，偏斜超出一定范围时纠偏难度大，甚至导致工程失败。因此，截割破岩竖井掘进机沉井法凿井在地面沉井井壁周围，布置有 3～4 个带液压油缸的井壁提吊设备，井壁提吊设备底座与沉井锁口的环形混凝土基础牢固地连接在一起，共同实现沉井井壁下沉偏斜控制。沉井井壁下沉偏斜控制系统示意图如图 13-5 所示。

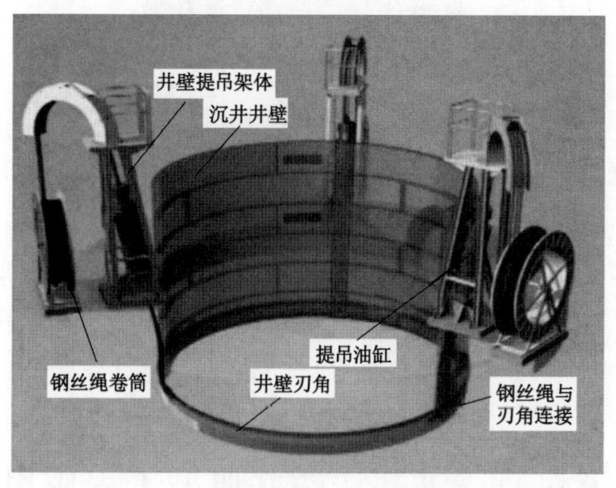

图 13-5　沉井井壁下沉偏斜控制系统示意图

沉井井壁提吊设备由支撑架体、提吊油缸、钢绞线（钢丝绳）卷筒和多条钢绞线组成，其中钢绞线的下部和沉井井壁刃角位置固定在一起，钢绞线上部由油缸的卡绳装置卡固。沉井地层掘进过程中，通过多个井壁提吊设备油缸的伸缩，对整个沉井井壁结构施加一定的提升力。随掘进深度的增加同步进行井壁下沉时，实时对沉井井筒的偏斜进行测量并反馈到提吊控制系统，对不同位置的井壁下沉量进行矫正控制，避免整个井筒偏斜过大，从而实现对沉井井壁的稳定悬吊和下放。

二、井壁下沉辅助增压

随着沉井深度的不断增加或遇到复杂的地层时，地层对井筒外壁的摩擦阻力增大，导致井壁不能靠自重下沉，且采用泥浆减摩下沉方法依然不能保证井壁自由下沉时，需要对井壁施加额外向下的推力，推动井壁顺利下沉。因此，截割破岩竖井掘进机沉井法凿井布置有井壁下沉加压油缸，在井壁依靠自重不能克服摩擦阻力时，采用加压油缸作用在井壁上，为井壁下沉偏斜控制和井壁下沉提供辅助推力。推动井壁下沉的油缸布置在竖井掘进机提吊结构上，通过油缸活塞杆前端的垫板对井壁均匀地施加推力，与井壁自重共同作用，推动沉井井壁下沉。竖井掘进机提升和井壁下沉加压系统如图 13-6 所示。

图 13-6　竖井掘进机提升和井壁下沉加压系统

三、封底及壁后充填

井筒开挖和井壁下沉到设计深度后，采用竖井掘进机提升系统将掘进机整体装备提升至地面并拆除，待井筒周围的沉井施工设备撤场后，根据井筒深度和地层条件，确定封底混凝土厚度和标号，并利用水下混凝土浇筑的方式进行封底作业。封底作业的同时，利用井壁壁后的泥浆充填系统将水泥浆材料注入，置换出井壁后部的泥浆，实现井壁和地层的固结。

第六节　沉井法凿井典型工程应用

一、国外沉井法凿井典型工程应用

（一）北美地区 VSM 深井法凿井技术应用

2012 年美国西雅图巴拉德虹吸管道工程采用海瑞克竖井掘进机（VSM），建造位于华盛顿湖运河南岸的工作井，建成直径为 9.14 m、深度为 44.2 m 的沉井。VSM 的主要部件于 2012 年 2 月从西班牙运送至美国，并在 3 月初开始组装（图 13-7），工作井于 4 月中旬开挖，6 月完成沉井法凿井施工。相比传统打桩和地层冻结施工方法，采用 VSM 深井法凿井技术工期缩短 2～3 个月。

（二）莫斯科地铁通风井 VSM 沉井法凿井技术应用

2013 年 6 月至 2014 年 11 月，莫斯科 Lublinskaya 线通风井用 VSM 沉井法凿井技术，

图 13-7　美国西雅图 VSM 施工现场

完成了 6 个外径为 6.4 m 的通风井施工。施工深度为 30～70 m，总挖掘深度接近 350 m。根据井深的不同，沉井需要 3～5 周的时间。VSM 的截割滚筒布置 96 个截齿，挖掘一天可达 8 m，同时完成沉井井壁衬砌，2014 年 11 月 18 日，截割破岩竖井掘进机完成深度为 73 m 的沉井法凿井。

二、我国沉井法凿井典型工程应用

（一）南京竖井停车场 VSM 沉井法凿井技术应用

2020 年我国上海公路桥梁（集团）有限公司承建的南京市建邺区沉井地下车库项目，一期将建设两座沉井式地下智能停车库，把传统的“二维”停车空间转为“三维”立体空间。首条竖井采用德国海瑞克 VSM12000 型竖井掘进机施工，最大开挖深度为 68 m，沉井内径为 12 m，平均施工速度约为 1.54 m/d，最快下沉速度为 4.33 m/d，周边地层沉降量不大于 5 mm；第 2 条竖井纯掘进施工时间为 28 d。

图 13-8　南京建邺区 VSM 施工现场

（二）上海竖井停车场沉井法凿井应用

2022 年上海首个利用地下垂直掘进施工工艺建设的智能机械地下公共停车库在静安区广延路开工建设，采用装配式竖井垂直掘进技术，计划建设两座地下 19 层的智能机械停车库。单个竖井开挖直径为 23.02 m，深度约为 50.5 m。由铁建重工和中铁十五局联合研制的竖井掘进机(图 13-9),整机高约 10 m,开挖直径达 23.02 m,是迄今全球开挖直径最大的掘进机,填补了掘进机产品型谱的世界空白,标志着我国地下工程装备的科技攻关又上新台阶。

图 13-9　开挖直径达 23.02 m 的沉井竖井掘进机

第五篇 注浆法及其他特殊凿井技术

煤炭资源赋存地层的地质和水文地质条件复杂多样，井工煤矿建设技术发展过程中井筒安全穿过涌水量大和不稳定地层是亟须解决的最突出的难题。为此，我国的建井科研工作者和设计院、技术工作者曾联合攻关，先后采用了钻井法、沉井法、冻结法、注浆法、板桩法、混凝土帷幕法和降水法等多种凿井方法，用于解决富水不稳定地层中井筒开挖围岩失稳坍塌、地层突泥涌水等施工难题，并在不同阶段为煤矿井筒建设技术的发展做出了不同程度的贡献。相比于竖井钻机钻井法、反向钻井法、掘进机钻井法和沉井法，冻结法、注浆法、混凝土帷幕法、板桩法和降水法等特殊凿井法，从凿井工艺上来讲属于不同的地层改性方法，是为凿井提供地质保障而开展的措施工程，均可以为普通法凿井提供安全地质保障，亦可为机械破岩凿井方法提供地质保障。

第十四章　注浆法凿井技术

注浆法凿井技术是矿井建设中治理水害、加固软弱地层和采空区充填的一种有效技术手段。注浆法凿井分为工作面预注浆凿井和地面预注浆凿井，两类预注浆凿井原理类似，均是先利用注浆技术对地下含水地层进行封堵，形成止水帷幕，再进行井筒掘砌施工。立井井筒掘进施工时，由于工作面狭小，排水设备能力有限，可采取工作面预注浆，工作面涌水量不大于 10 m^3/h。工作面预注浆是井筒掘进到含水层以前停止掘进工作，利用上部不透水岩层作为防护“岩帽”，在工作面打钻、注浆封堵含水层裂隙后，再继续掘进施工的方法。当含水层厚度较大或层数较多、水量大、水压高，有重大突水风险时，常选用地面预注浆工艺。地面预注浆凿井工艺即在井筒开挖前以注浆泵作为动力源，通过注浆钻孔向井筒穿越的不良地层中注入胶凝材料，使得浆液以充填或渗透的形式在断层、空洞、裂隙和孔隙等不良地质结构中扩散，待浆液凝结后达到封堵裂缝、隔绝水源和提高井筒穿越地层的整体强度，降低地层渗透性的作用，实现凿井地层的永久性堵水和加固。本章主要介绍井筒地面预注浆凿井方法。

我国自 1955 年开始进行和实践工作面预注浆技术与工艺，并于 1958 年首次在峰峰薛村主副井进行井筒地面预注浆试验并取得成功。初期的注浆浆液材料以水泥、石膏、膨润土等为主，利用水源钻机作为钻探设备、泥浆泵作为注浆设备，每个井筒需要钻凿 10～20 个注浆孔，注浆深度范围仅为 50～200 m，且注浆效果难以保证。20 世纪 80 年代，研制了 YSB-250/120 和 YSB-300/20 型液力调速注浆专用泵、DZJ500-1000 型冻结注浆钻机、ZGS-1 型水力膨胀式单管止浆塞、KWS 型卡瓦式止浆塞、CL-2 型超声波流量计和 ZSJ-300 型搅拌机等注浆机具设备，研发了多种以水泥为主的系列注浆材料，形成了岩帽注浆和分段止浆技术体系，使得井筒地面预注浆钻孔减少到 6～8 个。20 世纪 90 年代开始，开展了以黏土为基础材料的地面预注浆技术研究，研发了适合不同地层条件的注浆材料、工艺及注浆装备。研发的注浆设备主要有 TD 系列顶驱定向钻孔专用钻机、DX 系列斜井钻机、JDT 系列高精度小直径陀螺测斜定向仪、YSB-350 型液力调速高压注浆泵、BQ 系列和 ZBBJ 系列煤矿地面注浆专用高压注浆泵、KW 系列卡瓦式止浆塞和水力坐封式钻孔止浆塞、智能浆液配置监控系统等。研发出特殊性能和用途的注浆材料主要有黏土水泥浆、钻井废弃泥浆注浆材料、速凝早强水泥浆液、单液水泥基复合加固浆液、高掺量粉煤灰水泥浆液、水泥粉煤灰水玻璃双液速凝浆液、改性尿醛树脂和乙酸酯水玻璃化学浆液等。

在地面预注浆技术支撑下，基岩裂隙综合注浆技术实现了打干井。在此条件下短段掘砌的钻爆普通凿井方法得以发展，各种类型的凿岩钻架、不同斗容的抓岩机、清底挖装机、大容积吊桶与钩头、大吨位悬吊稳车、大直径滚筒提升绞车、多种类型凿井井架等，形成了机械化装备配套，满足不同直径和不同深度井筒建设需求。据不完全统计，我国有超过 200 个煤矿立井井筒采用了地面预注浆技术进行堵水加固，深井地面注浆技术不断突破，注浆深度由 20 世纪 80 年代的 500 m 以浅发展到目前的 1 100 m,同时矿山注浆理论也在不断发展和完善。注浆技术的研究与推广从最初的井壁涌水注浆,到井筒工作面预注浆、地面预注浆、帷幕注浆、井下突水截流注浆,进一步结合定向钻进技术在建井工艺方面取得了极大的创新成果,相继形成了“冻—注—凿”平行作业凿井技术、“钻—注”平行作业技术、深井 L 形钻孔地面预注浆技术、井筒过采空区地面预注浆加固技术等。此外,煤矿矿井建设地面预注浆技术成果在金属矿山、水利水电、交通隧道和引水隧道等地下工程建设中得到广泛推广应用。

第一节 立井地面预注浆工艺

注浆法凿井技术应用广泛,分类方法较多。如按注浆浆液材料,分为黏土水泥注浆、水泥粉煤灰注浆、水泥基改性注浆和化学注浆;按注浆材料混合工艺,分为单液注浆和双液注浆;按浆液扩散形式,分为裂隙注浆、渗透注浆、挤压和劈裂注浆、充填注浆等;按注浆与掘砌顺序分为预注浆和后注浆。尽管注浆法凿井分类方法较多,但在实际的注浆工程中,采用的注浆方法和所用材料往往不是单一的,需要各种方法的结合才能提高不良的地层注浆封堵或加固效果。立井凿井地面预注浆按照注浆技术与其他凿井技术的时间顺序,形成了多种地面预注浆工艺,如普通地面预注浆工艺、L 形钻孔地面预注浆工艺、“冻—注—凿”平行作业注浆工艺和“钻—注”平行作业注浆工艺等。

一、普通地面预注浆工艺

普通地面预注浆工艺是井筒凿井前,在井口布置安装钻机并施工垂直钻孔,利用施工的垂直钻孔对井筒穿过的基岩含水层进行注浆,在井筒周围形成注浆帷幕,然后进行凿井施工的注浆工艺(图 14-1)。该注浆工艺主要采用垂直钻孔的方式,且注浆与冻结、掘进等工法顺次施工,不存在交叉和平行作业的情况。

立井凿井地面预注浆工艺包括选择注浆方案、确定注浆方式、确定注浆深度、钻孔布置、钻进方法、设备选型、注浆系统布置、设计注浆参数、注浆质量控制及效果检查等内容。具体方法和内容可参考《注浆施工手册》或有关注浆施工标准和规范。注浆深度是指注浆的终孔深度,主要取决于含水层的埋藏条件并能保证井筒掘进时能有效地封隔含水层。注浆深度确定后,根据岩层的裂隙性和含水情况划分注浆段,注浆段高的划分应以保证注浆质量、降低材料消耗及加快施工进度为原则,并考虑注浆设备和钻孔设备的能力来综合确定。注浆参数包括注浆压力、浆液注入量、浆液扩散半径和注浆孔数等。

二、L 形钻孔地面预注浆工艺

在深井、软岩及地质条件复杂的矿区,井筒马头门、硐室、巷道等掘进时冒顶、坍塌问题频出,使用过程中变形严重、频繁修复,造成停工停产、重大安全隐患和巨大经济损失等。国内一些新建矿井采取了在井筒地面预注浆时,同时对井筒巷道群及运输大巷部位岩层进行预注浆加固。但是,由于采用的均为直孔及分叉孔注浆技术,受注浆孔数和扩散半径制约,地层加固范围和效果受到较大影响,无法根本改善该部位巷道底鼓、变形以及支护破损等现象。为此,2011 年北京中煤矿山工程有限公司与淮北矿业(集团)有限责任公司联合进

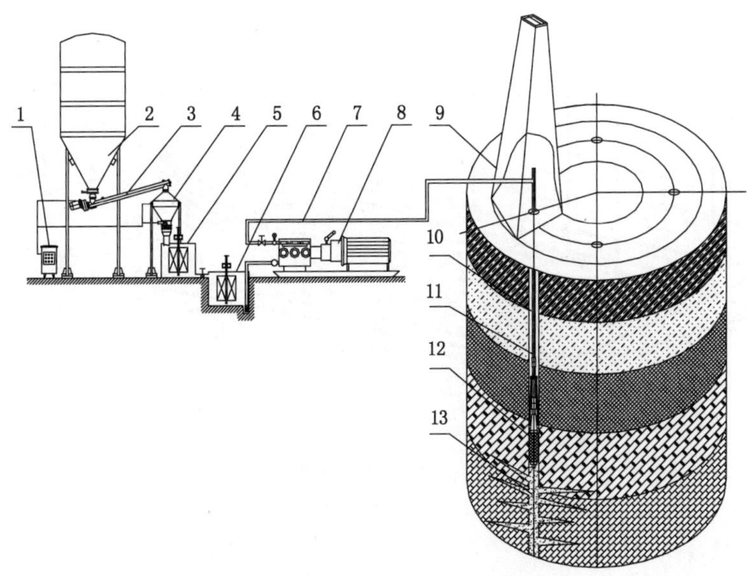

1—控制柜；2—水泥罐；3—螺旋输送器；4—料斗；5——一级搅拌池；6—二级搅拌池；
7—输浆管；8—注浆泵；9—钻机；10—注浆孔；11—注浆管路；12—止浆塞；13—浆液。

图 14-1　普通地面预注浆工艺示意图

行井下软岩巷道(硐室)L 形钻孔地面预注浆加固技术研究，形成 L 形钻孔地面预注浆工艺技术。该技术可大幅度提高单孔注浆加固地层范围和质量，实现一组钻孔加固上百米水平(斜)巷道围岩，有效提高围岩自承力，并与支护结构形成共同承载结构，不但可解决深立井连接巷道群和井底车场大巷围岩稳定与支护问题，而且可显著减少垂直钻孔注浆加固工程量，缩短施工工期。同时，该技术还适用于冶金矿山、水利水电、地铁等领域。

L 形钻孔地面预注浆工艺采用新型的钻探设备及高精度的钻孔轨迹控制技术，在地面施工的垂直钻孔在到达预加固地层深度后，钻孔由垂直方向转为水平方向，水平钻孔沿井下预加固巷道的轴线方向延伸或预加固煤层底板顺层方向钻进，注浆材料以单液水泥浆和黏土-水泥浆为主，并采用从地面下放机具的止浆方式，实现对井下水平(斜)巷道不稳定围岩或煤层顶底板进行地面预注浆加固。L 形钻孔地面预注浆加固煤层顶底板工艺示意图如图 14-2 所示。

根据地质条件和加固范围，地面预注浆 L 形钻孔可选择单级套管钻孔和二级套管钻孔(图 14-3)。L 形钻孔轨迹控制技术主要包括直孔段、造斜段和水平段轨迹的控制和钻进工艺。

(1) 直孔段控制。一开钻孔测斜、定向可采用陀螺测斜定向仪、电子单多点测斜仪或无线随钻测斜仪，根据钻孔轨迹情况及时定向纠偏，保证终孔偏斜率不大于设计要求。

(2) 造斜段和水平段控制。二开、三开钻孔测斜、定向采用无线随钻测斜仪，定向、造斜工具采用单弯螺杆钻具。钻孔每钻进 9～10 m 进行测斜一次，根据钻孔轨迹情况及时采取相应定向措施，确保钻孔轨迹满足设计要求。

(3) 钻进工艺。造斜段采用钻杆不旋转、螺杆动力旋转的滑动钻进方式。水平段钻进时，采用螺杆动力滑动和旋转的复合钻进方式，做到定向和钻进不提钻连续作业。

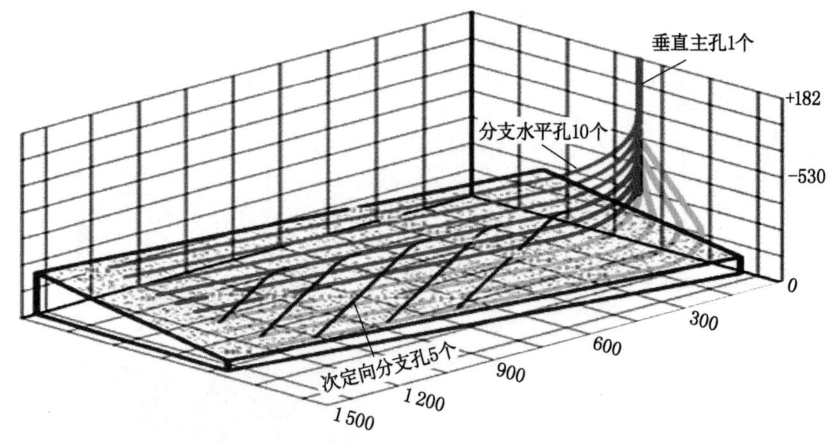

图 14-2　L 形钻孔地面预注浆加固煤层顶底板工艺示意图

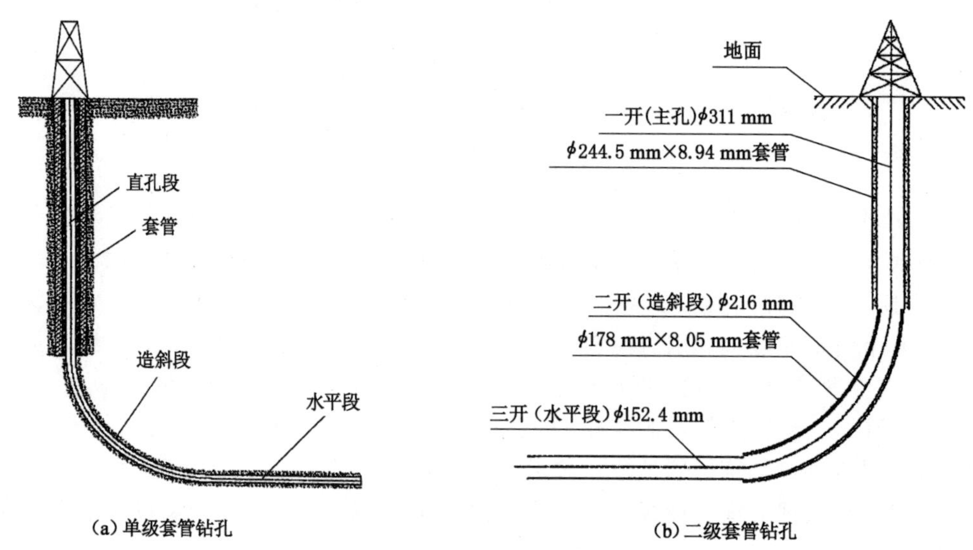

图 14-3　地面预注浆 L 形钻孔示意图

L 形钻孔钻进循环泥浆宜采用低固相水基泥浆，并根据具体地层特征和孔段位置，合理配置泥浆，以保证在稳定孔壁下顺利钻进。L 形钻孔施工所使用的钻机其钻井深度应大于 2 000 m，宜采用顶部驱动式钻机，如自主研制的 TD2000/600 型全液压顶驱钻机。单级套管钻孔施工使用的泥浆泵应采用 350 系列或 500 系列，二级套管钻孔施工使用的泥浆泵应采用 800 系列或 1000 系列，同时泥浆固控系统采用三级及以上的净化工艺。

三、“冻—注—凿”平行作业注浆工艺

为解决复杂地层条件下井筒建设工期长、效率低、投资成本高等难题，“十一五”期间提出了深井“冻—注—凿”平行作业（或称“冻—注—凿”三同时）快速建井技术，它集成研发的定向钻进、少孔大段高注浆等技术，改变了传统的井筒冻结、注浆、凿井依次进行的施工顺

序，而使三者在同一时间、同一地点同时施工，从而大大缩短了建井工期。

“冻—注—凿”平行作业建井工艺示意图如图 14-4 所示。“冻—注—凿”平行作业建井工艺是利用 S 形定向钻孔技术、直孔＋S 孔注浆工艺，将下部含水层注浆、上部表土段冻结及井筒掘进工艺在空间上隔离，而在时间上同时，形成了互不干扰的平行作业，达到减少井筒建设工期的目的。“冻—注—凿”平行作业注浆工艺中的关键技术主要为 S 形定向钻孔技术、直孔＋S 孔注浆工艺、注浆与冻结、凿井的安全距离。

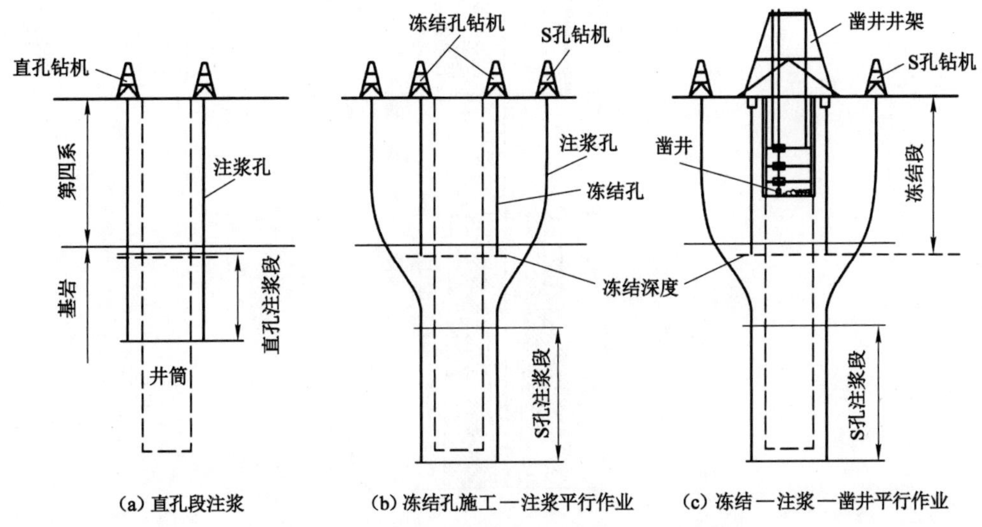

图 14-4　“冻—注—凿”平行作业建井工艺示意图

S 形定向钻孔技术是采用人工定向手段，通过使用螺杆钻具、陀螺测斜定向仪或无线随钻仪等设备，使钻孔按照设计的轨迹并绕过冻结壁区域后，到一定深度后进入注浆圈径范围，钻孔轨迹呈先垂直、后倾斜、再垂直的形态(S 形)，从而实现对井筒冻结段下部基岩地层的堵水加固。S 形孔定向钻进时根据当前位置钻孔偏斜的顶角、方位及所需的目标顶角和方位计算出定向时狗腿角、工具面角和工具面方位角及一次定向所钻进的长度。“冻—注—凿”平行作业 S 形定向钻孔轨迹示意图如图 14-5 所示。S 形定向钻孔轨迹通常由直孔段、增斜段、稳斜段、增斜段、稳斜段、降斜段、直孔段组成。S 形孔定向钻进通常采用 TSJ-2000 型钻机(配备 TBW-850/50 型泥浆泵)，以及 5LZ-95 型螺杆钻具、外径 73 mm 或 89 mm 钻杆、JDT-6 型陀螺定向测斜仪、MWD 无线随钻测斜仪等配套设备。

为避免与冻结孔施工互相影响，注浆孔布置要离开冻结孔圈径一定距离，通常为 10 m 以外，而且还要考虑井架基础、绞车房、出矸方向等位置，一般 S 形定向钻孔的布孔圈径为 30～40 m，以免与凿井设施安装及凿井施工发生冲突。普通凿井工作面与注浆点之间的安全距离与其间的岩石性质、裂隙发育程度、注浆压力、注浆持续时间以及凿井工作面所处的深度相关，根据大量实践的经验确定凿井工作面与注浆点之间的最小安全距离为 100 m，防止下部基岩注浆时浆液上窜到凿井工作面，影响凿井作业。另外，一般在上部冻结段完成凿井施工时，下部基岩就应完成注浆施工。

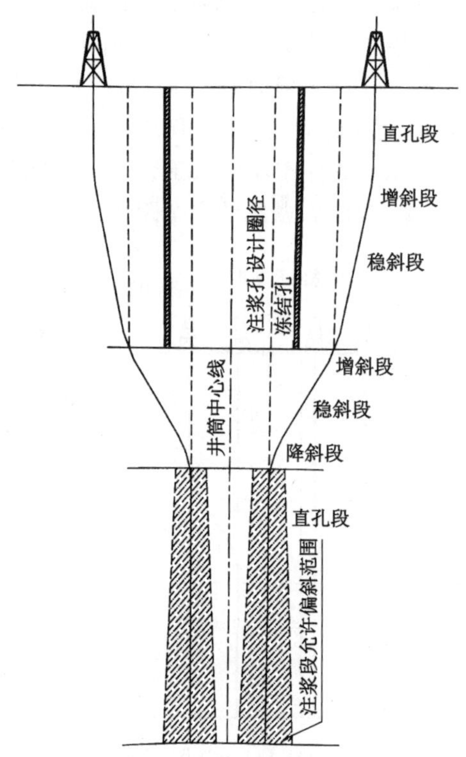

图 14-5 “冻—注—凿”平行作业 S 形定向钻孔轨迹示意图

四、“钻—注”平行作业注浆工艺

“十一五”期间，由北京中煤矿山工程有限公司研究的“钻—注”平行作业地面预注浆工艺改变了地面预注浆、冲积层钻井、基岩段钻爆凿井依次进行的传统模式，实现了地面预注浆和钻井法凿井的平行作业，显著缩短了建井工期，是我国建井技术的又一大进步。

我国中东部矿井建设时，上部深厚冲积地层采用竖井钻机钻井法施工，而下部基岩段采用钻爆法凿井，总体施工顺序为：基岩段注浆施工→冲积层钻井法施工→基岩钻爆凿井施工，即注浆—钻井—凿井依次施工(图 14-6)，所用工期较长。“钻—注”平行作业工艺借鉴“冻—注—凿”平行作业工艺的特点，改变了注浆、钻井、凿井依次作业的传统建井模式，解决了地面预注浆与竖井钻机钻井施工中的相互干扰问题，实现了井筒下部基岩段注浆与上部冲积层段钻井法凿井在一定的时间和空间上的平行作业。

“钻—注”平行作业工艺将下部基岩段注浆分为上、下两段，即直孔段和 S 孔段，其施工顺序为：基岩段直孔注浆施工→冲积层钻井与基岩 S 孔段注浆平行作业→基岩段钻爆凿井施工(图 14-7)，因此“钻—注”平行作业注浆只有直孔段占用建井工期，而冲积层钻井与基岩 S 孔段注浆平行作业，可缩短整个建井工期的 20%～30%。

“钻—注”平行作业既要最大限度地减少注浆占用井口的时间，缩短整个建井工期，又要避免二者之间的相互干扰，保证质量和安全。因此“钻—注”平行作业设计的核心是钻井与注浆施工的时空关系，主要包括直孔段长度、直孔注浆布孔圈径、S 形注浆孔轨迹及 S 形

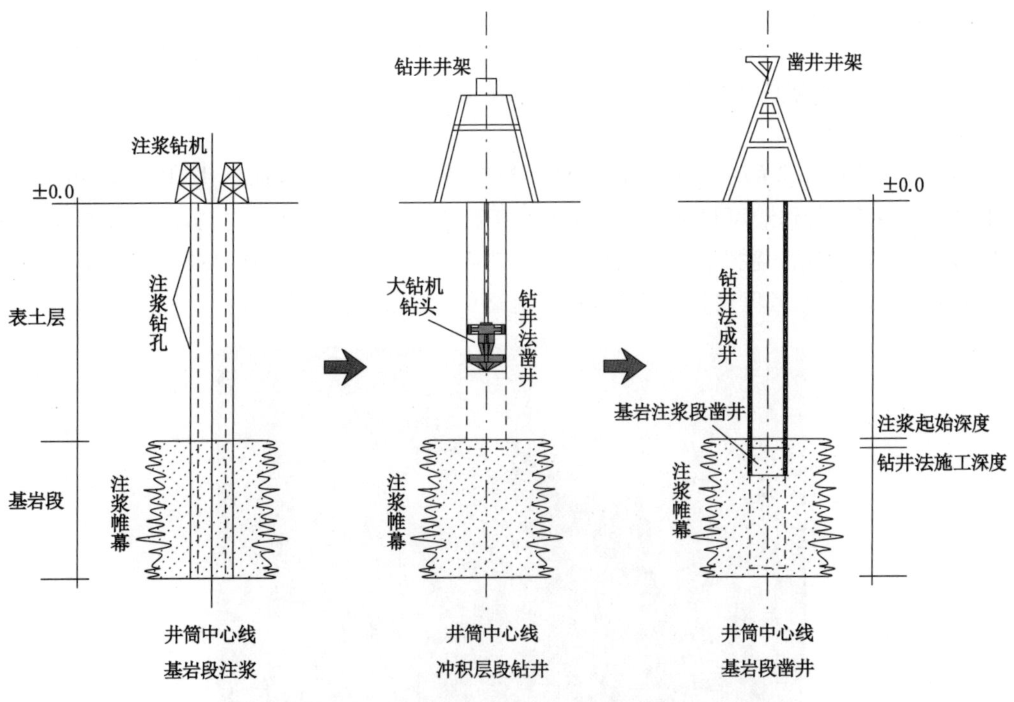

图 14-6 传统注浆—钻井—凿井依次施工示意图

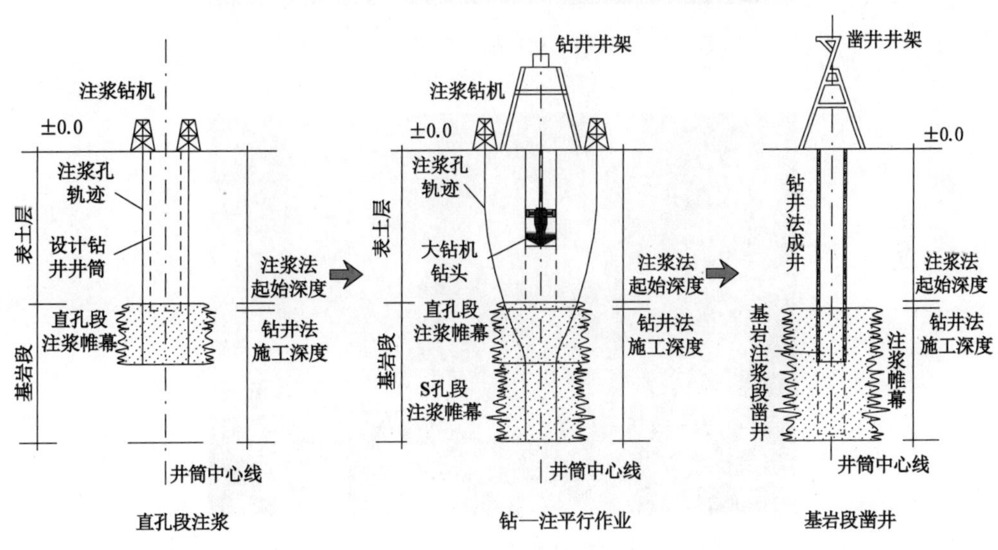

图 14-7 “钻—注”平行作业示意图

注浆孔地面布置等。为了避免平行作业施工过程中下部 S 形注浆孔注浆浆液窜入钻井井孔内而影响钻井法施工，注浆施工必须与钻井施工在深度上有一定的安全距离（岩帽），这便是直孔段的长度。直孔段太短，“钻—注”安全距离不足，S 形注浆孔注浆浆液可能窜入钻井井孔内，导致“钻—注”平行作业施工的失败；直孔段太长，则占用井口工期延长，平行作业节省建井工期的目标会失败。因此，合理确定直孔段长度是“钻—注”平行作业最重要的技术关键之一。同时,“钻—注”平行作业时,S形注浆孔的套管距离钻井井孔要有一定的安全距离,主要是避免钻井施工对注浆套管产生扰动甚至破坏,从而影响S形注浆孔注浆施工。因此,根据从注浆施工安全考虑,S形注浆孔轨迹与钻井井孔之间的横向安全距离应不小于3 m。

“钻—注”平行作业的关键技术包括时空关系设计和注浆孔定向钻进,以及钻井泥浆的监测。“钻—注”平行作业可将钻井法产生的大量废弃泥浆转化为注浆材料,既节省制浆成本,又减少环境污染。“钻—注”平行作业预注浆工艺已经在袁店二矿主井和副井(图14-8)、朱集西矸石井(图14-9)等工程建设中应用,具有显著的经济效益和社会效益。

图14-8　袁店二矿“钻—注”平行作业现场

图14-9　朱集西矸石井“钻—注”平行作业现场

第二节　注浆装备

注浆装备包括钻孔设备、注浆泵、止浆装置、管路、浆液搅拌与混合设备、计量与监测仪表等,它们共同组成制备和输送浆液的系统,为浆液进入受注地层提供了动力源和通道。在提高注浆设备对工艺、材料适用性的同时，机械化、自动化、智能化是注浆设备发展的重要方向。

一、钻孔设备

针对地面预注浆进行井筒凿井地层堵水、深部矿井围岩加固、煤层底板水害区域治理等定向钻孔施工需求，已经研发了多种钻孔钻机和测斜仪器，如 TD2000/600 型液压顶驱钻机(具有顶部驱动装置的钻机简称)、TDX-50 型和 TDX-150 型斜井钻机、JDT 系列小直径高精度陀螺测斜定向仪等，满足了地面预注浆工程钻孔的需求。

(一) 液压顶驱式钻机

TD2000/600 型液压顶驱式钻机由液压顶驱装置(动力头)、液压绞车系统、井架及底座系统、操作控制系统、液压泵站系统 5 个模块式结构组成，可满足快速拼装的要求，便于野外道路运输，适合野外工作环境。TD2000/600 型液压顶驱式钻机主要技术参数如表 14-1 所示。TD2000/600 型液压顶驱式钻机如图 14-10 所示。

表 14-1　TD2000/600 型液压顶驱式钻机主要技术参数

项目	规格参数
额定钻井深度/m	2 200(ϕ89 mm 钻杆、钻探口直径为 152 mm)
最大钻井扭矩/(kN·m)	18
主轴转速/(r/min)	0～180(无级调速)
最大卸扣扭矩/(kN·m)	35
绞车最大单绳钩载/kN	100
可适用钻杆直径/mm	73～114
最大加尺长度/m	18.6
井架高度/m	27(K 型快速拼装、自起井架)
吊臂倾斜、旋转	前倾 60°,后倾 30°,旋转 120°
底盘尺寸/m	7.0×6.0

图 14-10　TD2000/600 型液压顶驱式钻机

TD2000/600 型液压顶驱式钻机的液压顶部驱动装置(图 14-11)由减速箱、水龙头总成、背钳总成、回转体总成、滑车总成等部分组成。在钻进时，提升力通过主轴和保护接头将扭矩传递给钻柱。相比煤炭系统常用的转盘钻机，该钻机采用顶部驱动结构将钻机动力部分由下边的转盘移动到钻机上部的水龙头处，实现在井架内部上部空间直接连接钻杆，直接旋转钻柱并沿专用导轨向下送钻，完成以立根为单元的旋转钻进、循环钻井液、倒划眼等操作。在井架内沿着轨道的任何位置，动力头可以自动接、卸钻杆，及时接通泥浆管路进行泥浆循环；动力头部还设置有液压刹车装置，具有定向钻孔施工时锁定主轴的功能，更适合钻进定向孔和水平孔。

图 14-11　液压顶部驱动装置

TD2000/600 型液压顶驱式钻机的液压系统采用无级变量液压泵和无级变量液压马达，实现主轴转速和扭矩的无级调节和最优匹配，以及液压油的由需定供，避免液压油的多余供给，减少系统的发热，提高液压系统的可靠性，增加液压油的使用寿命。TD2000/600 型液压顶驱式钻机具有处理事故能力强、立根(18 m)钻进、加尺方便、扭矩和转速易于调节、定向钻进精度更易控制的特点。相比石油系统的大型顶驱钻机，其具有结构简单、重量轻、安装使用方便、价格经济等优点。

(二) 斜井钻机

为解决斜井冻结孔、斜井反井定向导孔和注浆孔长斜孔钻进难题，研制了 TDX-50 型[图 14-12(a)]和 TDX-150 型[图 14-12(b)]斜井钻机。TDX-150 型斜井钻机由钻杆上卸扣装置、行走机构、导轨、动力头、钻架、钻孔倾角调整机构及液压系统、控制系统等部分组成。钻机所有部件(包括液压系统泵站、动力头、钻架、导轨架等)均安装在钢制履带底盘上。其中:动力头负责钻具回转工作；钻杆上卸扣装置用于机械拧卸钻具；钻孔倾角调整机构、倾角锁紧机构控制钻孔角度；钻机操纵台、钻机行走操纵台、电路开关及泥浆阀门均集中置于钻机前端机架一侧的司钻室内。

(a) TDX-50型

(b) TDX-150型

图 14-12　斜井钻机

TDX-150 型斜井钻机采用全液压驱动，履带行走；动力头采用低速大扭矩马达驱动，两挡无级调速，结构简捷；齿轮齿条推拉给进系统运动平稳可靠；桅杆可在 0～25°范围内调整钻机入土角度，前后移动装置新颖独特。TDX-150 型斜井钻机整机重心低，稳定性好；施工中配备专用定向工具及仪器，可完成沿轴线长斜孔施工。

（三）陀螺测斜定向仪

为解决高精度 S 形注浆孔的测斜及定向问题，国家"七五"和"八五"期间在 JDT-3 型和 JDT-4 型陀螺测斜定向仪的基础上陆续研发了拥有自主知识产权的 JDT-5 型、JDT-6 型陀螺测斜定向仪，以满足对钻孔轨迹有精确要求的工程的需要。JDT-5 型、JDT-6 型陀螺测斜定向仪主要技术参数如表 14-2 所示。

表 14-2　JDT-5 型、JDT-6 型陀螺测斜定向仪主要技术参数

型号	JDT-5	JDT-6
外径/mm	54	48
长度/mm	1400	1400
顶角测量范围/(°)	－40～40	－60～60
顶角测量精度/(′)	±4	±4
方位/定向角测量范围/(°)	360	360
方位/定向测量精度/(°)	±2.5	±2.5
主要功能及应用范围	用于工程孔测斜及定向，适用于 ϕ89 mm 钻杆，可连续测量	用于工程孔测斜及定向，适用于 ϕ73 mm 钻杆

JDT-5 型陀螺测斜定向仪采用半捷联式结构和石英挠性加速度计，同时大幅度减小定向陀螺的负载，并具有 360°测量机构和导向靴，不仅可以测量钻孔的顶角和方位角，也可以测量工具面角，不仅具有测斜功能，也实现了定向功能，可用于钻孔定向钻进，主要用于对垂直度要求很高的冻结孔测斜。JDT 系列陀螺测斜定向仪原理示意图如图 14-13 所示。

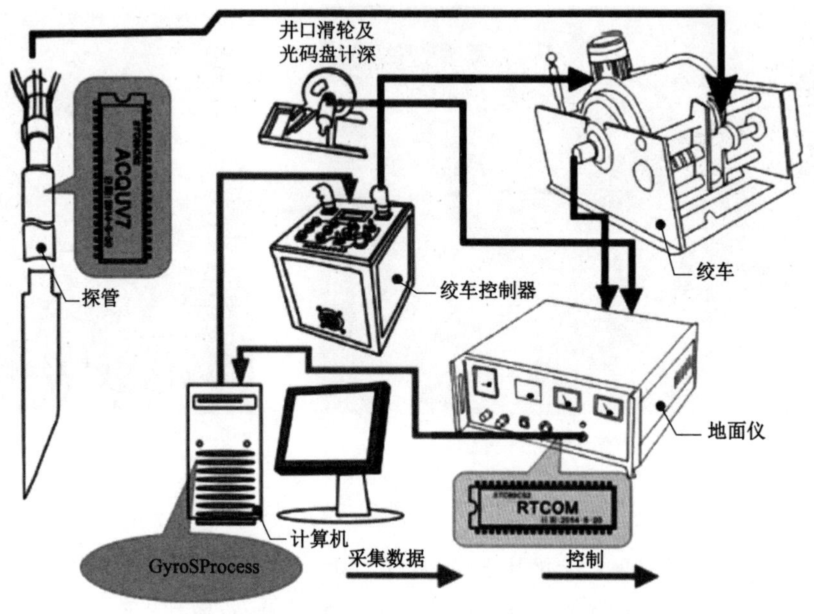

图 14-13　JDT 系列陀螺测斜定向仪原理示意图

JDT-6 型陀螺测斜定向仪也采用半捷联式结构和石英挠性加速度计，用石英加速度计测量顶角，顶角测量精度高，可达到±3′，利用陀螺和高精度侧向传感器测量方位角，不受井下磁性环境干扰，可在钻杆和套管中进行测量，适合煤矿冻结和注浆等小顶角高精度钻孔的测斜及定向；且数据输出直观，可直接显示钻孔轨迹图，是煤炭系统应用最广泛的测斜仪器。该类型仪器采用点测方式，无连续测斜功能。

二、注浆泵

注浆泵是输送浆液的动力设备，是使浆液进入地层裂隙或孔隙的动力源，是注浆设备中最关键的设备之一。20 世纪 70—80 年代，相继研发了 YSB-250/120 型、YSB-300/200 型液力调速注浆泵和 2MJ-3/40 型隔膜计量注浆泵等专用的注浆泵。2000 年以后，随着注浆深度的加大，原有的注浆泵已不能满足注浆压力、流量等要求，又研制了地面注浆用的 BQ 机械调速系列、YSB 液力变矩器系列和 ZBBJ 变频调速系列等三个系列的高压柱塞注浆泵。

（一）BQ 机械调速系列

机械调速注浆泵调速的基本原理是通过变换机械变速箱的挡位（传动比）来实现泵流量的变化，具有结构简单紧凑、性能可靠、手动换挡操作相对简单等特点。BQ 系列注浆泵属三柱塞式机械变速高压注浆泵，主要用于地面预注浆，输送单液水泥浆、黏土水泥浆、水泥-水玻璃双液浆等浆液，也可用于泥浆泵、作业泵、管道试压泵等。常用型号有 BQ-350 型和 BQ-500 型，如图 14-14 所示。BQ-350 型注浆泵是卧式三缸单作用柱塞泵，以撬架为安装基座，主要由电动机、离合器、变速箱（7 挡）和泵缸头组成，电动机输出通过离合器传至变速箱，再经万向轴带动三缸泵。BQ-500 型注浆泵结构与 BQ-350 型注浆泵结构类似，变速箱为 4 挡，无离合器。

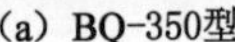
(a) BQ-350型

(b) BQ-500型

图 14-14　BQ 型注浆泵

（二）YSB 液力变矩器系列

液力调速注浆泵的调速系统采用可调式液力变矩器为调速传动装置，由于可调式液力变矩器功率可调且具有相对稳定的恒功率运转特性，使该系列注浆泵具备当压力稳定时可无级变速调量，当压力增高时流量自动降低的特性。为满足千米深井压力需求，在 YSB-250/120、YSB-300/200 型液力调速注浆泵基础上，研制了 YSB-350 型液力变矩式注浆泵（图 14-15），根据动力源的不同又分为柴油机和电动机两种。

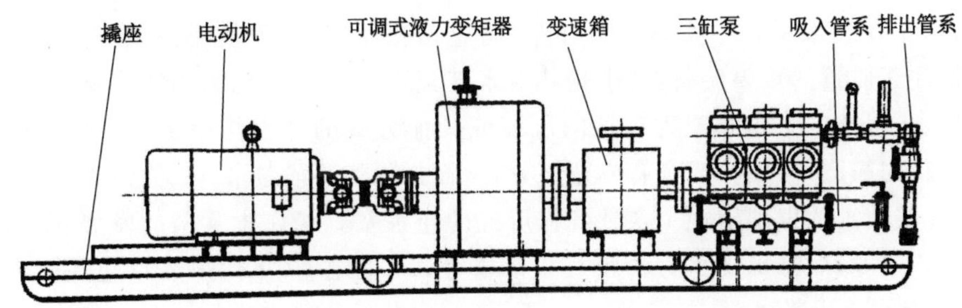

图 14-15　YSB-350 型注浆泵（电动机为动力）结构示意图

YSB-350 型注浆泵是卧式三缸单作用柱塞泵，主要由电动机或柴油发动机、可调式液力变矩器、机械变速箱和三缸泵等组成。由于变矩器具有减振和抗冲击作用，可以延长注浆泵的使用寿命，且具有良好的爬坡性能和过载保护作用，同时能配备柴油发动机以实现矿井无电情况下水害的快速、及时抢险。YSB-350 型注浆泵主要用于地面预注浆及输送单液水泥浆、黏土水泥浆、水泥-水玻璃双液浆等腐蚀性不强的浆液，也可作为矿井水害快速抢险的注浆泵。

（三）ZBBJ 变频调速系列

ZBBJ 变频调速系列注浆泵通过调节变频调速电动机输入频率来实现注浆量的无级变量。该类型注浆泵的流量可控范围较大，控制精度较高，大大提高了低速运行性能，并具有较佳节能效果，大幅度减小了对电网的冲击。ZBBJ 系列注浆泵主要由变频器、电动机、减速箱、三缸泵、吸入管系、排出管系及撬座等组成，如图 14-16 所示。

电动机经万向轴带动减速箱，减速后经三缸泵主动轴传动（与 BQ-350 型注浆泵相同），带动曲柄连杆机构，使柱塞做往复运动，实现注浆泵吸、排浆液的功能。通过调节变频器的

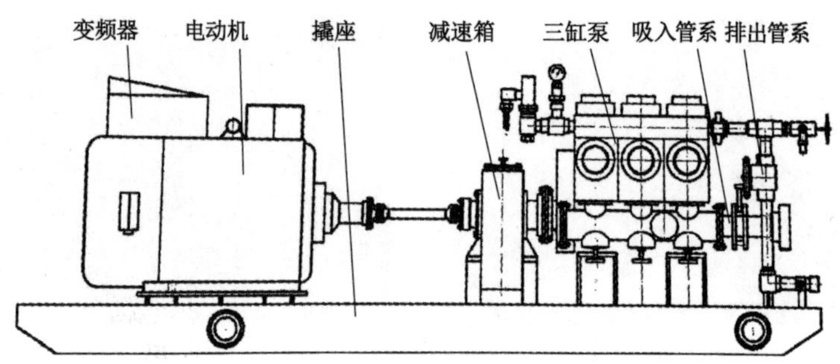

图 14-16 ZBBJ 系列注浆泵结构示意图

频率,可以改变电动机的输出转速,实现注浆泵输出流量的无级调节,满足高压注浆泵的双液和单液注浆的流量调节需求。其中 ZBBJ-380/35 型注浆泵主要用于输送单液水泥浆、黏土水泥浆、水泥-水玻璃双液浆等浆液,ZBBJ-300/35-H 型注浆泵可输送腐蚀性的化学浆液。ZBBJ 系列注浆泵主要用于煤矿地面预注浆工程,也可应用于水电、公路、铁路等的注浆工程中。

三、止浆塞

止浆塞是在注浆钻孔中实现分段注浆、防止钻孔返浆、合理使用注浆压力和控制注浆范围、确保注浆质量的重要装备,特别是几百米甚至上千米深的地面预注浆钻孔中,其作用尤其重要。止浆塞的工作原理为在轴向压缩或其他方式的外力作用下,使封隔件(一般为胶筒)产生径向膨胀,与钻孔或套管内壁挤紧,从而封隔注浆段浆液,实现分段注浆。

随着注浆技术的发展出现了各种各样形式的止浆塞。如在止浆塞的发展初期,有异径式、三爪式止浆塞,后来出现水力膨胀式止浆塞等;20 世纪 80 年代末北京建井研究所研制出了 KWS 卡瓦式止浆塞,并在国家"十一五"期间对其承压能力进行了改进使之更加耐用。卡瓦式止浆塞结构简单、止浆性能稳定,在煤矿井筒地面预注浆工程中应用非常广泛。同时在研究地面 L 形水平定向钻进注浆技术过程中,为了解决近水平钻孔的止浆问题,还研制了水力坐封止浆塞,该止浆塞可用于顶角较大的斜孔和水平定向钻进注浆技术,也可用于井下水平孔注浆技术。

(一) 卡瓦式止浆塞

卡瓦式止浆塞坐封工作时,由卡瓦与孔壁以及放筒与孔壁间的正压力所提供的摩擦力来平衡坐封力及注浆时高压浆液对止浆塞向上的作用力,正压力越大,所能提供的摩擦力也就越大,止浆塞所能承受的注浆压力也就越大,所以卡瓦式止浆塞能够承受较高的注浆压力。卡瓦式止浆塞需要坐封在强度相对较高的岩层中。随着深井注浆压力要求越来越高,又对卡瓦式止浆塞的止浆胶筒进行了研究改进,研发了纤维加强胶筒,代替了以往的纯胶和夹线式胶筒,使得注浆压力达到 25 MPa。卡瓦式止浆塞及其结构组成如图 14-17 所示,根据各零部件的作用将其分为四部分,即密封部分、固定部分、提升部分和连接部分。卡瓦式止浆塞可应用于各类垂直或大角度倾斜角的地面岩石钻孔注浆工程中,止浆位置岩石要求完整坚硬,不适用于在第四系或软弱破碎带地层内止浆。

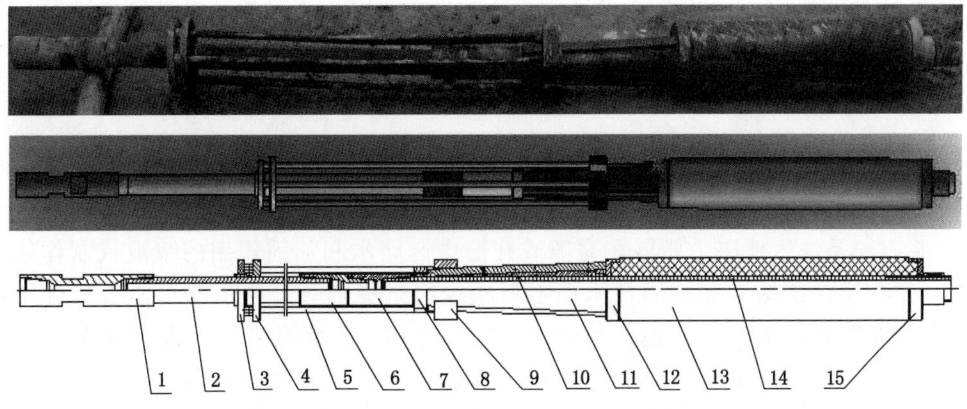

1—钻杆接头；2—上中心管；3—压盘；4—滑动法兰；5—拉杆；6—上反接头；7—下反接头；8—上挡块；9—卡瓦；10—导向键；11—锥体；12—上托盘；13—胶筒；14—下中心管；15—下托盘。

图 14-17　卡瓦式止浆塞及其结构示意图

（二）水力坐封止浆塞

水力坐封止浆塞依靠双级液压缸的作用压缩胶筒实现密封，同时不需要支点，密封性能良好，密封件防破损能力强，能实现可靠的坐封、解封，并同时能承受较高的注浆压力，可以满足深井水平和垂直裸孔止浆的要求。水力坐封止浆塞主要由上接头、解封接头、上定位筒、内芯管、胶筒、一级活塞、一级活塞反力座、一级缸筒、二级活塞、二级活塞反力座、二级缸筒等组成。水力坐封止浆塞及其结构示意图如图 14-18 所示。水力坐封止浆塞可适用于地面垂直、倾斜和水平等角度的岩石钻孔，除了能适用于立井井筒地面预注浆外，在煤矿井下巷道地面预注浆加固、煤层顶板或底板地面预注浆防水治理，以及煤层气和页岩气压裂等工程施工中都可使用。

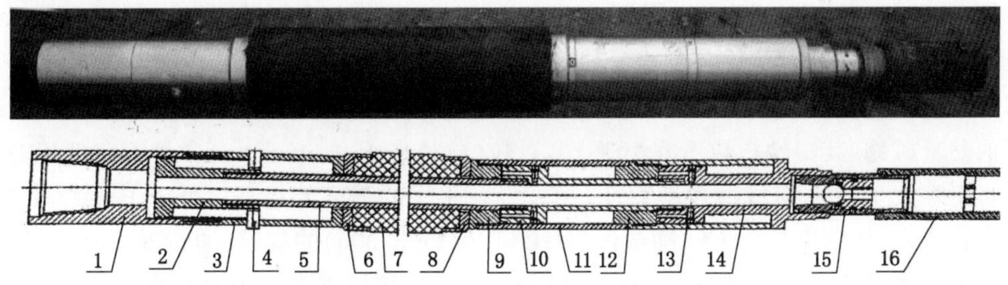

1—上接头；2—解封接头；3—上定位筒；4—承力销；5—内芯管；6—上托盘；7—胶筒；8—下托盘；9—一级活塞；10—一级活塞反力座；11—一级缸筒；12—二级活塞；13—二级缸筒；14—二级活塞反力座；15—外控接头；16—尾管。

图 14-18　水力坐封止浆塞及其结构示意图

四、浆液配制自动监控系统

浆液配制的自动化是提高浆液质量和注浆效果的关键环节之一。多年来大型地面注浆站的浆液配置一直是人工上料、人工检测和人工记录，存在工人劳动强度大、工作环境差、效率低和浆液配合比不准确等问题。为此，北京中煤矿山工程有限公司自主研制了自动化注浆控制系统，实现了自动浆液配制监控。该系统包括了自动浆液搅拌系统和自动控制记录系统，使得单液水泥浆及黏土水泥浆的上料、配料、搅拌、放浆和记录监控实现完全自动化，并在工程中得到广泛应用。

第三节 注浆材料

注浆材料是注入地层中能够在裂隙或孔隙中起堵水和加固作用的浆液或制作浆液的原材料，是地层注浆堵水和加固技术中不可缺少的组成部分。注浆技术能否达到质量要求，首先就是要选择适合受注地层的注浆材料。一种具有优良性能的新型注浆材料的出现，能够带动和促进注浆新设备和新工艺的发展，在注浆技术发展过程中起着举足轻重的作用。因此，新型注浆材料的研发是拓展注浆技术应用范围的重要途径。

一、黏土水泥浆液

黏土水泥浆以黏土为主要成分，水泥和水玻璃为添加剂，对裂隙地层的可注性、抗渗性能、堵水效果大大优于传统的单液水泥浆液，并且施工工艺简单、工期短、成本低，很快取代了传统的单液水泥浆液，成为煤矿井筒地面预注浆的主要注浆材料。

黏土水泥浆主要包括 CL-C 型黏土水泥浆和 MTG 型黏土水泥浆。国家“八五”期间，我国自主研发出了符合国情的黏土水泥浆注浆材料(CL-C 型黏土水泥浆)，取代了传统的水泥注浆浆液，在煤矿井筒地面预注浆和煤层底板含水层注浆改造方面得到大量应用。国家“十一五”期间，在“钻—注”平行作业技术研究中，为了对大量的钻井废弃泥浆加以利用，研究出用钻井废弃泥浆配制的地面预注浆材料——钻井废弃泥浆黏土水泥浆(简称 MTG 型黏土水泥浆)。

(一) CL-C 型黏土水泥浆

CL-C 型黏土水泥浆是以黏土浆为主要组分，掺加少量的水泥和水玻璃配制而成的多相悬浮液。CL-C 型黏土水泥浆中各种成分的体积分数为：黏土浆 90%～96%、水泥 3%～6%，水玻璃 1.5%～3%。其中，黏土主要是取自当地耕植土下的黏土，是包含高岭石、伊利石和蒙脱石的黏土矿物，其塑性指数不宜小于 10，黏粒(粒径小于 0.005 mm)含量不宜低于 25%，含砂量不宜大于 5%，有机物含量不宜大于 3%。水泥的强度等级不应低于 P. O42.5，水泥细度应符合《水泥细度检验方法筛选法》(GB/T 1345—2005)的规定，通过 80 μm 方孔筛的筛余量不宜大于 5%，且不得使用受潮结块的水泥。选用以碳酸钠为原料生产的水玻璃，模数为 2.6～3.4，密度为 1.368×10^3～1.465×10^3 kg/m^3。相对于单液水泥浆，CL-C 型黏土水泥浆的主要特点有：

(1) 浆液稳定性好，在泵送及扩散过程中浆液不离析、不沉淀，凝固过程中析水少，结石率高，抗渗性能好；

(2) 黏土颗粒较细，浆液流动性好，易于渗透到岩层裂隙中；

(3) 浆液塑性强度可调范围大，浆液凝结固化时间可以调节控制，适用于不同地层条件下的基岩裂隙注浆；

(4) 黏土水泥浆的矿物成分具有良好的化学惰性，对地下水的抗侵蚀能力强，结石体的耐久性好。

(二) MTG 型黏土水泥浆

竖井钻机钻井法凿井会产生大量泥浆，将钻井法凿井产生的废弃泥浆，用于地面预注浆(MTG)，既能节约黏土造浆成本，又能解决钻井泥浆排放处理难的问题。钻井护壁泥浆主要成分是以蒙脱石为主的黏土(膨润土)，与注浆黏土浆的主要成分相同，都是黏土矿物。钻井泥浆的密度和黏度大、析水率和含砂量低，因此浆液稳定性更好。钻井泥浆和注浆用黏土浆的主要性能比较如表 14-3 所示。钻井泥浆基本组成包括黏土、水、泥浆处理剂以及岩屑。钻井泥浆原浆主要是粒径为 0.1～40 μm 的悬浮体和粒径为 1～100 μm 溶胶的混合物，其黏土主要由很细的高岭石、伊利石和蒙脱石等黏土矿物颗粒组成。

表 14-3　钻井泥浆和注浆用黏土浆的主要性能比较

泥浆类别	密度/(g/cm^3)	漏斗黏度/s	24 h 析水率/%	含砂量/%
黏土浆	1.13～1.20	16～18	≥15	≤5
钻井泥浆	1.18～1.25	20～30	<1	≤1.5

MTG 型黏土水泥浆是利用钻井泥浆代替黏土浆，加入水泥和水玻璃配制的注浆浆液，还包括为改善浆液性能加入的添加剂。泥浆处理剂的主要作用是提高泥浆黏土矿物的分散性，使黏土与水形成稳定性好的泥浆体系，常用的有纯碱(Na_2CO_3)、羧甲基纤维素(CMC)、三聚磷酸钠($Na_5P_3O_{10}$)及两性离子聚合物 FA367。水泥采用普通硅酸盐水泥，强度等级不应低于 P. O42.5，水泥细度应符合《水泥细度检验方法筛选法》(GB/T 1345—2005)的规定，通过 80 μm 方孔筛的筛余量不宜大于 5%；不得使用受潮结块的水泥；水玻璃(硅酸钠)的模数为 2.6～3.4，密度范围为 1.368×10^3～1.465×10^3 kg/m^3。MTG 型黏土水泥浆的特点主要有：

(1) 泥浆处理剂的掺入，使钻井泥浆比黏土浆具有更高的稳定性，从而使 MTG 型黏土水泥浆的稳定性更好；同时会引起浆液黏度增大，用于注浆需要考虑采取降黏措施。

(2) 黏土颗粒较细，浆液流动性好，易于渗透到岩层的小裂隙中，同时由于结石率高，形成结石体密封性好，渗透系数小。

(3) 浆液塑性强度可调范围大，浆液凝结固化时间可以调节控制，适用于不同地层条件下的基岩裂隙注浆。

(4) 黏土水泥浆的矿物成分具有良好的化学惰性，对地下水的抗侵蚀能力强，结石体的耐久性好。

(5) 钻井泥浆的注浆利用，在节省注浆造浆成本、降低泥浆处理成本的同时，具有重大的环保意义。

二、粉煤灰水泥浆液

粉煤灰水泥浆是将粉煤灰、水泥与水按照定比例配制而成的浆液。这类浆液是在单液水泥浆的基础上，在不影响使用要求的条件下，用粉煤灰替代部分水泥，以降低成本。粉煤灰是从燃煤粉的电厂锅炉烟气中收集到的细粉末，化学成分以 SiO_2 和 Al_2O_3 为主，并含有

少量的 Fe_2O_3、CaO、Na_2O、K_2O 及 SO_3 等物质，在特种激发剂的作用下具有一定的火山灰活性，是我国当前排量较大的工业废渣之一。在不影响使用要求的条件下，应用粉煤灰作为矿物掺和料来取代部分水泥，可赋予水泥基注浆材料优异的技术经济性能，代表了绿色注浆材料的发展方向。但是粉煤灰水泥浆结石体强度有一定的降低，因此主要用于溶洞、采空区、冒落区、大裂隙带等大体积空间的充填注浆。

（一）粉煤灰水泥单浆液

在采空区充填注浆方面，研究出应用强度适度、低成本的高掺量粉煤灰水泥浆液。粉煤灰水泥浆液的水泥水化过程中分解出来的 $Ca(OH)_2$ 作为激发剂，可与粉煤灰的活性成分生成稳定的化合物，对结石体后期的强度有利。在施工中首先要满足工程设计上对抗压强度、初凝时间、终凝时间、结石率等方面的特殊要求，在此基础上可以提高粉煤灰的掺量，以节约水泥。根据充填注浆要求，粉煤灰的掺量可达到30%～80%。粉煤灰对单浆液性能的影响主要包括以下几个方面：

（1）粉煤灰对单浆液稳定性的影响。由于粉煤灰的密度小于水泥的密度，当粉煤灰掺入水泥浆时，可以降低水泥浆的析水率，同时也会使浆液的黏度有所增加。

（2）粉煤灰对单浆液凝结时间的影响。粉煤灰掺量对水泥浆体的凝结时间有明显的延缓作用，并且其延长程度随粉煤灰掺量的增加而增大。不同产地、等级的粉煤灰细度对凝结时间的影响不显著，但粉煤灰磨细后，由于活性点增多，会使凝结时间略有缩短。

（3）粉煤灰对单浆液抗压强度的影响。随着粉煤灰掺量的增大，一方面水泥的用量减少，另一方面浆液的析水率降低，即结石体中包裹着的自由水增多，导致结石体的抗压强度降低。

（二）水泥-粉煤灰水玻璃速凝浆液

在各种充填注浆工程中，为缩短浆液的凝固时间，控制浆液的扩散距离，避免浆液浪费，加快施工进度，一般需在水泥粉煤灰浆液中加入速凝剂。速凝剂有“三乙醇胺＋氯化钠”和水玻璃，充填注浆工程中以使用水玻璃为主。

水泥-粉煤灰水玻璃速凝浆液是在水泥水玻璃双液浆的基础上，使用粉煤灰替代部分水泥，并将粉煤灰加入水玻璃溶液中而发展起来的双组分浆液，甲液组分为水泥、水，乙液组分为粉煤灰、水玻璃，既有水泥水玻璃浆液的速凝性能，又能减少水泥、水玻璃的用量，降低成本，提高固相含量，减少含水量，提高固结体后期强度。

根据相关试验研究，随着粉煤灰掺量的增大，浆液的胶凝时间均有所增加，如传统水泥水玻璃浆液胶凝时间一般在几十秒至1 min，而掺入粉煤灰之后，可以在一定程度上缓解浆液胶凝速度；传统水泥水玻璃浆液的抗压强度随着龄期的增长逐渐下降，而掺入粉煤灰后随着龄期的增长，结石体的抗压强度均缓慢增长，如粉煤灰掺量为30%～50%，粉煤灰掺入越多，结石体长期抗压强度越大，与传统水泥水玻璃浆液相比，大掺量（30%～50%）粉煤灰结石体2年后的抗压强度提高15%以上。

三、水泥基改性浆液

煤炭系统常用的是单液水泥浆，即在纯水泥浆的基础上添加氯化钠和三乙醇胺配制的注浆材料。单液水泥浆具有来源丰富、成本较低、浆液结石体强度高、抗渗性能好、无毒性、工艺及设备简单、操作方便等优点；但也存在初凝和终凝时间长、不能准确控制、容易流失、浆液凝固后早期强度低、强度增长率慢、易沉淀析水等缺点。因此，研发了水泥基改性浆液，即以水泥为主，添加一定量的各种添加剂，用水配制成的具有某种特定性能的单液浆，如塑性早强浆液和水泥基复合注浆加固浆液。

（一）塑性早强浆液

随着煤矿井筒注浆深度已超过千米，在注浆过程中常常遇到断层破碎带等构造裂隙发育地层，一般采用单液水泥浆进行加固。由于断层带软弱破碎，裂隙发育、连通性好，单液水泥浆凝结时间长、扩散距离不可控，存在大量跑浆的问题，一般采用控量注浆等注浆工艺保证注浆质量，但注浆效率低下，费工费时，深孔注浆应用水泥-水玻璃双液浆又有困难，因此，断层带注浆一直是地面预注浆工程中的难点之一。为解决该问题，北京中煤矿山工程有限公司在单液水泥浆的基础上，研究出适用于破碎带加固的低析水率塑性早强浆液。通过添加速凝早强剂硅酸钠等外加剂研制了塑性早强浆液，该浆液具备黏度增长较快、早期塑性强度高的特征，采用单液注入，在千米深井断层带注浆加固工程中，有良好的注浆效果。

塑性早强浆液以单液水泥浆为基础，添加水泥质量5%的硅酸钠、氯化钠、三乙醇胺等多种添加剂，加快水泥浆的水化历程，降低析水率，增大早期黏度，提高早期塑性强度和抗压强度，使其具有塑性流动特征的浆液。根据试验研究成果显示：塑性早强浆液2 h析水率小于5%，为稳定型浆液；漏斗黏度为56 s，黏度增长快；塑性早强浆液早期结石体抗压强度显著提高(6 h可达到0.1 MPa)，塑性强度增长快(4 h可达到3 kPa)；塑性早强浆液初始塑性黏度为87 mPa・s，单液水泥浆仅为2.7 mPa・s，塑性早强浆液的塑性黏度增长速率为单液水泥浆的25倍以上。因此，塑性早强浆液与单液水泥浆相比，其在围岩裂隙扩散过程中压力损耗大，有益于控制浆液扩散半径。

（二）水泥基复合注浆加固浆液

国家“十二五”期间，在利用L形地面钻孔对井下巷道软弱围岩进行注浆加固时，需要强度高、稳定性好、凝结时间较长的浆液，在对巷道围岩起到加固作用的同时，便于深孔钻具的上下钻操作，浆液在长距离水平钻孔中输送时不离析沉淀。为此，在单液水泥浆的基础上，选择合适的具有增强、悬浮、缓凝等作用的添加剂，研发出适于长距离水平钻孔输送、加固软弱围岩的水泥基复合注浆加固浆液。水泥基复合注浆加固材料的水灰比为0.6∶1和1∶1时与单液水泥浆性能对比，如表14-4所示。

表14-4　水泥基复合浆液和单液水泥浆的主要性能比较

序号	指标	水泥浆	水泥基复合浆液	水泥浆	水泥基复合浆液
1	水灰比	0.6∶1	0.6∶1	1∶1	1∶1
2	密度/(g/cm^3)	1.56	1.61	1.59	1.42
3	2 h析水率/%	4	0	26	4.5
4	漏斗黏度/s	97	—	17.5	27.4
5	初凝时间/min	—	—	655	1 735

表 14-4(续)

序号	指标		水泥浆	水泥基复合浆液	水泥浆	水泥基复合浆液
6	抗压强度/MPa	3 d	9.2	10.6	2.51	1.13
		7 d	18.6	24.1	4.33	3.91
		28 d	26.5	42.3	15.78	16.24
7	拉伸黏结强度/MPa	14 d	0.8	0.9	—	1.1
		28 d	1.1	1.3	—	1.5
8	剪切强度/MPa	28 d	18.22	20.45	—	13.33

通过水泥基复合注浆加固材料与单液水泥浆材料的 SEM 细观结构分析，水泥基复合注浆加固材料为致密晶片聚集结构，单液水泥浆材料为条带聚集结构，微观结构方面水泥基复合注浆加固材料结石体较单液水泥浆更为致密；通过 X 射线能谱分析结果，水泥基复合注浆加固材料与单液水泥浆材料的各元素组成基本相同，只是各元素的相对含量不同，水泥基复合注浆加固材料的 Si 元素含量明显高于单液水泥浆材料。

通过水泥基复合注浆加固材料的固化机理分析，水泥基复合注浆加固材料体系中水泥首先水化生成 $Ca(OH)_2$，与活性 SiO_2 颗粒产生火山灰反应，形成以水化硅酸钙为主的水化产物，其反应式表示如下：

$$xCa(OH)_2 + xSiO_2 + nH_2O \longrightarrow xCaO \cdot SiO_2 \cdot (n+x)H_2O \tag{14-1}$$

该反应过程称为二次水化反应，所生成的水化硅酸钙为次生水化硅酸盐，具有良好的胶凝作用，使水泥基复合注浆加固材料后期物理力学强度得到增强。综合来讲，水泥基复合注浆加固材料具有浆液稳定性好、流动性好、浆液凝结时间可控、结石体力学性能好等特点。

四、化学注浆材料

当受注地层为微裂隙或孔隙性地层时，传统的颗粒性材料如黏土水泥浆、单液水泥浆无法注入，需要使用化学注浆材料进行注浆。在化学注浆材料方面，主要研发了水玻璃类、丙烯酰胺类、脲醛树脂类和聚氨酯类等。进入 21 世纪以来，又研发了改性脲醛树脂浆液和乙酸酯水玻璃浆液，并应用于地面预注浆工程中对孔隙性特殊地层的注浆堵水，取得了较好的效果。

（一）改性脲醛树脂浆液

针对孔隙性含水岩层的注浆需求，北京中煤矿山工程有限公司开发了新型改性脲醛树脂浆液，主要由脲醛树脂、丙烯酰胺、亚甲基双丙烯酰胺、草酸、过硫酸铵等组成。其中：过硫酸铵在丙烯酰胺浆液体系中起引发剂作用；亚甲基双丙烯酰胺在浆液中作为交联剂，加入量的多少影响着交联程度的高低，交联程度低则胶凝体发软，交联程度高则胶凝体发脆，而对胶凝时间影响不大；草酸在浆液中对脲醛树脂起固化作用。脲醛树脂在聚合反应过程中，会释放出小分子的水，浆液固化后虽强度高，但质脆易碎、抗渗性差，并伴有体积收缩现象；而丙烯酰胺聚合反应后形成网状的不溶体，具有较高的弹性。在胶凝体系中两类聚合物互补后，改性后的固化体抗渗性能好、强度高，可以满足微裂隙即孔隙性地层地面预注化学浆的要求。

（二）乙酸酯水玻璃浆液

乙酸酯水玻璃浆液主要由水玻璃、乙二醇二乙酸酯和添加剂M(添加剂M一般是复合添加剂，通常是保密的)组成。乙酸酯水玻璃浆液黏度小于5.6 mPa·s，胶凝时间为5～50 min，浆液结石体可抵抗12 MPa裂隙水压力(表14-5)，可用于千米级深井深部基岩的微裂隙和孔隙性地层注浆堵水和加固。根据相关试验研究：乙酸酯水玻璃浆液固砂体的抗压强度随水玻璃浓度的增加而增加，如水玻璃浓度从30%增加到70%时，浆液固砂体的抗压强度能够从0.5 MPa左右增加到5 MPa左右，但浆液的黏度从4 mPa·s左右增加到11 mPa·s左右；而水玻璃浓度为60%左右时，固砂体的抗压强度和浆液的黏度均明显增加；水玻璃浓度≤50%时，浆液的黏度能满足要求。乙酸酯水玻璃浆液中水玻璃的浓度对浆液胶凝时间影响不显著，所以在对注浆浆液黏度无要求的前提下，提高水玻璃的浓度能够有效地增加被注介质的强度，而不会显著影响浆液的胶凝时间。

表14-5　乙酸酯水玻璃浆液主要性能指标

项目	指标
浆液浓度/%	40～60
浆液黏度/(mPa·s)	<5.6
胶凝时间/min	5～50
固砂体强度/MPa	1～3
抗裂隙水压力/MPa	12
毒理性能	浆液及结石体均为实际无毒物质

乙二醇二乙酸酯作为水玻璃的胶凝剂，在其浓度为9%时固砂体的抗压强度达到最大值，当其浓度继续增加，固砂体的抗压强度有所下降；在一定条件下，随乙二醇二乙酸酯浓度的增加，浆液的胶凝时间呈缩短趋势；水玻璃浓度为50%时，随乙二醇二乙酸酯浓度从3%增加到11%时，浆液的胶凝时间从44 min左右减少到4 min左右。乙二醇二乙酸酯浓度对浆液胶凝时间的影响如表14-6所示。

表14-6　乙二醇二乙酸酯浓度对浆液胶凝时间的影响

乙二醇二乙酸酯浓度/%	3	5	7	9	11
胶凝时间①/min	43.9	7.1	5.6	4.9	4.3
胶凝时间②/min	32.1	6.5	5.7	4.3	4.2

第十五章　其他特殊凿井技术

在我国煤矿凿井技术发展过程中，除了主要采用钻爆法、钻井法、冻结法、沉井法和注浆法等凿井技术外，在浅部厚度不大的流砂层、破碎带或其他特殊地层中还采用过混凝土帷幕法、板桩法和降水法等特殊凿井技术。混凝土帷幕法、板桩法和降水法特殊凿井技术在我国建井史上，尤其是在20世纪50—70年代曾发挥了一定作用，在特定条件下可做到施工简单、快速、安全，并取得了良好的经济效果。目前，混凝土帷幕法主要解决浅部松散软弱地层凿井围岩失稳问题，也用于竖井钻机基础稳定加固处理；板桩法、降水法由于施工工序复杂和水资源环境保护等，已逐渐被地层预注浆加固技术代替。这些特殊凿井方法除了应用于煤矿井筒开凿之外，在非煤矿山工程、地下建筑、隧道建筑、桥梁工程、军事建设、民防工程等领域也有广泛的应用。

第一节　混凝土帷幕法凿井技术

混凝土帷幕法凿井是在井筒开凿前在井筒周围施工一个圆筒桩的混凝土帷幕，其深度穿过含水不稳定地层并进入稳定基岩层，用以支撑地压和隔绝井内外地下水的联系，然后在其保护下开凿井筒。混凝土帷幕法最初应用在建筑工程和水电工程中，如加拿大曾施工了131 m的大坝防渗墙，我国在大坝基础施工中采用混凝土帷幕法施工最大深度达到62 m。1974年由鹤岗矿务局在兴安台矿首次采用混凝土帷幕法凿井，使得混凝土帷幕法成为立井工程通过不稳定含水地层的一种特殊凿井方法。混凝土帷幕法具有施工准备和施工工艺简单、不需要复杂的机械设备、成本较低的特点。由于造孔机械和技术的限制，目前宜用于厚度为30～50 m的表土、松散砂层中，但在在岩溶地层、严重漏浆地层和承压水水压较大的砂砾地层内不宜采用。

混凝土帷幕法凿井首先要确定帷幕深度、厚度、半径等参数，以及施工装备和方法。帷幕深度为不稳定含水层厚度与其深入不透水稳定地层内的深度之和，且帷幕深入不透水稳定地层的深度一般为3～7 m，若基岩岩性较差，应适当增加帷幕深度以防止井筒开挖时造成透水事故。混凝土帷幕既可以作为凿井的临时支护，又可以在修整帷幕内侧表面或做套壁处理后，作为井筒井壁结构的组成部分。混凝土帷幕的内半径由设计井筒的净半径、设计套壁的厚度和造孔偏斜率确定。混凝土帷幕法凿井根据帷幕施工方法的不同，目前已形成混凝土连续墙帷幕、咬合式排桩帷幕和高压旋喷混凝土帷幕等施工方法。

一、混凝土连续墙帷幕

混凝土连续墙帷幕施工需分成若干槽段（或称槽孔），依次进行槽段的钻凿并灌注混凝土，即在触变泥浆的保护下，用造孔设备先顺序钻凿直径为槽段宽度的钻孔，然后将各钻孔连通构成槽段，每个槽段钻凿到设计深度后，在泥浆条件下边灌注混凝土边置换出泥浆，直至混凝土充满槽段；再通过适当的接头（图 15-1）施工将各槽段相互衔接后，即筑成一个所需形状的地下混凝土连续墙帷幕。

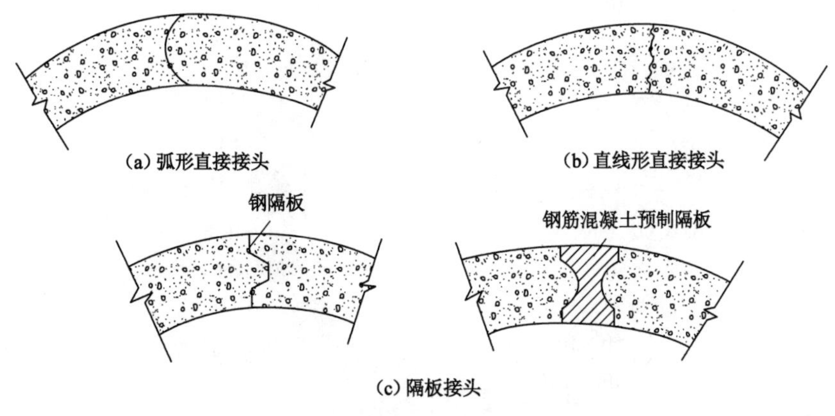

图 15-1 混凝土帷幕接头结构形式示意图

常用的造孔机械有冲击式钻机、旋转式钻机、潜入式钻机和抓斗式造孔机械等。由于选用造孔机具不同，槽孔施工方法也多种多样。但无论采用哪种机械，施工时均需将整个混凝土帷幕分成 2～3 个弧形槽段，每个槽段内又分成主孔和副孔分别钻挖。主孔是指一个槽段内，每隔一定距离首先用造孔机械钻挖的圆孔，包括槽段端头首先钻挖用作槽段间接头的孔；副孔是指相邻两个主孔间的鼓形土体。副孔长度应根据土质和钻进方法确定，要有利于提高工效，一般取为主孔直径的 1.4～1.7 倍。

二、咬合式排桩帷幕

咬合式排桩帷幕的工艺原理是利用机械成孔，第二序次施工的桩在已有的第一序次施工的两桩间进行切割，使先后施工的桩与桩之间相互咬合，利用混凝土超缓凝技术使得先后成桩的混凝土凝结成一个整体，形成能够共同受力、致密的排桩墙体结构。为便于桩间的咬合施工，咬合桩一般设计为素混凝土桩与钢筋混凝土桩间隔布置，素混凝土桩一般不设置钢筋笼，个别的素混凝土桩采用方形钢筋笼。咬合式排桩帷幕施工布置示意图如图 15-2 所示。施工时先施工两侧的素混凝土桩，然后施工钢筋混凝土桩。钢筋混凝土桩在素混凝土桩的超缓混凝土初凝前完成施工，实现桩与桩之间的咬合。

咬合桩采用全套管钻机施工，利用全套管钻机摇动装置的摇动，使钢质套管与土层间的摩擦阻力大大减少，边摇动边将套管压入，同时利用落锤式冲抓斗在钢套管中挖掘取土或砂石，直至钢套管下沉至设计深度，成孔后灌注混凝土，同时逐步将钢套管拔出，以便重复使用。全套管钻孔法施工机械化程度高，成孔速度快，成桩垂直度容易控制，可以控制到 3%的垂直度；钻孔过程中不使用泥浆护壁，而是采用全套管跟进，能适应复杂多变的各类地层，能有效地防止流砂、塌孔、缩径、扩径、露筋、断桩等事故，成桩质量高。咬合桩适用于软弱地层、含水砂层的井筒围护结构，尤其是饱和富水软土地层井筒围护结构。

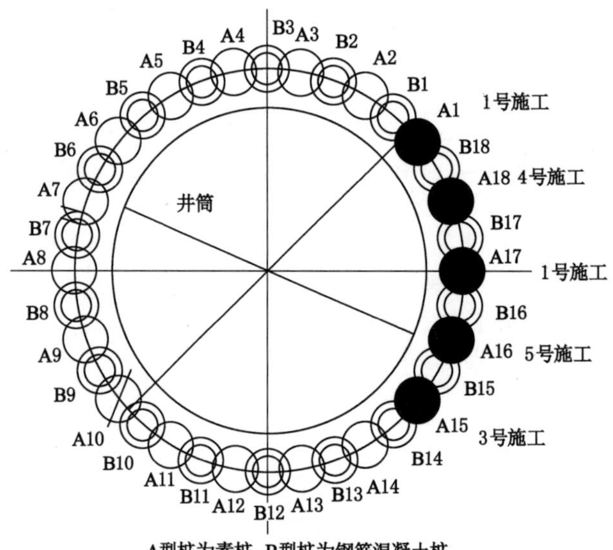

图 15-2　咬合式排桩帷幕施工布置示意

三、高压旋喷混凝土帷幕

高压旋喷混凝土帷幕是将特殊喷嘴的注浆管钻入地层的预定深度后，以 20～30 MPa 的高压射流强力冲击、切割破坏土体，同时钻杆以一定速度提升，将原土体颗粒和水泥浆经高压喷射强制混合而成的固结体。帷幕内部结构较致密，帷幕强度随水泥和砂颗粒含量的增加而提高，帷幕周边与土层间形成压缩及浆液渗透区，将土壁挤密，使帷幕和周围土层紧密结合，使之具有稳定的耐久及良好的防渗性能，从而形成安全稳定的井筒凿井维护结构。按加固土体的形状和喷射流运动方向，可分为旋转喷射（旋喷），形成圆柱桩；定向喷射（定喷）和摆动喷射（摆喷），形成哑铃形、扇形或菱形网格状的固结帷幕墙体。

根据喷射方法的不同，喷射注浆可分为单管法、二重管法和三重管法。

(1) 单管法。单管法为单层喷射管且仅喷射水泥浆；浆液压力为 20～40 MPa，浆液比重为 1.30～1.49，旋喷速度为 20 r/min，提升速度为 0.2～0.25 m/min，喷嘴直径为 2～3 mm，浆液流量为 80～100 L/min（视桩径流量可加大）；若钻杆旋转即成圆柱桩，不旋转则成墙，圆柱桩围成圈即成帷幕，单管旋喷是其他旋喷法的基础。

(2) 二重管法。二重管法又称浆液气体喷射法，是用二重注浆管同时将高压水泥浆和空气两种介质喷射流横向喷射出，冲击破坏土体；在高压浆液及其外圈环绕气流的共同作用下，破坏土体的能量显著增大，最后在土中形成较大的固结体，成桩直径更大；浆液压力为 20～40 MPa，压缩空气压力为 0.7～0.8 MPa。

(3) 三重管法。三重管法是能够同时输送水、气、浆液三种介质的三重注浆管，在以高压泵等高压发生装置产生高压水流的周围环绕一股圆筒状气流，进行高压水流喷射流和气流同轴喷射冲切土体，形成较大的空隙，再由泥浆泵将水泥浆以较低压力注入被切割、破碎的地基中，喷嘴做旋转和提升运动，使水泥浆与土混合，在土中凝固并形成较大固结体的方法(图 15-3)。加固体直径可达 2 m,浆液压力为 0.2～0.8 MPa,浆液比重为 1.60～1.80,压缩空气压力为 0.5～0.8 MPa,高压水压力为 30～50 MPa。

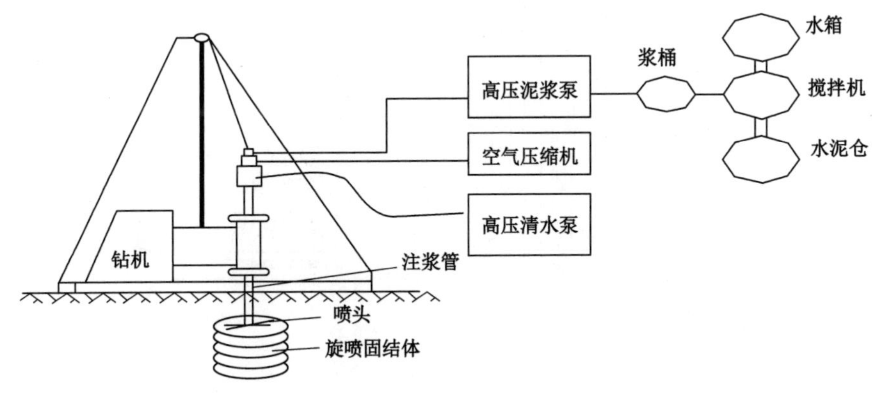

图 15-3　三重管法旋喷混凝土帷幕示意

第二节　板桩法凿井技术

板桩法凿井是指在井筒掘进工作前,预先用震动打桩机或人力将预制的板桩打入欲开凿的井筒周边,利用板桩稳定地层中不稳定的含水层、流砂层等,然后在板桩的保护下进行凿井施工的一种特殊凿井方法。预先打入地层的板桩在掘进过程中可以形成临时支护,保证内部作业人员的安全。

我国在立井施工中,为通过表土层采用板桩法的已有几十个工程,一般多采用直板桩法施工,也有少量采用斜板桩法施工。为保持板桩的打入方向并形成结构体,板桩与板桩之间要有一定连接。根据材料不同来分,有接榫连接的木板桩、相互咬接的各种型钢板桩和钢筋混凝土板桩。

一、直板桩法凿井技术

直板桩可从地面打入或从井下工作面打入。打桩设备有吊锤、气锤、柴油打桩机和震动打桩机等。当不稳定地层距地表近、厚度又较小(一般为 2.0～3.0 m)时,宜从地面打入。地面木板桩施工示意图如图 15-4 所示。

木板桩施工时,导向圈一般用 18～20 号槽钢制作,上下圈之间用拉杆连接,用木柱撑紧使其牢固。架设内、外导向圈的同时安装打桩机轨道和打桩机;安装时先稳桩,压入土中少许使其直立,接榫处要对正,板桩要垂直。开始打桩后不宜过猛,每次打入 0.5～0.8 m,待一圈桩均打过一次后,再打第二轮。依此循环至桩全部打入预定深度为止。

垂直木板桩打完桩后开始进行井筒掘砌工作,掘进中如有板桩向井内弯曲,则应加密井圈并作纵向连接加固。井内掘进时要防止涌砂冒泥风险,若不稳定含水层埋深较大,则应在井内打桩,在不稳定地层上部要留 1.0 m 以上的稳定土层,在其上安装内、外导向圈和安放板桩。

直板桩适用于含水层距地表 15～20 m 以内、水压不大的单个含水层地层,且含水层的

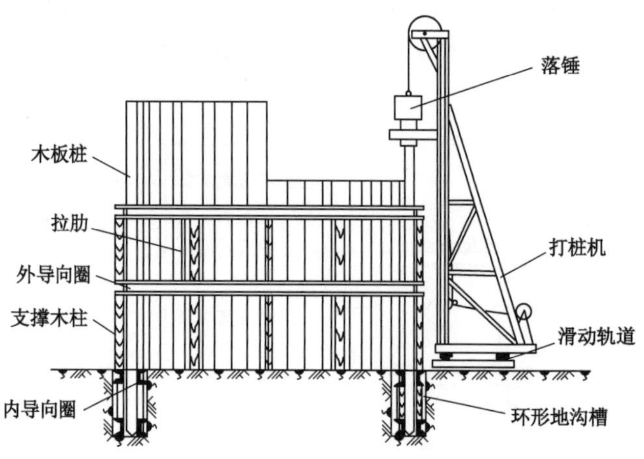

图 15-4　地面木板桩施工示意图

底板应为稳定的隔水层。木板桩适用于层厚不大于 4.0 m 的含水层，钢板桩则可达 8.0 m（图 15-5）。如含水层中有较大砾石或卵石会阻碍板桩打入，则不宜采用板桩施工。

图 15-5　地面垂直钢板桩施工示意图

二、斜板桩法凿井技术

直板桩适用范围受每段板桩长度的限制，若采用多段直板桩则井径要缩小。而采用斜板桩法可保持井径不缩小，板桩按倾斜 15°～20°角插入地层，形成截头锥体形的临时超前支护。因此，斜板桩下端周边长，板桩需用梯形桩和方形桩相间使用，以防出现“开窗”。使用斜板桩法时，常在工作面掘进超前小井以降低水位，使井筒工作面得到局部疏干，改善地层稳定性并实现干井掘进，提高凿井速度。

斜板桩一般在井下工作面施工，以中煤第五建设公司第一工程处屯留煤矿立井为例，介绍板桩法凿井施工工序流程。斜板桩法凿井施工示意图如图 15-6 所示。板桩采用 8 号槽钢加工，长度为 1.2 m，导向圈用 18 号槽钢加工，直径比砌壁井径大 500～800 mm。待井筒掘进至距预计流砂层位置 3 m 左右时，在井筒内直径为 8.2 m 的圆周上均匀布置 8 个探孔(兼作探水孔)来探明流砂层准确位置，并准备水泥编织袋，一旦返砂便及时堵住。流砂层位置探明后，继续掘砌井筒。掘进至距流砂层 1.0 m 左右位置时，停止掘砌，在井壁下部预留出 12～18 个导向圈生根钩，随后在工作面沿井筒掘进轮廓线架设第 1 道导向圈并撑紧固定，在导向圈外侧沿径向向外向下倾斜 15°依次打入板桩，将流砂隔在板桩外。每次板桩打入深度不宜超过 300 mm，待 1 圈板桩均达到同一深度后，方可再继续向下打入。当板桩入土深度达到 0.7～0.8 m 时，即可在板桩掩护下开始出渣。工作面挖掘到一定深度后，继续架设导向圈和打板桩，板桩打好后出土。按此方法施工，直至通过流砂层进入稳定地层 1.0～1.2 m 时为止。

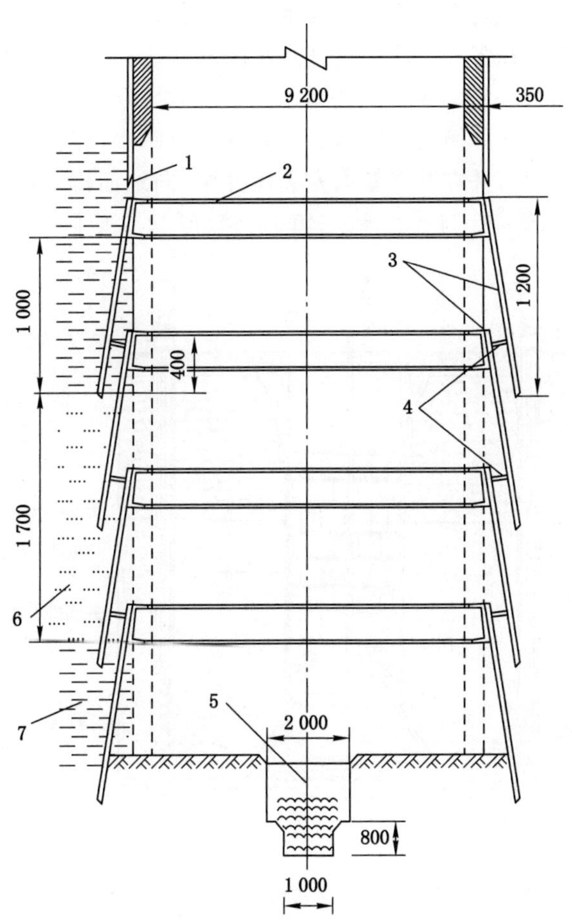

1—预留生根构；2—导向圈；3—钢板桩；4—垫木；5—超前小井；6—流砂层；7—稳定土层。

图 15-6　斜板桩法凿井施工示意图

在掘进过程中，为防止砂土涌入井内，在板桩密封不好处应适当填入草袋等滤水物，同时要在井筒中央挖超前小井用于排水。超前小井一般直径为 2.0 m，挖至 1.6 m 深后缩小直径至 1.0 m，之后再向下挖 0.8 m 深。超前小井可起到降低水位和预报土层变化的作用。凿井掘进施工时如出现井帮涌砂冒水现象，必须立即补打板桩，并加大板桩打入深度，填入草袋等物堵砂滤水。

第三节　降水法凿井技术

降水法凿井技术于1952年首先在我国黑龙江鸡西小恒山煤矿主井施工中应用，以后在徐州的韩桥矿和大屯、古交等矿区的凿井施工中被采用。降水法亦称井点降水法，是在不稳定的含水土层(如流砂层)或涌水量过大的岩层中，由井筒周围或工作面上预先钻好的钻孔(或小井)中将水排出，以降低工作面的地下水位，减少凿井时地下水的涌出量和增强岩、土的稳定性。降水法适用于渗透系数 $K>3$ m/d 的岩层，含水层厚度不小于3.0～4.0 m的中、粗砂层或砂砾层中，或裂缝均匀发育的含水基岩中。

降低水位有单井点法和多井点法。单井点法降水常用在井筒掘进工作面超前小井，可配合板桩法凿井应用(图15-6)。多井点法降水则按照含水层深度和排水方式的不同，分为浅井点降水和深井点降水。井筒凿井降水主要是深井点降水，即在工程周围钻孔至所需位置，然后在孔内安装井点管，并在井点管内安装深井泵，向地面排水以降低水位。管的底部安设有带滤水孔的滤水管，管与孔之间充填砂。深厚含水层降水系统示意图如图15-7所示。

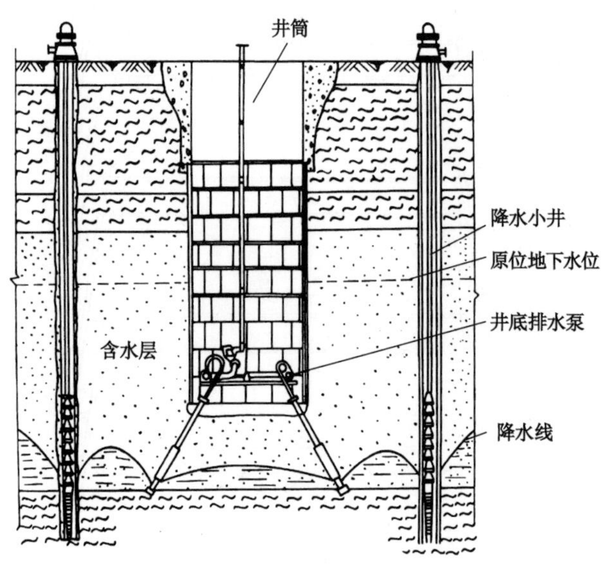

图15-7　深厚含水层降水系统示意图

采用降水法凿井前需要设计降水孔数量、圈径、深度等参数，同时需要计算降水影响半径、降水井圈涌水量、降水小井群单井涌水量、每个钻孔的出水量(单井排水量)、井筒中心线残余水头、井筒预计涌水量等参数，同时考虑抽水小井用的潜水泵的排水能力。如某井筒开挖直径为9.9 m，在井筒外直径14 m的圆周上均匀布置6个直径为400 mm为降水小井(图15-8)。经过一段时间排水，在立井井筒周围形成稳定的降水漏斗，使施工得以顺利进行。

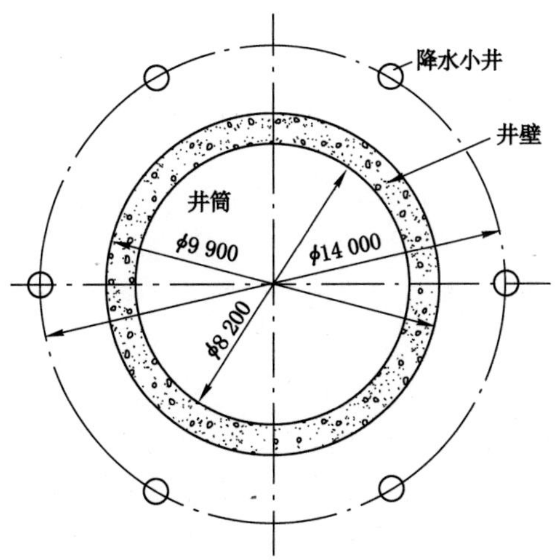

图 15-8　降水小井平面布置示意图

第六篇　智能化凿井技术发展方向

我国经济和社会发展以“实现发展质量、结构、规模、速度、效益、安全相统一”为目标，高质量发展是首要任务。因此，新的经济形势下，地下资源开采、地下空间开发等领域的工程建设，已由解决供需矛盾为主转变为提升质量为主的阶段。煤矿智能化已成为行业高质量发展的核心技术支撑，代表着煤炭工业先进生产力的发展方向。目前，我国八部委联合印发《关于加快煤矿智能化发展的指导意见》，大型煤炭生产企业也已启动了煤矿智能化建设，并制定了煤矿智能化建设规划，明确了建设任务和目标。智能化建井作为煤矿智能化建设必不可少的重要组成部分，必然要纳入煤矿智能化的蓝图。

随着智能建造理念的不断发展，除煤炭行业以外，地下非煤矿产资源开采，水利水电、抽水蓄能电站建设，地下储油、储气工程，公路、铁路等交通隧道与重大引水隧道工程，以及城市地下竖井停车、城市地下排水系统与排污系统、城市地下管廊系统等城市地下工程领域，亦将智能化井筒建设放在行业发展的重要位置。然而，由于各行业或领域井筒工程地质条件、使用功能及其服役环境差别较大，导致智能化井筒建设难度、推进力度和进度也不尽相同。但总体趋向是在信息化、机械化和自动化的基础上，利用信息感知、深度学习、人机交互、自主决策等新一代信息技术，提升建井质量与速度，提高建井装备智能化程度，降低建井资源消耗量，完善智能化建井标准，保障井筒安全服役，实现“少人则安、无人则安”的精细化、标准化、绿色化、信息化和智能化建井，实现安全、高效、绿色、智能化建井的目标。

第十六章　智能化凿井技术需求与挑战

相对于钻爆法凿井而言，目前机械破岩钻井实现了将矿工从高强度、高危险的劳动环境中解放出来，并向本质安全转变，从一定程度上来讲，实现了建井技术的再次变革。然而，现有机械破岩钻井技术装备更多的还是对爆破破岩技术的替代，以及对作业工人体力的延伸或替代。当然，不可否认，现阶段非爆破连续机械破岩凿井技术装备，是智能化建井技术发展的重要基础。对于地下固体矿物资源开发的全矿井智能化建设和地下工程全过程智能建造而言，智能化建井作为核心工艺技术环节，面临着复杂的地质环境和工程条件，其能否实现安全、高效、绿色、智能化作业直接决定了整体工程的智能化水平。

第一节　智能化凿井技术的需求分析

井筒作为地下工程建设与开发的核心构筑物，具备担负矿物、人员、材料、设备等运输的功能，以及地下通风、供电、排水等功能，从服务于传统的井工矿产资源开采，现已拓展应用到铁路/公路隧道、城市地下空间、水力发电站、海上风电、大科学试验和国防等领域的功能井筒建设。大直径井筒是地下工程建设与开发的关键工程也是首要工程，是能源资源安全、地下空间开发利用、深地探索等国家重大战略任务的重要支撑。目前，城市地下空间井筒深度为 50～200 m，山岭隧道通风井深度为 300～1 000 m，科学试验大直径井筒深度超 800 m，煤矿竖井建设深度超 1 500 m，金属矿竖井建设深度逼近 2 000 m，地热开发井筒规划深度达到 3 000 m。然而，目前在钻爆法凿井中，各种设备独立运行，缺乏有效的监测传感元件，作业环境对数据传输干扰大，设备多及设备相互之间无数据联系，升级改造难度大。粗放式的钻爆法凿井难以适应智能建造的主流发展方向。因此，安全、高效、绿色、智能化矿井建设是现阶段发展的必然趋势和重要方向。

一、深部矿井建设的需求

资源和能源是人类生存与发展的两个重要基础支柱，也是人类文明进步的动力。以煤炭开发为例，根据统计结果：截至 2020 年，全球煤炭占世界能源结构比从最高的 48%下降到的 27%；我国的煤炭消费量占能源消费总量的比重已经由 2005 年的 72.4%下降到 56.8%，我国煤炭产量和消费量分别为 39 亿 t 和 39.6 亿 t，全球占比分别为 50.4%和 54.3%。尽管能源结构对洁净、绿色和低碳能源的需求不断调整，煤炭仍将是我国能源的“压舱石”和“稳定器”，而在国家“双碳”目标的要求下，必然推动煤矿智能化建设基础设施、顶层设计、技术路径等方面的理论研究与实践，同时也使能源结构调整和技术进步倒逼煤矿开发模式的变革，从而促进煤炭资源向高质量的安全、高效、绿色、智能等方向发展，智能化、绿色化已成为新时期煤炭行业高质量发展的必由之路。

随着我国浅部矿产资源的持续开发，千米以深矿产资源开发成为支撑我国矿业发展的必然趋势。2016 年 5 月，习近平总书记在全国科技创新大会上提出：向地球深部进军，是我们必须解决的战略科技问题。据不完全统计，煤炭行业已建成 40 余条深度超过千米的井筒；金属矿井建成近 20 条深度超过千米的井筒，其中 7 条井筒深度超过 1 500 m，正在设计和施工的井筒深度超过 2 000 m。按照支撑国家资源安全和构建新发展格局的要求，促进井筒向更深和向无人化、智能化建井发展进行技术积累，占领国际深地科技前沿，保障国民经济发展和国防建设安全。2019 年第 21 届中国科协年会上发布了 20 个对科学发展具有导向作用、对技术和产业创新具有关键作用的前沿重大科学问题和工程技术难题，其中第 19 项为“千米级深竖井全断面掘进技术”。2021 年科技部发布了国家重点研发计划“高性能制造技术与重大装备”重点专项的申报指南，其中“重大装备应用示范”任务的 3.3 为“千米竖井硬岩全断面掘进机关键技术与装备”。面对千米以深矿物资源开发和地下空间利用的重大需求，特别是进入 2 000～3 000 m 深地工程，竖井必将成为进入深部地层的主要通道。因此，通过机械破岩大直径钻井技术装备的研究，致力于解决深部高地温、高地压、高水压等复杂地质条件下普通钻爆法凿井存在的安全和职业伤害等问题，将为我国千米深井建设与资源保障供给提供重要支撑。

二、重大地下基础工程建设的要求

井筒是进入地下空间的运输、通风和信息交换“咽喉”通道，也是城市地下空间开发利用、水力发电站建设、深埋交通隧道建设、国家大科学试验和国防等地下工程建设难点，成为国家亟须解决的关键领域。

(1) 城市地下空间开发利用方面。从城市地下空间发展的历程来看：起初我国城市地下空间建设以人防地下工程建设为主体，而目前城市地铁隧道始发井、地下疏排水与排污系统立井、地下竖井式停车场、地下废料储藏/垃圾处理等城市深大竖井建设工程日益增加，且主要采用小型挖掘设备进行开挖，场地占用面积大，挖掘效率低；我国城市地下 60～200 m 空间的全要素开发还停留在研发与设计层面。发展大直径井筒钻井技术与装备，可助力解决“城市综合征”，是服务“韧性城市”“海绵城市”建设的重要技术支撑。

(2) 水力发电站建设方面。水电行业的水力发电站和抽水蓄能电站建设多采用地下厂房式结构，其中大量的压力管道、出线竖井、通风竖井等井筒工程需要建设，目前井筒深度在 400 m 左右，正在规划的压力管道井筒深度达到 800 m，从而减少辅助工程量，优化电站建设系统。发展大直径井筒钻井技术与装备，可应用于国家大型水电站建设、抽水蓄能电站建设以及其他重大水利工程建设的井筒工程项目，服务国家清洁能源发展，为“碳达峰、碳中和”国家战略做出重要贡献。

(3) 深埋交通隧道建设方面。深埋铁路公路隧道建设方面，需要隧道施工措施井和通风井，措施井用于开拓和增加作业面，加快主洞建设速度，通风井用于保证隧道安全运行。目前，国内铁路竖井最深纪录为高黎贡山隧道 1 号竖井，主井深 762.59 m、副井深 764.74 m，依然采用普通钻爆法施工。因此，发展大直径井筒钻井技术与装备，可应用于我国川藏铁路、新疆天山隧道等重大工程的深大通风井建设项目，服务于国家交通强国战略和交通重点工程。

(4) 其他地下工程建设方面。国家大型科学试验方面，目前设计规划试验竖井工程深度近 800 m。此外，国防、引水调水工程隧道、海上风电、地下油-汽-化学物质储存、地下核废物和 CO_2 封存等地下工程建设领域井筒工程数量和井筒直径、深度也在逐年增加。

第二节　智能化凿井面临的挑战

一、典型复杂地层条件的凿井技术

我国不同区域建井地质与水文地质条件的特征不同，凿井技术工艺面临的问题也有所差异。随着凿井技术的发展已逐渐形成了在低涌水、较稳定地层条件下，主要采用普通钻爆法凿井；而对于不稳定的富水地层条件下，则采用冻结法、注浆法和钻井法等特殊凿井方法。典型地层条件特征及现阶段相应的建井技术如表 16-1 所示。

表 16-1　典型地层条件特征及现阶段相应的建井技术

典型地层	特征	凿井方法
深厚富水冲积地层	地层不稳定、富含水，主要由黏土、粉砂和黏土质砂组成	冻结法、注浆法、钻井法
硬或坚硬岩石地层	硬～坚硬岩石、裂隙含水带或构造破碎带发育	注浆法
岩溶发育地层	溶洞、陷落柱、导水通道等不良地质发育	注浆法
富水弱胶结地层	具有强度低、胶结性能差、易风化、扰动敏感等特点，特别是遇水后易发生软化、泥化、崩解等现象	冻结法

(1) 针对富水不稳定冲积地层条件，如我国两淮、河北、河南、山东等区域煤系地层被 200～600 m 厚的新生界松散冲积层所覆盖，主要采用竖井开拓方式，冻结法、注浆法、钻井法等特殊凿井方法均得到应用，其中冻结法凿井占到凿井总量的 90％以上。如新巨龙煤矿东副井冻结深度为 958 m，表土段深度为 646 m；皖北朱集西煤矿表土段钻井深度为 552 m，基岩段地面预注浆深度为 1 078 m；板集煤矿钻井法凿井达到钻井深度为 660 m、钻井直径为 10.8 m。

(2) 针对硬岩或坚硬岩石地层条件，如金属矿山、水电站、穿山交通隧道和部分煤矿等行业的井筒建设，穿越含水层、风化裂隙含水带或构造破碎带时，采用地面预注浆或工作面注浆技术进行封水或加固，实现钻爆破岩凿井过程中井内“无水”。如作为我国最深铁路隧道竖井的高黎贡山隧道 1 号副井深 764.74 m；作为亚洲最深竖井的山东纱岭金矿主井深 1 551.8 m，均是工作面注浆法凿井的典型案例。

(3) 针对我国西南地区典型岩溶发育地层条件，井筒穿越岩溶空洞、陷落柱、导水通道等隐伏构造时的属性再造或改性治理，是安全凿井必然要解决的难题。如贵州老鹰岩天然气管道井反井工程，斜长为 208 m、倾角为 42°，在地层综合探查的基础上主要采用注浆法进行岩溶空洞充填、导水通道封堵和围岩加固，解决了岩溶地层反井导孔钻进不返水、不返渣的难题，降低了扩孔钻进涌水风险。

(4) 我国西部富水弱胶结地层主要为成岩年代晚、成熟度较低的白垩系和侏罗系。在西部矿区十几年的发展过程中，初期曾试图采用普通法凿井，但由于地层富水、松散等地质因素导致出水、溃砂、井壁坍塌等灾害而难以进行，而后主要采用冻结法特殊凿井。如红庆河煤矿副井、泊家海子煤矿副井净直径为 10.5 m，是国内净直径最大的竖井，均采用了冻结法特殊凿井技术；陕西高家堡煤矿西区进风井基岩冻结深度达 990 m，是我国最深的冻结法施工井筒。

冻结法和注浆法特殊凿井从工艺上来讲，均是用于解决地层不稳定、突涌水等施工难题的一种地层堵水加固方法，没有从本质上改变爆破破岩的凿井方式，地层冻结、注浆作业仅作为井筒建设的地质保障技术。钻井法是从解决我国中东部深厚不稳定冲积地层凿井发展起来的成熟工法，率先实现了建井过程中井内无人化，但是，从目前在西部弱胶结地层应用钻井法施工直径为 8.5 m、深度为 540 m 左右的竖井工程来看，出现了破岩能力不足、排渣效果差、建井速度慢等问题。综上所述，实事求是地讲，对标智能化建井信息、装备、技术的特征和要求，现有的冻结法、注浆法、钻井法等特殊凿井技术，智能化建井技术尚不成熟。

二、复杂地层条件智能化建井面临的挑战

目前井筒建设依然以钻爆法凿井为主，工程建设组织方式较为落后，建设过程中存在机械化程度低、劳动强度大、安全风险高、工序不连续、围岩扰动强度高、施工质量难以控制、环境污染重等现实难题，同时，劳动成本不断提高、火工品审批严格以及与装备制造技术、信息技术、数字化技术等先进技术的结合程度较低等问题愈发突显，传统的钻爆法凿井技术受到较大的冲击和挑战。尽管井筒地质条件的不同会影响具体建井技术工艺的实施，但不应也不会影响实现智能化建井的原则、路径和目标。

复杂地质条件下建井主要解决的是地层“涌水”与“易失稳”两大地质难题，技术攻关主要围绕“安全掘进”和“稳定支护”两大关键技术。相较于钻爆法凿井，智能化建井对地质探查、地层改性的要求更高，以保障凿井装备能够在“无水”和井帮稳定的情况下工作；同时，地层条件越复杂，对井筒掘-支装备性能及其控制系统需要更准确的感知、更快速的决策和更有效的反馈。

以我国西部富水弱胶结地层凿井为例，西部矿区煤炭赋存地层是典型的富水弱胶结复杂地层。弱胶结岩石主要是以颗粒物质和胶结物质经过溶蚀、蚀变、压实和胶结作用而成的沉积砂岩，具有强度低、胶结性能差、易风化、扰动敏感等特点，特别是遇水后易发生软化、泥化、崩解等现象。拟建井筒穿越地层主要为地表第四系松散砂层、白垩系下统志丹群、侏罗系中统安定组、侏罗系中统直罗组、侏罗系中下统延安组（煤系地层）；其中第四系松散层孔隙潜水含水层与志丹群上部孔隙潜水含水层有一定的水力联系；白垩系下统志丹群为碎屑岩类孔隙、裂隙潜水、承压水含水岩组，属于强富水含水层；侏罗系中统直罗组含水岩组富水性弱，为矿床直接充水含水层。

现阶段智能化建井发展处于初级水平，尤其是采用简单地质条件的技术及装备难以满足应复杂条件下的安全快速建井的要求，需要不断提升基础理论水平与技术适应性。在建井自动化、机械化水平没有达到要求前，要实现全面感知、实时传输、自主决策与反馈、数字平台等智能化建井的总体需求，面临诸多技术挑战。具体如下：

（1）智能化建井首先要面临地层条件精细化、准确化的综合探测与全信息化、数字化、透明化地质模型的构建问题，而现有井检孔探测手段单一，存在对井筒穿越含水层、破碎带、断层等不良地层条件探不清、探不全、探不准的难题。

(2) 根据西部已建井筒的实践证明,西部富水弱胶结地层采用注浆法堵水效果较差,通常采用人工地层冻结技术,然而对冻结管热传导、冻结壁交圈规律和异常情况缺乏有效的监测手段,且地层人工冻结装备系统运行自适应控制程度低、能耗高。

(3) 现有的反井钻机和下排渣竖井掘进机因需要下部有排渣通道,无法应用于盲竖井建设,亟待研发适用地层冻结条件下的非爆破破岩智能化竖井掘进机及其配套装备,不仅能够满足自动化、机械化掘进时的高效破岩、连续排渣以及冻结井壁壁座扩挖施工的基本技术要求,同时应具有智能感知、轨迹控制、自主导向等功能。

(4) 冻结井筒"两壁"施工工序复杂、自动化程度低;此外,冻结壁与冻结井壁结构共同形成的围岩稳定控制技术体系,在动态监测、参数感知与风险防控自主决策平台方面尚不完善。

(5) 为解决地层条件变化、掘-支装备性能可靠性、支护结构稳定性等因素给智能建井带来的难题,需要融合新一代信息技术和井筒建设新技术、新装备,从地层精确探查、地层冻结保障、掘进装备自适应控制、掘-支协同作业、感知与仿真决策系统等方面开展研究,从而研发出解决复杂条件下智能化建井的核心技术以及高效掘-支协同作业装备,突破围岩、装备、环境全面感知技术,进一步构建"感知、传输、决策、执行、运维、监管"六维度智能化控制系统,从而实现井筒建设与运维全生命周期智能化管理。

第十七章　智能化凿井发展方向及建议

第一节　智能化建井发展方向

针对复杂地层条件下的建井技术，目前已经开展了大量的研究，部分成果已成为减少凿井突水、井壁坍塌事故，提高凿井效率和装备性能水平的关键性技术。然而，对于复杂地层条件，从地质保障、装备性能、协同作业、智能化管理等方面来讲，要实现智能感知、智能决策、智能控制的智能化建井难度依然较大。通过总结已有研究成果，重点探索和分析了富水弱胶结地层条件下智能化建井的六个发展方向、存在的问题及亟须攻关的关键技术。

一、建井地层全信息探识与重构技术

建井地层的精确探识与透明化、数字化重构是矿井智能化设计、施工、运维的先决条件，是保障建井安全的首要任务。井筒穿越的地质体具有多相共生、多场耦合和区位差异等自身属性，导致建井过程中突水突泥、围岩垮塌、变形异常、构造活化等灾害的发生具有隐伏性、不确定性、突发性和高危害等特征。目前，采用常规单一井检孔方式探查井筒工程地质、水文地质和环境条件，然而普通钻探获得的岩芯，大量原位信息丢失、地质信息探查不清、精细化和数字化程度不高，导致灾源风险探识不准、致灾机理不明，不得不面对地层改性或处置的决策盲目、靶域不准、衍生灾害频发、救援难度大等现实困境。

为满足复杂地质环境和工况下高可靠、高效率、智能化建井的需求，围绕“天-空-地-孔一体化多尺度环境的宏观地质探测”与“以检查钻孔为基础的原位精细探测与快速感知”两大方面，亟须攻克以下技术难题，包括多层次多尺度综合地质探查与成像解译，基于跨孔电磁、声波等高精度原位地质信息提取，揭示区域构造、地下岩-水-热-力等工程特性，海量地质信息数据智能管理与支持，为实现“干井掘进”提供“透明地质、靶域改性、主动控灾”的地质安全保障。

二、富水弱胶结地层智能化冻结控制技术

人工冻结地层改性技术是富水弱胶结地层安全建井的必要地质保障。采用氨或氟利昂等制冷剂在冻结设备里进行制冷，再通过冷媒剂将冷量输送到需要被冻结的地层钻孔中，将地层温度降低到冰点以下，从而在拟建井筒周围形成一定厚度的“冻结壁”，临时提高井筒围岩的整体强度，有效隔断地层水向井筒内的流动，实现“干井凿井”。

富水弱胶结地层竖井智能化冻结控制技术重点围绕钻孔、制冷、智能检测 3 大技术进行技术装备研发。针对目前冻结孔钻进速度慢、偏斜难控制等问题，重点研发冻结孔智能钻进技术，包括定向钻具、精细随钻测量数据实时传输与分析、井下动力马达智能纠偏控制

等,保障冻结孔快速精准钻进。现有冻结系统主要采用盐水作为冷媒剂,冻结壁发展缓慢、强度不够,从而导致井筒围岩冻结期长、能耗高,需要加大制冷量,亟待在研究新型冷媒剂与深冷冻土力学特性的基础上,研究深冷冻结管布置与冻结壁设计方法。针对富水软弱地层条件下冻结壁往往会出现形状不规则、强度不均匀、开窗地点随机等异常状况,以及冻结壁监测难度大的问题,基于冻结壁演化机理与冻结壁异常综合监测技术研究,攻克复杂地层条件下井筒整体冻结壁发育状况的早期预报、过程监测、效果评价的技术瓶颈。通过建立冻结弱胶结岩石材料属性、冻结壁演化规律、冻结站系统运行状态、监测数据分析与决策之间的内在联系,形成富水弱胶结地层井筒智能化冻结管控技术体系。

三、掘进装备破岩-排渣及智能化控制技术

针对钻爆法凿井存在的作业风险高、职业伤害严重、装备难于向智能化方向发展等难题,非爆破的机械破岩掘进装备已成为建井技术领域的重大需求。目前研发的机械破岩装备主要有反井钻机、下排渣竖井掘进机、竖井钻机、上排渣竖井掘进机,其中,反井钻机、下排渣竖井掘进机适用于下部有排渣通道的工程条件。因此,本书主要探讨适用盲井掘进的上排渣机械破岩凿井装备。

竖井钻机钻井法作为上排渣全断面钻井技术工艺,在我国达到了钻井直径为 8.5 m 井筒“一钻成井”和钻井直径为 9.3 m 井筒“一扩成井”快速钻井技术工艺,最大钻井深度为 660 m、最大钻井直径为 10.8 m,处于国际领先水平。然而,从钻井法首次在西部弱胶结地层中应用的工程实践情况来看,在钻进过程中,泥包钻头或砂包钻头、吸渣口堵塞的现象尤为突出;软弱岩石地层悬吊钻进破岩难,刀具磨损严重,需反复提钻,导致钻进效率低,甚至无法正常钻进;破岩带来的高钻压、大扭矩明显提高了钻具断裂、钻头掉落的风险;采用压气反循环泥浆排渣,为保障排渣效率,大量能量消耗在无谓的泥浆循环过程中,能量消耗量大,同时泥浆无害化、绿色高效处理技术需进一步提高。因此,尽管钻井法在中东部富水冲积地层中实现了钻井过程中井内无人,但是要在西部富水弱胶结地层中采用钻井法施工深度为 850 m 的井筒会面对巨大挑战,依然存在诸多技术难点亟待攻克。

现阶段国内外上排渣竖井掘进机凿井技术均处于起步阶段。国外以德国海瑞克为代表,研发的部分断面掘进机(SBR)采用泵吸式流体排渣,钻进速率为 3～5 m/d。国内中铁工程装备集团有限公司研制的全断面掘进机采用刮板排渣方式,在浙江宁海抽水蓄能电站完成了掘进井筒深度为 198 m、直径为 7.83 m 的工业性试验;中交天和机械设备制造有限公司研发的全断面竖井掘进机,掘进直径达到 11.4 m,用于建设天山隧道通风井,自掘进机始发以来总进尺不高;中国铁建重工集团股份有限公司研发的全断面竖井掘进机,从公布出来的资料来看,最大适用井深为 200 m,此外,中国铁建重工集团股份有限公司作为牵头单位承担了 2021 年国家科技部重点专项“千米竖井硬岩全断面掘进机关键技术与装备”项目。通过综合技术分析和非煤领域井筒工程应用现状来看,机械铲斗式上排渣、流体式上排渣的全断面掘进机在掘进时,岩石破碎难、上排渣通道不畅,导致掘进效率低,应用效果与市场推广不佳。

针对西部富水弱胶结地层的复杂地质条件,要认识到地层涌水量控制是智能化掘进装备安全工作的先决条件,而人工冻结地层可以为掘进装备安全高效运行提供地质保障,所以必然要在考虑冻结岩土体的可钻性、全断面或部分断面掘进机能实现支撑与推进功能的

冻结围岩体稳定性等因素的基础上，重点围绕破岩、排渣、智能控制3大技术进行装备研发。针对破岩、排渣、支护等设备自动化程度低、智能化技术尚未成熟，以及液压、电控、监测传感等系统故障率高和检修时间长等问题，亟须攻克以下技术难题，包括掘进机装备整体结构设计、技术参数协调、迈步下移、姿态控制与自主决策导航等技术，掘进断面形态感知与破岩机构运动轨迹的智能控制技术，基于井底岩渣分布特征的工作面排渣原理与快速排渣技术，随掘机载超前探测与近钻头支护技术。通过集成机械结构、传感器、动力系统、控制计算等的机电液一体化设计，形成高性能、低能耗、高效率、高可靠性的智能化掘进装备，实现随掘探测、高效破岩、连续排渣、稳定支撑与推进、故障诊断等系统功能的智能感知、智能决策与智能控制。智能化建井掘进装备与智能控制研发体系如图17-1所示。

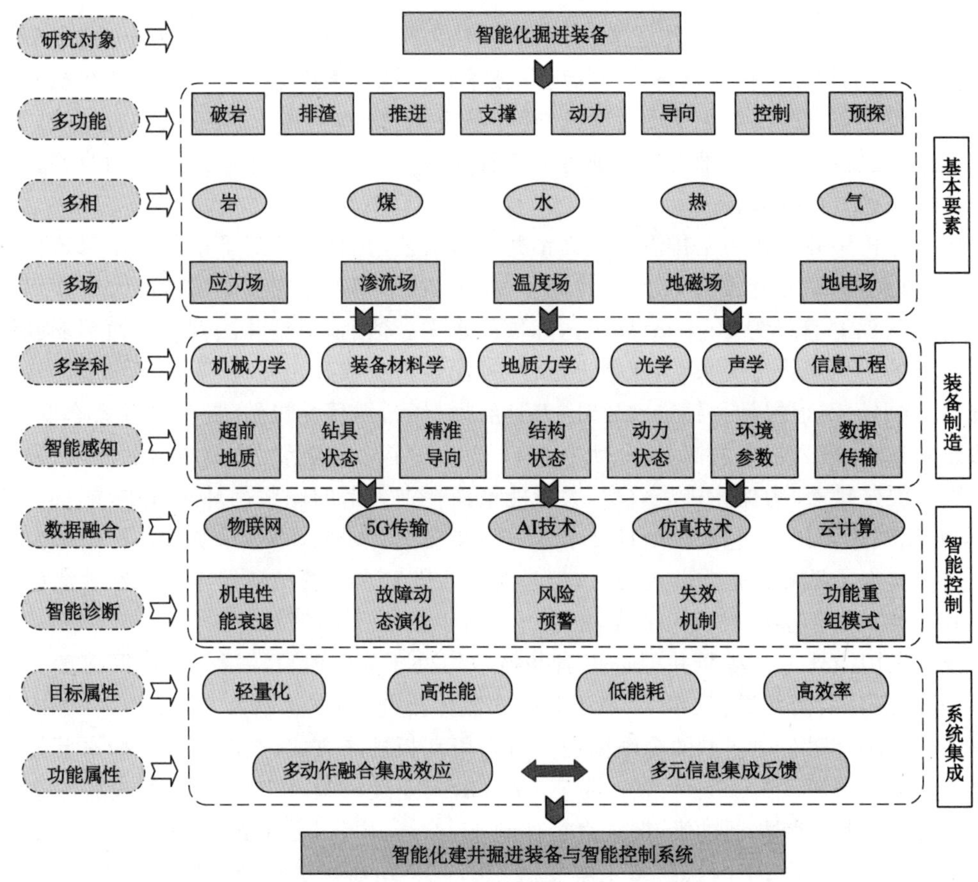

图17-1　智能化建井掘进装备与智能控制研发体系

四、掘-支协同智能化控制技术

建井过程中掘进与支护工序协同作业，是提高建井速率的重要途径。受制于井筒内作业空间狭小，超前探测、破岩、排渣、近钻头支护、井壁浇筑等凿井协同作业难题，现有技术尚难以实现复杂条件的自动化协同配合作业。

根据《煤矿安全规程》等相关文件规定，要求逢掘必探，目前主要以钻探为主、电-磁探测为辅，其中钻探自动化程度低、占用破岩掘进时间长。对比分析现有的导井式竖井掘进机和全断面上排渣竖井掘进机应用情况来看，上排渣掘进机凿井速度明显低于下排渣，掘进工作面排渣不畅、重复破岩、刀具消耗量大是导致掘进速度低的主要原因。因此，上述问题是技术本身复杂性和适应条件的复杂性造成的，要首先解决超前探、破岩、排渣作业技术的功能性和协同性问题，然后解决智能化问题。

在富水弱胶结地层条件下竖井掘进机施工过程中，地层风化破碎、岩石强度低、围岩变形量大且变形速度快，为保证竖井掘进空帮小于 1.8 m 的施工要求，防止围岩坍塌掩埋破岩刀具，需要及时进行近钻头临时支护作业。通常情况下近钻头支护与掘进不能平行作业，可通过随掘自动喷射混凝土形成高强壳体的方法，实现近钻头临时支护。同时，冻结井筒内、外壁永久支护模板安装、浇筑作业流程复杂，冻结井筒滑模浇筑机械化、自动化程度较低、速度慢，且吊盘作业人员多、易聚集、风险高。因此，以冻结井壁支护工艺为基础，以冻结井筒双层井壁浇筑机器人化为手段，提高模板组装、溜灰管布置、入模浇筑与脱模、井壁混凝土温变与受力特性监控等各环节的自动化水平，逐步实现掘-支平衡的最优工艺，是掘-支协同智能化控制技术发展的重点。

五、仿真决策与智能化管理系统平台

智能感知是智能化建井关键技术路径的基础，是实现智能化建井智能决策的重要技术支撑。以掘进机姿态感知技术为例，姿态监测能够判识装备的运行状态，又能够反映岩-机之间作用的互馈信息，是实现保径掘进、自主导航的重要感知内容。然而现有的掘进机姿态测量主要通过油缸行程数据或视频图像识别等方式，对于复杂环境条件下，因井内设备工作振动、温湿度、粉尘和暗光等环境因素导致的传感器参数可靠性低、视觉特征不清晰等问题更加突出。因此，一方面对于掘进机姿态控制关键元部件多参数的反馈测量传感装置研发至关重要；另一方面，通过现实监测数据与基于实际装备构建的仿真模型之间的双向映射，对掘进装备运行状态进行感知与分析，可以为智能决策提供支撑。

复杂地层条件下掘进机姿态感知的随机干扰更多，即便在地层精确探识与地层冻结保障条件下，多变的岩性、井壁淋水、地质构造等条件，将导致掘进机面临更多预设程序之外的作业工况，特殊或极端情况下需要人工干预，必然影响智能化技术的应用效果。复杂建井环境下，智能感知基础上的智能决策难度依然巨大，因此，仿真决策平台将成为有效的技术路径，即利用融合建井地层全信息、随掘探测数据、掘进装备固有尺寸等，构建三维仿真系统，对复杂地质条件影响因素介入后的掘进机位姿、空间态势进行反算，进而实现基于仿真决策的掘进参数控制是未来研究重点。智能化管理系统平台总体来讲，一方面主要是融合地面和井内设备运行状态、作业人员现场管理、井内施工环境监测、围岩与支护结构稳定监测、建井材料运输及跟踪、施工进度等信息，实现信息有效整合，以智能感知和智能决策为基础，实现智能化远程控制，构建智能化建井；另一方面，利用计算机、大数据和网络传输系统实现“人、机、料、法、环、品”互联互通，内在通过数据集成、分析和算法优化，对异常情况及时进行预警提醒及分级处置，外在以大数据看板的形式呈现。简言之，智能化管理系统平台是实现建井过程中对“人的不安全行为、物的不安全状态、环境的不安全因素”进行全面监管的平台。

井筒工程作为矿井整体灾害链中的关键一环，在井筒建设期间存在掘进装备性能故障、排渣通道失效、支护结构失稳、掘进方向偏斜等风险，以及井筒服役期间在地层区域断层活化、地下开采产生的覆岩运动和矿震等外在因素以及混凝土腐蚀、温变、淋水、冲击和钢筋或钢板锈蚀等井壁劣化内在因素的影响下，井筒井壁易发生破裂或者整体偏斜失稳。井筒工程也是矿井整体灾害链中的致灾体，服役井筒井壁的破裂或者整体失稳将会造成井筒内提升设备损坏、人员伤亡、井筒变形、井壁突水或者突泥，甚至淹井事故等；同时，可能造成井下淋水或者涌水量增加、井下通风降温效果变差、井下人员被困、井下装备损坏等事故。井筒工程要实现智能化建井与智能运营，必须与多场多相耦合的地质条件、破岩掘进装备性能状态、井壁质量与井筒内运营设备工况等相结合，并基于实测数据和依托大数据融合技术、5G 技术、建筑信息模型(BIM)技术、高性能计算技术、物联网技术、万物智能技术等新兴技术研究成果，建立大数据服务、风险识别、智能监控网络化和智能管理等信息采集标准和指标体系，形成智能化建井与井筒运行的全生命周期的监控系统。井筒全生命周期智能监控体系如图 17-2 所示。

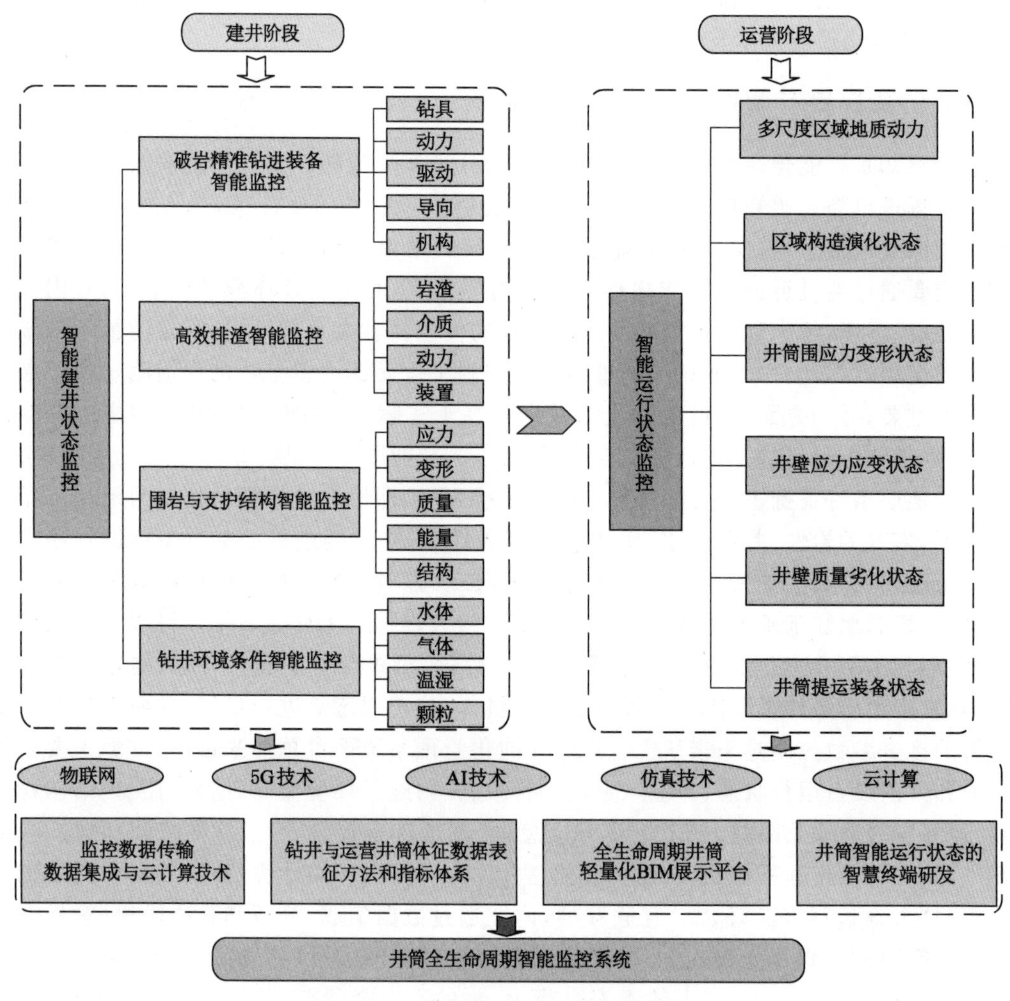

图 17-2　井筒全生命周期智能监控体系

第二节　智能化建井发展建议

智能化建井涉及工程建设、装备制造、数字通信等领域，是一项系统性、长期性的工程。发展智能化建井受到政策、市场、研发部署等环境因素影响，需要对工程产业链各环节、组织方式、合作模式等进行全方位赋能。从建井工艺、技术、装备、材料、标准等方面，探索不同的创新发展路径，从根本上改变建井技术落后状况，推动建井技术变革和装备智能化更新。

一、确立智能化建井发展理念

我国地下工程深大井筒智能化建设技术与装备的发展将秉持安全、高效、绿色、智能等理念，加强智能建井顶层设计，制定技术迭代发展规划。协同政府、行业、企业、科研院所，面向国家重点项目或工程，发挥校企联合主体地位、政府和行业主管部门服务、市场需求引领的作用，加大专项资金投入，制定相关支持政策，完善技术产业链。

根据我国智能化建井发展理念，充分认识井筒智能化建造对我国能源开发、地下工程建设和国家安全的支撑作用，梳理钻井技术装备发展的关键科学问题和“卡脖子”技术，明确智能钻井技术装备发展路径和重点任务。目前，我国大直径井筒钻井钻机产品种类较为单一，针对地下工程井筒建设从浅部走向深部、从小直径钻井向大直径钻井的发展趋势，未来为适应地层条件和工程条件必然朝着多样化和系列化方向发展，应分类型、分阶段、分层次建设可迭代的深大井筒智能化建井技术装备体系和发展架构。

二、明确智能钻井发展路径与任务

针对地下工程建设智能钻井整体系统，研发大功率智能钻机及配套装备，突破复杂地质条件下大直径钻井全系统协同控制技术，基于信息融合、数字逻辑模型、智能控制等技术构建大直径井筒信息化、无人化、智能化钻井体系。基于钻井深度和直径，开展钻机钻井可行性分析和工艺研究，建立钻井整体装备选型与井内空间布置理论方法；攻克地层精细探查与地层预改性技术、大体积破岩与连续排渣技术、围岩稳定与掘-支协同控制技术等；发展钻井装备环境感知、决策与姿态调控技术，研制轻量化、高性能、低能耗、高效率、高可靠性的智能钻井装备；突破钻井装备和围岩支护结构实时监测和预警技术，构建智能钻井防灾减灾和全过程风险管控体系，实现大直径钻井智能感知、精准钻井和风险控制。同时对智能钻井组织架构、管控模式、管理方法、经营模式和岗位权责等，需要制定全面覆盖、重点突出、持久力强的保障措施，积极整合现有资源和潜在资源，推动我国智能钻井基础研究、关键技术突破和智能装备制造，满足提质增效、高质量发展的需要。

三、建立和完善大直径钻井相关标准规范

目前，我国大直径钻井技术装备应用涉及煤矿、金属矿山、铁路交通、城市地下空间、水力发电和海上风电等行业。由于工程功能属性和地层条件的差异，必然导致对大直径钻井技术装备的要求不同，因此各行业均有各自适用的标准或规范。以煤炭行业为例，反井钻机钻井法和立井钻机钻井法均出台了相关的标准、规范，而尚无竖井掘进机钻井法和斜井

掘进机钻井法相关标准规范；与此同时，部分行业缺乏对大直径钻井法的相关标准、规范，导致施工企业对大直径钻井法排斥或接受度不高。行业对智能钻井相关标准、规范的缺失，很大程度上阻碍或限制了大直径钻井技术装备的发展。因此，亟须从技术术语、工艺、装备、检验监测、质量验收等方面，建立健全体系性、继承性和前瞻性的标准和规范，同时对于通用技术制订国家标准，推进智能钻井从初级阶段向中、高级阶段迈进，推动和引领行业的高质量发展。

四、推动智能钻井平台与示范工程建设

目前，我国在井筒建设领域仅有国家发展和改革委员会办公厅批复的“矿山深井建设技术国家工程研究中心”1个国家级研发平台，由1所科研院所、3所高等院校和1家施工单位共建。亟须设立国家重点专项、科技支撑计划重点项目和重点基金等，突破关键科学或技术问题；建设各类国家级实验室、技术中心、工程中心等，打造“基础研究、技术创新、装备研制、产业应用”深度融合的创新基地。因此，亟须加强相关装备制造企业、设备应用企业、承担技术攻关的科研院所和高等院校之间的合作，强化基础研发投入、工程创新决策、科研组织和成果应用的主体作用，以创新为动力、以协调为路径、以绿色为使命、以开放的格局共享发展成果。

我国大直径钻井装备制造企业基数较少，且智能钻井技术装备研发企业独立完成很难，做不强，也做不精。针对大直径钻井产业链短、技术研发和装备制造资源分散、学科交叉融合度较低等问题，建议在国家层面进行统筹和规划，整合优势资源，制定地下工程领域智能钻井发展指导意见，巩固国有大型井筒建设企业的竞争力优势，发挥重大工程项目的突破带动作用，通过产业链、创新链的上下游联动合作。同时，发挥院、校、企在基础研究方面的优势，建立院、校、企协同育人模式，形成产、学、研、用的综合人才培养体系。高等院校分层次建设钻井技术学科，培养专有技术人才，形成集研发、设计、建造的人才队伍，从而推进我国大直径智能钻井技术装备的发展进程。

参考文献

[1] 安许良，冯旭海，刘书杰，等. 新疆汉水泉矿区侏罗系地层地面预注浆技术探讨[J]. 煤炭工程，2016，48(12)：34-37.

[2] 陈拓，李亭，王建州，等. 竖井掘进机不同工作状态下装备与围岩振动响应特征分析[J]. 采矿与安全工程学报，2023，40(1)：128-134.

[3] 陈湘生. 深冻结壁时空设计理论[J]. 岩土工程学报，1998，20(5)：13-16.

[4] 陈远坤，刘志强. BMC300 型反井钻机在溪洛渡电站通风井施工中的应用[J]. 水利科技与经济，2006，12(7)：464-465.

[5] 陈远坤，刘志强，赵时运，等. "一扩成井" 钻井法凿井新技术在袁店二矿的应用[J]. 建井技术，2011，32(增刊 1)：21-23.

[6] 程桦，刘吉敏，荣传新，等. 变断面深厚表土钻井井壁竖向结构稳定性[J]. 煤炭学报，2008，33(12)：1351-1357.

[7] 程桦，彭世龙，荣传新，等. 千米深井 L 型钻孔预注浆加固硐室围岩数值模拟及工程应用[J]. 岩土力学，2018，39(增刊 2)：274-284.

[8] 崔金玉，任广军，崔翔. 低矮型反井钻机在安全快速施工煤仓中的研究与应用[J]. 煤矿现代化，2008(3)：21-22.

[9] 崔明远，刘锦玉，李翔宇，等. 钻井法凿井在我国西部地区的应用分析：以可可盖煤矿进风立井采用钻井法施工为例[J]. 建井技术，2022，43(5)：67-70，48.

[10] 丁日晓. 徐州矿区浅表土层沉井施工经验[J]. 建井技术，2000，21(2)：8-11.

[11] 董书宁，柳昭星，郑士田，等. 基于岩体宏细观特征的大型帷幕注浆保水开采技术及应用[J]. 煤炭学报，2020，45(3)：1137-1149.

[12] 范京道，封华，宋朝阳，等. 可可盖煤矿全矿井机械破岩智能化建井关键技术与装备[J]. 煤炭学报，2022，47(1)：499-514.

[13] 范京道，魏东，汪青仓，等. 智能化建井理论技术研究与工程实践[J]. 煤炭学报，2023，48(1)：470-483.

[14] 冯东林，刘飞香，吴怀娜，等. 超大直径竖井全断面掘进机施工地层扰动规律[J]. 金属矿山，2022(8)：42-49.

[15] 冯旭海，卞超，龙志阳. 我国煤矿沉井法凿井技术发展历程与未来方向[J]. 建井技术，2020，41(2)：1-6.

[16] 冯旭海，赵国栋. 立井地面综合注浆技术研究与应用综述[J]. 建井技术，2012，33(6)：8-11.

[17] 付鸿鑫，徐颖，程琳. 我国竖井掘进机研究热点综述[J]. 建井技术，2023，44(5)：83-88.

[18] 傅青青. 基于 VSM 的预制构件生产优化[J]. 新技术新工艺，2021(9)：1-4.

[19] 高岗荣. 煤矿立井预注浆堵水技术[J]. 建井技术,2017,38(4):18-23.
[20] 高岗荣. 煤矿注浆技术综述[J]. 建井技术,2020,41(5):1-9,23.
[21] 韩振西,施云龙,张军. SBM 竖井硬岩掘进机出渣优化[J]. 建筑机械,2023(增刊 1):22-24.
[22] 郝长城,武士杰,高阳. BMC-300 型反井钻机多台电机软启动控制系统设计与实现[J]. 煤,2008,17(4):44-45,54.
[23] 洪伯潜. 约束混凝土结构在井筒支护中的研究与应用[J]. 煤炭学报,2000,25(2):150-154.
[24] 洪伯潜. 再论"钻井井壁在泥浆中的轴向稳定"[J]. 煤炭学报,2008,33(2):121-125.
[25] 洪伯潜. 钻井法凿井壁后充填对竖向附加力的影响[J]. 建井技术,1998,19(6):2-7.
[26] 洪伯潜. 钻井法凿井技术在我国的发展与应用[J]. 煤炭企业管理,1998(4):8-9.
[27] 洪伯潜. 钻井法凿井深井井壁在泥浆中的轴向稳定[J]. 煤炭科学技术,1980,8(9):22-25,21,68.
[28] 洪伯潜,刘志强,姜浩亮. 钻井法凿井井筒支护结构研究与实践[M]. 北京:煤炭工业出版社,2015.
[29] 洪伯潜,孙良一. 钻井复合井壁内层钢板稳定性及锚卡作用的探讨[J]. 建井技术,1990,11(4):29-31,48.
[30] 洪伯潜,臧桂茂,谭杰. 龙固矿近 600 m 深钻井井壁设计与安装[J]. 中国煤炭,2004,30(6):9-12.
[31] 黄铭亮,张振光,徐杰,等. 基于 VSM 沉井施工过程的井壁受力实测研究:以南京沉井式地下智能停车库工程为例[J]. 隧道建设(中英文),2022,42(6):1033-1043.
[32] 贾连辉,冯琳,郑康泰,等. 硬岩竖井掘进机刀盘结构的设计探讨[J]. 建筑机械化,2021,42(1):11-16.
[33] 贾连辉,吕旦,郑康泰,等. 全断面竖井掘进机上排渣关键技术研究与试验[J]. 隧道建设(中英文),2020,40(11):1657-1663.
[34] 贾连辉,肖威,吕旦,等. 上排渣型全断面竖井掘进机凿井工艺及工业试验[J]. 隧道建设(中英文),2022,42(4):714-719.
[35] 焦宁,王衍森,孟陈祥. 竖井掘进机空气洗井流场与携渣效率的数值模拟[J]. 煤炭学报,2020,45(增刊 1):522-531.
[36] 荆国业. 大直径反井钻井穿越特殊地层关键施工技术研究[J]. 煤炭工程,2019,51(5):68-72.
[37] 荆国业,高峰. MSJ5. 8/1. 6D 型竖井掘进机自动纠偏系统研究[J]. 煤炭科学技术,2018,46(12):27-34.
[38] 康庆阳,吴海祥. 撑靴式竖向硬岩掘进机关键技术研究与应用[J]. 工程机械,2023,54(11):96-100,11.
[39] 黎明镜,张敦喜,李万峰,等. 地面 L 型定向分支孔注浆加固煤层顶板厚风氧化带技术研究[J]. 煤炭工程,2019,51(11):38-41.
[40] 李超,李涛,荆国业,等. 竖井掘进机撑靴井壁土体极限承载力研究[J]. 岩土力学,2020,41(增刊 1):227-236.

[41] 李方政.地铁冻结技术发展现状与趋势[J].建井技术,2020,41(5):33-42

[42] 李方政,方亮文,王磊,等.近接隧道冻结对运营车站冻胀变形控制研究[J].土木工程学报,2020,53(增刊1):292-299.

[43] 李功洲.深厚冲积层冻结法凿井理论与技术[M].北京:科学出版社,2016.

[44] 李功洲,高伟,李方政.深井冻结法凿井理论与技术新进展[J].建井技术,2020,41(5):10-14,29.

[45] 李建平.沉井法在中深表土层应用的可行性分析及其发展前景[J].河北煤炭,1992(3):138-141.

[46] 李剑峰.低矮型反井钻机安全快速施工煤仓[J].凿岩机械气动工具,2011(2):64.

[47] 李龙辉,方晓瑜.降低水位法在富水表土段立井井筒施工中的应用[J].建井技术,2009,30(6):12-13,19.

[48] 李明,张伟.立井表土段过流砂整体液压钢板桩帷幕施工技术[J].中州煤炭,2010(4):4-5.

[49] 李术才,李利平,孙子正,等.超长定向钻注装备关键技术分析及发展趋势[J].岩土力学,2023,44(1):1-30.

[50] 李玉祥.沉井法在苏南煤矿建井中的应用[J].江苏煤炭科技,1985,10(4):51-54.

[51] 梁敏.高黎贡山隧道2号竖井地面预注浆施工关键技术[J].建井技术,2021,42(4):10-13.

[52] 梁珠擎,孙辉,史敏雪.核桃峪煤矿主斜井井筒注浆堵水技术[J].矿业安全与环保,2015,42(1):105-108.

[53] 廖卫勇,王占军,高随芹.ZDZD-100重型工程钻机的研制与开发[J].矿山机械,2017,45(1):15-19.

[54] 刘志强.大直径反井钻机关键技术研究[D].北京:北京科技大学,2015.

[55] 刘志强.反井钻机[M].北京:科学出版社,2017.

[56] 刘志强.机械井筒钻进技术发展及展望[J].煤炭学报,2013,38(7):1116-1122.

[57] 刘志强.矿井建设技术发展概况及展望[J].煤炭工程,2018,50(6):44-46,50.

[58] 刘志强.矿井建设智能发展与变革[J].智能矿山,2021,2(1):25-28.

[59] 刘志强.矿井建设智能化技术发展趋势[J].智能矿山,2022,3(3):2-9.

[60] 刘志强.矿山反井钻进技术与装备的发展现状及展望[J].煤炭科学技术,2017,45(8):66-73.

[61] 刘志强.竖井掘进机[M].北京:煤炭工业出版社,2019.

[62] 刘志强.竖井掘进机凿井技术[M].北京:煤炭工业出版社,2018.

[63] 刘志强,等.矿井建设技术[M].北京:科学出版社,2018.

[64] 刘志强,陈湘生,蔡美峰,等.我国大直径钻井技术装备发展的挑战与思考[J].中国工程科学,2022,24(2):132-139.

[65] 刘志强,陈湘生,宋朝阳,等.我国深部高温地层井巷建设发展路径与关键技术分析[J].工程科学学报,2022,44(10):1733-1745.

[66] 刘志强,程守业.反井钻机钻凿溪洛渡电站通风斜井偏斜控制技术[J].中国三峡建设,2008(1):38-40.

[67] 刘志强,洪伯潜,龙志阳.矿井建设科研成就 60 年[J].建井技术,2017,38(5):1-6.
[68] 刘志强,李术才,王杜娟,等.千米竖井硬岩全断面掘进机凿井关键技术与研究路径探析[J].煤炭学报,2022,47(8):3163-3174.
[69] 刘志强,宋朝阳.大倾角压力管道斜井机械破岩钻进技术与工艺探讨[J].煤炭科学技术,2021,49(4):58-66.
[70] 刘志强,宋朝阳.我国大直径井筒机械破岩钻井技术与装备新进展[J].建井技术,2022,43(1):1-9.
[71] 刘志强,宋朝阳,程守业,等.复杂地层条件智能化建井关键技术及发展趋势[J].建井技术,2023,44(1):1-7.
[72] 刘志强,宋朝阳,程守业,等.基于重力排渣的大直径井筒钻掘技术与工艺体系研究[J].煤炭科学技术,2023,51(1):272-282.
[73] 刘志强,宋朝阳,程守业,等.千米级竖井全断面科学钻进装备与关键技术分析[J].煤炭学报,2020,45(11):3645-3656.
[74] 刘志强,宋朝阳,程守业,等.全断面竖井掘进机凿井围岩分类指标体系与评价方法[J].煤炭科学技术,2022,50(1):86-94.
[75] 刘志强,宋朝阳,程守业,等.我国反井钻机钻井技术与装备发展历程及现状[J].煤炭科学技术,2021,49(1):32-65.
[76] 刘志强,宋朝阳,纪洪广,等.深部矿产资源开采矿井建设模式及其关键技术[J].煤炭学报,2021,46(3):826-845.
[77] 刘志强,宋朝阳,荆国业.沉井法及沉井式竖井掘进机凿井技术[C]//2020 年全国矿山建设学术年会会议文集.沈阳,2020:1-13.
[78] 刘志强,王承源.巨野矿区复杂地层钻井工艺探讨[J].煤炭科学技术,2006,34(10):25-27.
[79] 刘志强,徐广龙.ZFY5.0/600 型大直径反井钻机研究[J].煤炭科学技术,2011,39(5):87-90.
[80] 刘志强,杨春来.反井钻机导扩孔技术在水电工程中的应用[J].水利水电施工,2006(4):22-26.
[81] 鲁德顺,杨福辉.立井沉井法通过第四系含水层[J].建井技术,2007,28(1):7-9.
[82] 路耀华,崔增祁.中国煤矿建井技术[M].徐州:中国矿业大学出版社,1995.
[83] 吕旦,贾连辉.上排渣式全断面竖井掘进机凿井技术与应用[J].隧道建设(中英文),2023,43(1):151-160.
[84] 牛秀清,王桦,刘书杰.华北煤田下组煤底板岩溶含水层注浆改造技术应用及发展趋势[J].建井技术,2017,38(3):24-30.
[85] 牛学超,洪伯潜,杨仁树.充满配重水钻井井壁筒在泥浆中竖向结构稳定的理论研究[J].煤炭学报,2005,30(4):463-466.
[86] 牛学超,洪伯潜,杨仁树.非满配重水钻井井壁筒竖向结构稳定的理论研究[J].岩土力学,2006,27(11):1897-1901.
[87] 牛学超,洪伯潜,杨仁树.悬浮下沉钻井井壁筒轴向失稳特性与滑移试验[J].煤炭学报,2008,33(11):1235-1238.

[88] 钱瑞，肖军. 天山胜利隧道竖井掘进机主驱减速箱水冷系统分析[J]. 工程机械，2023，54(6)：66-74，10.

[89] 乔玉平，赵永平. 李家塔矿用沉井法施工一号立风井浅析[J]. 煤矿设计，1995，27(4)：23，22.

[90] 史海刚. 立井井筒采用普通法通过特厚流砂层施工技术[J]. 科技信息，2010(21)：1002-1003.

[91] 宋朝阳，纪洪广，曾鹏，等. 西部典型弱胶结粗粒砂岩单轴压缩破坏的类相变特征研究[J]. 采矿与安全工程学报，2020，37(5)：1027-1036.

[92] 宋朝阳，纪洪广，张月征，等. 西部弱胶结地层地下工程围岩性能与变形破坏特征[M]. 北京：地震出版社，2022.

[93] 宋雪飞，陈振国，徐润，等. 钻井废弃泥浆作为注浆材料试验研究[J]. 建井技术，2011，32(增刊1)：77-79，20.

[94] 孙建荣，王怀志，孙杰. FA367 新型泥浆处理剂在煤矿钻井工程中的应用[J]. 建井技术，2004，25(6)：28-31.

[95] 孙凯. VSM 竖井施工质量控制要点探析[J]. 中国设备工程，2023(16)：224-227.

[96] 谭杰，刘志强，宋朝阳，等. 我国矿山竖井凿井技术现状与发展趋势[J]. 金属矿山，2021(5)：13-24.

[97] 谭廷楠. 泥浆淹水沉井增加下沉深度的可能性[J]. 煤矿设计，1984，16(9)：15-17.

[98] 田伟鹏，王志晓，张世民. 定向钻进技术在 S 孔地面预注浆施工中的应用[J]. 建井技术，2019，40(3)：10-13.

[99] 万援朝. 普通沉井法在浅表土层施工经验[J]. 江苏煤炭，1996，21(1)：26-28.

[100] 王国法，杜毅博，任怀伟，等. 智能化煤矿顶层设计研究与实践[J]. 煤炭学报，2020，45(6)：1909-1924.

[101] 王国法，任怀伟，庞义辉，等. 煤矿智能化(初级阶段)技术体系研究与工程进展[J]. 煤炭科学技术，2020，48(7)：1-27.

[102] 王海波. 海上风电场工程钻机单桩施工技术[J]. 工程机械与维修，2020(6)：78-79.

[103] 王红彬，李毅，张学亮，等. 大型反井钻机新技术在白鹤滩水电站溜渣井中的应用[J]. 水力发电，2019，45(5)：73-76，102.

[104] 王怀志，孙杰，张永成. 龙固煤矿深钻井工程钻头结构设计优化[J]. 煤炭科学技术，2004，32(10)：70-73.

[105] 王磊，陈湘生，伍军. 城市富水地层大型地下空间管幕冻结规律模型试验研究[J]. 隧道建设(中英文)，2022，42(11)：1871-1878.

[106] 王强. ZFY3.5/400 电控型反井钻机的设计研究[J]. 煤矿机械，2011，32(2)：10-12.

[107] 王祥厚. 沉井地压：一种特殊表土地压的探讨[J]. 贵州工业大学学报(自然科学版)，2002，31(2)：53-58.

[108] 王媛，宋朝阳. 西部厚基岩地层竖井钻机机械破岩影响因素分析[J]. 建井技术，2023，44(4)：74-80.

[109] 魏斌，娄国川，郭卫新，等. 反井钻机法导井施工中的风险分析及应对措施研究[J]. 资源环境与工程，2017，31(4)：489-492.

[110] 魏军贤,梁国栋.立井过流砂层施工技术[J].建井技术,2005,26(增刊1):28-30.
[111] 吴连玉.十三陵蓄能电站地下工程竖、斜井导井施工[J].水力发电,2002,28(9):54-56.
[112] 武士杰,李恩涛.反井钻井镐形镶齿滚刀破岩试验研究[J].煤炭工程,2008,40(1):70-72.
[113] 熊亮,张小连,熊菊秋,等.大口径工程井气举反循环钻进效率影响因素初探[J].探矿工程(岩土钻掘工程),2014,41(5):42-45,49.
[114] 徐广龙.BMC200型反井钻机的开发研制[J].煤矿开采,2008,13(6):61-62.
[115] 许刘万,史兵言,王兴无,等.大直径钻孔用刮刀钻头的设计与应用[J].探矿工程(岩土钻掘工程),2001,28(增刊1):152-153,156.
[116] 严良平,张金宇,潘月梁,等.全断面竖井掘进机导向控制技术研究[J].建井技术,2023,44(2):35-40.
[117] 阎波,郑富德,张广毅.采用群孔疏干降水法穿越流砂层的施工技术[J].煤,2002,11(3):24-25.
[118] 杨根印.普通沉井法在新华钼矿南部通风井中的应用[J].有色矿冶,2000,16(4):5-7.
[119] 杨仁树,康一强,杨立云,等.千米竖井硬岩全断面掘进机装备关键技术研用及展望[J].中国矿业大学学报,2023,52(6):1162-1172.
[120] 杨晓峰,康勇,王晓川.岩石钻掘过程钻头受力动力学解析模型[J].煤炭学报,2012,37(9):1596-1600.
[121] 杨雪,田乐,邓昀,等.注浆技术在华北奥灰水害防治中的应用与发展[J].建井技术,2023,44(1):18-22.
[122] 姚直书,蔡海兵,程桦,等.特厚表土层钻井井壁底结构分析与设计优化[J].煤炭学报,2009,34(6):747-751.
[123] 姚直书,方玉,乔帅星,等.孔隙型含水岩层钻井法凿井壁后充填技术研究[J].煤炭科学技术,2022,50(10):1-9.
[124] 姚直书,许永杰,程桦,等.西部钻井法"一钻成井"新型高强复合井壁力学特性[J].煤炭学报,2023,48(12):4365-4379.
[125] 余力,马英明.特殊凿井法在矿井建设中的应用和发展[J].岩土工程学报,1984,6(3):1-10.
[126] 袁东锋,李德,吕文成,等.巨厚白云岩含水层立井井筒地面预注浆技术[J].矿业研究与开发,2020,40(1):76-80.
[127] 袁辉,邓昀,蒲朝阳,等.煤矿斜井冻结孔定向钻进关键装备研发[J].煤炭科学技术,2015,43(10):98-102.
[128] 袁辉,邓昀,蒲朝阳,等.深井巷道围岩L型钻孔地面预注浆加固技术[J].煤炭科学技术,2014,42(7):10-13,17.
[129] 张家乐,冯松宝,赵梓臣.降低水位法在井筒施工中过强含水层的应用[J].煤炭工程,2015,47(3):44-46.
[130] 张建华,蔡晓芒,张世库.清水营煤矿600 m疏降水法凿井技术研究[J].神华科技,

2009,7(4):41-42,58.

[131] 张庆军,焦雷,宗志栓,等.竖井掘进机纠偏过程撑靴液压系统控制策略研究[J].机床与液压,2023,51(16):45-50.

[132] 张庆松,张连震,刘人太,等.水泥-水玻璃浆液裂隙注浆扩散的室内试验研究[J].岩土力学,2015,36(8):2159-2168.

[133] 张双英.用板桩法通过斜井流砂层[J].建井技术,1990,11(1):26-27.

[134] 张永成,孙杰,王安山.钻井技术[M].北京:煤炭工业出版社,2008.

[135] 张召千,邓光辉,苗勤书.降低水位法在特大含水表土层中的应用[J].建井技术,1997,18(3):11-13.

[136] 赵红红,苗军克,张晓明,等.竖井掘进机回转运动管路的布置方式研究[J].矿山机械,2022,50(12):6-9.

[137] 赵士弘,马芝文.特殊凿井[M].徐州:中国矿业大学出版社,1993.

[138] 赵兴东.超深竖井建设基础理论与发展趋势[J].金属矿山,2018(4):1-10.

[139] 赵一超,宋朝阳,何琪,等.厚基岩地层竖井钻机钻井法钻进技术参数及其速度分析[J].建井技术,2023,44(5):68-75.

[140] 赵志明.简易金属井圈沉井法和壁后注浆综合施工法过井筒流沙层施工技术[J].科技风,2009(10):68-69.

[141] 郑康泰,贾连辉,牛梦杰,等.全断面竖井掘进机研制及关键系统试验[J].隧道建设(中英文),2021,41(10):1794-1800.

[142] 周兴,程守业,荆国业.夏甸金矿大直径深立井反井施工技术与应用[J].中国金属通报,2019(9):130,132.

[143] 朱南京.复合沉井法过流沙层井筒施工技术[J].煤炭工程,2017,49(4):25-27.

[144] 左永江,周兴旺,洪伯潜.立井建设中的钻-注平行作业施工技术[J].煤炭科学技术,2011,39(1):33-36.

[145] BARBARA S. Handbook of mining and tunnelling machinery[M]. NewYork:John Wiley&Sons,2012.

[146] FREY S,SCHMAEH P. The role of mechanized shaft sinking in international tunneling projects[J]. Tunnel business magazine,2019,21(2):28-31.

[147] MAIDL B,SCHMID L,RITZ W,et al. Hardrock tunnel boring machines[M]. Berlin:Ernst&Sohn,2008.

[148] POPOV V L. Contact mechanics and friction physical principles and applications[M]. znd ed.. Heidelberg:Springer,Verlag Gmbh Germany,2017.

[149] SCHMÄH P. Vertical shaft machines:State of the art and vision[J]. Acta montanistica slovaca,2007,12(1):208.

[150] WALKER S,LI J. The effects of particle size,fluid rheology,and pipe eccentricity on cuttings transport[J]. Society of pettroleum engineers,2000,60(7):55-65.

[151] YANG D S,ZHOU Y,XIA X Z,et al. Extended finite element modeling nonlinear hydro-mechanical process in saturated porous media containing crossing fractures[J]. Computers and geotechnics,2019,111:209-221.

[152] YIN L J,GONG Q M,MA H S,et al. Use of indentation tests to study the influence of confining stress on rock fragmentation by a TBM cutter[J]. International journal of rock mechanics & mining sciences,2014,72:261-276.